Chemie und Fabrikation der tierischen Leime und der Gelatine

Von

Professor Dr. E. Sauer
Technische Hochschule Stuttgart

Mit den Beiträgen

Gelatine
von Dr.-Ing. E. Kinkel, Heilbronn

und

Kaseinkaltleime
von Dr.-Ing. K. Hagenmüller, Ludwigsburg

Mit 140 Abbildungen

Springer-Verlag Berlin Heidelberg GmbH

1958

© Springer-Verlag Berlin Heidelberg 1958
Ursprünglich erschienen bei Springer-Verlag OHG., Berlin/Göttingen/Heidelberg 1958
Softcover reprint of the hardcover 1st edition 1958

ISBN 978-3-642-85884-0   ISBN 978-3-642-85883-3 (eBook)
DOI 10.1007/978-3-642-85883-3

Vorwort

Die neuere Entwicklung auf dem wissenschaftlichen und technischen Gebiet der tierischen Leime läßt es berechtigt erscheinen, einen Bericht über den derzeitigen Stand unseres Wissens über diesen Gegenstand zu geben.

Einmal ist in den letzten Jahrzehnten die wissenschaftliche Forschung über Kollagen und Glutin sehr lebhaft betrieben worden. Zahlreiche neue Arbeiten hierüber, hauptsächlich von amerikanischen und englischen Forschern, liegen vor; die wichtigen Fragen der Struktur des Kollagens und dessen Überführung in Glutin sind eingehend untersucht worden, wenn auch bis jetzt noch keine endgültige Lösung derselben gefunden wurde.

Zum andern hat die technische Erzeugung dieser Produkte insofern Fortschritte gemacht, als in einzelnen Abschnitten der Fabrikation, wie Formung und Trocknung der Leimgallerte, weitgehend eine vollautomatische Verarbeitung auf Kleinstückleim eingeführt wurde.

Und schließlich hat die Unsicherheit hinsichtlich der Untersuchung der Fertigerzeugnisse einer klaren Linie Platz gemacht. Der Fachnormenausschuß „Materialprüfung", die Leimindustrie und der Verfasser haben in gemeinsamer Arbeit ein Normblatt „Prüfung der Glutinleime" fertiggestellt, in welchem die Untersuchungsverfahren festgelegt sind. Diese Normen wurden auch mit der amerikanischen und englischen Standardisierung in Einklang gebracht.

Es war mir vergönnt, für einzelne Abschnitte der vorliegenden Arbeit ausgezeichnete Sachkenner als Mitarbeiter zu gewinnen. Herr Dr. E. KINKEL, Heilbronn, hat das Kapitel „Gelatine", Herr Dr. K. HAGENMÜLLER, Ludwigsburg, den Abschnitt „Kaseinleime" bearbeitet. Beiden sei auch an dieser Stelle für ihre wertvolle Arbeit mein herzlichster Dank ausgesprochen. Weiterhin habe ich von zahlreichen Männern vom Fach in einzelnen Fragen bereitwillige Auskunft und Beihilfe erfahren. Allen diesen freundlichen Helfern sei ebenfalls herzlich gedankt.

Manchem Leser mag die Art der Darstellung in einzelnen Punkten etwas zu elementar erscheinen. Tatsächlich bereitet es eine gewisse Schwierigkeit, hier die richtige Abstufung zu finden. Es ist zu berücksichtigen, daß diese Ausführungen sich nicht nur an den eigentlichen Fachmann wenden, sie sollen auch einem weiteren Kreis von Lesern gelegentlich Aufschluß geben.

Zum Schluß bleibt mir noch die angenehme Pflicht, dem Springer-Verlag für die Ausstattung des Buches und die sorgfältige Ausführung der Abbildungen meinen Dank auszusprechen.

Stuttgart, im Januar 1958

E. Sauer

Inhaltsverzeichnis

Seite

I. Allgemeines 1

Systematik der Klebstoffe 1
Berufsorganisationen in der Industrie tierischer Leime. Statistik ... 2
Anwendungsgebiete der Glutinleime 3
Geschichtliches 4

II. Chemie des Glutins 13

Gelatine und Leim als Eiweißkörper 13
Aminosäuren als Bausteine der Eiweißkörper 14
Einteilung und Reaktionen der Eiweißkörper 19
Kollagen und Glutin 22
Struktur des Kollagens 22
Überführung des Kollagens in Glutin 30
Die Aminosäuren des Kollagens und Glutins 34
Äquivalent- und Molekulargewicht des Glutins 38
Röntgenographische Untersuchung an Kollagen und Glutin 40
Abbau des Glutins 41
Brückenreaktionen des Glutins 53
Reaktion von photographischen Farbkomponenten mit Glutin 60
Gerbreaktionen 62

III. Physikalische Chemie und Kolloidchemie des Glutins ... 69

a) Glutin als fester Stoff 69
b) Glutin in Lösung 70
    Elektrochemisches Verhalten der Proteine 70
    Viskosität von Glutinlösungen 76
    Oberflächenspannung von Glutinlösungen 78
    Diffusion und Dialyse 87
    Gelatine als Schutzkolloid 90
    Optische Erscheinungen 91
c) Glutin als Gallerte 93
    Entstehen der Gallerten, Quellung 93
    Bau der Gallerten 97
    Quellung von Glutin in Säuren 99
    Elastizität der Gallerten 104
    Schmelzpunkt 113

IV. Theorie des Klebvorgangs 115

V. Fabrikation der Gelatine. Von Dr.-Ing. ERNST KINKEL,
    Heilbronn 120
Rohstoff 120
Fabrikation der Knochengelatine 120
Fabrikation der Hautgelatine 120
Gelatine für photograpische Zwecke 124
    1. Die physikalischen Konstanten 125
    2. Die photographischen Eigenschaften 127

                                                                    Seite
Speisegelatine 131
Anwendung für pharmazeutische Zwecke 133
Technische Gelatine 133

VI. Fabrikation des Hautleims 134
Rohstoffe 134
Äscherung des Leimleders 136
Waschen des Leimleders 142
Der Siedeprozeß 145
Herstellung von Teilsuden 147
Klärung und Filtration der Leimbrühen 149
Eindampfen 151
Konservieren und Bleichen des Leims 157
Aufarbeiten der Leimkesselrückstände 160

VII. Fabrikation des Knochenleims 161
Aufbau der Knochen 161
Chemische Zusammensetzung der Knochen 163
Knochen als Rohstoff 168
Vorbereiten des Rohmaterials 169
Entfetten der Knochen 177
Weitere Reinigung der Knochen 178
Das Entleimen der Knochen 180
Klärung der Leimbrühen 185
Eindampfen, Bleichen und Konservieren des Knochenleims 189
Aufarbeitung der Nebenprodukte 190
Betriebskontrolle und Ausbeute 192
Verbesserung der Knochenleimqualität 197
Wasserentfettung 197
Das Vyner-Verfahren 199

VIII. Trocknen von Leim und Gelatine 201
Trocknung der Gallerte 202
Trockenformen des Glutinleims 207
Trocknen von Tafelleim 207
Trocknen der Kleinstückleime 213
Trocknen der flüssigen Leimbrühe 219

IX. Spezialleime 223
Schnellbinderleime 224
Glutinkaltleime 226
Heißhärtende Glutinleime 227

X. Lederleim 229
Chromgerbung 230
Verfahren der Entgerbung und Fabrikation des Lederleims 234

XI. Fischleim 239
Hausenblase 240

XII. Kaseinkaltleime. Von Dr.-Ing. KURT HAGENMÜLLER, Ludwigsburg 241
Kaseinleime mit reversibler Gelbildung 243
Kaseinleime mit irreversibler Gelbildung 246

Seite

Einfluß des Rohstoffs auf die Leimeigenschaften 248
Lieferbedingungen und Prüfverfahren für pulverförmige Kaseinkaltleime 249
Modifizierte Kaseinleime 252

XIII. Untersuchung der Glutinleime 252

  A. Prüfung der Bindefestigkeit 252
    DIN-Vorschriften über Prüfung der Bindefestigkeit 253
    DIN 53251 bis 53255 Bestimmung der Bindefestigkeit 253
    DIN-Entwurf: Prüfung von Holzleimen. Bestimmung der Bindefestigkeit von Hirnholzverleimungen 260
    Nähere Erläuterungen zum Verfahren der Hirnholzverleimung 262
    Über das Verhalten der Bindung von Holzleimen bei Dauerbeanspruchung 266

  B. Physikalische und chemische Untersuchung der Glutinleime 272
    DIN-Entwurf 53260 „Prüfung von Glutinleimen" 272
    Erläuterungen zu DIN-Entwurf „Prüfung von Glutinleimen" 280
      Bindefestigkeit 280
      Wassergehalt 280
      Aschegehalt 282
      Viskosität 283
      BLOOM-Viskosität und Verhältnis zu ENGLER-Viskosität 290
      Gallertfestigkeit 293
      Säuregehalt, p_H-Wert 296
      Fettgehalt 297
      Schaumvermögen 297
      Beständigkeit gegen Zersetzung 297
      Bestimmung der Konzentration von Leimlösungen 298
      Refraktometrische Messung der Konzentration 299
      Schmelzpunkt der Gallerte 299
      Quellungsversuche 301
      Ausgiebigkeit 301
    Chemische Prüfungen 302
      Glutingehalt, Gesamtstickstoff 302
      Formaldehyd 304
      Eisen 304
    Analysen von Hautleimen und Knochenleimen 306
    Untersuchung von Spezialleimen 306
    Untersuchung von Gelatine 307
      Gallertfestigkeit und Viskosität nach BLOOM 307
      Wasser-, Asche-, Fett-, Säuregehalt, p_H-Wert 307
      Metalle 308
      Arsen 308
      Kupfer, Blei, Zinn, Zink, Chrom 310

XIV. Übersicht der deutschen Patente 313

Literaturverzeichnis 324

Namenverzeichnis 325

Sachverzeichnis 328

Berichtigung 335

I. Allgemeines

Systematik der Klebstoffe

Eine systematische Einteilung aller Bindemittel, die als Klebstoffe bezeichnet werden können, ist höchst schwierig durchzuführen, da die Einteilung nach verschiedenen Gesichtspunkten, z. B. nach der chemischen Zusammensetzung, nach dem Anwendungszweck, nach der Art der Verarbeitung usw. vorgenommen werden kann. Eine Abgrenzung der gebräuchlichen Begriffe „Leime" und „Klebstoffe" ist nicht immer eindeutig. So z. B. werden die in der Holzindustrie benutzten Bindemittel von jeher nicht als „Klebstoffe", sondern als „Leime" bezeichnet. Nach dem Vorschlag des Deutschen Normenausschusses[1] wird die Bezeichnung „Klebstoff" als allgemeiner Oberbegriff gewählt, unter welchen das gesamte Gebiet der Bindemittel wie Glutinleime, Kunstharzleime, Pflanzenleime, Stärkekleister, Kautschukklebstoffe usw. einzuordnen ist. Die Einteilung nach Tabelle 1 berücksichtigt hauptsächlich die chemische Zusammensetzung der Klebstoffe.

Tabelle 1. *Systematik der Klebstoffe*

1. Naturstoffleime (Grundstoff Eiweiß)
    Glutinleime: Leime auf tierischer Grundlage mit Glutin als Hauptbestandteil
        Hautleim: hergestellt aus Rohhautabfällen
        Lederleim: hergestellt aus entgerbten Lederabfällen
        Knochenleim: hergestellt aus entfetteten Knochen
        Glutinspezialleime: Glutinleime mit chemischen Zusätzen
    Fischleim
    Kaseinleim
    Blutalbuminleim
    Sojabohnenleim

2. Naturstoffleime (Grundstoff Kohlenhydrate)
    Stärkeleim: fadenziehende wäßrige Lösung aus aufgeschlossener Stärke
    Stärkekleister: hergestellt durch Verkleisterung von Stärke
    Quellstärkeleim: chemisch aufgeschlossene, kaltwasserlösliche Stärke
    Quellstärkekleister: chemisch aufgeschlossene, kaltwasserlösliche Stärke
    Methylzelluloseleim: wäßrige Lösung von Methylzellulose
    Zelluloseglykolatleim: wäßrige Lösung des Na-Salzes der Zelluloseglykolsäure

3. Naturstoffleime (Grundstoff Pflanzengummi)
    Gummiarabicum: hochviskose Lösung von Akazienharzen
    Tragantleim: Quellungsprodukt von Tragant in Wasser
    Alginatleim: wäßriger Auszug von Algen

---

[1] Entwurf DIN 19920. Klebstoffe, Richtlinien für die Einteilung. Obige Tabelle 1 schließt sich teilweise diesem Entwurf an.

4. **Kunstharzleime**
   Aminoplaste
   Harnstoff-Formaldehydharz-Leim: wäßrige Lösung mit Härter
   Melamin-Formaldehyd-Leim: wäßrige Lösung mit Härter
   u. a.
   Phenoplaste
   Phenol-Formaldehydharz-Leim mit Härter
   Resorcin-Formaldehyd-Leim: wäßrige Lösung mit Härter
   Polyvinylabkömmlinge
   Polyvinylalkohol-Leim: wäßrige Lösung mit oder ohne Härter
   Polyacrylsäureleim: wäßrige Lösung mit Härter
   Polyvinylazetat-Leim: wäßrige Dispersionen mit Zusätzen ohne Härter
   kaltleimend
   Besondere Formen der Kunstharzleime: Leimfilm, Dispersionen

5. **Klebstoffe mit organischen Lösungsmitteln**
   Kautschuk-Klebstoffe
   Nitrozellulose-Klebstoffe
   Kunstharz-Klebstoffe
   u. a.

Berufsorganisationen in der Industrie tierischer Leime

Statistik

Die Einsicht, daß für die Industrie der tierischen Leime die gemeinsame Vertretung bestimmter Ziele förderlich ist, führte dazu, daß in einzelnen Ländern Fachorganisationen gegründet wurden. Soweit bekannt bestehen folgende Verbände.

Europa:
Deutsche Bundesrepublik:
   Fachverband der Hautleim-Industrie e. V., Darmstadt, Prinz-Christian-Weg 13 1/2
   Fachverband der Knochenleim-Industrie e. V., Frankfurt a. M., Karlsstr. 21
   Fachverband Leime und Klebstoffe e.V., Düsseldorf, Breite Str. 8
England:
   Federation of Gelatine & Glue Manufacturers, Ltd. Sardinia House, 52 Lincoln's Inn Fields, London W.C. 2
Frankreich:
   Chambre Syndicale Nationale des Fabricants de Colles et de Gelatines. 50 Rue Boileau, Paris 16.
Belgien:
   Association Professionelle des Fabricants de Colles, Gelatines et Produits Connexes. 2 Rue Joseph II., Brüssel.
USA:
   National Association of Glue Manufacturers, Inc. 55 West, 42nd Street, New York 36, N. Y.

In England besteht außer dem erwähnten Wirtschaftsverband eine wissenschaftliche Forschungsgesellschaft für die Leim- und Gelatineindustrie (British Gelatine and Glue Research Association, 2 A Dalmeny

Avenue, Holloway, London N 7)[1]. Diese Forschungsgesellschaft hat nicht nur zum Ziel, durch ihre Untersuchungen die Fabrikationsverfahren zu verbessern, sondern sie befaßt sich auch damit, rein wissenschaftlich die Grundlagen der Glutinchemie zu erforschen. In der verhältnismäßig kurzen Zeit ihres Bestehens hat die BGGRA unter Einsatz großzügiger Mittel schon sehr wertvolle Arbeit geleistet.

Die nachstehenden Zahlen umfassen eine kurze Statistik über den heutigen Stand der Herstellung von tierischen Leimen und Gelatine, soweit Angaben erreichbar waren.

Tabelle 2. *Statistik*

Land		Tierische Leime		Gelatine	
		Tonnen	Jahr	Tonnen	Jahr
Dt. Bundesrepublik	Produktion	18 982	1955**	6 108	1955*
	Import	59	1955	330	1955
	Export	4 283	1955*	1 060	1955**
Niederlande	Produktion	2 000	S	1 500	S
	Import	902	1955	245	1955
	Export	1 917	1955	—	—
Belgien	Produktion	3 000	S	4 500	S
Luxemburg	Import	531	1955	658	1955
	Export	872	1955	3 001	1955
Frankreich	Produktion	7 935	1954	4 320	1954
	Import	291	1955	84	1955
	Export	1 653	1955	2 023	1955
Italien	Produktion	6 292	1954	1 344	1954
	Import	1 180	1955	317	1955
	Export	244	1955	32	1955
Schweiz	Produktion	2 500	S	500	S
	Import	500	S	68	1956
	Export	1 000	S	14	1956
Großbritannien ...	Produktion	20 000	S	15 000	S
	Import	2 623	1956	1 361	1956
	Export	4 962	1956	1 417	1956
USA	Produktion	53 103	1955*	22 647	1955**
	Import	3 649	1955	1 503	1955
	Export	473	1955	1 122	1955

* Einschließlich technischer Gelatine ** Ausschließlich technischer Gelatine
S = Schätzung.

Anwendungsgebiete der Glutinleime[2]

Trotzdem in der holzverarbeitenden Industrie heute die Kunstharzleime außerordentlich an Raum gewonnen haben, ist die Herstellung tierischer Leime keineswegs zurückgegangen. Tatsächlich umfaßt die An-

---

[1] WARD, A. G.: The British Gelatine and Glue Research Association, Chemistry and Industry 1953, S. 1372 bis 1374.
[2] Nach DE BRUYNE und HOUWINK: Klebtechnik 1957, S. 161.

wendung der Glutinleime für die Holzleimung nur einen verhältnismäßig
geringen Anteil der Gesamtherstellung, der schätzungsweise zehn Prozent nicht überschreitet. Eine ausführliche Schilderung der Anwendungszwecke der Glutinleime soll hier nicht gegeben werden, da diese
Aufgabe äußerst umfangreich ist und vielseitige Sondergebiete berührt.

Die nachstehende Übersicht (Tabelle 3) zeigt ein Bild der Aufteilung
in der Verwendung der Glutinleime, d. h. von Hautleim und Knochenleim in USA vom Jahr 1943. In anderen Ländern dürfte das Bild ein
ähnliches sein. Es fällt auf, daß die Papier- und Stoffgummierung (Herstellung von Klebstreifen) wenigstens in USA weitaus das Haupt-
anwendungsgebiet von Hautleim und Knochenleim darstellt.

Tabelle 3. *Verbrauch an Hautleim und Knochenleim in USA 1943*

Industrie	Anteil %	Industrie	Anteil %
Buchbinderei	1,4	Munitionskörbe	0,7
Chemikalien	3,3	Papier- und Stoffgummierung	26,9
Druckwalzen	1,0	Papierherstellung	5,2
Export	1,0	Papierkartons	2,5
Faßdichtung	0,2	Papierwaren	2,9
Großhandel	11,1	Polierscheiben	1,8
Holzfaserbehälter	0,6	Schleifmittel	9,0
Holzverarbeitung	4,1	Tapeten	0,6
Kautschuk	0,7	Textilien	4,4
Klebstoffe verschiedener Art	8,1	Tünchen	1,2
Koffer	0,6	Zündhölzer	3,1
Korkdichtungen	2,9	Verschiedenes	3,3
Möbel	3,4	Insgesamt:	100,0

Geschichtliches [1]

Hautleim. Das erste Vorkommen eines tierischen Leims läßt sich bei
den alten Ägyptern nachweisen. In zahlreichen Grabmälern derselben
wurden nicht nur kunstvolle Möbel, sondern auch bildliche Darstellungen
von Tischlerwerkstätten und sogar Leimreste gefunden, die über Art,
Anwendung und Herstellung des Holzleims Aufschlüsse geben.

Die altägyptischen Möbel waren in Form und Konstruktion hoch-
entwickelt. Vollständig furnierte Truhen, Betten und Stühle gehören
keineswegs zu den Seltenheiten. Aus der Tatsache, daß sich diese
Arbeiten bis auf den heutigen Tag erhalten haben, ist die Güte des bei
ihrer Herstellung verwendeten Leims klar erwiesen.

Das Grab des Präfekten Rekhmara von Theben aus der Zeit um 1470
v. Chr. enthält ein großes Wandgemälde in farbiger Stuckmalerei mit
einer ausführlichen Darstellung der verschiedenen Handwerker. Abb. 1 [2]

---

[1] Eine wertvolle Abhandlung über die Geschichte der tierischen Leime von
I. M. GREBER findet sich in GREBER-LEHMANN-VAN DER WERTH: Die tierischen
Leime, Heidelberg 1950.

[2] Aus „The Life of Rekhmara" by P. E. NEWBERRY, Westminster 1900. —
Nach ALEXANDER, J.: Glue and Gelatin, New York 1923.

ist ein Ausschnitt davon mit einer Gruppe von Arbeitern, die mit Holzarbeiten beschäftigt sind. Bemerkenswert ist die Darstellung in der
oberen Reihe, diese Arbeiter betätigen sich offenkundig mit der Anwendung von Leim. Der Mann links paßt zwei Holzbretter (im Original von
verschiedener Farbe) aufeinander auf, um eine sattanliegende Verleimung
zu erzielen. Oberhalb ist eine Truhe in kunstvoller Arbeit wiedergegeben.

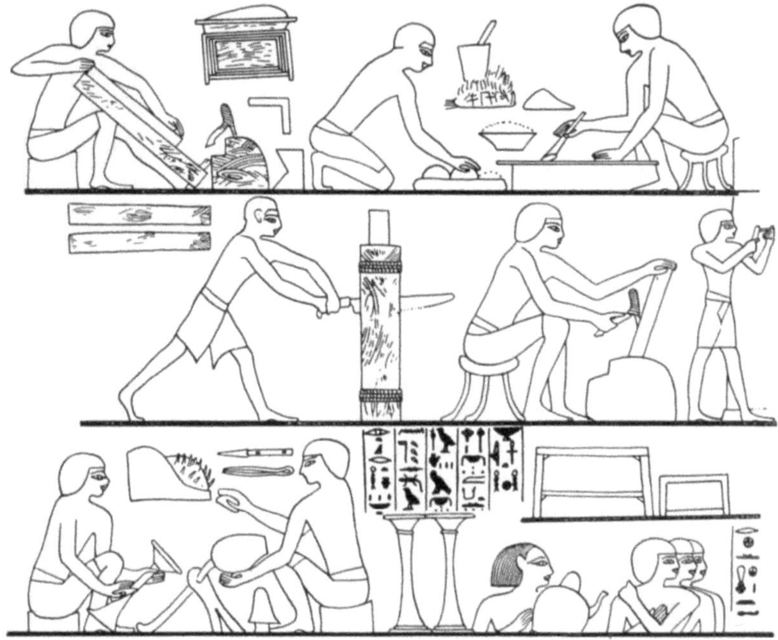

Abb. 1. Altägyptische Handwerker bei Ausführung von Holzarbeiten. Teil eines Wandgemäldes aus
dem Grabmal des Präfekten Rekhmara von Theben um 1470 v. Chr. Nach J. ALEXANDER, Gine and
Gelatin, New York 1923

In der Mitte dieser Reihe ist ein Arbeiter damit beschäftigt, eine Holzplatte mit einem Sandschleifstein zu glätten. Die Figur rechts trägt offenbar Leim auf eine Holzplatte mit einem Pinsel oder Spachtel auf. Darüber befindet sich der Leimtopf, der auf einem Feuer erwärmt wird,
rechts daneben ein Stück Leim.

In der mittleren Reihe ist ein Arbeiter damit beschäftigt, einen Holz-
stamm in Bretter zu zersägen. Der Block ist zur Befestigung an einem
senkrechten in den Boden eingeschlagenen starken Pfahl angebunden.
Der Mann rechts richtet das Holz zur weiteren Verarbeitung her.

Die Arbeiter in der unteren Reihe führen Holzschnitzarbeiten aus, sie
glätten das Holz mit Handschleifsteinen. Rechts von diesen ist sehr hübsch
dargestellt, wie eine Frau aus einer Kanne drei Männer mit Wasser über-

gießt, die sich offenbar nach beendeter Arbeit von Staub und Schweiß
reinigen. Bemerkenswert ist die ausgezeichnete Abbildung der Bewegung
und Haltung der Figuren.

In einer Felsengrotte unterhalb des Totentempels der Königin Hat-
schepsut in Der-el-Bahri wurde auch ein Stück Leim gefunden, der zur
Herstellung der furnierten Truhen usw. benutzt wurde.

Dieses ursprünglich in viereckiger Form vorliegende Leimstück war
durch die Austrocknung zusammengeschrumpft und hatte sich verzogen.
Über diesen Leim schreibt A. Lukas in dem Buch von HOWARD-CARTER[1]:
„Im Aussehen ist dieses Leimstück nicht von dem heutigen Leim zu
unterscheiden und dieser Leim reagiert noch ebenso auf die üblichen
Proben. Nach den Gegenständen im Grab zu urteilen ist der Leim im
alten Ägypten genau wie heute von den Schreinern zum Zusammenhalten
von Holz und zum Aufkleben von Furnieren oder von Ebenholz, Elfen-
bein und anderen Einlagen benutzt worden.

Die Griechen kannten ebenfalls den aus Hautabfällen gesottenen
Leim, sehr wahrscheinlich hatten sie ihn von den Ägyptern übernommen.
Die griechische Bezeichnung für Leim = „Kolla" kehrt wieder im Wort
„Kolloid". Bei der Holzverarbeitung wurde insbesondere „taurokolla",
d. h. „Stierleim", als besonders hochwertiger Leim verwendet, eine Be-
zeichnung, die deutlich auf die Herkunft des Rohstoffs hinweist.

Der griechische Philosoph Theophrast (371—286 v. Chr.) berichtet in
seiner „Geschichte der Gewächse" von der Bindfestigkeit der Holzverleimung. „Bei der Zimmermannsarbeit hält der Leim am besten die Fichte
zusammen, wegen ihres lockeren und gerade fortlaufenden Holzes. Eher
reißt das Holz als die Leimfuge." Weiter schreibt Theophrast: „Ganz
und gar nicht haftet nach dem Zusammenleimen Eichenholz mit Fichte
oder Tanne. Das eine ist fest, das andere locker, und das eine gleichmäßig
und das andere nicht. Es ist nötig, daß das, was man verbinden will, in
ähnlichem Zustand sei und nicht entgegengesetzt." Diese Angabe scheint
doch mit den Tatsachen in Widerspruch zu stehen, da auch die griechi-
schen Handwerker es sehr wohl verstanden, mit Hartholz furnierte
Möbel herzustellen. Wahrscheinlich ergaben sich bei solcher Arbeitsweise
gelegentlich Schwierigkeiten mit der Leimung[2].

Nach der Eroberung Griechenlands durch die Römer machten die letzteren weitgehend von den Fertigkeiten der Griechen in Kunst und Hand-

---

[1] HOWARD-CARTER: Tut-ench Amun. Ein ägyptisches Königsgrab, Bd. II,
S. 206, Leipzig 1927.

[2] Auch nach heutigen Erfahrungen erfordert die Leimung bestimmter Furniere
besondere Sorgfalt in der Auswahl und Anwendung des Leims. Immer wieder
treten dabei gelegentlich Mißerfolge auf. Solche Fehlleimungen führen dann zu
Auseinandersetzungen zwischen Leimhersteller und Verbraucher, die meist höchst
schwierig beizulegen sind.

werk Gebrauch. Eingehende Mitteilungen stammen von dem römischen Schriftsteller Plinius. Er hatte sich umfassende Kenntnisse angeeignet und mit großem Fleiß das gesamte damalige naturwissenschaftliche und technische Wissen in 37 Büchern gesammelt, er kam 56jährig bei Beobachtung des Vesuvausbruchs im Jahr 79 n. Chr. ums Leben. Über die Herstellung des Leims schreibt Plinius: „Der Leim wird aus den Häuten von Rindern ausgekocht, vornehmlich aus denen von Stieren." Bei Beschreibung des berühmten Riesentempels der Artemis auf der Insel Ephesus („Diana von Ephesus") erwähnt Plinius, daß zu seiner Zeit das Holz der mit großer Sorgfalt hergestellten Türflügel aus Zypresse und das gesamte Holzwerk etwa 400 Jahre nach der Anfertigung noch wie neu sei. Er fügt hinzu, daß die Türflügel bei der Herstellung vier Jahre in der Leimzwinge gestanden haben.

Im frühen Mittelalter waren die Klöster vielfach die Pflege- und Lehrstätten für Kunst und Handwerk. Hier wurden auch wichtige technische Lehrbücher verfaßt und das Wissen des Altertums sorgfältig gesammelt. In diesen Büchern wurden genaue Rezepte und ausführliche Arbeitsanweisungen für die verschiedenen Zweige des Kunsthandwerks gegeben.

Zu den wichtigsten Handschriften dieser Art gehören die des Fuldaer Abtes und späteren Erzbischofs von Mainz, Rhabanus Maurus, aus der Mitte des 9. Jahrhunderts und des Kölner Benediktiner Mönchs Theophilus aus dem 10. Jahrhundert.

Theophilus gibt auch eine Anweisung zur Herstellung des Hautleims, der nach seiner Meinung am zweckmäßigsten mit Hirschhorn versetzt wird. Der Zusatz von Hirschhorn wird auch in anderen mittelalterlichen Rezepten erwähnt.

Die Anweisung lautet: „Nimm gleichfalls getrocknete Schnitzel desselben Leders, schneide sie in Stückchen (gut sind auch die Schnitzel von anderen Pergamentsorten), nimm auf dem Amboß mittels des Hammers des Eisenarbeiters zu Stückchen zerbrochenes Hirschhorn, tue sie in einen neuen Topf zusammen, bis er zur Hälfte voll ist, fülle ihn mit Wasser und erwärme es, bis der dritte Teil des Wassers eingekocht ist, so jedoch, daß es nicht überkocht. Und prüfe in folgendem: befeuchte den Finger mit ebendem Wasser und wenn sie nach dem Erkalten aneinanderkleben, so ist der Leim gut. Wenn aber nicht, so koche so lange weiter, bis sie zusammenkleben. Dann gieße besagten Leim in ein reines Gefäß, fülle den Topf wiederum mit Wasser und koche wie vorher, und so verfahre bis zu viermal."

Die älteste Abbildung einer Leimsiederei stammt von Luyken in Harlem 1694. Der Nürnberger Kupferstecher Christoph Weigel hat sie 4 Jahre später in sein Ständebuch übernommen (s. Abb. 2). Weigel hat noch einen frommen Vers von Abraham a Santa Clara beigefügt. Auf diesem Bild sind im Hintergrund die mit Leimtafeln belegten, schräg aufgestellten

Trocknungshorden sichtbar. Die übrigen Vorrichtungen befinden sich offenbar in dem niederen Sudhaus in der Mitte des Bildes. Das Verfahren der Kalkäscherung ist anscheinend noch nicht bekannt. Dies schließt nicht aus, daß ein Teil des Leimleders bei der Vorbereitung der

Abb. 2. „Der Leimmacher", Kupferstich von CHR WEIGEL 1698

Häute in der Gerberei zwecks Enthaarung mit Kalk vorbehandelt war. Den Hauptraum des Bildes nimmt die Darstellung einer Waschvorrichtung für das Leimleder ein. Diese besteht aus einem viereckigen, geflochtenen Weidenkorb, der an zwei kräftigen hölzernen Hebelarmen befestigt ist. Der Korb ist um eine obere Längskante drehbar gelagert. Er taucht in einen fließenden Wasserlauf oder in einen See ein, wobei die Hebel senkrecht stehen, und kann durch Herabdrücken der Hebelarme aus dem Wasser gehoben werden. Um letztere Arbeit zu erleichtern und die

Vorrichtung stabiler zu gestalten, sind die Hebelarme durch ein oder zwei Querhölzer verbunden. Dieser Tauchkorb, dessen einfache Hebelvorrichtung die schwere Arbeit wesentlich vereinfacht, stellt ein recht wirksames Waschgerät dar. Dessen Einführung ist gewissermaßen der erste Schritt zu einer mechanisierten Arbeit in der Leimindustrie.

Im Jahr 1771 veröffentlichte DUHAMEL DU MONCEAU[1] in der Reihe „Beschreibung der Künste und Handwerke" auch eine Abhandlung über die Leimherstellung mit sehr instruktiven Abbildungen. Es war die erste systematische Bearbeitung dieses Fachgebiets, seine Beschreibungen und Abbildungen wurden vielfach von späteren Enzyklopädisten übernommen. Abb. 3 stammt aus der Abhandlung von DUHAMEL. Während die Leimherstellung in der weiter zurückliegenden Zeit meist im Anschluß an die Leder- und Pergamentgewinnung in kleinerem Umfang ausgeführt wurde, stellt dieses Bild eine größere selbständige Leimsiederei dar[2].

Darnach ergibt sich folgendes Verfahren, wie es fast unverändert bis zu Beginn unseres Jahrhunderts beibehalten wurde.

Die Lederabfälle wurden in den schon beschriebenen Tauchkörben gründlich geweicht und ausgewaschen. Diese Tauchkörbe sind hier mit Gitterwänden aus Holz ohne Flechtwerk hergestellt[3]. Dann schloß sich die Äscherung an, wobei das Leimleder wie noch heute in Gruben M eingetragen und mit Kalkmilch übergossen wurde. Der Kalkmilch wurde Holzasche zugesetzt, daher die Bezeichnung „Äscherung". Die Kalkbehandlung dauerte 3—6 Monate. Nach der Äscherung wurde das Material zunächst in Haufen N aufgesetzt, eine Behandlungsweise, die sich für die Güte des Leims als vorteilhaft erwiesen hat und zum Teil heute noch ausgeführt wird (s. S. 139). Ein solches Verfahren ergibt sich allerdings auch zwangsweise, da bei der Entleerung einer Äschergrube ein größeres Quantum von Material anfiel, welches nur nach und nach ausgewaschen werden konnte. Dann wurde das Material in die hölzernen Bottiche B überführt und unter dauerndem Zulauf von Wasser und häufigem Umrühren gründlich ausgewaschen. Schon damals hatte man die Erfahrung gemacht, daß der Leim um so besser anfällt, je sorgfältiger der Kalk ausgewaschen wird. Das Wasser wird hier mit Handpumpen K aus dem Fluß hochgepumpt und durch Holzrinnen auf die einzelnen Behälter verteilt. Dann wurde das überschüssige Wasser in der Spindelpresse P möglichst vollständig abgepreßt. Die weiteren Vorgänge spielten sich in dem Sudhaus R ab. Diese Teilvorgänge sind in der Abhandlung

---

[1] GREBER, I. M.: S. 28, zit. S. 4.

[2] Ein Original-Kupferstich wurde von Herrn Dr. ELLENBERGER, Vaihingen, zur Herstellung dieser Abbildung gütigst zur Verfügung gestellt.

[3] Diese Tauchkörbe waren übrigens bei uns noch bis zu Beginn des 1. Weltkrieges hie und da zu sehen.

Abb. 3. Leimsiederei nach der Beschreibung und Abbildung von DUHAMEL DU MONCEAU 1771

von DUHAMEL im einzelnen beschrieben und gesondert abgebildet. Im Sudhaus befand sich der eingemauerte kupferne Sudkessel, der mit Holz geheizt wurde. Der Boden des Kessels wurde mit Stroh oder einem Holzrost bedeckt, damit das Leimleder nicht anbrennen konnte. Leimleder und Wasser wurde eingefüllt und zum Sieden erhitzt. Wenn die Leimbrühe die erfahrungsmäßig nötige Konzentration erreicht hatte, wurde sie ausgeschöpft und durch ein über einen Rahmen gespanntes Tuch in einen Holzbottich abgeseiht. Man ließ die Leimbrühe in diesem Sammelbottich einige Stunden stehen, wobei sich noch ein erheblicher Anteil der suspendierten Verunreinigungen zu Boden setzte. Dann wurde die schon etwas abgekühlte und geklärte Leimbrühe in die schmalen langen Gallertkästen abgelassen und hier zur Erstarrung sich selbst überlassen. Wenn der Sud gelungen war, erwies sich die Gallerte als schnittfest. Die Gallertblöcke wurden aus den Kästen herausgelöst, mit einem in einen Rahmen gespannten Draht in Tafeln geschnitten und letztere auf die Trockenhorden aufgelegt. Diese Horden waren Holzrahmen, die mit Hanfnetzen von etwa 2 Quadratmeter Größe bespannt waren. Die vollständige Trocknung nahm eine bis mehrere Wochen in Anspruch. Der Leim war in diesem Zustand besonders im Sommer leicht dem Verderb ausgesetzt. Die Trockennetze mußten luftig aufgestellt und vor Sonnenbestrahlung und Regen geschützt sein. Auf obiger Abbildung ist links das große Trockenhaus sichtbar, dessen offene Seiten dem Luftzug Zutritt gestatteten. Die unten stehenden Horden sind offenbar fertig getrocknet, da die Tafeln festhaften, und zum Abnehmen des Leims bereit. Zur besseren Ausnutzung des Trockenraums wurden von manchen Leimsiedern die Leimtafeln, ehe sie vollständig trocken waren, von den Netzen genommen, durchbohrt, an Schnüren aufgereiht und die letzteren zum Fertigtrocknen der Tafeln in den Trockenräumen ausgespannt. Solche Schnüre sind auf obiger Abbildung links vorn im Trockenhaus sichtbar.

Neben den Tauchkörben befindet sich noch ein einzelner Holzbottich, dessen Inhalt von einem Arbeiter umgerührt wird. Der Zweck dieses Behälters ist nicht ersichtlich, vielleicht enthält er das Abschöpffett.

Dieser Leim unterschied sich nicht allzu sehr von den heute hergestellten Leimtafeln, er zeigte die bekannten Trocknungskanten, war mehr oder weniger trüb und von gelber bis brauner Farbe.

Diese Beschreibung der Herstellung des Hautleims vor etwa 180 Jahren weist schon alle Grundzüge der heutigen Leimfabrikation auf. Sie wurde auch weitere hundert Jahre in wenig veränderter Form in den meisten europäischen Ländern fortgeführt.

Der Übergang des handwerklichen Betriebs zum Fabrikbetrieb, der etwa um die Jahrhundertwende einsetzt, ist gekennzeichnet durch die Einführung des Dampfbetriebs, durch die Eindampfung der Leimbrühe im Vakuum und die Trocknung in künstlich beheizten Räumen. Der letzte Schritt ist schließlich die vollautomatische Herstellung von „Kleinstückleim" in Verbindung mit der Schnelltrocknung, wobei von der Gewinnung der Leimbrühe bis zur Fertigtrocknung nur wenige Stunden vergehen.

Kaseinleim. Die von einigen Forschern vertretene Meinung, der Gebrauch des Kaseinleims reiche bis ins Altertum zurück, ist nicht erwiesen. Der schon erwähnte Benediktinermönch Theophilus[1] (S. 7) empfahl den Käse-Kalkleim zuerst um 950 zur wasser- und hitzebeständigen Verleimung von Altartafeln und türen. Die Anwendung reicht aber sicher noch um einige Jahrhunderte weiter zurück, anscheinend hat Theophilus ein an sich damals allgemein bekanntes Rezept wiedergegeben. Die Anleitung des Theophilus lautet: „Quark soll man ganz klein schneiden und mit warmem Wasser in dem Mörser mittels der Keule so lange durchwaschen, bis das zugegossene Wasser klar abfließt. Dann soll man den Quark mit der Hand glatt drücken und in kaltes Wasser legen, bis er hart wird. Hierauf soll man ihn auf einer glatten Holztafel mittels eines anderen Holzes aufs feinste mahlen, wiederum in den Mörser bringen und unter Zusatz von Wasser und gelöschtem Kalk sorgfältig mit der Keule zerstoßen, bis er so steif wie Hefe wird." Theophilus fügt dann ausdrücklich hinzu, daß die mit Käseleim verleimten Arbeiten weder durch Nässe noch durch Hitze voneinander getrennt werden können.

Etwas abweichend hiervon ist die Anweisung des Italieners Garzoni, welcher nicht vom frischen Quark, sondern vom fertigen Käse ausgeht: „Man nimmt einen harten, dürren und mageren Käse, denselben reibt man auf einem Reibeisen und wäscht ihn hiernach mit heißem Wasser so lange, bis keine Fettigkeit mehr herausgeht, darnach reibt man denselben auf einem glatten Stein und tut ein wenig weißen Kalk darunter, so wird ein guter, fester Leim daraus, welcher auch im Wasser hält."

Seit dem hohen Mittelalter hat sich der Kaseinleim in dieser einfachen Bereitungsart bis zum Ende des 19. Jahrhunderts unverändert erhalten.

Die neuzeitlichen Kaseinleime gründen sich im Prinzip auf die gleiche Reaktion, jedoch wird als Ausgangsstoff trockenes Kasein benutzt, und die Kaseinleime werden als trockene, pulverförmige Gemische in den Handel gebracht.

Fischleime. Der Fischleim war Griechen und Römern bekannt und wurde als „ichtyokolla" bezeichnet. Man verstand darunter nicht den flüssigen Fischleim, wie er heute aus Fischabfällen hergestellt wird, sondern ausschließlich getrocknete gereinigte Hausenblase, die aus den pontischen Ländern, also aus der Gegend des schwarzen Meeres kam, also dasselbe Produkt, wie es heute noch im Handel ist.

Plinius[1] schreibt: ein bestimmter Fischleim soll aus dem Bauche (d. h. aus der Fischblase), nicht aus der Haut gemacht werden wie der Stierleim. Gelobt wird der pontische, der blendend weiß und frei von Adern und Schuppen ist, und sehr schnell flüssig wird.

Der oben genannte Theophilus unterscheidet einerseits Leder- und Käseleim für die Holzverleimung und andererseits Pergament- und Fisch-

---

[1] Greber, I. M.: zit. S. 4.

blasenleim für die Tafel- und Buchmalerei. Die Zubereitung des Fischleims soll nach Theophilus in folgender Weise vorgenommen werden: „Nimm die Blase vom Fisch, den man Hausen nennt, wasche sie dreimal in lauem Wasser, schneide sie in Stücke, tue sie nebst Wasser in einen ganz reinen Topf, lasse sie über Nacht weichen und koche sie am folgenden Morgen über Kohlen, doch so, daß sie nicht übersprudelt, bis beim Prüfen die Finger aneinander kleben. Wenn sie fest zusammenkleben ist der Leim gut."

Nach diesem Rezept wird im Grunde noch heute verfahren.

II. Chemie des Glutins

Gelatine und Leim als Eiweißkörper

Die chemisch wirksame Substanz von Gelatine und Leim wird als „Glutin"[1] bezeichnet, dementsprechend die Gruppe der Erzeugnisse Gelatine, Hautleim, Knochenleim, Lederleim als „Glutinpräparate" bzw. „Glutinleime".

Glutin entsteht aus den Kollagenen oder Leimbildnern. Diese bilden den Hauptanteil der tierischen Lederhaut und des organischen Anteils der Knochen. Glutin und Kollagen gehören zur Klasse der Eiweißkörper[2].

Die Eiweißkörper oder Proteine bilden eine scharf abgegrenzte Gruppe stickstoffhaltiger Naturstoffe von charakteristischer Zusammensetzung. Sie sind die einzigen Naturstoffe, die bei tiefgehendem Abbau, d. h. durch Kochen mit starken Säuren in Aminosäuren zerfallen. Die Trockensubstanz der tierischen Organismen besteht überwiegend aus Eiweißkörpern.

Bemerkenswert ist der hohe Stickstoffgehalt der Proteine, der für fast alle Vertreter dieser Stoffgruppe 15 bis 17% beträgt. Die elementare Zusammensetzung der verschiedenen Proteine unterscheidet sich nur wenig voneinander. Tabelle 4 enthält die chemische Zusammensetzung der für die Leimfabrikation wichtigen Proteine.

Die Kollagene gehören zu derjenigen Klasse der Eiweißkörper, die als Skleroproteine oder Gerüsteiweißstoffe bezeichnet werden. Diesen ist die Aufgabe, dem tierischen Organismus als Gerüstsubstanz zu dienen, gemeinsam. Dementsprechend sind sie in kaltem Wasser und wäßrigen Medien vollkommen unlöslich. Sowohl das Kollagen der Haut als auch

---

[1] In der englischen Literatur wird nach dem Vorgang der „British Gelatine and Glue Research Association" die chemisch reine Form als „Gelatin", das technische Produkt als „Gelatine" bezeichnet.

[2] Überwiegend findet sich in der Literatur der organischen Chemie die Bezeichnung „Eiweißkörper", obwohl chemisch betrachtet „Eiweißstoffe" näherliegend wäre.

das des Knochens (Ossein) besitzt im gewachsenen Zustand eine Faserstruktur. Gemäß der natürlichen Funktion als Stützgewebe sind die einzelnen Bauelemente des Kollagens zu einem zusammenhängenden Körper von großer mechanischer Festigkeit zusammengefügt.

Tabelle 4. *Elementare Zusammensetzung einiger Proteine*

	Kohlenstoff %	Wasserstoff %	Stickstoff %	Sauerstoff %	Schwefel %
Kollagen[1]	50,7	6,5	17,9	24,9	—*
Gelatine, Knochen[2]	50,0	6,5	17,5	26,0	—
Gelatine, Haut[3]	50,5	6,7	17,9	24,3	0,57
Gelatine, käuflich[4]	49,4	6,8	18,0	25,1	0,70
Gelatine, aschefrei[5]	50,5	6,8	17,5	25,1	—
Säurekasein[6]	53,0	7,1	15,7	—	0,8
Weizenglutenin[7]	52,3	6,8	17,5	—	1,0

* nicht bestimmt.

Aminosäuren als Bausteine der Eiweißkörper

Die Arbeiten EMIL FISCHERS[8] erbrachten den Nachweis, daß als primäre Bausteine der Eiweißkörper bei deren Hydrolyse neben geringen Mengen von Ammoniak ausschließlich Aminosäuren auftreten. Ein vollständiger Abbau der Proteine bis zu den Aminosäuren wird durch längeres Kochen mit Säuren oder Alkalien erreicht. Man kocht z. B. mit der dreifachen Menge konzentrierter Salzsäure, verdampft im Vakuum mehrmals mit Wasser zur Trockne und erhält so im Rückstand die Chlorhydrate der Aminosäuren. Bei Verwendung von Schwefelsäure kocht man 24 Stunden mit der sechsfachen Menge einer 25 bis 30%igen Säure. Man kann durch Ausfällen mit Bariumhydroxyd die überschüssige Schwefelsäure entfernen und hat im Rückstand die freien Aminosäuren selbst vorliegen. Man überzeugt sich durch das Verschwinden der Biuretreaktion von der Vollständigkeit der Hydrolyse. Bei manchen Eiweißkörpern ist dazu eine Hydrolysendauer bis zu fünf Tagen nötig. Aminosäuren sind Carbonsäuren, die neben der Carboxylgruppe mindestens eine Aminogruppe im Molekül enthalten. Alle aus den natürlichen Proteinen isolierten Aminosäuren sind α-Aminosäuren, sie sind durch die Nachbarschaft

---

[1] HOFMEISTER: Hoppe-Seiler's Z. physiol. Chem. Bd. 2 (1878) S. 299.
[2] FREMY: Z., Bd. 42 (1871) S. 516.
[3] RICHARDS and GIES: Amer. J. Physiol. Bd. 8 (1903).
[4] CHITTENDEN: J. Physiol. Bd. 12 (1891) S. 33.
[5] SMITH, C. R.: J. Amer. chem. Soc. Bd. 43 (1921) 1352.
[6] HAMMARSTEN: Z. physiol. Chem. Bd. 10 (1883) S. 227.
[7] OSBORN, T. B.: Erg. Physiol. Bd. 10 (1910) S. 62.
[8] FISCHER, E.: Untersuchungen über Aminosäuren, Polypeptide und Proteine. Springer, Berlin 1906 und 1923.

von Amino- und Carboxyl-Gruppe am asymmetrischen Kohlenstoff, also durch die Anordnung $R-\overset{\overset{\displaystyle NH_2}{|}}{\underset{\underset{\displaystyle H}{|}}{C}}-COOH$ gekennzeichnet.

Die Aminosäuren sind infolge der gleichzeitigen Gegenwart von Amino- und Carboxyl-Gruppe *amphoter* und hierin das Vorbild der aus ihnen aufgebauten Proteine. Sie sind also zur Salzbildung sowohl mit Säuren als auch mit Basen befähigt. Nach der heute allgemein angenommenen Anschauung von P. PFEIFFER[1] und von N. BJERRUM[2] erfolgt zwischen Carboxyl- und α-Aminogruppe die Bildung eines „inneren Salzes". Die Aminosäuren liegen bei isoelektrischer Reaktion fast vollständig als Zwitterionen $NH_3-CH(R)-COO$ vor, im sauren Bereich dagegen als Kationen $\oplus NH-CH(R)-COOH$, im alkalischen als Anionen $NH_2-CH(R)-COO\ominus$.

Die etwa 20 verschiedenen Aminosäuren, die heute als Eiweißbausteine sichergestellt sind, gliedern sich nach ihrem elektrochemischen Charakter in die Gruppen der annähernd neutralen Monoaminomonocarbonsäuren, die Monoaminodicarbonsäuren von überwiegend saurer Natur und der überwiegend basischen Diaminomonocarbonsäuren.

Tabelle 5 enthält eine Übersicht der Aminosäuren, die als Spaltprodukte der Proteine auftreten.

Tabelle 5. *Aminosäuren als Bausteine von Proteinen*[3]

Bezeichnung	Chemische Zusammensetzung
1. Glykokoll	A-essigsäure*
2. Alanin	A-propionsäure
3. Valin	A-isovaleriansäure
4. Leucin	A-isobuthylessigsäure
5. Isoleucin	A-isocapronsäure
6. Serin	A-oxypropionsäure
7. Threonin	A-oxybuttersäure
8. Cystin	Di-(A-thiopropionsäure)
9. Methionin	A-thiomethylbuttersäure
10. Phenylalanin	A-phenyl-propionsäure
11. Tyrosin	A-oxyphenyl-propionsäure
12. Dijod-tyrosin	Dijod-A-oxyphenyl-propionsäure
13. Tryptophan	A-indol-propionsäure
14. Prolin	Pyrrolidin-α-carbonsäure
15. Oxyprolin	Oxypyrrolidin-α-carbonsäure
16. Asparaginsäure	A-bernsteinsäure
17. Glutaminsäure	A-glutarsäure
18. Lysin	α, ε-Diaminocapronsäure
19. Arginin	A-guanido-valeriansäure
20. Histidin	Imidazolyl-α-aminopropionsäure

* Abkürzung: A = α-Amino-.

[1] PFEIFFER, P.: B. Bd. 55 (1922) S. 1762.
[2] BJERRUM, N.: Z. physikal. Chem. Bd. 104 (1923) S. 147.
[3] Nach WALDSCHMIDT-LEITZ, E.: Chemie der Eiweißkörper, Stuttgart 1950. S. 3.

Nicht alle der oben angeführten Aminosäuren sind in jedem einzelnen der vorkommenden Eiweißkörper enthalten, manche Proteine weisen nur einige wenige derselben auf, die Zusammensetzung der Eiweißkörper wechselt in weiten Grenzen. Auch die biologische Wertigkeit der einzelnen Proteine, ihre Eignung für die Ernährung des tierischen Organismus, wird durch die Beteiligung bestimmter Bausteine wesentlich beeinflußt. Die Zufuhr bestimmter Aminosäuren mit der Nahrung hat sich nämlich für das Wachstum und die Funktionen des tierischen Organismus als unentbehrlich erwiesen, während andere entbehrlich oder ersetzbar gefunden wurden. Zu den lebensnotwendigen Aminosäuren gehören nach neueren Feststellungen[1] die neun Aminosäuren: Lysin, Leucin, Valin, Phenylalanin, Isoleucin, Threonin, Methionin, Histidin und Tryptophan.

Die in Eiweiß vorkommenden α-Aminosäuren sind bis auf Leucin, Cystin und Tyrosin in Wasser leicht löslich, in organischen Lösungsmitteln dagegen unlöslich. Nur die heterocyclische Carbonsäure Prolin ist in Alkohol löslich, nicht dagegen das Oxyprolin. Mit vielen Metallsalzen, z. B. den Alkali- und Erdalkalihalogeniden, bilden die Aminosäuren Molekülverbindungen, die häufig eine erhöhte Löslichkeit in Wasser aufweisen. Die Aminosäuren sind meist farblose Substanzen, sie sind im Gegensatz zu den hochpolymeren Proteinen gut kristallisierende Körper.

Zum allgemeinen Nachweis von α-Aminosäuren dienen eine Anzahl charakteristischer Farbreaktionen. Am längsten bekannt ist die Reaktion mit Kupferhydroxyd, das sich beim Kochen in neutraler Lösung mit α-Aminosäuren unter Bildung tiefblauer Kupferkomplexverbindungen umsetzt.

Die empfindlichste Nachweisreaktion ist die Probe mit Ninhydrin, Triketohydrinden[2], bei welcher eine Dehydrierung der gewöhnlichen α-Aminosäuren zur Iminosäure und deren Zerfall in Ammoniak, Kohlendioxyd und Aldehyd eintritt, das entstandene Ammoniak reagiert dann mit dem aus dem Ninhydrin gebildeten sekundären Alkohol und einem weiteren Molekül des Reagenses unter Bildung eines blauvioletten Farbstoffs. Positiv reagieren außer den α-Aminosäuren vor allem auch die Peptide und Proteine, nicht aber β- und γ-Aminosäuren.

Die Verfahren, die zur quantitativen Bestimmung von Aminosäuren, die allgemein und nicht nur für einzelne Vertreter derselben anwendbar sind, werden unterschieden als solche, die die Messung der Carboxylgruppen und andere, die die freien Aminogruppen betreffen.

Zu den ersteren gehört das älteste Verfahren der alkalimetrischen Titration in Gegenwart von Formaldehyd, die „Formoltitration" von S. P. L. Sörensen[3]. Infolge der Blockierung der Aminogruppe mit Form-

[1] Rose, W. C.: Science Bd. 86 (1937) S. 298.
[2] Ruhemann, S.: J. Ch. Soc. Bd. 97 (1909) S. 1438, 2025; Bd. 99 (1911) S. 792, 1486.
[3] Biochem. Z. Bd. 7 (1907) S. 45.

aldehyd werden die Aminosäuren als Säuren titrierbar, beispielsweise mit Phenolphtalein als Indikator. Die Methode erfaßt auch die Peptide, für deren Bestimmung neben Aminosäuren wurde ein Verfahren der stufenweisen Titration ausgearbeitet[1].

Eine zweite wichtige maßanalytische Methode zur Erfassung der Carboxylgruppen der Aminosäuren ist die alkalimetrische Bestimmung in hochprozentigem Alkohol, die alkoholische Titration nach WILLSTÄTTER und WALDSCHMIDT-LEITZ[2], gleichfalls mit Phenolphtalein als Indikator. Sie beruht auf einer wesentlichen Erhöhung der Dissoziation in Gegenwart von Alkohol, welche nur die Carboxylgruppe erfaßt, daneben auf einer Verschiebung des Umschlagbereichs der Indikatoren zu stark alkalischer Reaktion[3].

Wohl das am meisten angewandte Verfahren zur Bestimmung der Aminogruppen in den Aminosäuren, auch in Peptiden und Proteinen, ist die Methode von VAN SLYKE[4], die auf der Reaktion mit salpetriger Säure beruht und zu Oxysäuren führt (s. S. 47):

$$HOOC—RCH—NH_2 + HONO = HOOC—RCHOH + N_2 + H_2O.$$

Der gasförmige Stickstoff wird volumetrisch bestimmt. Das Verfahren erfaßt unter bestimmten Bedingungen nur die α-Aminogruppen, nicht auch die ϵ-Aminogruppe im Lysin oder die Guanidogruppe im Arginin.

Die Anwendung von Adsorptionsmethoden ist neuerdings mit Erfolg zur Trennung von Aminosäuregemischen herangezogen worden. Vor allem die chromatographische Methode von M. TSWETT[5] erlaubt infolge ihrer besonderen Selektivität auch strukturell nahe verwandte Stoffe in einfacher und schneller Weise voneinander zu trennen. Schon die Unterschiede in der Kettenlänge und stärker noch die Gegenwart aromatischer und heterozyklischer Substituenden bedingen Unterschiede im elektrochemischen Charakter, die zu ihrer Trennung hinreichen.

Mit dem Verfahren von MOORE u. STEIN[6] gelingt in einfacher Weise eine Trennung der Hydrolysate in die einzelnen Aminosäuren. Diese Forscher benutzen als Füllung für die „Trennsäule" einen Kunstharzionenaustauscher (Dowex 50), zur Durchspülung der Aminosäuren dienen Gemische von Butanol, Propanol und Salzsäure.

Papierchromatographie[7]. Dieses Verfahren ist die einfachste Adsorptionsmethode. Als Trägersubstanz dient Filtrierpapier.

---

[1] HENRIQUES, V. u. J. K. GJALDBACK: Hoppe-Seyler's Z. physiol. Chem. Bd. 75 (1911) S. 363.

[2] B. Bd. 54 (1921) S. 2988.

[3] JUKES, T. H. u. C. L. A. SCHMIDT: J. biol. Chem. Bd. 105 (1934) S. 359.

[4] Ber. dtsch. Bot. Ges. Bd. 24 (1906) 384; C. Bd. II (1906) S. 1286.

[5] CONSDEN, GORDON u. MARTIN: Biochemical J. Bd. 38 (1944) S. 224.

[6] MOORE, S. u. W. H. STEIN: J. biol. Chemistry Bd. 178 (1949) S. 53, 79.

[7] MARTIN, GORDON u. SYNGE: Biochemical J. Bd. 35 (1941) S. 91. — CRAMER, F.: Papierchromatographie, Weinheim, Verlag Chemie.

Nahe dem Ende eines breiten Streifens von Filtrierpapier[1] wird ein kleiner Tropfen des verdünnten Gemischs der Aminosäuren aufgetragen und eintrocknen lassen. Man hängt den Papierstreifen in ein geeignetes Lösungsmittel oder Lösungsmittelgemisch. Dieses durchströmt den Papierstreifen und nimmt den aufgetragenen Fleck des zu trennenden Gemischs in der Fließrichtung mit. Man arbeitet entweder mit abwärtsfließendem oder mit aufsteigendem Lösungsmittel. Die gesamte Vorrichtung wird in einen Glaskasten eingeschlossen, damit das Lösungsmittel nicht aus dem Papierstreifen verdunstet.

Infolge des Unterschieds in der Wanderungsgeschwindigkeit der einzelnen Aminosäuren (R_f-Wert) wird das Gemisch in die einzelnen Komponenten auseinandergezogen, wobei dann die einzelnen Aminosäuren als getrennte Flecken erscheinen.

Die Aminosäuren werden durch Aufsprühen von Ninhydrinlösung (s. S. 16) sichtbar gemacht. Für diese Methode sind äußerst geringe Mengen, 6 bis 12 γ von jeder Aminosäure ausreichend. Die einzelnen Aminosäuren werden durch vergleichende Versuche gekennzeichnet.

Die Trennung wird vollständiger, wenn man die Wanderung nacheinander in zwei Richtungen vornimmt. Man benutzt in diesem Falle ein quadratisches Papierblatt, dreht dieses nach dem ersten Flüssigkeitsdurchgang um 90° und läßt ein zweites Lösungsmittel rechtwinklig zur ersten Wanderungsrichtung durchströmen. Sehr brauchbare Lösungsmittel sind Phenol einerseits und eine Mischung von Butanol und Essigsäure andererseits. In Abb. 4 ist die Entwicklung zuerst mit Phenol, dann nach Drehung des Papiers um 90° mit Collidin durchgeführt. Die Flecken der Aminosäuren sind schematisch angedeutet.

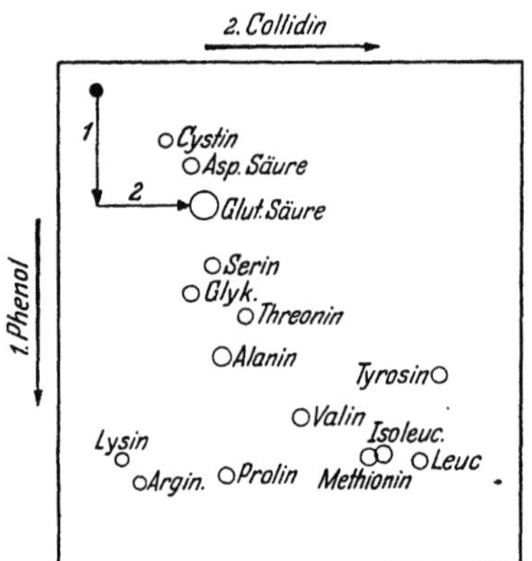

Abb. 4. Trennung von Aminosäuren durch Papierchromatographie, Entwicklung in zwei Richtungen (schematisch)

Die Intensität der mit Ninhydrin sichtbar gemachten Flecken kann photometrisch ausgewertet werden, wodurch man quantitative Werte für die einzelnen Aminosäuren erhält. Dieses ausgezeichnete Verfahren hat die meisten älteren Trennungsmethoden fast vollständig ersetzt und hat die Erkenntnisse in der Chemie der Proteine sehr gefördert.

Polypeptide. Beim Abbau der Proteine ergeben sich die beschriebenen Aminosäuren; damit ist jedoch der Bau des Eiweißmoleküls nicht auf-

---

[1] Es sind nur bestimmte Sorten von Filtrierpapier geeignet.

geklärt. Die Frage, wie die einzelnen Aminosäuren im Eiweißmolekül miteinander verknüpft sind, wurde erstmals von HOFMEISTER und E. FISCHER[1] in bestimmter Weise beantwortet. Sie nehmen eine Verknüpfung der Carboxylgruppen mit den Aminogruppen in säureamitartige Bindung an.

$$\cdots N-\underset{\underset{H}{|}}{\overset{\overset{R_1}{|}}{C}}-\underset{\underset{O}{\|}}{C}\cdots N-\underset{\underset{H}{|}}{\overset{\overset{R_2}{|}}{C}}-\underset{\underset{O}{\|}}{C}\cdots N-\underset{\underset{H}{|}}{\overset{\overset{R_3}{|}}{C}}-\underset{\underset{O}{\|}}{C}\cdots$$

Derartige Aminosäure-Abkömmlinge wurden von E. FISCHER als Dipeptide, Tripeptide usw., allgemein als Polypeptide, die Art der Verknüpfung als Peptidbindung bezeichnet. Diese Formel erklärt die Bildung von Aminosäuren bei der Hydrolyse der Proteine und die Abwesenheit von größeren Mengen von freien Aminogruppen in den Eiweißstoffen. Am Aufbau der fortlaufenden Polypeptidkette sind nur die α-Aminosäuren beteiligt. Als Zwischenprodukte des Aufbaues und Abbaues der Proteine werden die Peptide im Stoffwechsel im allgemeinen nicht angehäuft. Als Produkt einer partiellen Hydrolyse von Proteinen sind zahlreiche Peptide isoliert worden. Ihre Auffindung hat zur Stützung der für die Proteine angenommenen Peptidstruktur einen wesentlichen Beitrag geliefert.

Von E. FISCHER und anderen sind zahlreiche Polypeptide dargestellt worden. Das höchste von E. FISCHER erhaltene Polypeptid bestand aus einer fortlaufenden Kette von 18 Aminosäureresten, und zwar 15 Glykokoll- und 3 Leucinresten. Es zeigte durchaus das Verhalten eines Eiweißstoffes. Eine vollständige Synthese natürlicher Eiweißstoffe liegt jedoch auch heute noch nicht im Bereich der Möglichkeit, da man weder über die Zahl der in Betracht kommenden Aminosäuren noch über ihre Reihenfolge ausreichend unterrichtet ist.

Einteilung und Reaktionen der Eiweißkörper

Die schon lange gebräuchliche Systematik der Proteine, die sich in erster Linie auf Unterschiede in der Löslichkeit und in der Zusammensetzung der einzelnen Vertreter gründet, kann auch nach dem heutigen Stand der Forschung nicht durch eine vollkommenere, auf struktureller Grundlage beruhende Einteilung ersetzt werden.

Man unterscheidet zwischen den einfachen Proteinen und den zusammengesetzten Proteinen oder Proteiden. Die ersteren enthalten nur Aminosäuren als Bausteine, die letzteren daneben auch einen aminosäurefreien Bestandteil (prosthetische Gruppe).

---

[1] FISCHER, E.: zit. S. 14.

Tabelle 6. *Einteilung der Eiweißstoffe*

I. Einfache Eiweißstoffe:

Albumine, in tierischen Organismen verbreitet, löslich in reinem salzfreiem Wasser.

Globuline, im Tier- und Pflanzenreich verbreitet, unlöslich in salzfreiem Wasser, löslich in bestimmten Salzlösungen.

Prolamine, in Getreidearten, löslich in hochprozentigem Alkohol.

Histone und Protamine, sie enthalten einen hohen Prozentsatz von basischen Aminosäuren, der einen überwiegend basischen Charakter bestimmt.

Skleroproteine, tierische Gerüstsubstanz, Kollagen und Ossein in Haut-, Knochen-, Haar- und Hornsubstanz.

II. Zusammengesetzte Eiweißstoffe:

Phospho-Proteide, enthalten Phosphorsäure als prosthetische Gruppe. Kassein, Vitelin.

Chromo-Proteide, mit einer Farbstoff-Komponente als fremden Baustein, Blut- und Blatt-Farbstoff.

Gluko-Proteide, Kohlenhydratanteil.

Lipo-Proteide, Lipoid-Baustein.

Reaktionen zum Nachweis der Eiweißstoffe

Man unterscheidet Fällungsreaktionen und Farbreaktionen. Die letzteren sind meist an die Anwesenheit bestimmter Aminosäuren geknüpft.

Zum allgemeinen Nachweis der Eiweißkörper dienen verschiedene Fällungsreaktionen, so mit organischen und anorganischen Säuren, mit welchen die Proteine unlösliche Salze bilden. Gerbsäure (Tannin), Pikrinsäure, Trichloressigsäure, dann Phosphorwolframsäure, Phosphormolybdänsäure, Ferrocyanwasserstoffsäure und andere.

Von den Farbstoffreaktionen können nur die wichtigsten aufgeführt werden.

1. Biuret-Reaktion. Dieser sehr häufig benutzte Nachweis beruht auf der Bildung einer Kupferkomplexverbindung, wobei eine blau- bis rotviolette Färbung auftritt.

Ausführung: 0,5 ml einer etwa 1%igen Eiweißlösung werden mit 3 Tropfen einer 10%igen Kupfersulfatlösung versetzt und dazu 0,5 bis 1 ml 33%ige Natronlauge unter Umschütteln in der Kälte zugefügt. Es tritt tiefviolette Färbung auf.

2. Nynhydrin-Reaktion. Diese ist schon bei den Aminosäuren beschrieben (S. 16).

3. Xantho-Protein-Reaktion. Starke Salpetersäure gibt mit ungefärbten oder wenig gefärbten Proteinen beim Anwärmen eine Gelbfärbung. Die Färbung tritt sowohl mit Lösungen als auch mit festen Proteinen auf und wird bei Zusatz von Alkali rotbraun bis orangerot. Sie ist an die Anwesenheit und Nitrierung von Tyrosin und Tryptophan im Eiweiß gebunden.

Die Substanz wird mit 20%iger Salpetersäure übergossen und gelinde erwärmt. Nach Eintritt der Gelbfärbung wird die Säure abgegossen und 25%ige kalte Ammoniaklösung zugefügt. Orangerote Färbung. Auch Gelatine und Leim geben diese Eiweißreaktion, allerdings schwächer als andere Proteine.

4. Millonsche-Reaktion. Alle festen oder nicht zu verdünnt gelösten tyrosinhaltigen Proteine geben beim leichten Anwärmen mit einem Überschuß des MILLONschen Reagens' eine ziegelrote Färbung. Kochen ist zu vermeiden. Die Reaktion ist für alle Phenole charakteristisch, also keineswegs spezifisch für Proteine. Kochsalz, selbst in mäßiger Konzentration, verhindert den Eintritt der Reaktion.

Gelatine und Leim zeigen auch diese Reaktion wegen des Mindergehaltes an Tyrosin nicht sehr stark, Leim und Kollagen wesentlich stärker als Gelatine, Kasein liefert sie hingegen besonders deutlich.

5. Diazo-Reaktion nach H. Pauly. Sie gelingt mit sämtlichen Proteinen, da sie mit drei Aminosäuren (Tyrosin, Tryptophan und Histidin) stattfindet, von denen wenigstens eine immer vorhanden ist. Das Reagens, Diazo-Benzol-Sulfosäure ist in feuchtem Zustand (trocken ist es explosiv) jahrelang haltbar. Man stellt durch Verreiben der farblosen Kristalle mit Wasser eine konzentrierte Lösung her.

Eine geringe Menge der Substanz wird mit der Lösung übergossen, einige Minuten quellen gelassen und in der Kälte mit n-Sodalösung unter Schütteln tropfenweise bis zum Eintritt deutlich alkalischer Reaktion versetzt.

6. Tryptophan-Formaldehyd-Reaktion. Reagens: 500 ml 15%iger Salzsäure werden mit 6 ml 0,1%iger Formaldehydlösung versetzt. Mit Leim und Gelatine, welche kein Tryptophan enthalten, gelingt die Reaktion nicht, sehr deutlich jedoch mit dem tryptophanreichen Kasein.

3 ml etwa 1%iger Kaseinatlösung werden mit der gleichen Menge des Reagens vermischt, alsdann mit 2 ml konzentrierter reiner Schwefelsäure vorsichtig unterschichtet. Bei vorsichtigem Umschütteln findet heftige Entwicklung von Salzsäure statt, und die ganze Flüssigkeit färbt sich violett.

7. Schwefelblei-Reaktion. Die Reaktion ist an die Anwesenheit von Zystin oder Zystein gebunden. Nur wenn wesentliche Mengen dieser Aminosäuren vorhanden sind, tritt sie deutlich auf. Albumin gibt schwache Braunfärbung, bei Gelatine und Leim ist sie sehr gering.

Reagens: Eine Lösung von 5 g Bleiazetat in 100 ml Wasser wird mit so viel 10%iger Natronlauge versetzt, daß der Niederschlag beim Umschütteln eben wieder gelöst wird. Beim Erwärmen der zu prüfenden Lösung oder des festen Stoffes tritt Schwarzfärbung auf.

8. Salpetersäureprobe nach Heller. (Klinische Eiweißprobe). Über 1 bis 2 ml konzentrierter reiner Salpetersäure schichtet man vorsichtig die klarfiltrierte Flüssigkeit (z. B. Harn), die man bei schiefgehaltenem Reagensglas an der trockenen Wand herabfließen läßt. Bei Anwesenheit von Eiweiß tritt an der Grenze beider Flüssigkeiten ein scharfer weißer Ring auf, bei ganz kleinen Mengen erst nach einigen Minuten.

Kollagen und Glutin

Kollagen ist das Ausgangsmaterial für die Herstellung von Gelatine und Leim. Die Hauptquelle für Kollagen ist einerseits die tierische Haut, andererseits der Knochen. Während das Kollagen der Haut eine zäh-elastische Masse von erheblichem Wassergehalt darstellt, bildet das Kollagen des Knochens, das auch als Ossein bezeichnet wird, einen wasserarmen Körper von erheblicher Härte, der in engster Verbindung mit dem mineralischen Anteil des Knochens diesem seine große Festigkeit verleiht.

Trotz dieser ausgesprochenen äußeren Verschiedenheit zeigen die aus beiden Arten von Kollagen hergestellten Erzeugnisse von Leim und Gelatine *keine* chemischen Unterschiede.

Das Kollagen der Haut und dasjenige des Knochens erfüllen als Bauelemente des tierischen Körpers durchaus verschiedene Aufgaben. Dies kommt, wie schon erwähnt, im äußeren Aufbau dieser Hilfsorgane zum Ausdruck. Dementsprechend wird die Bindung der Einzelelemente beider Formen des Kollagens eine verschiedene sein. Die natürliche Funktion des Hautkollagens bedingt, daß diese Gewebe eine große elastische Beweglichkeit und Schmiegsamkeit aufweisen und daneben über eine genügende mechanische Festigkeit verfügen. Die Mizelle[1] des Kollagens besitzen außer der Festigkeit in sich eine äußerst starke gegenseitige Bindung, die sie befähigt, die mechanischen Anforderungen als Bauelemente der Hautsubstanz zu erfüllen.

Die Struktur des Kollagens

Hier soll nur das Hautkollagen behandelt werden. Bei der tierischen Haut lassen sich drei scharf getrennte Schichten unterscheiden (Abb. 5):

1. Die Oberhaut oder Epidermis,
2. Die Lederhaut oder Corium,
3. Das Unterhautgewebe oder Subcutis.

Die Epidermis ist verhältnismäßig dünn, ihre Dicke beträgt nur etwa 1% der gesamten Haut, sie besteht aus Keratin, d. h. Hornsubstanz.

Die Lederhaut bildet den Hauptteil der Haut, sie ist der für die Leder- und Leimgewinnung wesentliche Bestandteil. Die Epidermis ragt mit Einstülpungen, den Haarscheiden, mit Talg- und Schweißdrüsen in den oberen Teil der Lederhaut hinein. Die obere besonders dichte Schicht wird als „Narben" beim gegerbten Leder sichtbar; sie zeigt für jede Tierart ein charakteristisches Bild.

---

[1] „Das Mizell" bezeichnet im Sinne v. NAEGELIs ein sekundäres Aggregat, im vorliegenden Fall die Aufbauelemente von Kollagen und Glutin, die als zusammengesetzte Bündel einer Anzahl von Peptidketten zu denken sind. Demgegenüber ist „die Mizelle" nach R. ZSIGMONDY der Komplex von Kolloidteilchen + elektrischer Ladung.

Die Haut erfüllt verschiedene höchst wichtige Funktionen für den tierischen Organismus. Sie ist ein Organ zur Ausscheidung bestimmter Stoffe, ebenso zum Schutz des Körpers gegen Infektion durch Bakterien.

Bei starkem Sonnenlicht wirkt sie als Farbfilter und zum Schutz gegen ultraviolette Strahlen. Sie erfüllt die Aufgabe, die Körpertemperatur konstant zu halten. Dieser Vorgang vollzieht sich in der sog. thermostatischen Schicht im oberen Teil des Coriums. Der Wärmeverlust wird durch eine ölige Ausscheidung an der Oberfläche der Haut verhindert.

Die Lederhaut besteht überwiegend aus Kollagen, letzteres zählt zu den Faserproteinen. Die weißen Fasermassen des Kollagens sind innig miteinander verflochten. Wie Abb. 5 erkennen läßt, sind diese mikroskopisch sichtbaren Fasern

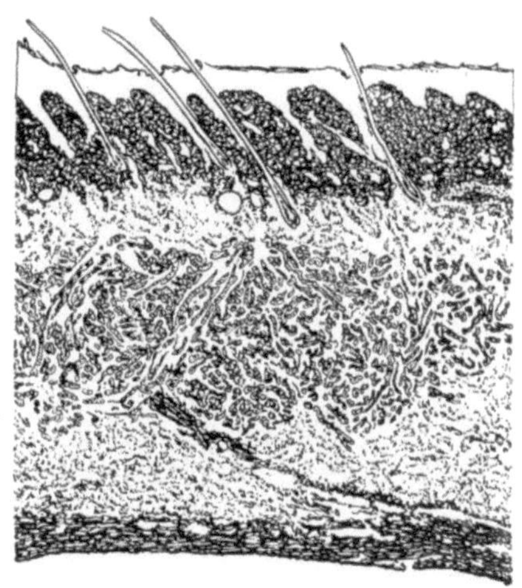

Abb. 5. Schnitt durch geäscherte Kalbshaut. Vergrößert etwa 15× (nach J. A. WILSON)

regellos ohne Bevorzugung einer bestimmten Richtung gelagert entsprechend der natürlichen Anforderung, daß die Haut gleichmäßig nach allen Richtungen der Fläche auf Zug und Dehnung beansprucht wird.

Für faserartige Stoffe wie die Lederhaut ist die Struktur der Bauelemente in makro-, mikro- und besonders submikroskopischer Hinsicht in gleicher Weise von Bedeutung, wie die chemischen Eigenschaften der am Kollagen beteiligten Gruppen.

Die Hautfasern setzen sich aus parallel gelagerten *Fibrillen* zusammen. Unter Fibrillen versteht man nach KÜNTZEL mikroskopisch sichtbare Faserelemente, welche mechanisch oder durch Einwirkung von Chemikalien (z. B. durch Behandlung mit Salzlösungen wie Rhodanaten) noch weiter zerlegbar sind. Die Fibrillen bauen sich aus langgestreckten *Mizellen* auf, welche parallel der Faserrichtung angeordnet sind. Die Elemente der Mizelle sind dann schließlich die Polypeptidketten.

In Abb. 6a, b, c[1] ist die Faserstruktur in verschiedener Vergrößerung dargestellt.

a) Zeigt ultramikroskopisch eine Faser, die durch schwache mechanische Behandlung teilweise in ihre einzelnen Bestandteile, die Fibrillen, aufgespalten ist. Letztere weisen einen Durchmesser von einigen Zehntel μ auf[2].

---

[1] Nach BEAR, R. S.: Advances in Protein Chem. Bd 7 (1952) S. 72.
[2] $1 \mu = 1$ Mikron $= {}^1\!/_{1000}$ mm.
  $1 \text{ Å} = 1$ Angström $= {}^1\!/_{10000000}$ mm.

b) Gibt die Darstellung einer einzelnen Fibrille im Elektronenmikroskop[1] wieder. Es ist sichtbar, daß die Fibrille in eine Anzahl Mizelle zerfällt.

c) ist schließlich das Bild, wie es aus der Aufnahme mit Kleinwinkel-Röntgenstrahlung abgeleitet werden kann. Bemerkenswert sind die wechselnden Perioden von kristallinen und nichtkristallinen Bereichen („interband" und „band" nach R. S. Bear[2]).

Das Kleinwinkel-Röntgenbild selbst ist in Abb. 7 dargestellt, es zeigt eine Gruppe paralleler, axial angeordneter Linien.

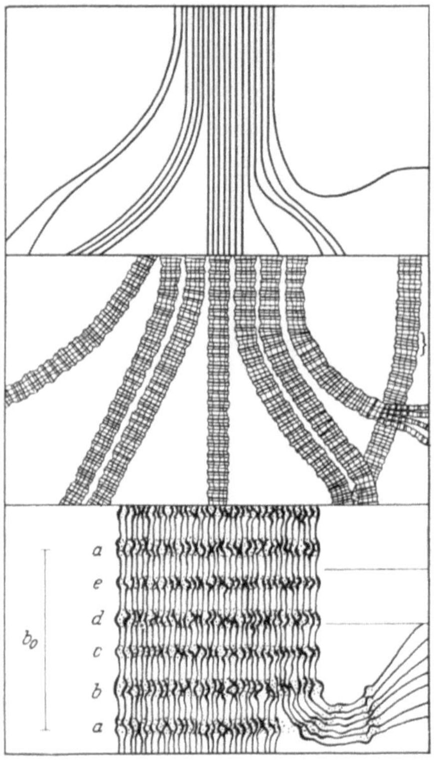

Abb. 6. oben: einzelne Faser, bestehend aus Fibrillen, mikroskopisch. Mitte: einzelne Fibrille, bestehend aus Mizellen, elektronenmikroskopisch, unten: einzelnes Mizell, dargestellt entsprechend der Kleinwinkel-Röntgenstrahlung (nach R. S. Bear)

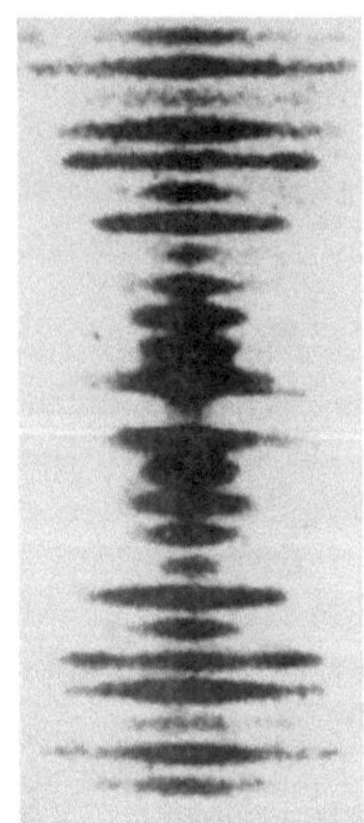

Abb. 7. Kleinwinkel-Röntgenaufnahme von Kollagenfaser

Weitaus am meisten Aufschluß gibt das Bild im Elektronenmikroskop. Kollagen hat sich als ein höchst geeignetes Material für diese Art der Be-

---

[1] Die Wirkungsweise des Elektronenmikroskops darf als bekannt vorausgesetzt werden. Von allen optischen Instrumenten, welche direkt sichtbare Bilder liefern, zeigt das Elektronenmikroskop das größte Auflösungsvermögen. Die unterste Grenze erkennbarer Objekte liegt bei etwa 10 Å, dies entspricht etwa dem Durchmesser einer Polypepdidkette. Man erhält direkte Vergrößerungen bis zu 20 000fach, die noch bis etwa 200 000fach okular vergrößert werden können.

[2] Bear, R. S.: zit. S. 23.

obachtung erwiesen. Die ausgeprägte Faserstruktur ist aus den Abb. 8 und 9 erkenntlich. Diese Bilder zeigen den eigenartigen Bau der Fibrillen. Bei der charakteristischen Struktur wiederholen sich helle und dunkle Perioden sehr regelmäßig. Der Durchmesser der Fibrillen beträgt 200 bis 2000 Å. Der Abstand der Perioden wurde von BEAR[1] zu 640 Å festgestellt. Unabhängig davon fand WOLPERS[2] etwa gleichzeitig ähnliche Werte. Bei starker Streckung des Kollagens wurden Abstände der Perioden bis zu 4000 Å gemessen.

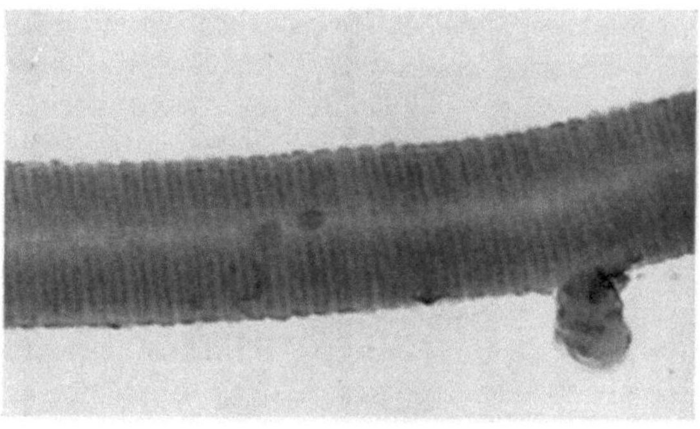

Abb. 8. Kollagenfibrille aus Rindersehne, osmiumbehandelt. Vergr. 50000 × (nach C. WOLPERS)

Diese Dehnbarkeit der Protofibrillen ist eine wichtige Stütze für die später zu erwähnende Schraubenstruktur der Polypeptidketten (S. 28).

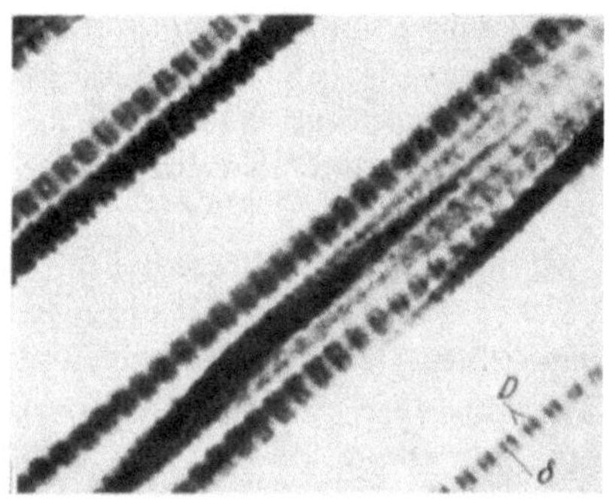

Abb. 9. Kollagenfibrille, elektronenmikroskopisch, charakteristische Querstreifung. C. WOLPERS, Original-Aufnahme

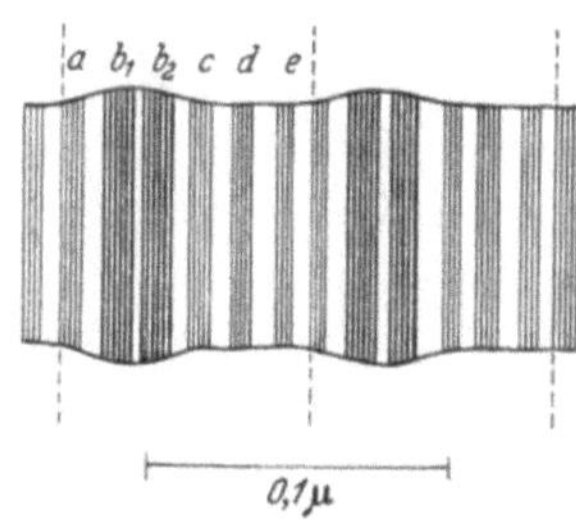

Abb. 10. Kollagenfibrille, elektronenmikroskopisch, Periode der Querstreifung in 6 Banden aufgelöst (a, b_1, b_2, c, d, e)

SCHMITT und GROSS[3] fanden bei chromgegerbter Kalbshaut eine Unterteilung der Perioden von 640 Å in 6 „Banden". Diese Banden sind jedoch unter sich nicht gleichartig, sondern zwei von ihnen (b_1 und b_2) erscheinen breiter und wesentlich schattendichter als die anderen (Abb. 10).

[1] BAER, R. S.: zit. S. 23.
[2] WOLPERS, C.: Naturwiss. Bd. 28 (1941) S. 461; Das Leder Bd. 1 (1950) S. 3.
[3] SCHMITT, F. O. u. J. GROSS: J. Amer. Leather Chemists Ass. Bd. 43 (1948) S. 659.

Diese Forschungen sind inzwischen erfolgreich weiterentwickelt worden[1]. Sie führten u. a. zu der Feststellung, daß die beschriebene Querstreifung der Fibrillen bei Kollagensorten verschiedenster Herkunft zu finden ist. HOFMANN, GRASSMANN und NEMETSCHEK[2] konnten weiter an Sehnenkollagen zunächst acht, dann zehn und schließlich dreizehn Querstreifen beobachten. Hierbei sind die a- und c-Streifen in vier Einzelstreifen, die b- und e-Streifen in zwei Einzelstreifen aufgelöst. Bei den bestaufgelösten Kollagenfibrillen dürften die kleinsten Einzelheiten, die noch in Faserrichtung erkennbar sind, kaum größer als 15 Å sein.

1927 beobachtete NAGEOTTE[3], daß durch Behandlung von kollagenen Geweben mit verdünnter Essigsäure ein Teil des Kollagens in Lösung ging. Durch Zugabe von Neutralsalzen oder durch Neutralisation konnten aus diesen Lösungen Fibrillen abgeschieden werden. 1942 zeigten SCHMITT und Mitarbeiter[4], daß die so regenerierten Fibrillen im Elektronenmikroskop die charakteristische periodische Struktur des normalen Kollagens aufweisen. ORECHOWITSCH[5] faßt das lösliche Kollagen, welches er mit sauren Citratpuffern aus Kalbshaut erhält und durch Dialyse in Nadelform zurückgewinnt, als eine Vorstufe des normalen Kollagens auf; er nennt es „Prokollagen".

In Gegenwart geringer Mengen kohlenhydrathaltiger Substanzen wie Chondroitinsulfat kann aus denselben Lösungen eine Kollagenform abgeschieden werden, die in der Natur nicht angetroffen wird, die sog. „long-spacing"-Fibrillen. Sie unterscheiden sich von normalem Kollagen durch eine weit größere Periode von 1500 bis 2000 Å und ein völlig andersartiges, und zwar symetrisches Querstreifungsmuster.

Mit der von DETTMER und SCHWARZ[6] entwickelten Perjodat-Silberurotropin-Methode ist es möglich, Silber in sehr feinteiliger Form in den Kollagenfibrillen abzulagern und gewisse Strukturen zu kennzeichnen. Mit dieser Methode konnte PAHLKE[7] zeigen, daß die Einlagerung von Silberkörnern bei embrionalen Sehnen vor allem in der amorphen Zwischensubstanz erfolgt.

Prokollagenfibrillen weisen eine besonders regelmäßige und sehr scharfe periodische Versilberung auf. Man erkennt pro Periode drei Silberquerstreifen.

---

[1] KÜHN, K.: Neuere elektronenmikroskopische Untersuchungen an Kollagen, zusammenfassende Arbeit, Das Leder Bd. 8 (1957) S. 25.

[2] NEMETSCHEK, TH., W. GRASSMANN u. U. HOFMANN: Z. Naturforschung Bd. 10b (1955) S. 61.

[3] NAGEOTTE, J.: C. R. hebd. Séances Acad. Sci. Bd. 184 (1927) S. 115.

[4] SCHMITT, F. O. u. Mitarb.: J. cellul. comparat. Physiol. Bd. 20 (1942) S. 11.

[5] ORECHOWITSCH, K. D.: C. R. Acad. Sci. USSR Bd. 71 (1950) S. 521.

[6] DETTMER, H. u. W. SCHWARZ: Z. wiss. mikroskop. Technik Bd. 61 (1952) 423.

[7] PAHLKE, G.: Z. Zellforschg. mikroskop. Anatom Bd. 39 (1954) S. 421.

Die Versilberung der long-spacing-Fibrillen läßt eine deutliche periodische Silberablagerung von mindestens 6 Querstreifen erkennen. Die Silberquerstreifen sind dem veränderten Periodenmuster angepaßt. In Abb. 11 ist das gleiche long-spacing-Präparat unbehandelt und darunter versilbert zu sehen. Die Zuordnung kann hier eindeutig erfolgen, da es Aufnahmen gibt, bei denen die Dunkelteile durch die Versilberung hindurch sichtbar sind. Man sieht, daß die intensiv hervortretenden Dunkel-

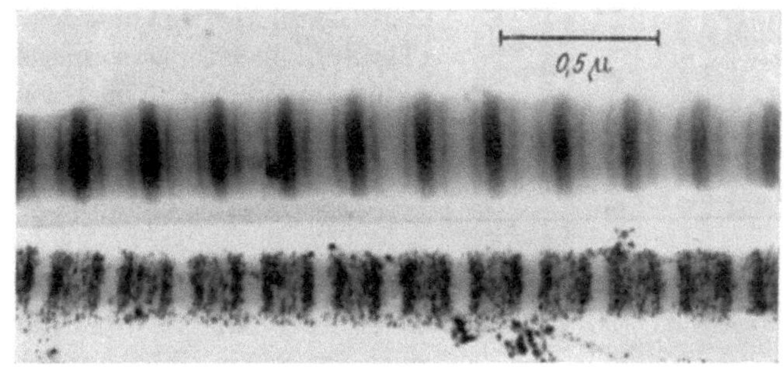

Abb. 11. Kollagen, „Long spacing"-Fibrillen. oben: unbehandelt, unten: versilbert, gleiche Strukturelemente untereinander. K. KÜHN, Das Leder Bd. 8 (1957) S. 25

teile keineswegs auch bei der Versilberung betont sein müssen. Im Gegenteil es treten hier die beiden Außenstreifen besonders hervor.

Bei den normalen Kollagenfibrillen mit einer Periode von 640 Å sowie bei den long-spacing-Fibrillen ist die Silberablagerung dem Periodenmuster angepaßt. Nimmt man mit SCHMITT, GROSS und HIGHBERGER[1] an, daß beide Fibrillenarten aus dem gleichen Grundmolekül, dem Tropokollagen, aufgebaut sind, erscheint die Annahme berechtigt, daß die perjodatempfindliche Substanz schon dem Grundmolekül, dem Tropokollagen, angehört und an ganz bestimmter Stelle eingebaut ist.

Jedenfalls lassen diese Feststellungen einen hohen Grad von Ordnung im Bau der Kollagenfaser erkennen. Es ist daher anzunehmen, daß die Seitengruppen (R-Gruppen) in benachbarten Peptidketten in Reihenfolge und Anordnung so aufeinander abgestimmt sind, daß eine Anzahl voneinander benachbarten Ketten mit ihren Seitengruppen genau ineinander greifen. Abb. 12a zeigt eine schematische Darstellung dieses Zustands[2], wobei in der Längsrichtung zwischen kristallinen und nichtkristallinen Bereichen („interband" und „band") unterschieden ist. Abb. 12b soll das Verhalten bei Quellung in neutralem Wasser darstellen, wobei die Ketten auseinanderrücken und für die Aufnahme von Wasser

---

[1] SCHMITT, F. O., J. GROSS und J. H. HIGHBERGER: Symp. Soc. Exp. Biol. Bd. 9 (1955) S. 148.
[2] BEAR, R. S.: zit. S. 23.

Platz frei wird. Außerordentlich bemerkenswert ist, daß nach Feststellungen von K. Hess[1] bei Zellulosefasern ähnliche Strukturen auftreten

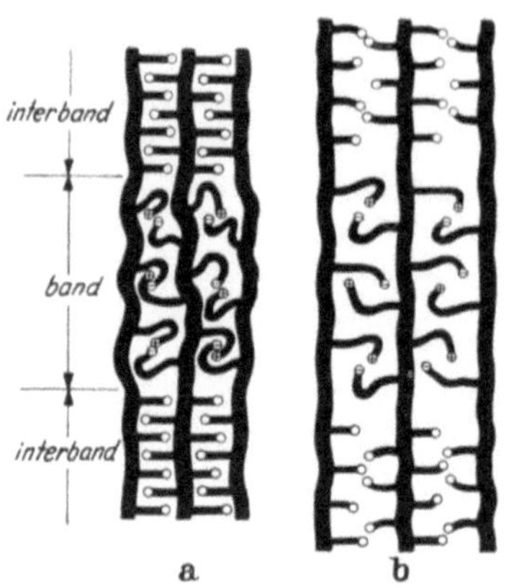

Abb. 12. 3 Peptidketten des Kollagens schematisch dargestellt. a normal, b nach Wasseraufnahme

wie bei Kollagen. Für die Bildung der elektronenmikroskopisch sichtbaren Faserperioden liegen keine chemischen Ursachen vor. Sie treten bei chemisch einheitlichen Fasern ebenso auf, wie bei den chemisch so kompliziert aufgebauten Proteinfasern. „Die bei Cellulosefasern zum Teil auffallend scharf ausgebildeten Perioden ähneln denen von natürlichen und gefällten Proteinfasern auch in Einzelheiten so weitgehend, *daß ein allgemein gültiges Ordnungsprinzip für hochmolekulare Kettenmoleküle anzunehmen ist.*"

„Helix-Struktur" der Peptidketten[2]. Eine neue Theorie über die Struktur von Proteinen, die hauptsächlich von Pauling und Corey[3] eingehend begründet wurde, beruht auf der Anschauung, daß bestimmte Proteine darunter auch die Gruppe Kollagen-Glutin eine Helix-Struktur aufweisen. Die Peptidkette ist darnach nicht gestreckt, sondern besitzt eine Anordnung in Schraubenwindungen.

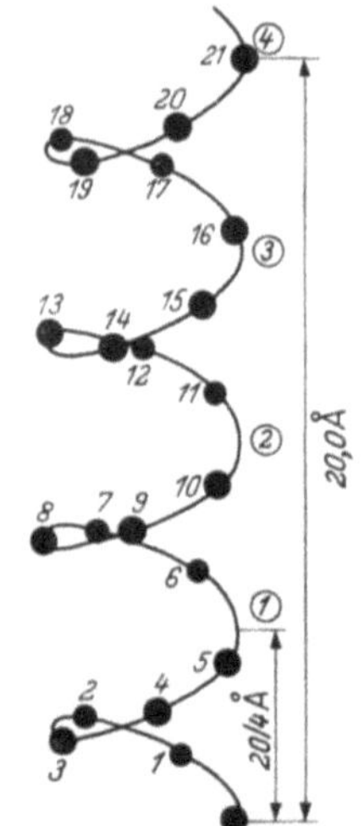

Abb. 13a. Helixstruktur einer Peptidkette des Kollagens

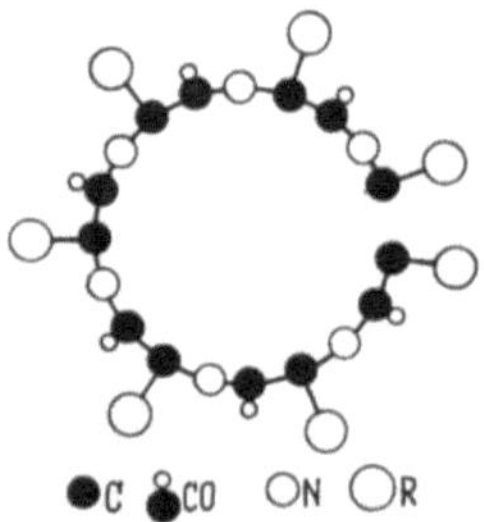

Abb. 13b. Helixstruktur einer Peptidkette des Kollagens, eine Windung von oben

Für den Helix-Bau werden eine bestimmte Anzahl von Windungen für eine wiederkehrende Periode und ein bestimmter Durchmesser ange-

---

[1] Hess, K.: Angew. Ch. Bd. 69 (1957) S. 619.

[2] Helix = Schnecke, die Bezeichnung „Spiralstruktur" ist unzutreffend, da die Windungen einer Spirale in einer Ebene liegen. Die deutsche Bezeichnung für Helix ist „Wendel", sie ist jedoch wenig gebräuchlich.

[3] Pauling, L. und R. B. Corey: Proc. Natl. Acad. U. S. Bd. 37 (1951) S. 148.

nommen. Jedoch sind diese Angaben für einzelne Fälle, z. B. für Kollagen bis jetzt nicht eindeutig festgelegt.

Abb. 13a zeigt ein Helix-Modell der Kollagen-Peptidkette. Die dunklen numerierten Punkte zeigen die Anordnung der asymmetrischen Kohlenstoffatome, an welchen die Seitenketten (R-Ketten) gebunden sind, die jedoch nicht eingezeichnet sind. Eine Periode bis zur Wiederkehr der gleichen Aminosäuren umfaßt hier 4 Windungen und eine Höhe von 20 Å. Abb. 13b stellt eine einzelne Windung von oben gesehen dar, wobei auch die Seitenketten und die übrigen gebundenen Atome angedeutet sind. Die Feststellungen über die Helix-Struktur des Kollagens, die sich auf Röntgenuntersuchungen gründen, beruhen auf den Arbeiten von RAMACHANDRAN und Mitarbeitern, CRICK und RICH, COWAN und Mitarbeitern, sowie COHEN und BEAR[1]. G. N. RAMACHANDRAN[2] hält die Helix-Struktur für die Grundlage des Kollagenaufbaus.

Die Struktur des Kollagens besteht aus einer dreifachen Helix-Kette von Aminosäureresten. Die drei Helix-Ketten umfassen einander in schwach gekrümmten Schraubenwindungen (Abb. 14c). Die Orientierung der drei Helix-Ketten ist so zu denken, daß jede dritte NH-Gruppe einer Kette mit jeder dritten CO-Gruppe einer benachbarten Helix-Kette durch Wasserstoffbindungverknüpft ist. Dies gilt gleichzeitig für jede der drei Peptidketten, da alle drei Ketten einander gleichwertig sind.

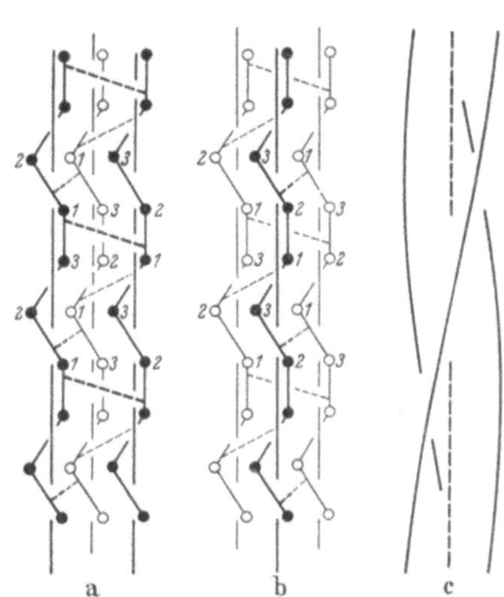

Abb. 14. Dreifache Helixkette des Kollagens.
a und b Struktur I und II nach CRICK und RICH
c dreifache Helixkette in Schraubenwindungen

Bei Nachprüfung der sterischen Möglichkeiten ergibt sich, daß nur zwei Orientierungen denkbar sind, durch welche die drei Ketten so angeordnet werden können, daß die angedeutete H-Bindung zu verwirklichen ist. Sie werden als Struktur I und II bezeichnet (CRICK und RICH 1955). Beide Strukturen sind einander sehr ähnlich, sie unterscheiden sich nur durch die gegenseitige Phasenanordnung der drei Peptidketten (Abb. 14a und b).

Diese dreifache Helix-Kette soll als „Protofibrille" des Kollagens bezeichnet werden. Die Bindungen zwischen den einzelnen Protofibrillen

---

[1] RICH, A. und F. H. C. CRICK: Zusammenfassende Arbeit „Über die Struktur des Kollagens". The British Gelatine and Glue Research Association, Vorträge 1957.
[2] RAMACHANDRAN, G. N.: Nature Bd. 177 (1956) S. 710.

kommen durch aktive Zentren in den Seitengruppen zustande, und zwar
können diese von verschiedener Art sein, z. B. Wasserstoffbindungen
oder salzartige Bindungen. Man muß annehmen, daß die Bindung hauptsächlich durch Seitenketten von Hydroxyprolin erfolgt, wobei die
OH-Gruppe der Seitenkette mit einem Carbolxylsauerstoff einer benachbarten Protofibrille durch Wasserstoffbindung zusammenhängt.

Da der Fünferring des Hydroxyprolins eine sehr starre Gruppe darstellt, so ist diese Bindung durchaus geeignet, einen einheitlichen Abstand zwischen den benachbarten Protofibrillen aufrechtzuerhalten.
Ebenso werden die Gruppenabstände entlang der Faserachse bei allen
Protofibrillen die gleichen sein.

Welchem Modell der Kollagen-Peptidkette und der Kollagenfibrille der
Vorzug zu geben ist, läßt sich heute nicht entscheiden.

Die wichtigste noch ungeklärte Frage bei Kollagen und anderen
Faserproteinen ist jedenfalls die, wie lassen sich die *chemischen, rönt-
genoptischen* und *elektronenmikroskopischen* Befunde zu einem *einheitlichen*
Strukturbild vereinigen.

Die Überführung des Kollagens in Glutin

Das Ziel der Fabrikation von Leim und Gelatine besteht darin, die
Kollagene, die in den tierischen Rohstoffen enthalten sind, in Glutin
überzuführen. Das Glutin besitzt eine ganz ähnliche chemische Zusammensetzung wie das Kollagen. Es ist jedoch im Gegensatz zu letz-
terem in kaltem Wasser stark quellbar und schon beim schwachen Erwärmen leicht löslich. Zwischen Kollagen und Glutin ist weder auf chemischem Wege noch mit Hilfe des Röntgenbilds ein Unterschied zu ermitteln. Daraus ist zu schließen, daß die Strukturelemente des Kollagens
und des Glutins sich nicht wesentlich unterscheiden.

Bei Hautkollagen als Ausgangsstoff wird diese Überführung in Glutin
hauptsächlich durch die langanhaltende Behandlung mit Calciumhy-
droxyd, durch die „Äscherung" herbeigeführt.

Bei dem Kollagen des Knochens, wenn es sich um Anwendung des
Dämpfverfahrens handelt, wird dieses Ziel, allerdings weniger befrie-
digend, durch wiederholte Einwirkung von Wasserdampf bei erhöhtem
Druck und Auslaugen mit heißem Wasser erreicht. Einzelheiten über
diese Verfahren finden sich unter den Abschnitten „Hautleim" und
„Knochenleim".

Die Bildung des Glutins aus Kollagen ist nicht eindeutig aufgeklärt.
HOFMEISTER[1] hat sie als Hydrolyse aufgefaßt. Das Kollagen stellt das
innere Anhydrid des Glutins dar, das letztere entsteht durch Wasseraufnahme aus Kollagen. Diese Wasseraufnahme geht bei unverändertem

---

[1] HOFMEISTER, F.: Hoppe-Seyler's Z. physiol. Chem. Bd. 2 (1878) 299.

Kollagen nur bei energischem Erhitzen mit genügender Geschwindigkeit vor sich. Nach GERNGROSS[1] trifft diese Vorstellung von der Umwandlung des Kollagens unter „Wasseraufnahme nicht zu. Das erste Stadium der „Verleimung" des Kollagens äußert sich in einer Schrumpfung unter gleichzeitiger Verdickung der kollagenen Faser. Es konnte nachgewiesen werden, daß diese Schrumpfung sich nicht, verbunden mit einer Wasseraufnahme, sondern vielmehr unter Wasserabgabe vollzieht. Sehr wahrscheinlich gilt jedoch diese Wasserabgabe nur für das erste Stadium der Umwandlung von Kollagen in Glutin. Dies schließt nicht aus, daß der Übergang von Kollagen in Glutin im Endzustand mit einer Wasseraufnahme verbunden ist. So muß man sich daran erinnern, daß bei der technischen Gewinnung des Glutins heißes Wasser bzw. Dampf teilweise bei einer Temperatur von über 100° C auf die Rohstoffe einwirkt, eine Behandlungsweise, die nicht zur Wasserentziehung geeignet ist.

Nach neueren Feststellungen ist jedoch sehr wahrscheinlich die Einlagerung von Wasser in den Mizellverband des Kollagens nicht der *wesentliche* Vorgang bei der Glutinbildung. Die Mizelle des Glutins bestehen aus Bündeln von Hauptvalenzketten von bestimmter Größenordnung. Diese Bausteine sind im Kollagen schon vorgebildet und hier durch Querverbindungen, durch eine sog. Vernetzung zu einem besonders festen Aufbau zusammengefaßt. Die Lebensfunktion der Hautsubstanz bedingt, daß zur Erzielung einer hohen mechanischen Festigkeit die Mizelle im Kollagen durch sehr starke Querverbindungen zusammengehalten werden. Sei es, daß chemische Bindungen von Mizell zu Mizell wirksam sind oder besondere histologische Bauelemente diesen Zusammenhalt bewirken.

Beim Übergang des Kollagens in Glutin wird die starke gegenseitige Bindung der Kollagenmizelle gelöst, der Aufbau der Mizelle selbst bleibt jedoch erhalten. Bei der dem Äschern und Auswaschen folgenden Erwärmung wird die Trennung der Mizelle sichtbar, die warme wäßrige Lösung des Glutins enthält die Mizelle voneinander gelöst und unabhängig voneinander beweglich. In der Hauptsache bleiben die im Kollagen vorgebildeten Bündel von Peptidketten, eben die Mizelle, erhalten. Nach BOWES und MOSS[2] werden bei der Kalkbehandlung die Peptidketten in ihrer Länge gekürzt, d. h. die Mizelle werden teilweise in kürzere Bruchstücke aufgeteilt. Die nicht streng geordnete Lagerung der Mizelle, die sowohl im Kollagen als auch im Glutin vorhanden ist, bebedingt, daß zwischen Kollagen und Glutin röntgenographisch kein Unterschied[3] nachweisbar ist (S. 41). Eine Ausnahme bilden nur Gewebe mit

---

[1] WÖHLISCH, E. u. R. DU MESNIL: Z. Biol. Bd. 85 (1926) S. 406.
[2] BOWES, J. H. u. J. A. Moss: Biochem. J. Bd. 55 (1953) S. 735.
[3] GERNGROSS, O., K. HERMANN u. W. ABITZ: Biochem. Z. Bd. 228 (1930). S. 4106.

einer strengen Parallelanordnung der Fibrillen wie z.B. die Sehnen, die dementsprechend im ursprünglichen Zustand ein Faserdiagramm aufweisen.

Im Kollagen findet sich ein erheblicher Anteil der Carboxylgruppen in der Amidform ($-CONH_2$). Die Einwirkung von Kalk verwandelt u. a. die Amidgruppen der Asparaginsäure und Glutaminsäure in die Carboxylgruppen[1]. Bruchstücke von Peptidketten, die bei der Äscherung ebenfalls entstehen, werden gelöst und beim Auswaschen weggeführt. Es spielen sich bei der Äscherung noch andere chemische Umwandlungen ab, die noch nicht erkannt sind.

Eingehend haben sich auch KÜNTZEL und KOEPFF[2] mit dem Übergang des Kollagens in Glutin beschäftigt. Nach KÜNTZEL erfolgt die Umwandlung des Kollagens in Glutin in zwei Stufen:

1. „Sudreif-Äscherung" durch einen milden hydrolytischen Abbau des Kollagens,

2. Ausschmelzen des so vorbereiteten Kollagens zu Gelatine.

Hauptsächlich interessiert die Frage, wodurch der eigentümliche Zustand der „Sudreife" bestimmt ist. Es wäre falsch, diesen Zustand durch eine übermäßige Quellung charakterisieren zu wollen, das Kollagen ist zwar gequollen und weist im Schnitt eine eigentümlich glasige Beschaffenheit auf. An der letzteren vermag man übrigens mit einiger Sicherheit die eingetretene Sudreife zu erkennen. Demgegenüber ist vielmehr anzunehmen, daß das Kennzeichen der Sudreife ein partieller hydrolytischer Abbau der Hautsubstanz ist, der im Laufe der Sudreif-Äscherung herbeigeführt wird. Für diese Abbauwirkung ist charakteristisch, daß *lösliche* Abbauprodukte nur in untergeordnetem Maße gebildet werden; hauptsächlich wird der ungelöst bleibende Anteil der Hautsubstanz hydrolytisch angegriffen, jedoch nur so weit, daß die Verbindung der Peptidketten zu einem Molekülgitter und damit zur Faser noch weiterhin aufrechterhalten bleibt.

Die Folge dieser Hydrolyse ist eine wesentliche Verringerung der Reißfestigkeit. Letztere ist das wichtigste Erkennungsmerkmal des Praktikers für den Eintritt der Sudreife.

Nach Ansicht KÜNTZELS sind über die Entstehung der Gelatine aus Kollagen deswegen so unzureichende Vorstellungen entwickelt worden, weil bisher nicht klar genug zwischen den verschiedenen Arten des Abbaus unterschieden wurde, denen Kollagen unterliegen kann und deren Zusammenwirken die Gelatine erst entstehen läßt.

Klar definiert war bisher nur die Hydrolyse als die fundamentale Abbauerscheinung der Eiweißkörper, bei der als Endprodukt die Aminosäuren auftreten.

---

[1] AMES, W. M.: J. Soc. chem. Ind. Bd. 63 (1944) S. 200, 234, 277, 303. — BOWES, J. H.: Research, London Bd. 4 (1951) S. 155.
[2] KÜNTZEL, A. u. H. KOEPFF: Collegium No. 821, IX (1938) S. 433 bis 458.

Die experimentellen Beobachtungen machten jedoch die Annahme auch anderer Abbauvorgänge notwendig.

Im folgenden sollen die wichtigsten Abbauwege des Kollagens nach KÜNTZEL kurz erörtert werden.

Die hydrolytische Schwächung der bei der Äscherung ungelöst bleibenden Fasermasse wurde schon erwähnt. Dieser Abbau soll als *„topochemische Hydrolyse"* bezeichnet werden zur Unterscheidung der *„Lösungshydrolyse"*, d. h. demjenigen hydrolytischen Abbau, der zu löslichen Produkten führt. Insofern man unter einem Abbau die Zerlegung eines Körpers in kleinere Bruchstücke versteht, kann die topochemische Hydrolyse nicht als Abbauvorgang bezeichnet werden. Sie ist vielmehr die innere Zermürbung eines Körpers, der seinem Verteilungsgrad nach äußerlich unverändert bleibt. Trotzdem soll die topochemische Hydrolyse mit unter die Abbauvorgänge des Kollagens gerechnet werden, weil der eigentümliche Zerfall der Kollagenfaser in Gelatinemizelle ohne die vorbereitende Zermürbung der Faserstruktur nicht möglich wäre.

Beide Arten der Hydrolyse treten während der Sudreif-Äscherung nebeneinander auf. Das verringert aber nicht die Wichtigkeit der Unterscheidung zwischen ihnen, da für die Herbeiführung der Sudreife die topochemische Hydrolyse unerläßlich, die Lösungshydrolyse dagegen entbehrlich, ja sogar unerwünscht ist. Die Aufgabe des Technikers bei der Leitung der Äscherung ist, die Lösungshydrolyse möglichst zu unterbinden und die topochemische Hydrolyse zu fördern.

Der eigentliche Auflösungsprozeß der Hautsubstanz in Gelatine erfolgt beim Erwärmen durch den Vorgang der „Verleimung". Als Folge der Sudreif-Äscherung vollzieht sich bei der Verleimung ein Zerfall des Fasersystems in kleinere Faserbruchstücke. Erst hierdurch kann sich die Hautsubstanz in eine viskose, mit Wasser beliebig verdünnbare Masse, eben in die Gelatine, auflösen.

Der bekannte *thermische* Abbau der Gelatine, der von einem Verlust der mechanischen Eigenschaften (Viskosität, Gelfestigkeit) begleitet ist, beruht nach KÜNTZEL auf einer Zerschlagung des Gelatinemizells in einzelne Peptidketten. Das Gelatinemizell ist ein Bündel von Peptidketten, die nur durch „Salzbrücken" zusammengehalten werden. Beim thermischen Abbau werden diese Verbindungsstellen getrennt. Auch dieser Eingriff, der bei Gelatine irreversibel verläuft, kann als Abbau bezeichnet werden. Er kann zur Unterscheidung von Hydrolyse und Verleimung als Desaggregation bezeichnet werden.

Es kann nun genau unterschieden werden, welche Arten des Abbaus anzustreben sind, damit eine möglichst hochwertige Gelatine entsteht, nämlich topochemische Hydrolyse und Verleimung. Nicht erwünscht, wenn auch nicht ganz zu vermeiden, sind Lösungshydrolyse und Desaggregierung.

Ein zweites Verfahren zur Umwandlung von Kollagen in Glutin besteht darin, die Hautteile längere Zeit mit verdünnter Säure zu behandeln. Dieses Verfahren ist jedoch nicht allgemein anwendbar. Es eignet sich hauptsächlich zur Verarbeitung von Schweinsleder. Diese Behandlung läßt die Amidgruppen unverändert, so daß die derart hergestellte Gelatine erheblich abweichende Eigenschaften gegenüber der durch den Äscherprozeß gewonnenen zeigt. Das erhaltene Glutin, das einen Überschuß an basischen Gruppen besitzt, zeigt einen isoelektrischen Punkt bei p_H = 9,0. Bei der Kalkbehandlung des Kollagens wird Ammoniak von den Amidgruppen abgespalten, es entsteht ein Übergewicht der Säuregruppen, der isoelektrische Punkt liegt bei p_H = 4,7 bis 5,0.

Endgruppen. Untersuchungen von COURTS[1] ebenso von HEYNS und KÖNIGSDORF[2] zeigten, daß hauptsächlich sechs Aminosäuren als Endgruppen der Peptidketten des Glutins auftreten, nämlich Glykokoll, Alanin, Serin, Threonin, Asparaginsäure und Glutaminsäure, wovon über 50% auf Glykokoll entfallen.

Die Untersuchungen von BOWES und MOSS[3] lassen erkennen, daß bei der Kalkbehandlung die bei Glutin vorhandenen Endgruppen vielfach schon als Endgruppen der Kollagenketten vorhanden sind.

Das bekannteste Verfahren zur Bestimmung der Endgruppen ist die Dinitrophenyl-Methode von SANGER[4].

Die endständige Aminosäure wird derart substituiert, daß das Derivat gegen Hydrolyse beständig ist. Nach totaler Hydrolyse kann daher die terminale substituierte Aminosäure leicht extrahiert und chromatographisch festgestellt werden.

Zur Substitution eines Proteins wird dieses mit 1,2,4-Dinitrofluorbenzol umgesetzt. Zur Ausführung der Reaktion wird das Protein in 10%iger $NaHCO_3$-Lösung mit der zweifachen Menge einer 5%igen alkoholischen Lösung von Dinitrofluorbenzol 2 Stunden bei Zimmertemperatur geschüttelt. Das Dinitrophenylprotein wird nach Reinigung mit 6n-Salzsäure hydrolysiert (8 bis 24 Stunden), die Dinitrophenylaminosäuren werden mit Äther extrahiert. Der Nachweis der Dinitrophenylderivate wird durch deren intensive Farbe unterstützt.

Die Aminosäuren des Kollagens und Glutins

Wie die Bausteinanalyse des Glutins ergeben hat, herrschen bei dessen Aufbau einige wenige Aminosäuren vor. Bemerkenswert ist vor allem der hohe Gehalt an Glykokoll, Prolin und Oxyprolin. Es hat den Anschein,

---

[1] COURTS, A.: Biochem. J. Bd. 58 (1954) 74.

[2] HEYNS, K. u. W. KÖNIGSDORF: Hoppe-Seyler's Z. physiol. Chem. Bd. 295 (1953) S. 244.

[3] BOWES, J. H. u. J. A. MOSS: zit. S. 31.

[4] SANGER, F.: Biochemical J. Bd. 39 (1945) S. 507.

daß insgesamt nur 9 bis 10 Aminosäuren am Aufbau beteiligt sind, nämlich Glykokoll, Alanin, Leuzin, Prolin, Oxyprolin, Lysin, Arginin, während die für die übrigen Aminosäuren ermittelten geringen Werte eher Verunreinigungen entstammen dürften. Neben den angeführten Aminosäuren ist für das Kollagen ein Gehalt an Kohlenhydrat, nämlich von Galaktose und Glukose in äquimolekularen Mengen, sichergestellt.

Auf Grund der überwiegenden Beteiligung von Glykokoll, Prolin und Oxyprolin an der Zusammensetzung des Glutins und des für diese drei Aminosäuren ermittelten einfachen Verhältnisses von sechs : drei : zwei, entsprechend einem Drittel bzw. einem Sechstel bzw. einem Neuntel der Gesamtaminosäuren, hat M. BERGMANN[1] die Annahme einer periodischen Anordnung dieser drei Bausteine vertreten, derart, daß jede dritte Aminosäure in der Peptidkette einen Glykokoll-, jede sechste einen Prolin- bzw. Oxyprolinrest darstelle.

Abgesehen von den allgemeinen Einwänden, die man gegen die Zulässigkeit einer solchen Hypothese allein auf Grund der Häufigkeit bestimmter Bausteine geltend machen kann, deuten neuere Erfahrungen über eine ganz verschiedenartige Verteilung der drei angeführten Aminosäuren unter den Produkten des partiellen Abbaues der Gelatine mit kalter, konzentrierter Salzsäure darauf hin, daß die BERGMANNsche Theorie von einer periodischen Anordnung hier nicht zutrifft und daß die Anordnung der Bausteine im Glutin in Wirklichkeit eine kompliziertere ist.

Glutin enthält kein Zystin. Diese schwefelhaltige Aminosäure ist für den Aufbau des tierischen Körpers unentbehrlich und kann von diesem nicht synthetisiert werden. Ebenso fehlt das Tyrosin, welches ebenfalls zu den lebensnotwendigen Aminosäuren gehört. Glutin z. B. in Form von Gelatine ist für Ernährungszwecke also kein vollwertiges Eiweiß.

Über die Beteiligung der einzelnen Aminosäuren am Aufbau des Kollagens und Glutins liegen aus neuer Zeit eine Reihe wichtiger Untersuchungen vor. J. E. EASTOE[2] benutzte zur Trennung ein chromatographisches Verfahren nach MOORE und STEIN[3] mit Trennsäulen, die als Füllung „Dowex 50"[4] enthielten. Wie üblich benutzte EASTOE 20%ige Salzsäure zur Hydrolyse. Es zeigte sich, daß Glutin verhältnismäßig leicht abzubauen ist, bei der Temperatur des siedenden Wasserbads war die Hydrolyse in 24 Stunden beendet.

In Tabelle 7 sind sowohl die Ergebnisse von EASTOE als auch die von einigen anderen Forschern wiedergegeben.

---

[1] BERGMANN, M. u. C. NIEMANN: J. biol. Chemistry Bd. 115 (1936) S. 77.

[2] EASTOE, J. E: Biochemical J. Bd. 61 (1955) S. 589. (British Gelatine and Glue Research Association), daselbst auch Literaturübersicht.

[3] MOORE, S. u. W. H. STEIN: J. biol. Chemistry Bd. 176 (1948) S. 367 u. Bd. 192 (1951) S. 663.

[4] Kunstharz der Dow Chemical Internat. Ltd. Midland, USA.

Tabelle 7. *Aminosäuren in Kollagen und Glutin*

	1. Gelatine (BLOCK, BERGMANN)[1]	2. Haut- gelatine 1. Abzug (EASTOE)[2]	3. Haut- gelatine 3. Abzug (EASTOE)[2]	4. Haut- gelatine Mittelwert (EASTOE)[2]	5. Knochen- gelatine (EASTOE)[2]	6. Gelatine (TRISTRAM)[3]	7. Kollagen (TRISTRAM)[3]
Hydrolyse, Stunden:	—	24 St.	24 St.	—	24 St.	—	—
Trennungsverfahren:	Chem.	Chrom.	Chrom.	Chrom.	Chrom.	Chem.	Chem.
1. Glykokoll	27,0	27,6	27,57	27,5	27,2	26,9	27,2
2. Alamin	9,2	11,9	10,70	11,0	11,3	9,3	9,5
3. Valin	2,3	2,57	2,53	2,95	2,77	3,3	3,4
4. Leucin	4,2	3,41	3,22	3,33	3,45	3,4	} 5,6
5. Isoleucin	1,9	1,72	1,72	1,72	1,54	1,8	
6. Prolin	19,7	16,5	16,25	16,35	15,5	14,8	15,1
7. Oxyprolin	14,4	13,4	13,9	14,1	13,3	14,5	14,0
8. Phenylalanin .	1,8	2,29	2,13	2,23	2,49	2,55	2,5
9. Tyrosin	0,2	0,27	0,35	0,29	0,23	1,0	1,0
10. Serin	3,3	4,08	4,30	4,21	3,73	3,18	3,37
11. Threonin	1,4	2,20	2,25	2,22	2,36	2,2	2,28
12. Cystin	0,2	0	0	0	0	0	0
13. Methionin	1,0	0,86	1,00	0,89	0,63	0,9	0,8
14. Arginin	9,1	8,7	8,8	8,8	9,0	8,55	8,59
15. Hystidin	0,9	0,82	0,80	0,78	0,70	0,73	0,74
16. Lysin	5,9	4,26	4,38	4,50	4,36	4,60	4,47
17. Asparaginsäure	6,7	6,6	6,91	6,7	6,7	6,7	6,3
18. Glutaminsäure	11,8	11,6	11,45	11,4	11,6	11,2	11,3
19. Oxylysin	—	0,91	0,95	0,97	0,76	1,2	1,1
Gesamtgewicht:	121,4	118,8	119,2	119,2	117,6	—	—
Gesamtstickstoff:	—	18,19 %	18,15 %	18,14 %	18,10 %	—	—
Stickstoffausbeute:	—	100,2 %	100,6 %	100,9 %	100,6 %	—	—

Die Untersuchungen beziehen sich auf Kollagen und Glutin. Die Versuchsreihe Spalte 4 gibt den Mittelwert von 5 Hautgelatinen wieder. Die Ergebnisse der Untersuchungen mit rein chemischen Trennungsverfahren (Spalte 1, 6, 7) stimmen mit den chromatographischen gut überein. Obwohl von den einzelnen Forschern bei der Reinigung des Ausgangsmaterials und der Hydrolyse verschieden verfahren wurde, sind die Abweichungen der Ergebnisse verhältnismäßig gering. Aus den Untersuchungen von TRISTRAM (Spalte 6 u. 7) ist ersichtlich, daß in bezug auf die Aminosäuren zwischen Kollagen und Glutin kein Unterschied besteht.

Bemerkenswert ist vor allem auch, daß Hautgelatine und Knochengelatine eine weitgehende Übereinstimmung im quantitativen Verhältnis

---

[1] BLOCK, R. I.: Adv. in Protein Chemistry, Bd. II (1945) S. 119. — BERGMANN, M.: J. biol. Chemistry Bd. 110 (1935) S. 471; Bd. 115 (1936) S. 77; Bd. 128 (1939) S. 217.

[2] EASTOE, J. E.: Biochemical J. Bd. 61 (1955) S. 589. (British Gelatine and Glue Research Association), daselbst auch Literaturübersicht.

[3] TRISTRAM, G. R.: The Proteins, Bd. 1 A, S. 181, New York: Academic Press (1953).

der Aminosäuren zeigen. Dies stimmt mit der Beobachtung überein, daß eine chemische Unterscheidung beider Glutinarten nicht möglich ist.

Gelatine, die aus dem gleichen Rohstoff, jedoch als 1. und 3. Abzug hergestellt ist (Spalte 2 u. 3), läßt ebenfalls eine nahe Übereinstimmung der Aminosäuren erkennen.

Gruppentrennung der Aminosäuren nach Hausmann und van Slyke. Ehe eine einfache Trennung der Aminosäuren der Proteine z. B. durch die Adsorptionsanalyse bekannt war, hat man nach dem Vorgang von HAUSMANN[1] eine Trennung des Stickstoffs der Aminosäuren in verschiedenen Gruppen durchgeführt, das Verfahren wurde von VAN SLYKE und PLIMMER[2] weiter ausgebaut. Wenn auch dieses Verfahren zur Erkennung der Aminosäuren unvollkommen und heute überholt ist, so scheint es doch geeignet zu sein, Unterschiede der verschiedenen Leimarten zu kennzeichnen und soll daher kurz erwähnt werden. Das Verfahren von VAN SLYKE wendet eine Einteilung in 8 Gruppen an, welchen die folgende Bezeichnung gegeben wird:

1. Ammoniak-Stickstoff
2. Melanin oder Humin-Stickstoff
3. Cystin-Stickstoff
4. Arginin-Stickstoff
5. Histidin-Stickstoff
6. Lysin-Stickstoff
7. Amino-Stickstoff des Filtrats
8. Nichtamino-Stickstoff des Filtrats

Die erste Gruppe bezieht sich auf die Abspaltung der endständigen Aminogruppen, die durch Magnesiumoxyd ausgetrieben werden. Die Bestimmung von Arginin, Histidin und Lysin erfolgt durch Fällung mit Phosphorwolframsäure, mit Silber- und Quecksilbersalzen, sie liefert durchaus quantitative Werte.

Auf die Ausführung der Reaktionen im einzelnen kann hier nicht eingegangen werden.

Bei der Ausführung überschneiden sich einzelne Gruppen teilweise. Die Ergebnisse einer Anzahl solcher Trennungen, soweit sie Glutinleime berühren, die von R. H. BOGUE[3] ausgeführt wurden, sind in Tabelle 8 wiedergegeben.

Tabelle 8. *Gruppenaufteilung des Protein-N*

	Ammoniak	Melanin	Arginin	Histidin	Lysin	Amino	Nicht-A.	Summe
	N %	N %	N %	N %	N %	N %	N %	N %
Gelatine	1,33	0,78	12,61	0,82	8,34	60,00	15,49	99,4
Hautleim	2,90	0,59	13,90	2,19	7,97	56,84	15,63	100,0
Knochenleim	4,55	0,91	13,17	1,78	8,28	56,27	15,25	100,2
Hausenblase	3,98	0,68	14,20	2,33	6,06	58,65	13,59	99,5
Fischleim	5,15	1,12	13,80	2,04	8,58	60,20	9,66	100,6

[1] HAUSMANN: Hoppe-Seyler's Z. physiol. Chem. Bd. 27 (1899) S. 95; Bd. 29 (1900) S. 136.

[2] PLIMMER: J. Amer. chem. Soc. Bd. 10 (1911) S. 15; Bd. 22 (1915) S. 281; Bd. 39 (1919) S. 470; Biochemical J. Bd. 19 (1925) S. 1020

[3] BOGUE, R. H.: Chem. metallurg. Engng. Bd. 23 (1920) S. 156.

Die Summe der erfaßten Stickstoffgruppen kommt dem Wert 100%
sehr nahe. Bei diesen Analysen von BOGUE sind für Gelatine, Hautleim
und Knochenleim bemerkenswerte Unterschiede festzustellen.

Äquivalent- und Molekulargewicht des Glutins

Das Säurebindungsvermögen der Gelatine und des Kollagens ist sehr
häufig dazu herangezogen worden, um Aufschluß über das Äquivalentgewicht dieser Proteine zu geben. Man wird diejenige Menge von Gelatine
oder Kollagen, in Gramm ausgedrückt, die imstande ist, 1 g-Äquivalent
Salzsäure, Schwefelsäure usw. zu binden, als Äquivalentgewicht bezeichnen. Von zahlreichen Forschern ist das Säureäquivalent auf verschiedenen Wegen ermittelt worden[1]. Es wurden Werte von 700 bis 1400
gefunden. Die zuverlässigsten Bestimmungen scheinen den Wert von
etwa 1200 zu ergeben. Adsorptionsversuche, die von O. GERNGROSS[2] an
den Systemen Gelatine/Salzsäure bzw. Schwefelsäure durchgeführt wurden, wobei die Quellung der Präparate durch gesättigte Kochsalz- bzw.
Natriumsulfatlösungen unterdrückt wurde, lieferten übereinstimmend
ein Äquivalentgewicht von 1300. Genau dasselbe ergibt Kollagen
(Hautpulver).

Die eine Zeitlang herrschende Auffassung, die Proteine seien Assozia-
tionsprodukte niedermolekularer Grundkörper, hat sich als irrig erwiesen. Der hochmolekulare Charakter der Proteine ist durch zahlreiche
exakte Messungen ihrer Molekulargewichte mit den verschiedensten
Methoden sichergestellt worden. Messungen des osmotischen Drucks von
Gelatine wurden mehrfach ausgeführt, so z. B. von O. GERNGROSS[3] mit
elektroosmotisch gereinigter, aschefreier Gelatine bei isoelektrischer
Reaktion. Bei Verwendung von 0,5%iger Gelatinelösung bei 20,0° C
wurde nach 5 Stunden ein stets reproduzierbares Maximum des Drucks
von 14 mm Wassersäule erreicht. Daraus errechnet sich ein Molekulargewicht von M = 88700.

Von den neueren Verfahren zur Ermittlung des Molekulargewichts von
Proteinen nimmt die Messung vermittels der Ultrazentrifuge nach SVED-
BERG[4] die erste Stelle ein. Sie bedient sich bekanntlich der mit steigender

---

[1] HITCHCOCK, O. I.: J. gen. Physiol. Bd. 6 (1923) S. 95. — PAULI, W. u.
H. WIT: Biochem. Z. Bd. 174 (1926) S. 308. — KÜNTZEL, A.: Biochem. Z. Bd. 209
(1929) S. 326. — WINTGEN, R. u. KRÜGER: Kolloid-Z. Bd. 28 (1921) S. 81. —
FERGUSON, A. L. u. E. K. BACON: J. Amer. chem. Soc. Bd. 49 (1927) S. 1927. —
PROCTER, H. R.: J. chem. Soc. London Bd. 105 (1914) S. 313. — PROCTER, H. R.
u. I. WILSON: J. chem. Soc. London Bd. 109 (1916) S. 307.

[2] Siehe HLOCH, A.: Gelatine und Kollagen, Dissertation, Berlin-Charlotten-
burg 1926.

[3] GERNGROSS, O., O. TRIANGI u. P. KOEPPE: Ber. Bd 63 (1930) S. 1603.

[4] SVEDBERG, THE: Naturwiss. Bd. 21 (1933) S. 330; Bd. 22 (1934) S. 1225 und
weitere Arbeiten.

Teilchengröße zunehmenden Geschwindigkeit der Sedimentation in einem starken Schwerefeld, sowie des sich dabei einstellenden Sedimentationsgleichgewichts. Das ursprüngliche Verfahren hat zahlreiche Verbesserungen erfahren[1], insbesondere durch Einführung der sog. „Schlierenmethode" für die Beobachtung der Konzentrationsunterschiede in der Zentrifugenzelle[2].

WILLIAMS, SAUNDERS und CICERELLI[3] führten ebenfalls Messungen mit der Ultrazentrifuge aus. Ihre Ergebnisse für mehrere Gelatineproben waren M = 95000.

BOEDTKER und DOTY[4] benutzten die Messung der Lichtstreuung, um das Molekulargewicht des Glutins zu bestimmen. Sie fanden für eine gereinigte Gelatine, die dialysiert und aus der Lösung mit Äthylalkohol gefällt worden war, den Wert M = 90000, für eine nur dialysierte Gelatine M = 95000.

Ein neueres Verfahren zur Bestimmung des Molekulargewichts ist die Messung der „Viskosität verdünnter Lösungen"[5].

Bei der Ermittlung des Molekulargewichts ist jedoch zu beachten, daß Glutin in wäßriger Lösung keineswegs aus Molekeln einheitlicher Größe besteht, vielmehr umfaßt das Molekulargewicht einen erheblichen Bereich verschiedener Kettenlängen, von welchen nur der mittlere Durchschnitt erfaßt wird.

POURADIER und VENET[6] gelang es, Glutinlösungen in mehrere Fraktionen zu zerlegen. Sie benutzen, wie andere Forscher vorher, Äthylalkohol als Fällungsmittel, jedoch wählen sie die Versuchsbedingungen derart, daß die betreffende Fraktion als zweite Flüssigkeit, als „Koazervat" sich absetzt und von der überstehenden Restflüssigkeit abgetrennt werden kann. Alkohol und Wasser können dann leicht entfernt werden, wobei die Fraktion zurückbleibt.

STAINSBY[7] hat mit diesem Verfahren eine Anzahl käufliche Gelatinesorten untersucht und konnte zeigen, daß hochwertige Gelatine nur eine ganz geringe Menge Glutin von niederem Molekulargewicht enthält. Man muß annehmen, daß der niedermolekulare Anteil, der bei der Äscherung des Rohstoffs auf jeden Fall entstehen muß, von der alkalischen Flüssigkeit gelöst oder bei dem nachfolgenden Auswaschen fortgeführt wird.

---

[1] SVEDBERG, THE u. K. O. PEDERSEN: The Ultracentrifuge, New York 1940.

[2] TISELIUS, A. u. Mitarb.: Nature Bd. 139 (1937) S. 545.

[3] WILLIAMS, I. W., W. M. SAUNDERS u. J. S. CICERELLI: J. physic. Chem. Bd. 58 S. 774.

[4] BOEDTKER, H. u. P. DOTY: J. physic. Chem. Bd. 58 (1954) S. 968.

[5] STAINSBY, G., P. R. SAUNDERS u. A. G. WAND: J. polymer. Sci. Bd. 13 (1954) S. 325.

[6] POURADIER, J. u. A. M. VENET: J. Chim. Phys. Bd. 49 (1952) S. 85.

[7] STAINSBY, G.: Discussion of the Faraday Society, 1955.

Die Angaben der Bestimmungen des Molekulargewichts von Glutin beziehen sich wohl in der Regel auf Glutinlösungen von großer Verdünnung, d. h. auf Lösungen, die auch bei 20° nicht mehr erstarren.

Nach EGGERT und REITSTÖTTER[1] können auch für Glutin im Gelzustand Messungen bzw. Berechnungen des Molekulargewichts ausgeführt werden.

Wie von anderen Forschern wird auch von EGGERT und REITSTÖTTER eine verschiedenartige Bindung des Wassers im wasserhaltigen Glutin angenommen. Das bei der Quellung zuerst aufgenommene Wasser durchdringt das Innere des Mizells, es erleidet nachweisbar eine Deformation (s. S. 97). Weitere Wassermengen werden in Gestalt von Hüllen an die Mizelle angelagert, die letzten Wassermengen sind in den Kapillaren und Vakuolen des Gelatinegels eingeschlossen.

Wir müssen annehmen, daß jedes beim Quellen aufgenommene Wassermolekül vom Gelmizell gebunden wird, wobei dessen Molekulargewicht entsprechend vergrößert wird. Solange sich das System Glutin-Wasser im Gelzustand befindet, also auch die Schmelztemperatur des Gels nicht überschritten wird, befindet sich kein freies Wasser zugegen. Freie Wassermoleküle sind lediglich in Glutinlösungen enthalten.

Tabelle 9. *Molekulargewicht des Glutins in Gelen*

Nr.	Prozentgehalt des Gels an wasserfr. Gelatine	Molekulargewicht des Gelatinemizells im Gel	Mol Wasser pro Molekül wasserfr. Glutin
1	20%	170000	$7{,}5 \cdot 10^3$
2	10%	340000	$1{,}7 \cdot 10^4$
3	5%	680000	$3{,}6 \cdot 10^4$
4	3%	1100000	$6{,}0 \cdot 10^4$
5	1%	3400000	$1{,}9 \cdot 10^5$

In der 3. Spalte obiger Tabelle von EGGERT und REITSTÖTTER ist das Molekulargewicht des Mizells dieser Gele berechnet unter der Voraussetzung, daß die Gesamtmenge des Wassers im Gel innerhalb des Mizells gebunden ist. Ein solches Mizell des vollständig gequollenen 1%igen Gels besitzt einen Durchmesser von 200 Å.

Beim Übergang des Gel- zum Solzustand, wie er beim Schmelzen der Gallerten eintritt, ist anzunehmen, daß die Mizelle Wasser freigeben: nunmehr entsteht eine Glutinlösung mit Mizellen von entsprechend kleinerem Molekulargewicht neben freiem Wasser.

Röntgenographische Untersuchungen an Kollagen und Glutin wurden hauptsächlich von O. GERNGROSS[2] ausgeführt. Bei der Durchstrahlung der Gelatine ergab sich das überraschende Resultat, daß dieser so

---

[1] EGGERT, J. u. J. REITSTÖTTER: Über das Molekulargewicht und den Gelzustand der Gelatine, Z. physik. Chem. Bd. 123 (1926) S. 363.
[2] GERNGROSS, O.: in GERNGROSS-GOEBEL, S. 47.

typisch kolloide Stoff neben einem amorphen Ring gut ausgebildete Kristallinterferenzen liefert. Das Röntgendiagramm (DEBYE-SCHERRER) von lufttrockner Gelatine[1] zeigt 6 Ringe. Diese Kristallinterferenzringe sind wesentlich breiter als dies bei gut ausgebildeten Kristallgittern der Fall zu sein pflegt; dies wird durch Störungen des Gitters verursacht.

Kocht man die Gelatine bis sie ihre wesentlichen kolloiden Eigenschaften, die Fähigkeit zu gelatinieren und ihre Viskosität verliert, so verschwinden ihre Kristallinterferenzen und es bleibt nurmehr der amorphe Ring zurück. Die Hauptvalenzketten sind verkleinert und ihre Bindung zu Kristalliten gelöst. Bei tiefergehendem hydrolytischem Abbau mit starken Säuren, der bis zum Zerfall in Aminosäuren führt, wird tatsächlich ein neues reiches Linienspektrum sichtbar, das im wesentlichen mit dem der Aminoessigsäure (Glykokoll) übereinstimmt.

Macht man eine Röntgenaufnahme von einer etwa 300% über die ursprüngliche Länge gedehnten Gelatine, so ist folgendes wahrzunehmen: Die ringförmigen Interferenzen des DEBYE-SCHERRER-Diagramms der ungedehnten Gelatine verwandeln sich in die Punkte und Sicheln eines zu einer Mittelachse orientierten „Faserdiagramms", wie es natürliche Faserstoffe ergeben, in welchem die Kristallite in der Richtung der Faserachse parallel angeordnet sind. Dies ist nur dann möglich, wenn die Aufbauelemente des Glutins langgestreckte Gebilde sind, denn nur solche nehmen eine bevorzugte Richtung unter der Einwirkung eines Zuges an.

Die Röntgenaufnahme der tierischen Haut liefert das gleiche Diagramm wie die Gelatine. Kollagen und Glutin zeigen keinen Unterschied im Röntgenbild. Kennzeichnend für den Zusammenhang von Kollagen und Glutin ist es, daß bei beiden im Röntgendiagramm die gleiche Kombination eines kristallinen und eines amorphen Bestandteils zu bemerken ist, daß also die amorphe Phase schon im intakten Kollagen vorhanden ist und nicht erst durch den Übergang von Kollagen in Glutin durch Abbau entsteht.

Abbau des Glutins

Die höchst kompliziert aufgebauten Eiweißkörper unterliegen vielfältigen chemischen Eingriffen. Meist sind diese mit einer Abspaltung einzelner Gruppen oder einem Zerfall in kleinere Bruchstücke verbunden. Schließlich erfolgt eine Aufteilung in die einzelnen Aminosäuren.

Der Hersteller von Gelatine und Leim ist jedoch in erster Linie daran interessiert, bei Gewinnung seiner Erzeugnisse nach Möglichkeit jeden Grad von Abbau zu vermeiden. Gerade aus diesem Grund ist es notwendig, hier auch auf die Ursachen und den Verlauf von Abbauvorgängen einzugehen (Untersuchungen von KÜNTZEL, S. 32).

---

[1] HERRMANN, K., O. GERNGROSS, W. ABITZ: Z. physik. Chem. B. Bd. 10 (1930) S. 371.

Der Abbau des Glutins setzt schon beim Erwärmen seiner Lösungen ein, man spricht dann vom thermischen Abbau.

Auch durch chemische Agenzien, besonders durch Säuren und Basen wird ein Abbau bewirkt.

Außerdem hat noch der fermentative Abbau durch Mitwirkung von Enzymen erhebliche Bedeutung.

Der tiefgreifendste Abbau führt bis zu den Aminosäuren, er erfolgt, wie schon früher beschrieben (S. 14), durch starke Säuren oder Basen gleichzeitig verbunden mit einer Einwirkung von Wärme.

Von besonderem Interesse ist im Bereich der Fabrikation von Gelatine und Leim der thermische Abbau. Für die Verfolgung von Veränderungen dieser Art erweist sich vielfach die Viskositätsmessung als zweckmäßig. Da die Messung der Viskosität ein viel angewandtes Verfahren zur Bewertung der Güte der Glutinerzeugnisse ist, so ist es naheliegend, die Viskositätsmessung zur Verfolgung des Abbaus heranzuziehen. Natürlich ist es auf diesem Wege nicht möglich, näheren Einblick in die Natur der Abbauprodukte zu gewinnen. Bei Herstellung der Glutinprodukte steht jedoch diese Frage weniger im Vordergrund.

Will man z. B. den Verlauf irgendeiner chemischen Einwirkung auf Glutinsubstanz im Laboratoriumsversuch verfolgen, so setzt man eine hinreichende Menge der betr. Gelatine- oder Leimlösung bzw. des Reaktionsgemischs, z. B. 1 bis 2 Liter in einem Kolben am Rückflußkühler an und hält die Lösung auf der für die Reaktion gewünschten Temperatur. In bestimmten Zeitabständen entnimmt man mit einer Pipette Proben, z. B. von 10 ml, gibt diese in ein Ostwaldviskosimeter (S. 284) und mißt jeweils die Durchlaufzeit der Lösung bei einer bestimmten Temperatur, z. B. bei 40°.

Bei derartigen vergleichenden Messungen ist es nicht nötig, die bei der Leimprüfung sonst üblichen Konzentrationen einzuhalten; es genügt, wenn alle Messungen bei derselben Konzentration ausgeführt werden. Diese einheitliche Konzentration läßt sich durch Anwendung des Rückflußkühlers leicht konstant halten. Als Beispiel sind in den Tabellen 10 und 11 (Abb. 15) solche Viskositätsänderungen für einen einfachen thermischen Abbau von Hautleim und Knochenleim wiedergegeben.

Tabelle 10. *Wärmeabbau bei Hautleim*
Hautleim H_1, Konzentration 10%.

Zeit nach Stunden	Viskosität bei:				
	50°	60°	70°	80°	90° C
0	43,8	43,4	42,4	38,0	38,2*
$2^1/_2$	43,8	43,4	40,0	35,2	32,0
5	43,8	43,4	37,2	33,6	29,4
$7^1/_2$	43,8	43,0	35,4	30,8	28,0

* Viskosität als Auslaufsekunden des OSTWALDT-Viskos.

Tabelle 11. *Wärmeabbau bei Knochenleim*
Knochenleim K[1], Konzentration 10%

Zeit	Viskosität bei:				
nach Stunden	50°	60°	70°	80°	90° C
0	24,4	24,6	23,8	25,0	21,6
$2^1/_2$	24,4	24,4	23,8	23,0	21,0
5	24,4	24,4	23,8	22,8	19,8
$7^1/_2$	24,4	24,4	23,6	22,8	16,4

Auslauf-Sekunden

L. Arisz[1] gibt als Grenze für den merklich beginnenden Abbau der Glutinsubstanz die Temperatur von etwa 65° C an; dies stimmt durchaus mit obigen Zahlen für Hautleim überein. Aus Abb. 15 ist ersichtlich, daß

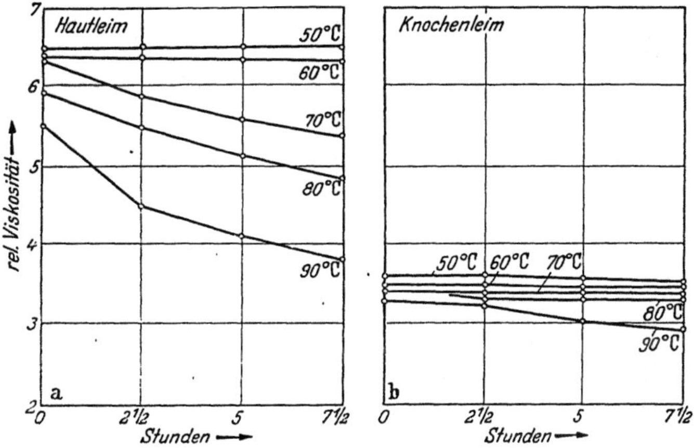

Abb. 15. Viskositätsabfall beim thermischen Abbau von Hautleim und Knochenleim bei 50—90° C

bei einer Temperatur von 60° die Glutinsubstanz praktisch unverändert bleibt, während bei 70° schon ein erheblicher Rückgang der Viskosität zu verzeichnen ist.

Man kann sich an Hand dieser Kurven für irgendeinen in der Wärme verlaufenden Vorgang schon im voraus ein annäherndes Bild vom Ausmaß der zu erwartenden Veränderung der Glutinsubstanz machen.

Bei Hautleim ist der Viskositätsrückgang stärker als bei dem als Beispiel gewählten Knochenleim. Die Ursache ist nicht in einem Unterschied des p_H-Werts zu suchen, vielmehr ist bei Knochenleim während des Fabrikationsgangs durch die Behandlung bei erhöhtem Dampfdruck schon ein starker Eingriff erfolgt, so daß bei Knochenleim von vornherein die höheren Viskositätswerte fehlen.

---

[1] Arisz, L.: Kolloidchem. Beihefte Bd. 7 (1915) S. 1.

Die Zahlen in den Tabellen 10 und 11 geben einfach die Sekunden-
auslaufzeit der Ostwaldviskosimeter an. Für die Kurven der Abb. 15,
16, 19 u. 20 sind die Auslaufzeiten in relative Viskosität umgerechnet.
Jedoch stimmen diese Werte nicht mit der üblichen „ENGLER-Viskosität" bei $17^3/_4\%$ und $40°\,$C über-
ein.

Die in den Tabellen wiedergegebenen Messungen wurden mit
Leimlösungen von 10% ausgeführt,
ein großer Teil der Messungen
wurde bei 20% und 30% wiederholt und zeigte annähernd das
gleiche Ergebnis.

Bei Leimen verschiedener Anfangsviskosität erhält man entsprechend abgestufte Werte, jedoch vollzieht sich der Abbau
durchaus im gleichen Sinn, wie dies
Tabelle 12 und Abb. 16 erkennen
läßt.

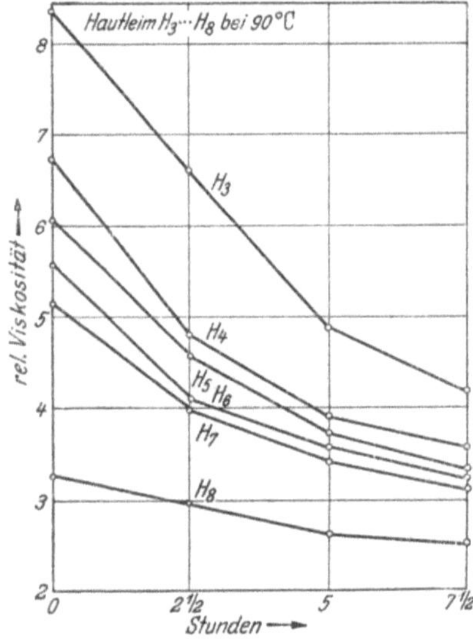

Abb. 16. Thermischer Abbau von Hautleimen
verschiedener Anfangsviskosität bei 90°

Tabelle 12. *Wärmeabbau verschiedener Hautleime bei 90° C*
Hautleim H_3—H_8, Konzentration 10%

Zeit nach Stunden	Relative Viskosität bei 90° C:					
	H_8	H_7	H_6	H_5	H_4	H_3
0	8,44	6,73	6,05	5,62	5,15	3,28
$2^1/_2$	6,58	4,79	4,62	4,09	4,09	2,96
5	4,91	3,94	3,85	3,53	3,50	2,65
$7^1/_2$	4,23	3,58	3,35	3,25	3,15	2,53

Tabelle 13. *Wärmeabbau bei Hautleim bei erhöhtem Dampfdruck*

Nach Stunden	Relative Viskosität bei folgenden Dampfdrucken:								
	0,25	0,50	0,75	1,0	1,5	2,0	3,0	4,0	5,0 atü
0	6,15	5,09	4,91	5,32	4,26	3,91	4,38	3,59	3,09
1	4,00	3,17	3,06	2,94	2,97	1,94	1,56	1,41	1,32
2	2,76	2,50	2,23	2,23	2,18	1,62	1,32	1,27	1,15
3	2,44	2,21	1,85	1,85	1,76	1,53	1,18	1,15	1,08
4	2,23	2,00	1,61	1,53	1,64	1,44	1,12	1,08	1,03
5	2,15	1,67	1,58	1,38	1,53	1,35	1,06	1,06	1,03
6	2,09	1,58	1,44	1,09	1,47	1,20	1,06	1,06	1,00

Tabelle 14. *Wärmeabbau bei Knochenleim bei erhöhtem Dampfdruck*

Nach Stunden	Relat. Viskosität bei folgenden Dampfdrucken:								
	0,25	0,50	0,75	1,0	1,5	2,0	3,0	4,0	5,0 atü
0	3,44	3,44	3,26	3,21	3,12	3,00	2,88	2,78	2,53
1	2,94	2,67	2,41	2,23	2,12	1,91	1,50	1,32	1,26
2	2,62	2,35	2,00	1,88	1,79	1,50	1,29	1,20	1,15
3	2,25	2,15	1,73	1,65	1,59	1,35	1,20	1,12	1,08
4	2,12	1,94	1,67	1,56	1,38	1,26	1,15	1,05	1,06
5	1,97	1,79	1,59	1,44	1,29	1,20	1,08	1,03	1,03
6	1,82	1,67	1,53	1,32	1,18	1,15	1,06	1,00	1,00

Für die Verfolgung des Abbaus bei höheren Temperaturen als 100° C verwendet man einen Laboratoriums-Autoklaven und trifft eine Anordnung nach Abb. 17. Die Leimlösung wird in einen Jenaer Kolben A eingefüllt und dieser auf einen kleinen Siebboden (Exsikkatoreinsatz) in den Autoklaven eingestellt, welcher reichlich Wasser enthält. Die Proben werden durch das Probeentnahme-Rohr B und Kühler K abgelassen. Letzterer verhütet eine Änderung der Konzentration der entnommenen Proben. Der Dampfdruck wird mit Hilfe eines empfindlichen Mano-

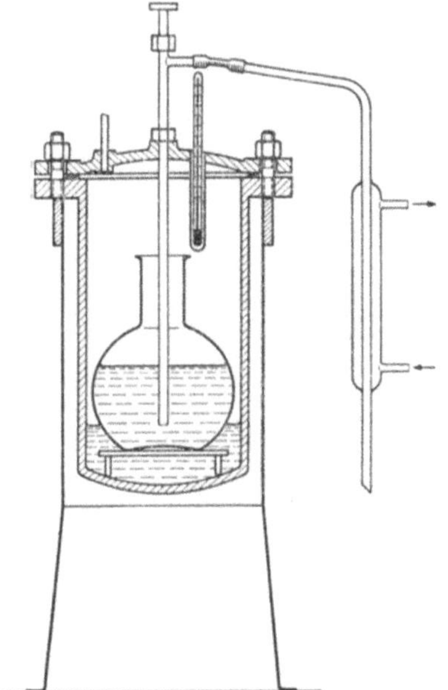

Abb. 17. Verfolgung des Abbaus von Glutinlösungen im Autoklaven

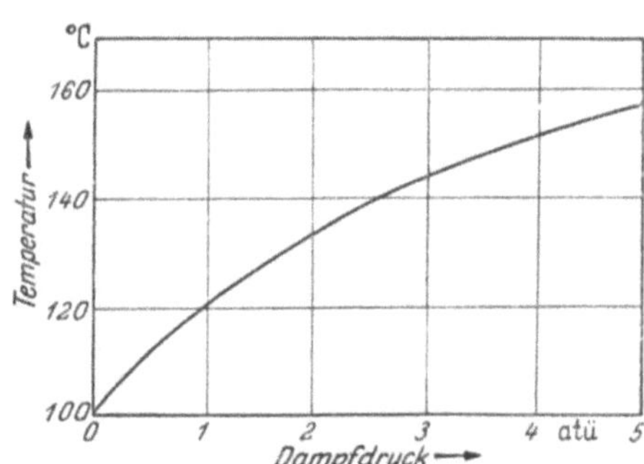

Abb. 18. Temperatur des Wasserdampfes bei steigendem Dampfdruck

meters eingestellt. Besonders bei niederen Drucken wird der Druck durch gleichzeitiges Ablesen der Temperatur kontrolliert. In Tabelle 15 und Abb. 18 sind Dampfdrucke und zugehörige Temperaturen dargestellt. Hier ist festzustellen, daß bei anfänglich niederem Druckanstieg die Temperaturen verhältnismäßig schneller zunehmen. Dies ist wesentlich, da für die Schädigung der Glutinsubstanz nicht der Dampfdruck, sondern die hohe Temperatur verantwortlich ist.

Tabelle 15. *Drucke und Temperaturen von Wasserdampf*

Druck atü	Temperatur °C	Druck atü	Temperatur °C	Druck atü	Temperatur °C
0,1	103	1,1	122	2,2	136
0,2	105	1,2	124	2,4	138
0,3	107	1,3	125	2,6	140
0,4	110	1,4	126	2,8	142
0,5	112	1,5	128	3,0	144
0,6	114	1,6	129	3,5	148
0,7	116	1,7	130	4,0	152
0,8	118	1,8	132	4,5	156
0,9	119	1,9	133	5,0	159
1,0	121	2,0	134	6,0	165

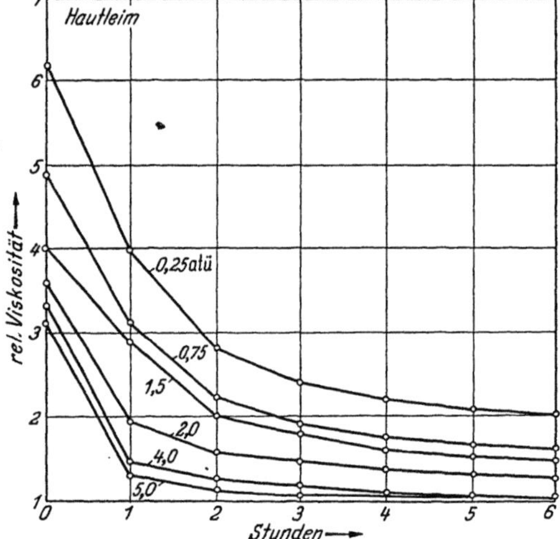

Abb. 19. Thermischer Abbau von Hautleim bei 1—6 atü

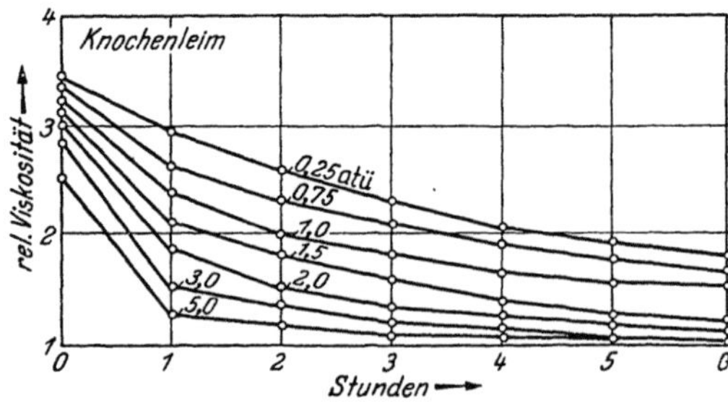

Abb. 20. Thermischer Abbau von Knochenleim bei 1—6 atü

Praktisch kommen allerdings bei der Herstellung von Hautleim derart hohe Temperaturen nicht in Betracht, jedoch läßt sich bei der Gewinnung des Knochenleims nach dem gebräuchlichen „Dämpfverfahren" die Anwendung von Temperaturen über 100° C nicht vermeiden.

Der zerstörende Einfluß der hohen Temperaturen ist aus den Kurven der Abb. 19 u. 20 ohne weiteres ersichtlich. (Tabelle 13 u. 14). Die Viskosität geht sehr schnell auf geringe Werte zurück. Bei Dampfdrucken von 2 atü bzw. 144° C erreicht der Abbau in wenigen Stunden einen solchen Grad, daß die abgebauten Glutinlösungen nur noch die Viskosität des Wassers aufweisen (relat. Viskosität = 1,0).

Die Viskositätsmessung zeigt den fortschreitenden Abbau besonders in den anfänglichen Stadien sehr empfindlich an. Man wird jedoch bestrebt sein, auch mit chemischen Hilfsmitteln den Abbau zu verfolgen. Die Isolierung einzelner Abbauzwischenprodukte auf chemischem Wege ist bisher wenig erfolgreich gewesen. Jedoch haben sich einige chemisch-analytische Methoden als sehr brauchbar erwiesen, um den Fortgang des Abbaus besonders bei den tiefergehenden Eingriffen zu erkennen.

Diese sind:

a) die Formaltitration nach SÖRENSEN,

b) die volumetrische Stickstoffbestimmung nach VAN SLYKE,

c) die alkalimetrische Titration in Gegenwart von Alkohol nach WILLSTÄTTER und WALDSCHMIDT-LEITZ,

d) die azidimetrische Titration in Gegenwart von Azeton nach LINDERSTRÖM-LANG.

Für diese für die Proteinchemie höchst wichtigen Verfahren sind nachstehend die Arbeitsvorschriften wiedergegeben.

a) Formoltitration nach Sörensen[1]. Die Grundlage der Reaktion ist die Blockierung der basischen Aminogruppen durch Formaldehyd, wobei eine Verwandlung der ursprünglich elektroamphoteren „neutralen" Aminosäuren in Methylenaminosäuren stattfindet. Diese letzteren zeigen nur saure Dissoziation, sind also wie schwache Säuren, z. B. Essigsäure titrierbar. Bei der Hydrolyse des Eiweißes werden durch Aufspaltung von Peptidbindungen immer mehr Amino- und Carboxylgruppen frei, was sich bei der Formoltitration in einem Anstieg der Azidität äußert.

10 ml der zu untersuchenden, gegebenenfalls vorher zu neutralisierenden Lösung werden einmal nach Zusatz von 5 ml Wasser, das andere Mal nach Zusatz von 5 ml eben gegen Phenolphtalein schwach alkalisch gemachter handelsüblicher Formaldehydlösung (35%) gegen Phenolphtalein mit n/5 Natronlauge oder n/5 Bariumhydroxyd titriert. Die Aziditätserhöhung, die sich in einer Differenz der bei Gegenwart und Abwesenheit von Formaldehyd ermittelten Titrationsazidität äußert, vermittelt den „formoltitrierbaren Stickstoff", d. h. die freien Aminogruppen, die bei fortschreitender Hydrolyse quantitativ zunehmen. Durch Multiplikation der Anzahl verbrauchter ml n/5 Alkalilösung mit 2,8 erhält man die mg formoltitrierbaren Stickstoffs.

Diese umkehrbare Reaktion ist nur bei Überschuß von Formaldehyd und möglichst alkalischer Reaktion quantitativ. Aus diesem Grund benutzt man Phenolphtalein als Indikator, das weit im alkalischen Gebiet umschlägt.

$$COOH \ CH_2NH_2 + CH_2O + KOH \rightarrow COOK \ CH_2 \ N = CH_2 + 2 H_2O.$$

b) Gasvolumetrische Bestimmung des Aminostickstoffs nach van Slyke[2]. Salpetrige Säure wirkt auf α-Aminosäuren in der Weise ein, daß der

[1] SÖRENSEN, S. P. L.: Biochem. Z. Bd. 7 (1908) S. 45.

[2] VAN SLYKE: Ber. Bd. 43 (1910) S. 3170

Stickstoff elementar als Gas abgespalten und die Aminosäure in eine Oxysäure umgewandelt wird. Zum Beispiel:

$$CH_2 \cdot NH_2 \cdot COOH + HNO_2 = CH_2 \cdot OH \cdot COOH + N_2 + H_2O,$$
Aminoessigsäure

N_2 entspricht einer NH_2-Gruppe. Es ist sehr wertvoll, daß die Reaktion nur auf α-Aminosäuren anspricht. Man kann mit der VAN SLYKE-Methode Aminostickstoff neben Nichtaminostickstoff bestimmen.

Daher wird z. B. bei Arginin dreiviertel, bei Triptophan die Hälfte des Gesamtstickstoffs durch die VAN SLYKE-Reaktion nicht erfaßt.

Für die Bestimmung wird eine spezielle Apparatur aus Glas benutzt. Eine einzelne Bestimmung erfordert im günstigsten Fall zur Ausführung nur etwa 10 Minuten.

Wichtig ist, daß bei der Messung die Luft aus der Apparatur restlos ausgeschlossen wird. Dies geschieht durch Verdrängung mit Stickoxyd. Die Analyse gliedert sich in drei Abschnitte:

1. Verdrängung der Luft durch Stickoxyd,
2. Zersetzung der Aminoverbindung,
3. Absorption des Stickoxyds und Messung des Stickstoffgases.

Der Hauptteil der Apparatur ist in Abb. 21 dargestellt. D ist der Reaktionsraum, von A aus wird nacheinander Eisessig und Natriumnitritlösung in D eingeführt, um Stickoxydgas zu erzeugen und die Luft aus dem Apparat zu verdrängen. In B wird ein bestimmtes Volumen der zu untersuchenden Lösung abgemessen und nach D geleitet. Hier erfolgt die Reaktion mit salpetriger Säure. Das Gemisch von Stickstoffgas und Stickoxyd wird in die Meßpipette F, von da in eine angeschlossene Absorptionspipette überführt und in letzterer das Stickoxyd absorbiert. Darnach wird das Volumen des Stickstoffs in F gemessen. Das Reaktionsgefäß D wird so aufgehängt, daß es zur Beschleunigung der Reaktion durch einen Motor geschüttelt werden kann.

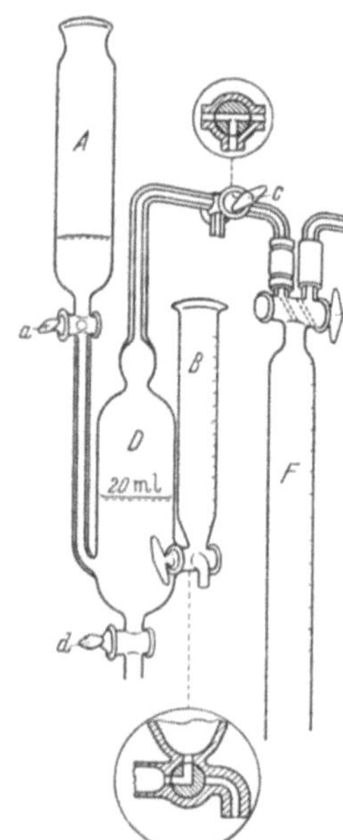

Abb. 21. Apparat zur N-Bestimmung nach VAN SLYKE

c) *Alkalimetrische Titration der Aminosäuren und Polypeptide in alkoholischer Lösung nach Willstätter und Waldschmidt-Leitz*[1]. Die Aminogruppe der freien Aminosäuren ist in 97%igem Alkohol nicht dissoziiert und daher ausgeschaltet, während dann die Carboxylgruppe mit Natronlauge gegen Phenolphtalein titriert werden kann. Die Polypeptide und Peptone verhalten sich dagegen schon

---

[1] Ber. Bd. 54 (1921) S. 2988.

in 40%igem Alkohol wie gewöhnliche Karbonsäuren. Auf dieses verschiedene Verhalten von Aminosäuren und Polypeptiden gründet sich eine einfache Methode, mit der in Gemischen beide Gruppen von Verbindungen alkalimetrisch bestimmt werden können. Man ermittelt zu diesem Zweck die zur Neutralisation gegen Phenolphtalein oder Thymolphtalein in 50%igen und 97%igen alkoholischen Lösungen erforderlichen Alkalimengen. Ein Gegenstück zu dieser Titration der Karboxylgruppen in alkoholischer Lösung stellt die azidimetrische Bestimmung der Aminogruppen in Gegenwart von Azeton nach K. LINDSTRÖM-LANG dar.

d) Azidimetrische Bestimmung der Aminogruppen in Gegenwart von Azeton nach Lindström-Lang[1]. 10 ml der Versuchslösung werden mit 10 Tropfen alkoholischer 0,1%iger Naphtylrotlösung und 150 ml Azeton versetzt und mit n/10 alkoholischer Salzsäure titriert.

Abbauprodukte. So bekannt die Vorgänge des Wärmeabbaus gerade auch im Gang der Fabrikation von Gelatine und Leim sind, so besteht über die stufenweise Veränderung der Glutinsubstanz bei dieser thermischen Einwirkung keine eindeutige Kenntnis.

Nach O. GERNGROSS[2] und anderen Forschern ist der thermische Abbau in seinem anfänglichen Bereich, der mit einem Rückgang der Viskosität und der Gallertfestigkeit verbunden ist, nicht mit einer hydrolytischen Zersetzung unter Lösung von Peptidketten verknüpft. Es handelt sich bei diesen Vorgängen anfangs im wesentlichen um eine Zerkleinerung der Mizelle. Die letzteren, bestehend aus Bündeln von Peptidketten, werden nach und nach in die Einzelketten aufgespalten.

GERNGROSS[3] hat den Abbau durch Messung des osmotischen Drucks, der Formoltitration und VAN SLYKE-Analyse verfolgt.

Der osmotische Druck und dementsprechend das Molekulargewicht zeigte folgende Veränderungen:

Erwärmung der Gelatinelösung	Osmot. Druck mm Wassersäule	Molekulargewicht
Ohne Erwärmen	14,0 mm	88700
5 min bei 100° C	14,9 mm	83600
5 Stunden bei 100° C .	21,0 mm	58500
10 Stunden bei 100° C .	22,0 mm	55800
25 Stunden bei 100° C .	27,0 mm	45500

Würde diese Molekülverkleinerung im wesentlichen durch Peptidabbau veranlaßt sein, so müßte sich dies mit den Methoden der Verfolgung des hydrolytischen Abbaus nach SÖRENSEN und VAN SLYKE (s. S. 47) feststellen lassen. Es zeigt sich aber, daß dies nicht der Fall ist. Obwohl z. B.

---

[1] LINDSTRÖM-LANG, K.: Hoppe-Seyler's Z. physiol. Chem. Bd. 173 (1928) S. 32.

[2] GERNGROSS, O. in GERNGROSS-GOEBEL, S. 45.

[3] GERNGROSS, O.: Kolloid-Z. Bd. 33 (1923) S. 254. — GERNGROSS, O., O. TRIANGI u. P. KOEPPE: Ber. Bd. 63 (1930) S. 1603.

nach 75 stündigem Erhitzen einer 25 %igen Gelatinelösung als sicheres Zeichen der Teilchenzerkleinerung das Gelatinierungsvermögen ganz verschwunden und die Viskosität auf 18 % ihres ursprünglichen Werts in der intakten Gelatine gesunken ist, läßt sich ein hauptvalenzchemischer Abbau durch Lösung von Peptidbindung nach den Methoden von SÖRENSEN und VAN SLYKE noch nicht bemerken. In ähnlicher Richtung liegen Versuche von M. FRANKEL[1], der fand, daß bei längerem Erhitzen von sterilen Gelatinelösungen bei Brutschranktemperatur ein starker irreversibler Viskositätsabfall, jedoch kein Peptidabbau stattfand.

Diese Vorstellung, daß die Glutinsubstanz in Lösungen in Form der Mizelle auftritt, die sich aus Bündeln von Peptidketten aufbauen, und daß der gelinde Abbau nur in einer Aufspaltung der Mizelle in die einzelnen Peptidketten besteht, steht in Widerspruch zu der von einzelnen Forschern neuerdings vertretenen Ansicht, daß das Glutin in seinen verdünnten Lösungen von vornherein in Form von Einzelketten vorliegt.

Neuerer Untersuchungen von SAUNDERS und WARD[2] über den Abbau von Glutin durch Hitze, Säuren und Alkalien haben gezeigt, daß die Wahl der Versuchsbedingungen entscheidet, ob nur das mittlere Molekulargewicht verkleinert wird oder ob auch der „Gelatinierungsfaktor" mit verändert wird.

Diejenigen Produkte des weitergehenden Abbaus, die nicht mehr die Eigenschaften des unveränderten Glutins, vor allem die Fähigkeit, eine Gallerte zu bilden, aufweisen, bezeichnet man als Albumosen; schreitet der Abbau weiter fort, so entstehen die Peptone, wobei jedoch eine präzise chemische Kennzeichnung dieser Stoffgruppen nicht möglich ist.

Definierte Zwischenprodukte der Hydrolyse von Proteinen mit Säure oder Alkali sind nur in sehr wenigen Fällen beschrieben worden. Die Unterscheidung zwischen Albumosen und Peptonen beim partiellen Abbau mit Säure, die auf Aussalzbarkeit beruht, hat nach WALDSCHMIDT-LEITZ[3] nur noch historische Bedeutung, zumal diese Eigenschaft nach den Erfahrungen an synthetischen Peptiden nicht mehr als Kennzeichen einer bestimmten Molekulargröße gewertet werden kann.

Für die Erkennung und Festhaltung bestimmter Stufen des hydrolytischen Abbaus und damit für die strukturelle Analyse der Proteine erweisen sich die auswählenden Methoden des enzymatischen Abbaus als überlegen.

Abbau durch Enzyme. Enzyme sind in der organischen Natur vorkommende, von lebenden Zellen erzeugte Stoffe, welche katalytische Wirkungen ausüben. Sie spielen beim Aufbau der Körperorgane und beim Abbau der Nährstoffe eine bedeutsame Rolle.

---

[1] FRANKEL, M.: Hoppe-Seyler's Z. physiol. Chem. Bd. 167 (1927) S. 26.
[2] WARD, A. G.: The Journal of Photographic Science Bd. 3 (1954) S. 66.
[3] WALDSCHMIDT-LEITZ: Chemie der Eiweißkörper, Stuttgart 1950, S. 54.

Die proteolytischen Enzyme, d. h. diejenigen Enzyme, die zur Spaltung der Eiweißstoffe befähigt sind, bezeichnet man als Proteasen[1].

Man hat nach den allgemeinen Erfahrungen über ihre Spezifität zwei Gruppen zu unterscheiden, nämlich die Proteinasen, welche natürliche Proteine angreifen, und die Peptidasen, deren Angriff auf niedermolekulare Peptide beschränkt ist. Die Proteinasen sind auch als „Endopeptidasen", als *innere* Peptidbindungen spaltende Enzyme, von den gewöhnlichen „Exopeptidasen" unterschieden worden[2], deren Angriff nur endständige Peptidbindungen in den Peptidketten betrifft.

Zu den Proteinasen oder Endopeptidasen gehören als die wichtigsten Vertreter: Pepsin, Trypsin, Chymotrypsin, Papain, Kathepsin und Lab.

Darstellung und Eigenschaften. Da fast alle proteolytischen Enzyme in den tierischen und pflanzlichen Sekreten oder in den Zellextrakten nicht für sich allein, sondern in Gemischen vorkommen, war in vielen Fällen die Erkennung und Auffindung der Einzelindividuen erst nach Zerlegung dieser Gemische und der präparativen Isolierung an Hand spezifischer Wirkungen möglich. Die erste erfolgreiche Methode zur Zerlegung solcher Enzymgemische war die der fraktionierten Adsorption. Mit ihrer Hilfe sind die Proteasengemische, wie sie Pankreas und Darmschleimhaut oder die Hefezelle liefern, zuerst in ihre Komponenten zerlegt worden. Dies war die Voraussetzung zur Aufklärung ihrer besonderen Wirkungsweise.

Proteinasen oder Endopeptidasen: Pepsin, Pepsinogen. Das Pepsin ist das wichtigste proteolytische Enzym der Magenschleimhaut und ihres Sekrets, das durch eine opimale Wirkung bei verhältnismäßig stark saurer Reaktion, p_H = 1,5 bis 2,5, ausgezeichnet ist[3]. Durch fraktionierte Aussalzung der Lösung von Handelspräparaten mittels Magnesiumsulfat bei saurer Reaktion und öfteres Umfällen wurde es von J. H. NORTHROP[4] in Form eines kristallisierten Proteins erhalten, dessen Zusammensetzung durch einen besonders niedrigen Gehalt an basischen Aminosäuren gezeichnet ist[5].

Trypsin, Typsinogen. Das zuerst von W. KUEHNE[6] genauer untersuchte Trypsin ist das wichtigste proteolytische Enzym der Pankreasdrüse, mit dessen Sekret es in den Darm abgegeben wird. Sein

---

[1] Näheres siehe die Arbeiten von WALDSCHMIDT-LEITZ u. a. z. B.. WALDSCHMIDT-LEITZ, E.: Chemie der Eiweißkörper, Stuttgart 1950.

[2] BERGMANN, M. u. Mitarbeiter: J. biol. Chemistry Bd. 111 (1935) S. 225; Bd. 118 (1936) S. 405, 781; Bd. 119 (1937) S. 35.

[3] SÖRENSEN, S. P. L.: Biochem. Z. Bd. 21 (1909) S. 131.

[4] NORTHROP, J. H.: J. gen. Physiol. Bd. 13 (1930) S. 739, 767; Bd. 14 (1931) S. 713.

[5] LEVENE, P. A. u. J. H. HELBERGER: Science Bd. 73 (1931) S. 494.

[6] KUEHNE, W.: Virchows Archiv Bd. 39 (1867) S. 130.

Wirkungsoptimum liegt bei schwach alkalischer Reaktion, $p_H = 8,0$ bis $8,7^1$.

Die Isolierung des Trypsins als kristallisiertes, globulinähnliches Protein, die einen wesentlichen Fortschritt für die Erkenntnis seiner Eigenschaften bedeutete, wurde von J. H. NORTHROP[2] und seinen Schülern durchgeführt. Nach alten Erfahrungen[3] wird das Trypsin von der Pankreasdrüse in unwirksamer Form, also wohl als Trypsinogen, mit dem Sekret in den Darm abgegeben und erst in diesem durch einen von der Darmschleimhaut gebildeten Stoff, die Enterokinase[4], in aktives Enzym übergeführt.

Lab. Die Unterscheidung eines besonderen milchgerinnenden Enzyms, des Labs, neben dem Pepsin in der Magenschleimhaut, vor allem von Kälbern, ist durch die Darstellung des Labs in Form eines kristallisierten Proteins[5] aus Handelspräparaten mit einem Wirkungsoptimum bei $p_H = 3,7$ bestätigt worden.

Wirkungsweise, Spezifität. Die scharf abgegrenzte Wirksamkeit der einzelnen angeführten Proteinasen scheint in erster Linie durch die Natur der an den Peptidbindungen beteiligten Aminosäuren bedingt zu sein. So findet man für das Pepsin, daß für seinen Angriff die Anwesenheit von wenigstens einer Aminosäure von elektronegativem Charakter, z. B. Tyrosin, Phenylalanin oder Glutaminsäure erforderlich ist. Unter den durch Pepsin spaltbaren Bindungen fehlen solche gänzlich, an denen basische Aminosäuren beteiligt sind.

Über den stufenweisen Abbau von Proteinen mit gereinigten Enzymen liegt eine größere Anzahl von Beobachtungen vor, aus denen sich wertvolle Hinweise auf den strukturellen Aufbau und auf die Anordnung der Bausteine ergeben haben. So wurde eine fraktionierte enzymatische Hydrolyse durch aufeinanderfolgende, jeweils erschöpfende Einwirkung verschiedener Proteinasen und Peptidasen in wechselnder Reihenfolge von E. WALDSCHMIDT-LEITZ und Mitarbeitern[6] an verschiedenen Protaminen und Proteinen durchgeführt. Übereinstimmend ergab sich dabei die Feststellung, daß die Leistungen der einzelnen Enzyme, an der Auflösung von Peptidbindungen gemessen, zueinander in einfachen, ganzzahligen Verhältnissen stehen, sowie der Befund, daß die Leistungen der

---

[1] WALDSCHMIDT-LEITZ, E.: Hoppe-Seyler's Z. physiol. Chem. Bd. 132 (1924) S. 181; NORTHROP, J. H.: J. gen. Physiol. Bd. 5 (1923) S. 263.

[2] NORTHROP, J. H.: J. gen. Physiol. Bd. 16 (1932) S. 267, 295, 313, 323, 339.

[3] KUEHNE, W.: zit. S. 51.

[4] SCHEPOWALNIKOW, N. P.: Dissert. St. Petersburg 1899.

[5] BERRIDGE, N. J.: Nature Bd. 151 (1943) S. 473; Biochem. J. Bd. 39 (1945) S. 179.

[6] WALDSCHMIDT-LEITZ, E. u. Mitarbeiter: Hoppe-Seyler's Z. physiol. Chem. Bd. 156 (1926) S. 68; Bd. 166 (1927) S. 262; Bd. 197 (1931) S. 219; Bd. 236 (1935) S. 181.

einzelnen Enzyme je nach der angewandten Reihenfolge in ihrem Ausmaße wechseln, die Enzyme sich also in gewissem Umfang gegenseitig vertreten können. Diese Beobachtung wird auch in neueren Versuchen mit kristallisierten Enzymen bestätigt.

Die beobachteten einfachen ganzzahligen Verhältnisse der enzymatischen Einzelleistungen beim stufenweisen Abbau finden nach unseren heutigen Erkenntnissen über die Spezifität der einzelnen proteolytischen Enzyme eine einfache Erklärung in der Annahme einer periodischen Wiederkehr der für den Angriff der einzelnen Proteasen spezifischen Aminosäuren in der Peptidkette der Proteine, eine Vorstellung, die auch durch Ergebnisse von Untersuchungen auf anderem Wege gestützt erscheint.

Brückenreaktionen des Glutins

Die Glutinketten besitzen als Endgruppen Amino- und Karboxylgruppen, die befähigt sind, entsprechende Reaktionen einzugehen. Ebenso weisen verschiedene am Aufbau beteiligte Aminosäuren reaktionsfähige Gruppen auf. So sind bei den Diaminosäuren freie Aminogruppen verfügbar. Von diesen, nämlich Lysin und Arginin, enthält Glutin reichliche Mengen. Auch die beiden Bikarbonsäuren Asparaginsäure und Glutaminsäure sind etwa mit 18% am Aufbau des Glutins beteiligt, sie besitzen je eine überzählige Karboxylgruppe. Wenn auch derartige Gruppen intramolekular oder durch Vernetzungsreaktionen gebunden sind, so sind sie doch, wie sich zeigt, teilweise für andere Reaktionen verfügbar.

Solche Reaktionen wurden von verschiedenen Forschern eingehend untersucht. Es seien nur die Arbeiten von J. B. SPEAKMAN[1], F. SANGER[2] und H. ZAHN[3] und deren Mitarbeitern erwähnt. Diese Reaktionen haben auch praktische Bedeutung; durch den Einbau neuer Moleküle in die Ketten der natürlichen Faserproteine wie Wolle, Seide, Kollagen können neuartige Stoffe mit modifizierten Eigenschaften erlangt werden.

Dieses Ziel soll hauptsächlich durch sog. „Brückenreaktionen" erreicht werden. Unter Brückenreaktionen sind solche chemische Reaktionen verstanden, bei welchen zwei gleiche oder verschiedene Moleküle, im vorliegenden Fall zwei Proteinketten, durch Reaktion mit einem „bifunktionellen" Brückenmolekül miteinander verbunden werden. Voraussetzung für derartige Reaktionen ist, daß das Makromolekül, also z. B. die Proteinkette, Gruppen enthält, mit denen sich das Brückenreagens umzusetzen vermag. Das letztere muß „bifunktionelle" Eigenschaften

---

[1] SPEAKMAN, J. B. u. E. STOTT: Trans. Faraday Soc. Bd. 31 (1935) S. 1425.

[2] SANGER, F.: Biochem. J. Bd. 39 (1945) S. 507, Bd 49 (1951) S 463; Bd. 53 (1953) S. 353.

[3] ZAHN, H.: Z. angew. Chem. Bd. 67 (1955) S. 561, dort auch Literaturzusammenstellung.

besitzen, d. h. es muß seinerseits mindestens zwei reaktionsfähige Gruppen aufweisen, die mit entsprechenden Gruppen von zwei Proteinketten reagieren und damit eine Vernetzung herbeiführen.

Das Reaktionsprodukt aus Makromolekül und Brückenreagens enthält „Brücken" aus den hauptvalenzmäßig in das Makromolekülgerüst eingebauten Molekeln des Brückenreagenses.

J. B. SPEAKMAN[1], der eigentliche Begründer des Forschungsgebiets der Brückenreaktionen („cross-linking-reactions") bei Wolle, konnte mit originellen Methoden den Mechanismus verschiedener Vernetzungsreaktionen aufklären.

H. ZAHN und MEIERHOFER[2] benutzten als Brückenreagens ein Difluordinitrobenzol, welches zwei reaktionsfähige Fluoratome besitzt. Da aber der Abstand der beiden F-Atome nur 5 Å im Molekül beträgt, war eine Fluorverbindung mit größerem Abstand der beiden F-Atome erwünscht. Als solche erwies sich das Difluordinitrodiphenylsulfon von der symmetrischen Zusammensetzung:

$$\underset{O_2N}{\overset{F}{\diagdown}}{>}H_3C_6-SO_2-C_6H_3{<}\underset{NO_2}{\overset{F}{\diagup}},$$

abgekürzt als „FF-Sulfon" bezeichnet. Es gelang den genannten Forschern, mit diesem Reagens eine Umsetzung mit Kollagen (Sehnenkollagen) zu erzielen. Bei der Hydrolyse dieses Reaktionsprodukts konnten sie Verbindungen der Aminosäuren des Kollagens, nämlich des Lysins und Oxylysins mit dem Brückenreagens „FF-Sulfon" feststellen.

Es war auffallend[3], daß die basischen Aminosäuren Lysin und Oxylysin mit ihrer freien ε-Aminogruppe überwiegend bifunktionell mit FF-Sulfon reagieren. Diese Tatsache spricht für eine Häufung der Lysinreste in bestimmten Segmenten der Faser. Wenn man beim Kollagen ein Mindestmolekulargewicht von 39 000 annimmt und die Aminosäuren des Kollagens entsprechend ihrer prozentualen Häufigkeit auf diese Struktureinheit aufteilt, so entfallen auf insgesamt 419 Reste 12 Lysin- und nur 3 Oxylysinreste. Bei Annahme einer gleichmäßigen Verteilung der Aminosäuren längs der Polypeptidkette wäre dann im Durchschnitt jeder 35. Rest ein Lysin- und nur jeder 140. ein Oxylysinrest. Eine die einzelnen Kollagenketten vernetzende Umsetzung mit bifunktionellen Reagentien ist daher besonders beim Oxylysin unwahrscheinlich, wenn sich die einzelnen basischen Reste nicht einigermaßen exakt gegenüberliegen. Nach einer von R. S. BEAR[4] entwickelten Vorstellung ist die Kollagen-Peptidkette periodisch abwechselnd aufgebaut aus gut kristallisierenden Bereichen, in denen die hydroxylhaltigen Seitenketten

---

[1] SPEAKMAN, J. B.: zit. S. 53.   [2] ZAHN, H.: zit. S. 53.
[3] Nach ZAHN, H.: zit. S. 53.   [4] BEAR, R. S.: zit. S. 23.

mit durchschnittlicher Länge, z. B. Serin und Oxyprolin vorherrschen, und aus weniger geordneten Bereichen, in denen die längeren sauren, basischen und neutralen Aminosäuren eingebaut sind. Die beobachteten Reaktionen zwischen Kollagen und FF-Sulfon bestätigen diese Häufungshypothese von BEAR.

Bei der Verwendung des Glutins als Leim macht man von derartigen Reaktionen keinen Gebrauch außer bei der Heißhärtung von Leim durch Formaldehyd. Solche Umsetzungen sind jedoch deshalb von Bedeutung, weil sie unter Umständen die Viskosität des Glutins erhöhen.

Bei Reaktionen des Glutins mit anderen Molekülen wird durch Anlagerung von Gruppen die Glutinkette vergrößert. Es besteht die Möglichkeit, daß dadurch die Viskosität derartiger Glutinpräparate in wäßriger Lösung gegenüber der ursprünglichen, unveränderten Glutinsubstanz gesteigert wird.

Die Anwendung der Viskositätsmessung zur Qualitätsbewertung von Glutinleimen beruht bekanntlich auf der Erfahrung, daß im allgemeinen die Leime höherer Viskosität auch die höhere Ausgiebigkeit und Bindefestigkeit aufweisen. Es war daher von besonderem Interesse festzustellen, ob mit der Erhöhung der Viskosität durch chemische Reaktionen gleichzeitig auch eine Steigerung der Bindefestigkeit der Glutinleime erreicht wird.

Eine Vergrößerung des Glutinmoleküls kann erreicht werden

a) durch Anlagerung von Gruppen mit hohem Molekulargewicht,

b) dadurch, daß Moleküle mit zwei reaktionsfähigen Gruppen zwischen

zwei Glutinketten als Brückenglieder zwischengelagert werden und eine Vernetzung bewirken („Brückenreaktion").

Einige Ergebnisse einer Untersuchung über diesen Gegenstand[1] seien nachstehend wiedergegeben.

Es finden sich zahlreiche Stoffe, die die Viskosität von Glutinlösungen erhöhen. Zur Untersuchung wurden nur solche Stoffe herangezogen, die keinen Abbau der Glutinsubstanz verursachen, die den Leimcharakter des Glutins nicht beeinträchtigen, deren Bindung an Glutin bei höheren Temperaturen, mindestens bis etwa 90° C beständig ist.

Dadurch wird die Auswahl geeigneter Stoffe schon erheblich eingeschränkt.

Wie die Untersuchungen der obengenannten Forscher zeigen, ist es äußerst schwierig, die Reaktionsprodukte, die bei Umsetzung von Proteinketten mit Brückenreagentien auftreten, zu erkennen.

Bei den vorliegenden Untersuchungen wurde nur die Viskositätserhöhung der an der Reaktion beteiligten Glutinlösungen gemessen. Die Viskositätssteigerung zeigt eindeutig eine Vergrößerung des Glutinmole-

---

[1] SAUER, E. u. W. BUBSER: Adhäsion Bd. 1 (1957) S. 7.

küls an. Wenn auch die Zusammensetzung des Reaktionsprodukts nicht
ermittelt werden kann, so ist doch erwiesen, daß bei der betreffenden
Reaktion sich neue Gruppen an das Glutinmolekül angelagert haben
oder daß durch Brückenreaktion das Glutinmizell vergrößert wurde.
Letzteres ist vor allem dann anzunehmen, wenn sehr geringe Mengen des
Reagenses eine starke Viskositätserhöhung bewirken.

Versuchausführung. Für die Umsetzungen wurde jeweils eine Leimlösung von 35% hergestellt. Die Reaktion mit den zugesetzten Stoffen
erfolgte bei 60° C. Ob die betreffende Verbindung mit Glutin in Reaktion tritt, wurde eben durch die Messung der Viskosität ermittelt. Die
Viskositätsmessung gibt Aufschluß darüber, ob eine Vergrößerung des
Glutinmoleküls eingetreten ist. Es konnte jedoch bei diesen Versuchen
nicht festgestellt werden, ob die gesamte Menge der zugesetzten Substanz
an der Reaktion teilgenommen hatte. Die Beobachtung der Reaktion,
d. h. die Viskositätsmessung wurde mindestens mehrere Stunden hindurch fortgesetzt, da der Höchstwert der Viskosität öfters erst nach
einem gewissen Zeitablauf erreicht wurde. Die Messung der Viskosität
wurde mit der 35%igen Leimlösung bei 60° C mit dem Höpplerviskosimeter ausgeführt.

Vernetzungsreaktionen. Von den Untersuchungen seien nur einige
wenige Beispiele aufgeführt, diese beziehen sich auf die unter b) aufgeführten Vernetzungsreaktionen.

Sollen zwei Glutinmoleküle durch ein Brückenglied miteinander vereinigt werden, so müssen diese Brückenglieder im Molekül zwei reaktionsfähige Gruppen besitzen. Mit einer Gruppe lagern sie sich an das erste
Glutinmolekül an, die andere Gruppe tritt mit einem zweiten Eiweißmolekül unter Vernetzung in Reaktion.

Bei der ersten Versuchsreihe handelt es sich um eine Verbindung, die
als reaktionsfähige Gruppen zwei Chloratome im Molekül enthält.

1. *1,3-Dichlorpropanol*, $ClCH_2 \cdot CH_2 \cdot CHClOH$.

Das Glutinmolekül ist abgekürzt bezeichnet als: $(G)-NH_2$

$$
\begin{array}{ccc}
CH_2 \cdot Cl & & CH_2 \cdot NH(G) \\
| & & | \\
CH_2 & + 2\,(G)-NH_2 \rightarrow & CH_2 \qquad + 2\,HCl\,. \\
| & & | \\
HO \cdot CH \cdot Cl & & HO \cdot CH \cdot NH(G)
\end{array}
$$

Neben der Vernetzungsreaktion ist auch Molekülvergrößerung des Glutins durch einfache Anlagerung der Chlorverbindung wahrscheinlich, zu-
dem die Vernetzung über diese einfache Stufe gehen wird.

Die Prüfung der Bindefestigkeit wurde nach dem Verfahren der Hirnholzleimung (s. S. 260) durchgeführt, da bei diesem kein Holzbruch eintritt. Für die Bestimmung der Bindefestigkeit wurde jeweils der Rest
des für die Viskositätsmessung nicht benötigten Ansatzes ausgegossen,

erstarren lassen, an der Luft getrocknet und noch weitere drei Wochen bei Raumtemperatur gelagert.

Aus dem Trockenleim wurde eine 35%ige Leimlösung angesetzt und zur Leimung der Prüfhölzer verwendet.

Prüfkörper: Weißbuche 85 × 10 × 10 mm, Hirnholzleimung. Preßdruck: 5 kg/cm², Preßtemperatur: 20° C, Preßdauer: 24 Stunden.

Tabelle 16. *1,3-Dichlorpropanol* (DCP)

	Viskosität bei 35% und 60° C	Bindefestigkeit
Hautleim, ohne Zusatz	262 cP*	154 kg/cm²
Hautleim, mit 1,4% DCP	295 cP	152 kg/cm²
Hautleim, mit 7,0% DCP	326 cP	154 kg/cm²
* cP = Centipoise.		

2. *Formaldehyd.* Der Einfluß von Formaldehyd auf Kollagen und Glutin ist häufig untersucht worden. Schon sehr geringe Mengen in der Größenordnung von 0,1% bezogen auf Leimsubstanz, bewirken eine Gerbung und verwandeln die Leimsubstanz in eine zähelastische Masse, welche den Leimcharakter verloren hat. Sehr geringe Zusätze erhöhen die Viskosität des Leims erheblich, ohne daß gleichzeitig eine Härtung erfolgt. Jedoch erleidet bei längerer Lagerung ein derart behandelter Leim eine Einbuße der Quellfähigkeit und wird teilweise oder ganz wasserunlöslich.

Bei Formaldehyd sind wohl überwiegend Vernetzungsreaktionen für die starke Viskositätssteigerung verantwortlich. Die Umsetzung mit der Eiweißkette dürfte hauptsächlich an den Aminoextragruppen der Diaminosäuren vor sich gehen. Eine Vernetzung am gleichen Molekül von zwei Aminoextragruppen ist auf Grund des kurzen Baus des Formaldehydmoleküls unwahrscheinlich (s. Gerbung mit Formaldehyd, S. 64).

Die Vernetzungen mit Formaldehyd sind sehr beständig, sie werden durch thermische Behandlung nur wenig in Mitleidenschaft gezogen.

Tabelle 17. *Formaldehyd*

	Viskosität bei 35% und 60° C	Bindefestigkeit
Hautleim ohne Zusatz	215 cP	188 kg/cm²
Hautleim + 0,03% Form.	265 cP	178 kg/cm²
Hautleim + 0,06% Form.	316 cP	173 kg/cm²
Hautleim + 0,09% Form.	546 cP	180 kg/cm²
Knochenleim ohne Zusatz	112 cP	155 kg/cm²
Knochenleim + 0,03% Form. ...	172 cP	142 kg/cm²

3. *Diazoaminoverbindung.* Von weiteren Beispielen sei noch die Umsetzung des Glutins mit einer Diazoaminoverbindung mit hohem Molekulargewicht erwähnt, die ein bemerkenswertes Verhalten zeigte.

Die zur Umsetzung gelangende Verbindung wird hergestellt aus Tetrazodianisidin und N-Methyltaurin. Sie hat folgende Konstitution.

$$S-C_2H_4-N-N=N-C_6H_4-C_6H_4-N=N-N-C_2H_4-S$$
$$\quad\ \ |\qquad\quad |\qquad\qquad\qquad\qquad\qquad |\qquad\quad |$$
$$\quad\ \ O_3Na\quad CH_3\qquad\qquad\qquad\qquad\quad H_3C\quad NaO_3$$

Molekulargewicht 588.

Es genügen geringe Zusätze, da die Substanz die Viskosität stark erhöht. Sie besitzt zwei Diazoaminogruppen im Molekül, sie vermag also gleichzeitig mit zwei freien Aminogruppen zu reagieren. Die schwach gelbliche, pulverförmige Substanz ist wasserlöslich. Bei Zugabe der wäßrigen Lösung der Diazoaminoverbindung zur Leimlösung wird das Gemisch tiefrot gefärbt. Es tritt also Reaktion unter Farbbildung ein.

Tabelle 18. *Diazoaminoverbindung*

	Viskosität bei 35% und 60° C	Bindefestigkeit
Leimlösung ohne Zusatz	262 cP	154 kg/cm²
Leimlösung + 0,14% D.A.Verb.	298 cP	182 kg/cm²
Leimlösung + 0,20% D.A.Verb.	322 cP	180 kg/cm²
Leimlösung + 0,70% D.A.Verb.	550 cP	178 kg/cm²

Ergebnisse: Bei diesen Beispielen wird in allen Fällen durch die gewählten Zusätze die Viskosität des Glutinleims erhöht. Dies gilt in erster Linie für Hautleime, weniger für Knochenleime, wenn diese eine geringe Viskosität aufweisen.

Bei der Chlorverbindung unter 1. sind die erforderlichen Zusätze verhältnismäßig hoch. Es ist nicht feststellbar, ob die Gesamtmenge der zugesetzten Substanz in Reaktion tritt, jedoch erhöht sich mit zunehmender Menge des zugefügten Stoffs die Viskosität in steigendem Maße. Eindeutig hat diese Steigerung der Viskosität *keine* Erhöhung der Bindefestigkeit im Gefolge.

Bei Formaldehyd bewirken schon sehr geringe Mengen eine ausgesprochene Steigerung der Viskosität, ein Verhalten, das an sich schon länger bekannt ist. Bei den vorliegenden Versuchen mit den geringen Mengen von Formaldehyd zeigte sich, daß im Gefolge der erhöhten Viskosität *keine* Steigerung der Bindefestigkeit erreicht wird. Nach früheren Beobachtungen soll bei Einwirkung von Formaldehyd auf Leim die Fähigkeit zur Bindung vollständig verlorengehen. Es wird folgende Erklärung gegeben[1]. Wir wissen, daß bei Formaldehydgerbung vor allem die freien Aminogruppen im Eiweiß besetzt werden. Dies sind sehr reaktive Gruppen, welche wesentlich die Träger der Reaktionsfähigkeit der Proteine und des Leims sind. Da nun durch das Besetzen dieser Gruppen durch Formaldehyd auch die Fähigkeit zur Leimung verschwindet, liegt der

---

[1] GERNGROSS, O.: in GERNGROSS-GOEBEL, S. 94.

Gedanke nahe, daß diese Gruppen für die Wechselwirkung zwischen Holzfaser und Glutin, d. h. für die Leimbindung verantwortlich sind. In den hier beschriebenen Versuchen bleibt allerdings die anfänglich vorhandene Bindefestigkeit fast vollständig erhalten. Man könnte annehmen, daß bei sehr geringen Mengen von Formaldehyd noch ein wesentlicher Anteil der wirksamen Gruppen im Glutin nicht von Formaldehyd beansprucht wird und dadurch noch eine hinreichende Bindefestigkeit gewährleistet ist. Auch bei geringen Zusätzen von Formaldehyd verlieren übrigens derart behandelte Leime bei längerer Lagerung ihre Löslichkeit.

Bei Versuchen mit der oben beschriebenen Bis-Diazoaminoverbindung genügen verhältnismäßig geringe Zusätze, um erhebliche Viskositätssteigerungen herbeizuführen. Ganz eindeutig zeigt sich hier die überraschende Tatsache, daß auch die Bindefestigkeit *erhöht* wird. Es wurde festgestellt, daß auch nach längerer Lagerung, z. B. nach zwei Jahren, die Quellfähigkeit und Löslichkeit nicht verlorengeht.

Immerhin ist aus diesen Versuchen klar ersichtlich, daß eine Erhöhung der Viskosität keineswegs an und für sich eine Verbesserung der Bindefestigkeit bewirkt. Trotzdem sind offenbar Reaktionen möglich, wo tatsächlich auch die Bindefestigkeit gesteigert wird.

Eine Deutung dieser zum Teil widerspruchsvollen Vorgänge bei derartigen Brückenreaktionen ist auf Grund unserer heute noch völlig unzureichenden Kenntnis über das Zustandekommen einer Leimbindung, hier im besonderen Fall bei der Bindung Holz/Leim/Holz nicht möglich.

Man sollte annehmen, daß eine Erhöhung der Viskosität auf jeden Fall eine, wenn auch geringe, Steigerung der Bindefestigkeit erzeugt. Rein mechanisch bewirkt die höhere Viskosität, daß der Leim weniger in die Poren eindringt. Dieser Effekt sollte gerade bei der Hirnholzleimung besonders zutage treten. Die Versuche S. 265 zeigen, daß eine Vorträngung der Hirnholzflächen und Verschließung der Poren mit Leimlösung die Bindefestigkeit erheblich steigert.

Man muß daher schließen, daß durch Anwendung von Brückenreaktionen die Bindefestigkeit des betreffenden Leims auf jeden Fall *herabgesetzt* wird. Durch solche Reaktionen werden irgendwelche bindungsfähige Gruppen abgesättigt, wodurch diese Gruppen für die Leimhaftung nicht mehr verfügbar sind. Ein solches Verhalten wurde bei Anwendung von Formaldehyd im Bereich bestimmter Konzentrationen schon früher festgestellt.

Es hat den Anschein, daß sich hier zwei Vorgänge überlagern. Offenbar handelt es sich bei der Erhöhung der Viskosität und bei der Veränderung der Bindefestigkeit um Vorgänge, die *unabhängig* voneinander beeinflußt werden. Die Brückenbindung verursacht:

1. Erhöhung der Viskosität, wodurch das Eindringen des Leims in die Poren des Holzes verhindert wird und dadurch die Bindefestigkeit verbessert wird.

2. Die Blockierung solcher Gruppen, die an der Leimhaftung beteiligt sind und dadurch eine Herabsetzung der Bindefestigkeit, in ungünstigen Fällen bis zur völligen Unterdrückung der Leimhaftung. Natürlich kommt es darauf an, welche Gruppen an der Brückenbindung einerseits und an der Leimhaftung andererseits beteiligt sind.

Bei solchen Reagentien, die in geringer Menge eine erhebliche Viskositätssteigerung verursachen, ist es durchaus möglich, daß der mechanische Einfluß nach 1. mindestens anfänglich überwiegt. Erst bei höheren Zusätzen tritt dann die Blockierung der für die Leimhaftung wirksamen Gruppen stärker hervor.

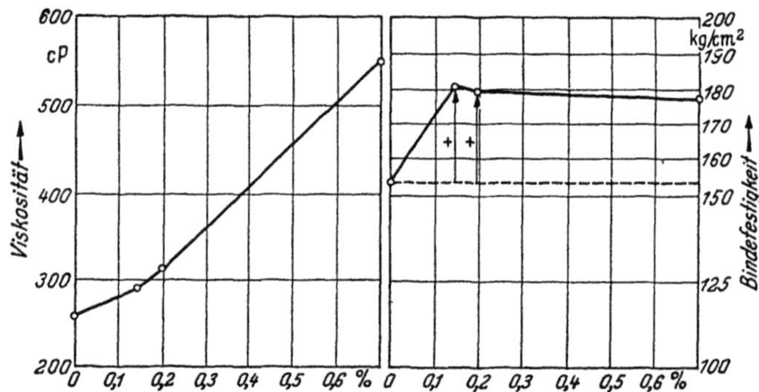

Abb. 22. Steigerung der Viskosität und Bindefestigkeit von Hautleim bei Zusatz von 0,1—0,7% einer Diazoaminoverbindung.

Möglicherweise liegt ein solcher Fall bei der erwähnten Diazoaminoverbindung vor. Aus Abb. 22 ist ersichtlich, daß die Zunahme der Bindefestigkeit gerade bei geringen Zusätzen dieses Stoffs ihren höchsten Wert erreicht. Bei höheren Zusätzen steigt die Viskosität zwar noch weiter an, die Bindefestigkeit geht jedoch zurück. Dies würde bedeuten, daß durch eine höhere Konzentration eine zunehmende Blockierung der klebwirksamen Gruppen erfolgt und damit die Bindefestigkeit abnimmt.

Die einzelnen Stoffe, welche zur Brückenbindung mit den Peptidketten des Glutins befähigt sind, werden ein unterschiedliches Verhalten zeigen, da es darauf ankommt, welche Gruppen der Pepditketten die Anknüpfungspunkte für die Brückenbindung sind und in welchem Umfang diese Gruppen andererseits auch für die Leimhaftung verfügbar sein müssen.

Reaktion von photographischen Farbkomponenten mit Glutin

In der Technik der Farbenphotographie zeigt sich die Erscheinung, daß die Zugabe der Farbkomponenten die Viskosität der Emulsionen wesentlich beeinflußt. DERJAGIN und seine Mitarbeiter[1] haben gefunden,

---

[1] DERJAKIN, B. W., S. M. LEVI u. W. S. KOLZOW: Doklad. Akad. Nauk. UdSSR Bd. 79 (1951) S. 283.

daß die Viskosität der Gelatinelösungen mit steigender Menge der Farbkomponenten zunimmt, in besonderen Fällen mehr als tausendfach, aber bald nach Erreichen eines Maximums wieder sinkt. Sie nehmen an, daß die Farbkomponentenmoleküle an die Gelatinekette adsorbiert werden und eine Entknäuelung derselben verursachen.

Evva und Berty[1] kommen auf Grund eingehender Untersuchungen zu dem Ergebnis, daß als Ursache der Viskositätserhöhung der Emulsionen eher die Zunahme des Assoziationsgrades als die Entknäuelung der Gelatinemizelle anzunehmen ist. Wir haben es mit einem komplizierten Assoziationsvorgang zu tun, nach welchem die Viskositätskonzentrationsbeziehung als die Übereinanderlagerung von entgegengesetzten Vorgängen aufzufassen ist.

Evva und Berty benutzten für ihre Messungen isoelektrische, aschefreie Rousselot-Gelatine in 1 bis 3%igen Lösungen und für die Viskositätsbestimmungen ein Höppler-Rheoviskosimeter.

Aus Abb. 23 ist die Wirkung der fünf benutzten Farbkomponenten[2] auf die Viskosität von 2%igen Gelatinelösungen ersichtlich. Auf der Ordinate ist die Viskosität in cP, auf der Abszisse die zugefügte Menge der Farbkomponente, bezogen auf die Gelatinemenge, dargestellt. Man

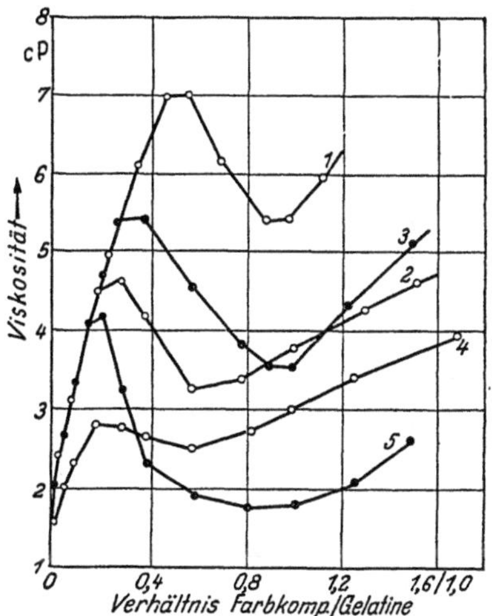

Abb. 23. Einfluß von Farbkomponenten auf die Viskosität photographischer Emulsionen

stellt fest, daß die Viskosität der Lösungen stark von der Natur der einzelnen Farbkomponenten abhängt, in qualitativer Hinsicht zeigen die Kurven jedoch ein ähnliches Bild.

Die Viskosität steigt schon bei verhältnismäßig niedriger Konzentration der Farbkomponente steil an, erreicht ein Maximum, sinkt auf ein Minimum, auf welches ein neuer Anstieg erfolgt. Wir haben es also mit einer Maximum-Minimum-Kurve zu tun, die darauf hinweist, daß der beobachtete Effekt ein Ergebnis voneinander entgegengesetzten Wirkungen ist.

Der primäre Vorgang ist sicher die Adsorption der Farbkomponenten an die Gelatine. Diese kann entweder salzartig oder mit Wasserstoffbrücken oder mit Hilfe dieser beiden Bindungsarten geschehen. In dieser

<hr>

[1] Evva, F. u. I. Berty: Kolloid-Z. Bd. 149 (1956) S. 10.
[2] Über die chemische Konstitution der Farbkomponenten siehe die Originalarbeit.

Hinsicht sind die Pyrazolonderivate besonders wirkungsvoll. Die auf diese Weise entstehenden Gebilde sind also eigentlich nichts anderes als hydrophile Polymerenketten bzw. ihre Assoziate, welche lange hydrophobe Seitenketten enthalten. Durch Entstehung solch umfangreicher Gebilde, Gelatine-Farbkomponente, wird die Viskosität dieser Lösungen erheblich gesteigert.

Infolge der zwischen den Kohlenwasserstoffseitenketten auftretenden starken „VAN DER WAALschen" Anziehungskräfte entstehen einerseits Assoziate durch Zusammenschluß von mehreren Gelatineketten, andererseits ziehen sich die Gelatineketten bzw. Assoziate eben durch diese Kräfte in sich zusammen.

Der Assoziationsvorgang erhöht die Viskosität, die Kontraktion vermindert sie.

Bei geringer Konzentration der Farbkomponente in der Lösung werden nur wenige Moleküle der Farbkomponente an je ein Gelatinemolekül adsorbiert. Diese wenigen Moleküle genügen jedoch schon zur Bildung intermolekularer Brücken zwischen den einzelnen Gelatinemolekülen, welche dadurch größere Assoziate bilden und eine bedeutende Zunahme der Viskosität ihrer Lösungen hervorrufen. Bei höherer Konzentration der Farbkomponente entfallen mehrere Moleküle derselben auf je eine Gelatinekette und es entstehen so in steigendem Maße auch *intramolekulare* Brücken, welche das ganze Gebilde zusammenzuziehen bestrebt sind. Wird eine bestimmte Konzentration der Farbkomponente überschritten, so überwiegt der zweite Vorgang, es wird eine Abnahme der Viskosität verursacht.

Die Kontraktion kann aber nur bis zu einer gewissen Grenze fortschreiten. Wenn das Gebilde seine größte Kompaktheit erreicht hat, dann kommt wieder der Assoziationsvorgang zur Geltung und die Viskosität steigt erneut.

Durch Superposition der beiden einander entgegenwirkenden Vorgänge und durch abwechselndes Überwiegen der einen oder der anderen Reaktion bei zunehmender Steigerung der Farbbildnerkonzentration entstehen die auffallenden Maximum-Minimumkurven der Viskosität.

Gerbreaktionen

Diejenigen Stoffe, die gegenüber der tierischen Haut als Gerbstoffe wirken, die also das Kollagen in Leder überführen, zeigen ähnliche Wirkungen auch gegenüber dem Glutin. Die meisten der sehr verschiedenartigen Gerbstoffe besitzen die Wirkung, auch Glutin in Form der wäßrigen Lösungen oder Gallerten mehr oder weniger wasserunlöslich zu machen. Auch dieses Verhalten weist darauf hin, daß bei der Überführung des Kollagens in das Glutin einzelne Gruppen als Träger bestimmter Reaktionen unverändert bleiben.

Aus der Verschiedenartigkeit der einzelnen Gerbungsarten geht hervor, daß man die Gerbwirkung nicht in einer gemeinsamen Theorie erfassen kann. Man unterscheidet:

1. Die vegetabilische Gerbung
2. Die Chromgerbung
3. Die Formaldehydgerbung
4. Die Aluminiumgerbung
5. Die Chinongerbung

um nur die wichtigsten Verfahren aufzuzählen.

Wie KÜNTZEL und RIESS[1] mit Recht hervorheben, ist es nicht möglich, den Begriff „Gerben" vom chemischen Standpunkt aus einheitlich zu definieren, da die Gerbstoffe nicht als einheitlich im Sinne einer chemisch streng begrenzten Stoffklasse aufgefaßt werden können. KÜNTZEL[2] vertritt auch die Ansicht, daß bei vielen Gerbungen die inneren Mizellen *nicht* mit den Gerbstoffen reagieren, so daß nur die äußeren Ketten des Mizellarverbandes gegerbt sind und daß diese Veränderung der Randzone der Mizellen ausreichend ist, um die allgemeinen Eigenschaften der gegerbten Haut zu bestimmen. Eine allgemeine Definition der Gerbwirkung faßt KÜNTZEL kurz zusammen in dem Ausdruck: „Gitterverfestigung der äußeren mizellaren Zonen der Hautsubstanz." Aus dieser Definition erklären sich alle Eigenschaften des Leders: Irreversibilität der Haut-Gerbstoffverbindung, die lederartige Auftrocknung, die Verringerung der Säurequellung sowie das Widerstandsvermögen gegen heißes Wasser, Enzyme und Fäulniserreger. Die prinzipielle und gemeinsame Wirkung der Gerbung sehen wir in einer Stärkung oder Erhaltung der Strukturelemente der natürlichen Fasergewebe.

Eine tiefergehende Theorie des Gerbproblems ist wohl nur unter Berücksichtigung der Vorgänge bei den einzelnen Gerbprozessen möglich.

1. Vegetabilische Gerbung. Tannin, der Gerbstoff der Tannenrinde, wird zwar zur Ledergerbung nicht benutzt, es ist aber ein ausgezeichnetes Fällungsmittel für Gelatine und Leim selbst in stark verdünnten Lösungen. Die Tanninfällung kann zum Nachweis geringer Mengen von Gelatine und Leim benutzt werden. Die Fällung wird zweckmäßig in schwach saurer Lösung ausgeführt.

2. Chromgerbung. Dieses höchst wichtige Gerbungsverfahren ist bei der Gewinnung des „Lederleims" näher beschrieben (S. 230).

Mit Chromsalzen behandelte Gelatine findet in verschiedenen Zweigen der Photo- und Drucktechnik Anwendung.

Eine mit Ammonium- oder Kaliumbichromat getränkte Gelatineschicht wird bei Belichtung unlöslich in heißem Wasser.

---

[1] KÜNTZEL, A. u. C. RIESS: Collegium 1936 S. 646.
[2] KÜNTZEL, A.: Collegium 1936 S. 625.

Auf dieser Lichtgerbung fußt eine ganze Reihe von photographischen Druckverfahren mit Hilfe des Pigmentpapiers. Papier wird mit einer Gelatineschicht überzogen, welche Tusche oder ein anderes unlösliches Pigment enthält. Vor dem Gebrauch wird es mit einer Bichromatlösung sensibilisiert. Nach der Belichtung unter einem Negativ kann man nicht sogleich zur Warmwasserbehandlung schreiten, da bei der gewöhnlich angewandten verhältnismäßig dicken Schicht die Gerbung auch an den stärkst belichteten Stellen nicht bis zur Papierunterlage hinunterreicht. Die Bildschicht würde daher im warmen Wasser abschwimmen. Man überträgt daher die Kopie auf ein anderes Papier und nimmt dann die Warmwasserbehandlung vor. Diese „Pigment"- oder „Kohle"-Drucke zeichnen sich durch künstlerische Wirkung und hohe Haltbarkeit aus.

Während es sich beim Pigmentdruck um Anfertigung von Einzeldrucken handelt, dient der in chemischer Beziehung verwandte Lichtdruck zur Herstellung größerer Auflagen. Die auf einem Film befindliche Bichromat-Gelatineschicht wird unter einem Negativ belichtet, dem entwickelten „Quellrelief" durch stärkere Wärmebehandlung ein feines Runzelkorn verliehen, mit fetter Farbe eingewalzt und diese auf einer Lichtdruckpresse auf Papier übertragen.

Erhebliche Bedeutung hat neuerdings die Verwendung von Pigmentpapier für die Zwecke des Kupfertiefdrucks gefunden.

3. Formaldehydgerbung. Formaldehyd liefert eine wirksame Gerbung, die Vorgänge sind nicht völlig aufgeklärt.

Als Ergebnis bisheriger Untersuchungen ist über die Theorie der Formaldehydgerbung festzustellen: Die Verschiebung des isoelektrischen Punktes der Haut bei Formaldehydeinwirkung, das verminderte Säurebindungsvermögen, auch die erhöhte Basenbindungskapazität weisen auf eine Verminderung der reaktionsfähigen basischen Gruppen der Haut, vorwiegend auf die Aminogruppen hin. Sicher ist, daß durch langdauernde Formaldehydgerbung weitere sekundäre Veränderungen der Haut, besonders ihrer Peptidketten, eintreten. Verschiedene Gründe deuten darauf hin, daß eine Vernähung der Peptidketten oder der Mizellarverbände durch Polymerisationsverbindungen des Formaldehyds stattfindet.

Die Formaldehydgerbung wird für sich oder in Kombination mit anderen Gerbungsverfahren durchgeführt.

Für die Gerbung von Pelzen läßt sich Formaldehyd sehr gut verwenden, da er den Narben härtet und auf diese Weise das Haar in der Haut festigt.

Die Einwirkung von Formaldehyd auf Gelatine und Leim ist aus verschiedenen Gründen von Bedeutung. Der Zusatz von Formaldehyd zum Leimleder ist sehr störend, da er die Löslichkeit des Rohstoffs beeinträchtigt. Aus dem gleichen Grund ist er auch nicht zur Konservierung von Leim selbst brauchbar.

Schon eine äußerst geringe Menge von Formaldehyd bewirkt eine bemerkenswerte Steigerung der Viskosität von Leimlösungen. Wenn man einem Leim eine sehr geringe Menge von Formaldehyd vor dem Trocknen zusetzt, so ist unter günstigen Umständen der trockene Leim nachher wieder in Wasser löslich. Immer wieder muß man aber die Beobachtung machen, daß auch solche Leime nach längerer Lagerung wasserunlöslich werden.

Tabelle 17, S. 57 zeigt die Viskosität und Bindefestigkeit von 2 Leimen bei Zusatz von 0,03 bis 0,09% Formaldehyd. Die Bindefestigkeit gilt für Hirnholzleimung.

Bei diesen Versuchen mit geringen Mengen von Formaldehyd zeigte sich, daß im Gefolge der sehr stark erhöhten Viskosität *keine* Steigerung der Bindefestigkeit erreicht wird (s. S. 57).

Die unter Verwendung von Formaldehyd abspaltenden Zusätzen hergestellten „heißhärtenden" Glutinleime (S. 227) erzielen eine ausgezeichnete Bindefestigkeit, trotzdem hier eine sehr reichliche Menge von Formaldehyd zur Reaktion verfügbar ist. Obgleich hier bei der Heißpressung bei einer Temperatur von etwa 90° C der Formaldehyd sehr schnell in Freiheit gesetzt wird, läßt sich eine hohe Bindefestigkeit erzielen, wobei die Leimfuge einen erheblichen Grad von Wasserfestigkeit besitzt.

Einerseits ist es möglich, eine trockene Leimfuge nachträglich durch Behandeln mit Formaldehyd wasserfest zu machen, ohne daß sich die Leimbindung löst, andererseits verliert eine Leimlösung, die mit einem Überschuß von Formaldehyd versetzt ist, wie schon oben angeführt, tatsächlich die Fähigkeit, eine Leimbindung zwischen Holzflächen herzustellen.

4. Aluminiumgerbung. Die Alaun- oder Weißgerbung ist eine schon seit dem Altertum bekannte Gerbart, welche bis zum heutigen Tag zur Herstellung gewisser Ledersorten und bei der Pelzgerbung Verwendung findet. Ägypter und Römer kannten auch die Verwendung von Alaun zur Herstellung von weißem Leder. Im 17. Jahrhundert kam dann in Frankreich die sog. Glacégare auf, eine kombinierte Fett-Alaungerbung zur Herstellung von feinen Handschuhledern. In der Neuzeit hat die Alaungerbung keine grundsätzlichen Änderungen erfahren, außer, daß die Ausführung technisch verbessert wurde.

Im Gegensatz zu den Chromsalzen gehen die Aluminiumsalze keine stabilen Verbindungen mit den Eiweißstoffen der Haut ein und finden daher nicht die ausgedehnte Verwendung wie die Chromsalze. Die Aluminiumsalze besitzen eine starke Neigung zur Komplexbildung mit anderen Stoffen, jedoch nicht zur Bildung von Komplexen derselben Art wie die Chromsalze.

Bei Zugabe von Alkali zu einer Lösung von Aluminiumsulfat bleibt die Reaktion nicht wie bei den entsprechenden Chromsalzen bei basischen

Salzen stehen, sondern sie schreitet bis zur Bildung von Oxydhydraten weiter fort. Nach KÜNTZEL sollen die Aluminiumsalze sehr schnell mit der Haut reagieren, wodurch eine mizellare Totgerbung zustande kommt. Die Natur dieser Gerbung scheint wenigstens teilweise in einer Bindung der Aluminiumsalze durch die Peptidgruppen der Hautproteine zu bestehen.

Die alaungegerbte Haut zeigt fast kein Widerstandsvermögen gegen tryptische Enzyme und heißes Wasser. Nach den Untersuchungen von WILSON, RENG und LI[1] erfolgt eine maximale Aufnahme der Salze am isoelektrischen Punkt, was auf die Einbeziehung von Koordinationsvalenzen hinweist.

Entsprechend dieser Gerbung des Kollagens finden zwischen Aluminiumsalzen und Gelatine und Leim ebenfalls Reaktionen statt. GUTBIER, SAUER und SCHELLING[2] untersuchten die Einwirkung von Kaliumaluminiumalaun auf Hautleim und Knochenleim, es seien einige ihrer Ergebnisse erwähnt.

1. Bei verhältnismäßig niederen Temperaturen (30 bis 40°) wird die Viskosität von Hautleim selbst bei sehr geringen Alaunkonzentrationen beträchtlich erhöht. Die Viskosität erreicht nach einigen Stunden ein Maximum und geht dann wieder zurück. Bei größeren Zusätzen von Alaun erstarren die Leimlösungen zu Gallerten. Bei Knochenleim tritt die Steigerung der Viskosität weniger in Erscheinung.

2. Bei höheren Temperaturen (60 bis 90°) steigt die Viskosität der Leimlösungen im Augenblick des Alaunzusatzes stark an und geht dann im weiteren Verlauf der Versuchsdauer ständig zurück und zwar bis unterhalb des Anfangswerts ohne Alaunzusatz. Knochenleim ist gegenüber höherer Temperatur stabiler als Hautleim. In Abb. 24 ist die Änderung der Viskosität bei 30, 60 und 90° C bei Zusatz von Alaun dargestellt und zwar für eine 10%ige Lösung sowohl von Hautleim als auch von Knochenleim. Die Viskosität der 10%igen Leimlösungen wurde in einem Ostwaldviskosimeter mit weiter Kapillare je bei 40° C gemessen.

3. Mit mäßigen Mengen von Alaun gemischte Leimgallerten halten bei der Dialyse das Aluminium quantitativ zurück und lassen nur die anderen Bestandteile des Alauns neben den im Leim enthaltenen Elektrolyten herausdiffundieren.

4. Von den Bestandteilen des Alauns üben die in den wäßrigen Alaunlösungen vorhandenen kolloiden basischen Aluminiumverbindungen eine spezifische Wirkung auf den Leim aus.

5. *Kolloide Lösungen* von gereinigtem Aluminiumhydroxyd verursachen auf die Glutinsubstanz die gleiche Wirkung wie Alaunlösungen.

---

[1] WILSON, E. O., S. L. RENG u. C. F. LI: J. Amer. Leather Chemists Ass. Bd. 30 (1935) S. 184.

[2] GUTBIER, A., E. SAUER u. F. SCHELLING: Kolloid-Z. Bd. 30 (1922) S. 376.

6. Der zum Zweck der Klärung von Leimbrühen durch Alaun in schwach phosphorsaurer Lösung erzeugte Niederschlag gehört zur Klasse der kolloiden Adsorptionsverbindungen. Er enthält Glutinsubstanz und Aluminium in wechselnden Mengenverhältnissen, entwickelt eine bedeutende Oberflächenenergie und entsprechende Klärwirkung.

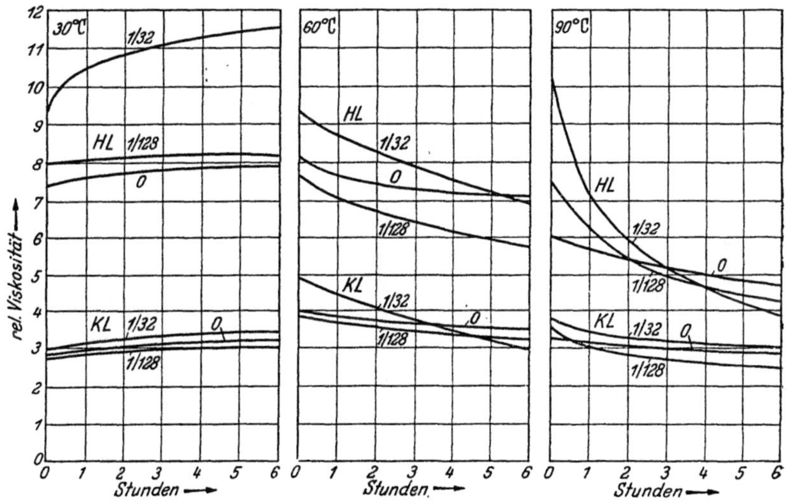

Abb. 24. Änderung der Viskosität von Hautleim und Knochenleim durch Zusatz von Alaun bei 30, 60 und 90° C

7. Fällung und schnelles Absetzen des Niederschlags tritt nur ein, wenn ganz bestimmte Mengenverhältnisse der beteiligten Stoffe angewandt werden (Über Klärung s. auch S. 186).

ELÖD[1] hat die Einwirkung verschiedener Metallsalze auf Gelatine untersucht. Die Überführung der Gelatine in wasserunlöslichen Zustand bezeichnet hier ELÖD auch als Gerbung. Er hält aber die Anwendung der Kochprobe bei der Prüfung der Gelatine als ungeeignet, da gegerbte Gelatine nicht immer diesem Kriterium standhält, auch wenn offenkundig Gerbung vorliegt.

Demgegenüber hat sich die Feststellung der Auflösungsdauer der behandelten Gelatine als brauchbares Kennzeichen für Eintritt der Gerbung erwiesen. Die Arbeitsweise ELÖDS war die folgende: 10%ige Gelatinelösungen, deren p_H-Wert 6,5 betrug, wurden unter mechanischem Rühren mit steigenden Mengen der in Frage kommenden Metallverbindungen versetzt, die Lösungen auf genau planierte, besonders präparierte Glasplatten gegossen und in einem konstanten Luftstrom bei Raumtemperatur 24 Stunden getrocknet.

---

[1] ELÖD, E. u. TH. SCHACHOWSKOY: Kolloid-Z. Bd. 72 (1935) S. 221.

Die so hergestellten trägerlosen Gelatinefilme wurden auf ihre „Auflösungszeit" in Wasser untersucht. Das Verfahren ist an anderer Stelle ausführlich beschrieben[1].

Das Ergebnis dieser Versuche ist, daß die Salze zweiwertiger Metalle wie die Sulfate von Nickel, Zink, Mangan, Kupfer und Magnesium, ebenso Blei-II-nitrat die Lösungsdauer der entsprechenden Gelatinefilme nicht erhöhen, also keine gerbende Wirkung zeigen.

Im Gegensatz dazu erzeugen die dreiwertigen Salze von Aluminium und Eisen, ebenso $SnCl_4$, $Th(NO_3)_4$ und $UO_2(NO_3)_2$ eine deutliche Gerbwirkung, entsprechend der bekannten Aluminium- und Eisengerbung der Haut. Bemerkenswert sind die Feststellungen über den Einfluß des p_H-Werts. Um die Abhängigkeit der Gerbungswirkung von dem p_H-Wert der Lösungen zu verfolgen, wurden zu 10%igen Gelatinelösungen verschiedene Mengen Salzsäure bzw. Natronlauge zugegeben, dann mit einer bestimmten Menge der zu untersuchenden Metallverbindung vermischt und der sich einstellende p_H-Wert gemessen. Die aus diesen Mischungen hergestellten Filme wurden in üblicher Weise auf ihre Lösungsdauer untersucht. Die ermittelten Werte in Abhängigkeit des p_H-Werts sind in Abb. 25 dargestellt. Die

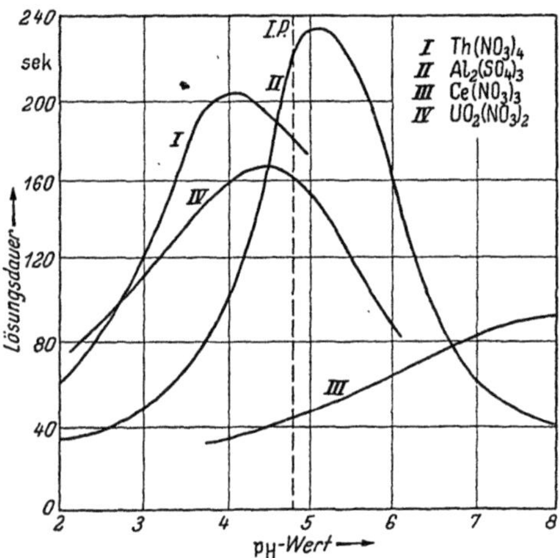

Abb. 25. Wasserlöslichkeit von Gelatinefilmen nach Gerbung mit verschiedenen Metallsalzen bei verschiedenen p_H-Werten (nach E. Elöd)

„Gerbungskurven" zeigen für jede der untersuchten Metallverbindungen einen charakteristischen Verlauf. Thoriumnitrat zeigt ein Maximum der Gerbungswirkung bei etwa p_H 3,8. Uranylnitrat bei 4,7, Aluminiumsulfat bei 5,0, Cernitrat etwa bei 7,5.

Die Abhängigkeit der gerbenden Wirkung der Metallverbindungen vom p_H-Wert des reagierenden Systems kann unmöglich mit dem isoelektrischen Punkt der Gelatine in Zusammenhang stehen. Man müßte erwarten, daß das Maximum der Gerbungswirkung, dem isoelektrischen Punkt der Gelatine entsprechend, für alle gerbenden Metallverbindungen sich in dem p_H-Gebiet von etwa 4,5 bis 5,5 befindet. Da jedoch nach Abb. 25 dies durchaus nicht der Fall ist, so muß das Auftreten der gefundenen Gerbungsmaxima anders gedeutet werden. Die Fällungs-p_H-

---

[1] Elöd, E. u. Th. Schachowskoy: Kolloid-Z. Bd. 69 (1934) S. 79; Collegium 1933 S. 701 und 1934 S. 414.

Werte der verschiedenen Metallhydroxyde ergeben hier die Erklärung[1]. Vergleicht man die p_H-Werte, bei denen das Metallhydroxyd auszufallen beginnt mit dem p_H-Wert der maximalen Gerbungswirkung der entsprechenden Metallverbindungen (Tabelle 19), so ergibt sich ein unverkennbarer Zusammenhang zwischen beiden, und zwar in dem Sinn, daß das Maximum der Gerbungswirkung sich stets in der Nähe des Fällungs-p_H-Werts des entsprechenden Metallhydroxyds zeigt.

Diese Versuche zeigen, daß die Auffassung, wonach das Optimum der Gerbung sich beim isoelektrischen Punkt der Gelatine befindet, irrig ist. Die Übereinstimmung des p_H-Werts der maximalen Gerbung mit dem isoelektrischen Punkt der Gelatine (p_H 4,5 bis 5,5) trifft, wohl mehr zufällig, nur für Aluminiumsulfat zu, nicht jedoch für die übrigen untersuchten Metallsalze. Allgemeine Gültigkeit hat jedoch die oben erwähnte Beziehung zum Fällungs-p_H-Wert der Hydroxyde.

Tabelle 19

p_H-Werte der Fällung und der maximalen Gerbung

	Fällungs-p_H des Hydroxyds	p_H der maxim. Gerbung
$Al_2(SO_4)_3$	4,1	5,0
$Th(NO_3)_4$	3,6	3,8
$UO_2(NO_3)_2$	4,2	4,7
$C(NO_3)_3$	7,4	7,5
$Fe(NH_4)SO_4$ ...	2,3	2,5

III. Physikalische Chemie und Kolloidchemie des Glutins

a) Glutin als fester Stoff[2])

Glutin in Form reiner Gelatine ist klar durchsichtig und wasserhell. Es zeigt keine sichtbare Kristallisation.

Die Dichte (spezifisches Gewicht) ist: a) wasserfrei: s = 1,351, b) mit 17,1 % Wasser: s = 1,340[3]. Glutin besitzt eine hohe mechanische Festigkeit und setzt der mechanischen Zerkleinerung großen Widerstand entgegen. Hochwertiger Leim in Form von Tafeln zeigt beim Zerbrechen einen muscheligen Bruch. Geringwertige Sorten lassen sich leicht zerschlagen.

Die Zerreißfestigkeit zeigt keine eindeutigen Werte, sie ist auch vom Wassergehalt abhängig. Es wurde gefunden:

> Hautleim   ca. 150 kg/cm²
>
> Knochenleim   ca. 120 kg/cm²

Die Kohäsion bei geeigneter Ausführung von Verleimungen ist sehr hoch, sie kann 700 bis 850 kg/cm² betragen[4], sie übertrifft bei weitem die gemessenen Zerreißfestigkeiten (s. auch S. 116).

[1] BRITTON: J. chem. Soc. London Bd. 127 (1925) S. 2110, 2120, 2148.
[2] Über Glutin in festem Zustand finden sich in der Literatur nur wenig Angaben.
[3] EGGERT, J. u. J. REITSTÖTTER: zit. S. 40.
[4] DE BRUYNE-HOUWINK: S. 172.

Beim Erhitzen von festem Leim ist kein definierter Schmelzpunkt festzustellen, vielmehr zersetzt sich Glutin unter Gasentwicklung. Erhitzt
man Leim in Körnerform, so blähen sich die Körner bei höherer Temperatur zu hellen Hohlkugeln auf. Beim Erhitzen, wenn jedoch noch
keine sichtbare Zersetzung eintritt, wird der Leim wasserunlöslich. Wurde
die Erhitzung nur bis zur eben beginnenden Aufblähung getrieben, dann
bleibt der Leim wasserlöslich, jedoch wird die Viskosität erhöht.

Glutin weist im Trockenzustand einen bestimmten Wassergehalt auf
(s. S. 306). Dieser stellt sich entsprechend dem Wasserdampfgehalt der
Luft ein. Er beträgt in ungeheizten Räumen etwa 15% und ändert sich
mit dem Wassergehalt der Luft. Dementsprechend verlieren bei abnehmender Luftfeuchtigkeit die Leimtafeln wieder Wasser. Handelt es
sich um Leim von geringer mechanischer Festigkeit, so werden dabei die
Tafeln von zahlreichen Sprüngen durchzogen, bisweilen zerspringen
solche Leimtafeln mit lautem Knall.

Röntgenographische Untersuchungen an fester Gelatine wurden hauptsächlich von O. GERNGROSS ausgeführt (s. S. 40).

b) Glutin in Lösung

Elektrochemisches Verhalten der Proteine, p_H-Wert
Isoelektrischer Punkt

Der Begriff der „aktiven Säurekonzentration" oder Wasserstoffionenkonzentration, ausgedrückt als p_H-Wert, hat sich auch in der Industrie
so allgemein eingeführt, daß sich eine nähere Erklärung erübrigt. Es sei
nur daran erinnert, daß auf Grund des Massenwirkungsgesetzes für das
Ionenprodukt für Wasser (Produkt der Konzentrationen der H-Ionen
und OH-Ionen) die Beziehung gilt:

$$C_H \cdot \times C_{OH'} = K = 10^{-14},$$

im neutralen Wasser ist

$$C_H \cdot = C_{OH'} = 10^{-7}.$$

Nach SÖRENSEN wird an Stelle der Wasserstoffionenkonzentration der
„Wasserstoffexponent" p_H als negativer Logarithmus der Wasserstoffionenkonzentration gesetzt, also für neutrale wäßrige Lösungen $C_H \cdot = 10^{-7}$
oder $p_H = 7$[1]. Bei allen Untersuchungen über Glutin und Proteine all-

---

[1] Der Arbeitsausschuß p_H-Meßtechnik im Deutschen Normenausschuß hat den
Entwurf eines Normblatts „p_H-Messung, Allgemeine Begriffe" DIN 19260 fertiggestellt.

Der p_H-Wert wird wie folgt definiert: p_H-Wert ist der mit (—1) multiplizierte
dekadische Logarithmus der Wasserstoffionen-Aktivität $a_H +$ (wirksame Wasserstoffionenkonzentration)
$$p_H = - \lg a_H + .$$
Er ist als Logarithmus eine dimensionslose Zahl. (Fortsetzung S. 71)

gemein ist die Beachtung der Wasserstoffionenkonzentration von besonderer Bedeutung.

Die Messung erfolgt elektrometrisch mit Hilfe einer Wasserstoffkonzentrationskette. Sehr einfach und recht zuverlässig ist die Messung mit Indikatorlösungen und Indikatorpapieren. Diese Verfahren sind für praktische Zwecke von hinreichender Genauigkeit, und man macht von ihnen bei Prüfung von Gelatine- und Leimlösungen weitgehend Gebrauch (s. S. 278).

Wie ihre einfachsten Bausteine, die Aminosäuren, sind auch die Proteine echte amphotere Elektrolyte. Infolge der gleichzeitigen Anwesenheit von COOH- und NH_2-Gruppen bilden sie sowohl mit Basen als auch mit Säuren Salze. Je nach dem Medium, mit welchem sie in Berührung kommen, reagieren sie selbst als Säuren oder Basen.

Der Zerfall in Ionen bei Zusatz von Salzsäure bzw. Natronlauge ist in den folgenden Formeln wiedergegeben, wobei R die Peptidkette darstellt:

$$\textbf{HCl:}\quad R\!\!\begin{array}{l}\diagup NH_2 \\ \diagdown COOH\end{array} + HCl = R\!\!\begin{array}{l}\diagup NH_3Cl \\ \diagdown COOH\end{array} \rightleftharpoons R\!\!\begin{array}{l}\diagup NH_3^{\cdot} \\ \diagdown COOH\end{array} + Cl'$$

$$\textbf{NaOH:}\quad R\!\!\begin{array}{l}\diagup NH_2 \\ \diagdown COOH\end{array} + NaOH = R\!\!\begin{array}{l}\diagup NH_2 \\ \diagdown COONa\end{array} + H_2O \rightleftharpoons R\!\!\begin{array}{l}\diagup NH_2 \\ \diagdown COO'\end{array} + Na^{\cdot}$$

Auch in trocknem Zustand reagieren die Proteine sowohl mit gasförmigem Chlorwasserstoff als auch mit Ammoniak unter Salzbildung[1]. Infolge der weitgehenden hydrolytischen Spaltung der Salze in wäßriger Lösung ist das Säure- und Basenbindungsvermögen eines Eiweißkörpers von Menge und Konzentration der Säure oder Lauge abhängig und wird erst von einem bestimmten Überschuß an konstant. Es entspricht der Anzahl freier ionisierbarer Gruppen im Proteinmolekül und damit in erster Linie dem Gehalt des Proteins an Diaminosäuren und Dikarbonsäuren, soweit deren überzählige, an den Peptidbindungen nicht beteiligte basische und saure Gruppen freiliegen.

Anmerkung: Die Schreibweise pH wird an Stelle der von SÖRENSEN eingeführten Form p_H vor allem aus schreib- und drucktechnischen Gründen gewählt.

Der p_H-Wert als Ausdruck der Aktivität von in Lösung befindlichen Wasserstoffionen ist nur in ideal verdünnter Lösung exakt meßbar.

Die Schreibweise für einen bestimmten p_H-Wert und p_H-Unterschied ist abhängig vom Zusammenhang im Text. Beispiele:

Eine Lösung hat den p_H-Wert 5, bei der Lösung ist $p_H = 5$. Der p_H-Fehler beträgt oder ist $= 0,1$

1 Skalenteil in der p_H-Skala entspricht 0,1 oder ist $= 0,1$.

Da es zu der Größe p_H keine Einheit gibt, ist der Ausdruck $5\,p_H$ oder $p_H\,5$ nicht richtig. Ebenso ist die Bezeichnung falsch: 1 Skalenteil entspricht $0,1\,p_H$ oder der Fehler beträgt $0,1\,p_H$.

[1] BANCROFT, W. D. u. C. E. BARNETT: J. physik. Chem. Bd. 34 (1930) S. 449; CZARNETZKY, E. J. u. C. L. A. SCHMIDT: J. biol. Chem. Bd. 105 (1934) 301.

Die ersten Messungen des Säure- und Basenbindungsvermögens wurden von SÖRENSEN und Mitarbeitern[1] ausgeführt. Sie führten zur Feststellung von etwa 30 säure- und ebensoviel basenbindenden Gruppen im Molekül. Diese Ergebnisse sind im wesentlichen auch durch neuere Untersuchungen[2] bestätigt worden.

Das elektrochemische Verhalten der Proteine wird, wie zuerst von MICHAELIS[3], von SÖRENSEN[4] sowie von LOEB[5] festgestellt wurde, weitgehend von der Konzentration der Wasserstoffionen beeinflußt. So wechselt ihre Wanderungsrichtung analog der der Aminosäuren mit dem p_H-Wert je nachdem ob sie als Anionen oder als Kationen vorliegen.

Bei einer dazwischen liegenden Reaktion verhalten sich die Proteine wie elektrisch neutrale Gebilde. Dieser Grenzzustand des p_H-Werts, bei welchem positive und negative Ladungen einander die Waage halten, bezeichnet man als „isoelektrischen Punkt".

Man bestimmt die Lage des isoelektrischen Punkts wie schon erwähnt auf Grund des Minimums der Wanderung des Proteins im elektrischen Feld. Andere Bestimmungsweisen gründen sich auf Messungen des Minimums der Quellung, der Viskosität oder des maximalen Trübungsgrades. Man ermittelt auch denjenigen p_H-Wert einer Pufferlösung, der durch Zusatz beliebiger Mengen des elektrolytfreien Proteins keine Veränderung mehr erleidet. Die auf die letztgenannte Weise ermittelte Reaktion wird als „isoionischer Punkt" bezeichnet.

Ältere Messungen ergaben für Gelatine übereinstimmend als isoelektrischen Punkt den Wert p_H = 4,7. O. GERNGROSS[6] stellte für eine elektroosmotisch gereinigte, praktisch aschefreie Knochengelatine p_H = 5,05 fest. Für Handelsgelatinen findet man für die isoelektrische Reaktion etwas schwankende Werte von p_H 4,5 bis 5,1, wobei die besseren und reineren Sorten anscheinend durch den höheren isoelektrischen Punkt ausgezeichnet sind.

Die wichtigsten Aminosäuren des Glutins zeigen folgende p_H-Werte des isoelektrischen Punkts.

Tabelle 20. *Isoelektrischer Punkt der Aminosäuren*

Asparaginsäure	p_H = 2,8	Alanin	p_H = 6,0
Glutaminsäure	3,2	Glykokoll	6,1
Phenylalanin	5,4	Prolin	6,3
Oxyprolin	5,8	Arginin	9,0
Leuzin	6,0	Lysin	9,9

[1] SÖRENSEN, S. P. L.: J. gen. Physiol. Bd. 8 (1927) S. 543.

[2] CANNAN, R. K. u. Mitarb.: An. N. R. Ac. Sci. Bd. 41 (1941) S. 241.

[3] MICHAELIS, L.: Biochem. Z. Bd. 33 (1911) S. 182; Bd. 47 (1912) S. 250.

[4] SÖRENSEN, S. P. L.: Biochem. Z. Bd. 31 (1911) S. 397; Hoppe-Seyler's Z. physiol. Chem. Bd. 103 (1918); Bd. 106 (1919) S. 1.

[5] LOEB, J.: Die Eiweißkörper und die Theorie der kolloidalen Erscheinungen. Berlin 1924, S. 5ff.

[6] GERNGROSS, O. u. ST. BACH: Biochem. Z. Bd. 143 (1923) S. 543.

Wie schon die oben angeführten Bestimmungsverfahren des isoelektrischen Punkts erkennen lassen, zeigen die Proteine bei diesem Grenzwert, also im entionisierten Zustand, charakteristische Änderungen zahlreicher Eigenschaften.

Für irgendwelche Untersuchungen über Glutin ist also die Beachtung des isoelektrischen Punkts von grundlegender Bedeutung. Ein Minimum zeigen: Viskosität, Quellung, Schmelzpunkt der Gallerte, osmotischer Druck, Leitfähigkeit, Alkoholfällung; ein Maximum: Trübungsgrad (Tyndalleffekt), Gallertfestigkeit (Elastizitätsmodul).

Einfluß des p_H-Wertes auf die Viskosität. Daß die Viskosität von Leim und Gelatine im isoelektrischen Punkt ein Minimum erreicht, wurde schon erwähnt. In Abb. 26 sind einige Versuchsreihen dargestellt[1], die das Verhalten der Viskosität bei steigender H-Ionenkonzentration wiedergeben. Zu diesem Zweck wurden zu einer 3%igen Gelatinelösung zunehmende Mengen verschiedener Säuren zugesetzt, und der p_H-Wert und die Viskosität gemessen. Verwendet wurde Salzsäure, schweflige Säure und Essigsäure in n/10 Konzentration.

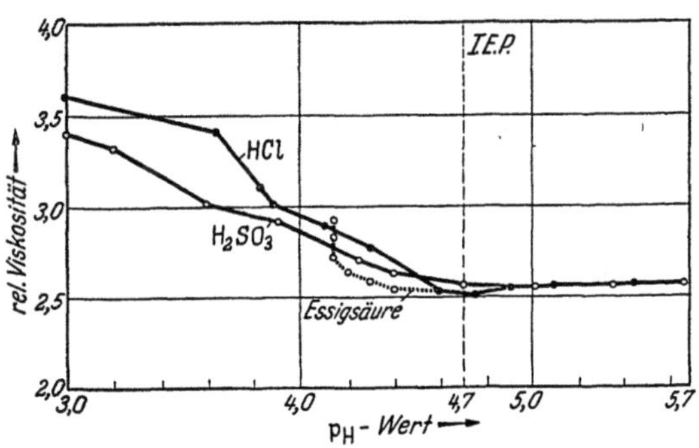

Abb. 26. p_H-Wert und Viskosität

Bemerkenswert ist, daß für alle Säuren bei zunehmender Konzentration und zunehmendem p_H-Wert bis zum isoelektrischen Punkt (I.P.) kaum eine meßbare Änderung der Viskosität auftritt. Vom I.P. an erfolgt jedoch übereinstimmend für alle Säuren ein deutlicher Anstieg der Viskosität. Auffallend ist die Wirkung der Essigsäure. Die zugehörige Kurve läßt erkennen, daß von p_H=4,15 an auch bei weiteren Zusätzen von Säure der p_H-Wert sich nicht mehr ändert, dagegen die Viskosität noch zunimmt. Letztere Wirkung entfällt also auf das Anion der Essigsäure.

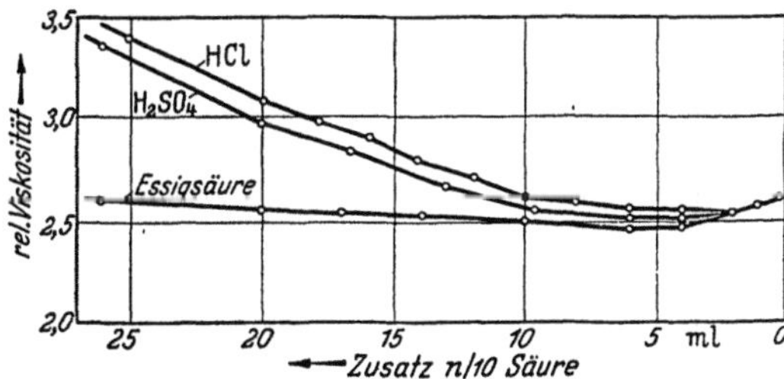

Abb. 27. Säurekonzentration und Viskosität

Zur Kennzeichnung der Gesamtsäurewirkung ist in Abb. 27 nicht der p_H-Wert, sondern einfach das Säurevolumen in ml n/10-Säure auf der

---

[1] Nach nicht veröffentlichten Versuchen von E. Sauer und H. Palmhert.

Abszissenachse aufgetragen. Bei Darstellung der Säurekonzentration erscheint die Abhängigkeit der Viskosität regelmäßiger als beim p_H-Wert. Doch zeigt sich auch hier eine Abstufung nach der H'-Konzentration, d. h. nach der Stärke der einzelnen Säuren.

Die Viskositätsmessung wird in großem Umfang als Methode zur Wertbestimmung der Glutinpräparate herangezogen (s. S. 273). Es ist natürlich wichtig zu erfahren, inwieweit die Viskosität durch Anwesenheit kleinerer oder größerer Säuremengen störend beeinflußt wird. Die am häufigsten in Leim vorkommende freie Säure ist die schweflige Säure in Knochenleim; Hautleim ist meist eher alkalisch. Der Gehalt ist etwa 0,2 bis 0,8 %, berechnet als SO_2. Um die Wirkung dieses Säurebereichs auf die Viskositätsbestimmung zu ermitteln, wurde eine neutrale 15 %ige Leimlösung mit steigenden Mengen von schwefliger Säure entsprechend dem Gebiet obiger Konzentrationen versetzt und jeweils die Viskosität der Leimlösung gemessen. Wie Abb. 28 zeigt, ist hier

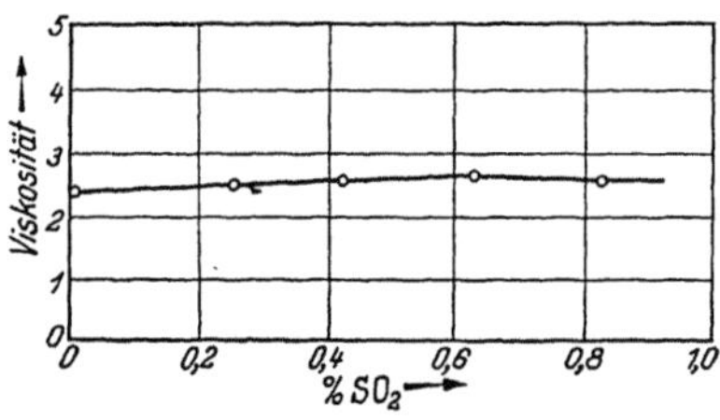

Abb. 28. SO₂-Konzentration und Viskosität

praktisch kein Viskositätsanstieg festzustellen. Es ist also nicht zu befürchten, daß eine Änderung des p_H-Werts, welche diesen Säurekonzentrationen entspricht, die Brauchbarkeit der Viskositätsmessung als Bewertungsskala in Frage stellt.

Es ist überhaupt zu beobachten, daß bei höheren Konzentrationen von Gelatine und Leim die bevorzugte Stellung des isoelektrischen Punktes bei Messungen irgendwelcher Art weit weniger hervortritt als bei niederen Konzentrationen.

Einfluß des p_H-Wertes auf Elastizitätsmodul und Schmelzpunkt. Über Elastizität und Gallertfestigkeit in Abhängigkeit von der isoelektrischen Reaktion liegen keine eindeutigen Feststellungen vor. Dies rührt wohl auch davon her, daß die früher angewandten Meßmethoden zum Teil ungeeignet waren. Vor allem muß berücksichtigt werden, daß zur Einstellung konstanter Werte der Gallertfestigkeit verhältnismäßig lange Wartezeiten nötig sind. Bei der Messung der Gallertfestigkeit nach BLOOM wird eine Kühldauer von 16 bis 18 Stunden bei 10,0° C vorgeschrieben. Auch nach dieser Zeit ist der Maximalwert noch nicht vollständig erreicht. Bei Messung des Elastizitätsmoduls (s. S. 104) werden die Proben 24 Stunden auf 20° gehalten, wobei sich wegen der höheren Temperatur zuverlässig ein konstanter Wert einstellt.

GERNGROSS[1] gibt an, daß bei Messung der Gallertfestigkeit mit dem Greinerapparat „anfangs, ehe die erst nach vielen Stunden eintretende Konstanz der Werte zustande gekommen ist" sich in der Gegend von

---

[1] GERNGROSS, O.: Kolloid-Z. Bd. 40 (1926) S. 285.

p_H 5, also nahe dem I.P. die größte Gallertfestigkeit zeigt. Eingehende Versuche von GERNGROSS ergaben jedoch, daß bei Messungen im Greinerapparat mit 10- und 3%igen Gelen im p_H-Bereich von 4,5 bis 9,0 die Gallertfestigkeit nach Erreichung des Maximalwerts nach 20 Stunden *unabhängig* vom p_H-Wert ist.

Bei den nachstehenden Versuchen[1] wurden Messungen des Elastizitätsmoduls mit dem Verfahren von SAUER und KINKEL (S. 104) an 3%igen Gelatinegallerten ausgeführt. Der p_H-Wert wurde durch Zusatz verschiedener Säuren von p_H = 5,7 bis p_H = 3,0 abgestuft und der Elastizitätsmodul nach 24 Stunden bei 20° C gemessen.

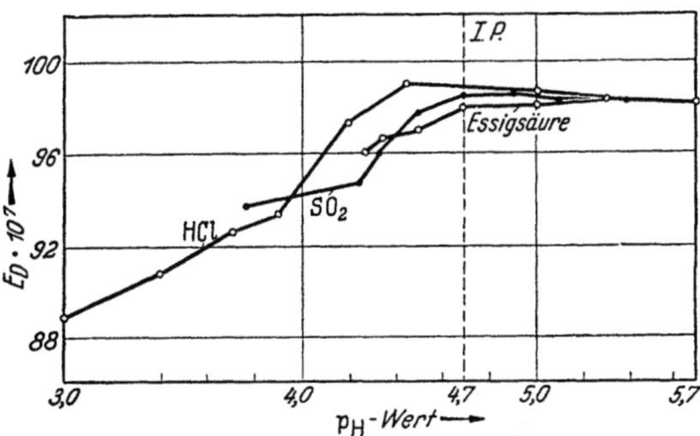

Abb. 29. p_H-Wert und Elastizitätsmodul

In Abb. 29 ist das Verhalten des Elastizitätsmoduls bei Zusatz steigender Mengen von n/10 schwefliger Säure, Salzsäure und Essigsäure wiedergegeben.

Auch bei diesen Versuchen zeigt sich kein Maximum der Gallertfestigkeit beim I.P. Jedoch ist eindeutig zu erkennen, daß der I.P. einen gewissen Grenzwert darstellt. Bis zu diesem bleibt der Elastizitätsmodul annähernd unverändert, wobei die drei Säuren sich übereinstimmend verhalten. Bei weiterer Erhöhung der H-Ionenkonzentration

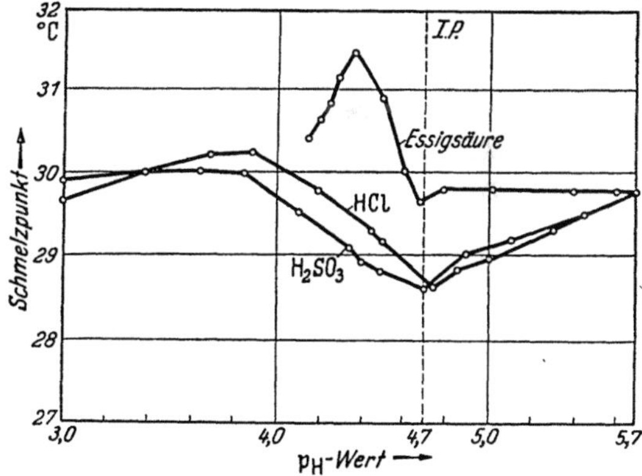

Abb. 30. p_H-Wert und Schmelzpunkt der Gallerte

über den I.P. hinaus nimmt der Elastizitätsmodul dauernd ab, so daß dem I.P. hier doch eine gewisse Bedeutung zukommt.

Für den *Schmelzpunkt* der Gallerte ist dagegen beim I.P. überraschend scharf ein Minimum ausgeprägt[2] (Abb. 30). Die von BOGUE geäußerte Meinung, daß der Schmelzpunkt eine Funktion der Gallertfestigkeit ist, kann daher nicht zutreffen. Für Essigsäure erreicht bei p_H = 4,3 der

---

[1] SAUER, E. u. H. PALMERT: nicht veröffentlichte Versuche.
[2] SAUER, E. u. H. PALMHERT: wie [1].

Schmelzpunkt außerdem ein Maximum, nach welchem ein starker Abfall einsetzt. Möglicherweise ist bei diesem Maximum schon die Konzentration an Essigsäure erreicht, bei welcher eine Peptisation und Verflüssigung der Gallerte beginnt.

Viskosität von Glutinlösungen

Die Definition der Viskosität nach NEWTON[1] geht davon aus, daß eine beliebig ausgedehnte Flüssigkeit zwischen zwei parallele Wände gebracht wird, die den Inhalt f begrenzen und die gegeneinander die Geschwindigkeit v haben. Ihre Entfernung voneinander sei y. Bei diesem Gleitvorgang wird eine Kraft P von der einen Fläche auf die andere übertragen. Diese Kraft ist proportional dem Koeffizienten der inneren Reibung η, es ist also

$$P = \eta \frac{dv}{dy} \cdot f \qquad (1)$$

$\frac{dv}{dy}$ ist das Geschwindigkeitsgefälle.

Obige Gleichung fordert, daß zwischen dem Tangentialdruck $\frac{P}{f}$, *Schubspannung* genannt, und dem Geschwindigkeitsgefälle $\frac{dv}{dy}$ Proportionalität herrsche. Die Viskosität η ist darnach das Verhältnis der Schubspannung zum Geschwindigkeitsgefälle, also

$$\eta = \frac{P}{f} \bigg/ \frac{dv}{dy} \qquad (2)$$

Die Gleichung (1) ist jedoch nur für molekulardisperse Flüssigkeiten (NEWTONsche Flüssigkeiten) genau erfüllt. Bei kolloiddispersen oder auch grobdispersen Systemen gibt es außer dieser einen von NEWTON allein geforderten Strömungsform noch andere Strömungsformen, d. h. das Geschwindigkeitsgefälle kann mit dem Tangentialdruck steiler oder flacher als *linear* verlaufen und die Flüssigkeit kann scheinbar schwächer oder stärker viskos werden (Nicht-NEWTONsche-Flüssigkeiten).

Die relative Abnahme der Viskosität mit steigendem Tangentialdruck nennt man nach Wo. OSTWALD „Strukturviskosität", die Zunahme der Viskosität mit dem Tangentialdruck bezeichnet man als „Rheopexie". Der Bezeichnung „Strukturviskosität" liegt die Hypothese zugrunde, daß durch die Strömung eine strukturelle Veränderung im Innern der Flüssigkeit hervorgerufen wird. Die Bezeichnung „Reopexie" soll andeuten, daß durch den Fließvorgang eine Verfestigung zustande kommt, welche eben die Viskosität zunehmend erhöht.

Bei Gelatine- und Leimlösungen haben wir es mit „Nicht-NEWTONschen" Flüssigkeiten zu tun, welche Strukturviskosität zeigen. Obwohl

---

[1] Über Viskosität siehe z. B. H. UMSTÄTTER: Einführung in die Viskosimetrie und Rheometrie, Berlin 1952.

also die Lösungen von Gelatine und Leim keine reine Viskosität im Sinne NEWTONS besitzen, leistet die Viskositätsmessung sowohl bei der wissenschaftlichen Untersuchung, als auch bei der Betriebsüberwachung, als auch bei der Untersuchung von Handelserzeugnissen ausgezeichnete Dienste.

Viskositätsmessungen von Leim- und Gelatinelösungen lassen sich schnell und einfach ausführen und besitzen im Rahmen von vergleichenden Messungen eine durchaus genügende Zuverlässigkeit. Über Messung der Viskosität s. S. 283.

Einfluß der Alterung auf die Viskosität von Glutinleim. Von Leimherstellern wird die Meinung vertreten, daß die Viskosität eines Leims nach dem Trocknen höher ist, als im Zustand der frisch hergestellten Leimbrühe oder Gallerte. Diese auffallende Erscheinung war durch Versuche nachgeprüft worden[1] mit dem Ergebnis, daß tatsächlich ein derartiges Verhalten zu beobachten ist.

Demgegenüber teilte E. GOEBEL[2] mit, daß er unter den angegebenen Bedingungen nicht zu einer Steigerung der Viskosität gelangt. Worauf dieser Widerspruch zurückzuführen ist, war nicht ohne weiteres klar. Immerhin schien dieser Vorgang für die Leimfabrikation wichtig genug zu sein, daß er eine nochmalige Nachprüfung lohnte. Dies um so mehr, als eine Reihe von Leimfabrikanten damals ausdrücklich die Viskositätssteigerung bestätigte.

In diesem Zusammenhang wurden die nachstehenden Versuche ausgeführt[3]. Wie schon bei früherer Gelegenheit wurden von bestimmten Leimsuden sowohl Proben der frischen Gallerte als auch von den getrockneten Tafeln entnommen. Jeweils von beiden Proben wurde in übereinstimmender Weise mit dem gleichen Leimareometer eine Leimbrühe von $17^3/_4\%$ hergestellt und sorgfältig die Viskositätsmessung bei 40° C ausgeführt.

Allerdings muß bei Vornahme dieser Messungen ein Umstand berücksichtigt werden. Vielfach wird bei der Viskositätsbestimmung von Tafelleimen die Leimlösung aus den trocknen Tafeln in der Weise hergestellt, daß man die Tafel in einem größeren Überschuß von kaltem Wasser quellen läßt, dann das überschüssige Wasser abgießt, die Gallerttafeln durch Erwärmen verflüssigt und die Leimlösung zur Viskositätsmessung verwendet. Ein solches Vorgehen ist natürlich unzulässig, vielmehr muß das zur Quellung dienende Wasser zur Herstellung der Leimlösung verwendet werden. Beim Quellen der Leimtafel besteht die Möglichkeit, daß lösliche Stoffe aus der Gallerte herausdiffundieren, wir erhalten einen Gewichtsverlust an Nichtleimstoffen. Dies entspricht einer Anreicherung

---

[1] SATTER, E.: Chemiker-Ztg. Bd. 48 (1924) S. 501.
[2] GOEBEL, E.: Farben-Ztg. Bd. 35 (1930) S. 1282.
[3] SAUER, E.: Kunstdünger u. Leim Bd. 29 (1932) S. 298.

an reiner Leimsubstanz in der gequollenen Tafel gegenüber der ursprünglichen Leimbrühe vor dem Trocknen der Tafeln. Wenn diese Verschiebung in der Zusammensetzung des Leims ein merkliches Ausmaß erreicht, ist auch mit einem Anstieg der Viskosität zu rechnen. Die in Tabelle 21 wiedergegebenen Messungen sind nach beiden Methoden, also sowohl ohne (I) als auch mit Verwendung des Quellungswassers (II) bei Auflösen der Gallerte ausgeführt.

Tabelle 21. *Viskosität des Leims vor und nach der Trocknung*

Nr.	Viskosität vor Trocknung	Viskosität nach Trocknung I.	Viskosität nach Trocknung II.
1	3,25 E.G.	3,79 E.G.	3,25 E.G.
2	4,20	4,36	4,75
3	5,11	5,12	5,80
4	5,28	5,26	—
5	5,88	7,42	7,30
6	6,80	8,88	—
7	8,40	9,80	—
8	8,80	10,43	9,83
9	9,60	11,20	—

Die Zahlen der Tabelle lassen erkennen, daß tatsächlich Unterschiede bestehen je nach der Art wie die Quellung der Leimtafeln vorgenommen wird. Aber es zeigt sich, daß auch bei korrekter Ausführung der Quellung (II), also bei Auflösen der Gallerte im Quellungswasser, eine Erhöhung der Viskosität nach dem Trocknen sichtbar wird.

Eine gewisse Bestätigung einer solchen „Reaggregierung" beim Trocknen des Leims wurde auch von O. GERNGROSS[1] gefunden.

Auf Grund obiger Versuche und zahlreicher früherer Messungen kann kaum ein Zweifel bestehen, daß durch den Trocknungsvorgang die Viskosität des Leims erhöht wird.

Bei der Entwässerung der Gallerte vollzieht sich offenbar eine Veränderung im Bau der Gallerte, wobei eine Vergrößerung der Mizelle vollzogen wird, die eine Viskositätssteigerung im Gefolge hat.

Oberflächenspannung von Glutinlösungen

Untersuchungen über die Oberflächenspannung von Wasser bei Gegenwart von Glutin hat ACKERMANN[2] ausgeführt. Bei Messung der Oberflächenspannung mit dem Kapillarimeter von CASSEL[3] wurden von ihm bei verschiedenen Temperaturen folgende Werte gefunden[4]:

---

[1] GERNGROSS, O.: in GERNGROSS-GOEBEL, S. 83.
[2] Dissertation T. ACKERMANN, Berlin 1933.
[3] Chemiker-Ztg. Bd. 54 (1929) S. 479.
[4] GERNGROSS-GOEBEL, S. 87.

Tabelle 22.

	Konzen-tration	Oberflächenspannung		
		45°	60°	75°
Hautleim	13,5%	44,3	38,0	35,9 Dyn/cm
Knochenleim ...	13,5%	47,5	42,5	41,7 Dyn/cm
Lederleim	13,5%	54,3	53,6	51,3 Dyn/cm
Wasser	—	68,6	66,0	63,3 Dyn/cm

Die Oberflächenspannung des Wassers wird durch Gegenwart von Leim und Gelatine nur wenig erniedrigt.

Den Zusammenhang zwischen Oberflächenspannung und Schaumbildung bei Glutin haben E. Sauer und W. Aldinger[1] untersucht.

Oberflächenspannung und Schaumbildung. Als Ausgangsmaterial für diese Untersuchungen wurden eine Reihe von käuflichen Leimsorten benutzt, und zwar 4 Hautleime und 6 Knochenleime. Zur näheren Kennzeichnung wurden diese 10 Proben auf Fettgehalt, Viskosität, p_H-Wert und Säuregehalt geprüft (s. Tabelle 23). Zur Feststellung der „Schaumzahl" wurde ein in der Leimindustrie übliches einfaches Verfahren benutzt: Man stellt eine 10%ige Leimlösung her, füllt in einen 100 ml Schüttelzylinder 50 ml der Lösung ein und stellt den Zylinder in ein hohes Wasserbad, dessen Temperatur auf 50° gehalten wird. Nach Einstellen der Temperatur im Zylinder schüttelt man diesen, den man mit der Hand am Hals und Stopfen festhält, gleichmäßig stark und nicht zu schnell genau eine Minute lang auf und ab und stellt ihn dann wieder in das Wasserbad. Nach 1, 3 und 5 Minuten wird die Schaumhöhe in ml abgelesen[2]. Außer dem Schaumvolumen ist auch die Beständigkeit des Schaums von Bedeutung. Sie kommt durch den zeitlichen Rückgang der Schaumzahl zum Ausdruck. Bei den nachfolgenden Versuchen wurde gewöhnlich eine Beobachtungszeit von 3 Minuten eingehalten (s. Tabelle 23).

Tabelle 23. *Oberflächenspannung und Schaumzahl der Leimproben 1—10*

Leim-sorte	Fettgehalt Proz. Fettsäure	Schaumzahl			Oberflächen-spannung Dyn/cm	Viskosität Englergrade	p_H	Säure SO₂ Proz.
		1′ ml	3′ ml	5′ ml				
H 1*	2,61	6	5	3	36,65	1,59	7,0	0,23
H 2	0,58	74	66	55	44,15	13,70	7,4	—
H 3	0,45	67	40	28	42,00	3,99	7,1	0,09
H 4	0,56	69	53	27	40,70	9,34	7,5	—
K 5	0,43	81	68	64	40,55	3,24	5,8	0,62
K 6	0,26	59	43	33	50,00	2,81	6,5	0,25
K 7	0,87	74	65	59	41,90	3,81	5,7	0,58
K 8	0,77	80	69	63	42,80	2,41	5,9	0,67
K 9	0,70	84	70	64	39,75	3,03	5,9	0,54
K 10	0,79	78	65	59	41,00	3,68	5,5	0,97

* H = Hautleim, K = Knochenleim.

[1] Sauer, E. u. W. Aldinger: Kolloid-Z. Bd. 28 (1939) S. 329.

[2] Diese Art der Ausführung ist etwas abweichend von dem unter „Prüfung von Glutinleimen" (S. 279) angeführten Verfahren.

Wenn man berücksichtigt, mit welch einfachen Hilfsmitteln die Schaumzahlen bestimmt werden, kann die Übereinstimmung der Einzelwerte als durchaus befriedigend betrachtet werden. Die Streuung der Einzelwerte beträgt bei etwa 60% der Messungen nur 0 bis 2 Einheiten. Die Zahlen für 1, 3 und 5 Minuten zeigen den zeitlichen Verlauf des Schaumrückgangs, sie geben ein Bild von der Beständigkeit des Schaums. Starke Schaumbildung braucht nicht zugleich mit hoher Beständigkeit des Schaums in Übereinstimmung zu stehen. Es besteht jedoch ein gewisser Zusammenhang zwischen Schaumbeständigkeit und Viskosität. BRESLER und TALMUD[1] schlossen auf Grund theoretischer Überlegungen, daß die Schaumbeständigkeit im wesentlichen durch die Geschwindigkeit des Abfließens der in den Schaumwänden befindlichen Flüssigkeit bedingt sei, demnach muß auch die Viskosität von Einfluß sein.

Messung der Oberflächenspannung. Grundsätzlich ist zu unterscheiden zwischen dynamischer und statischer Oberflächenspannung. Bei reinen Flüssigkeiten sind beide gleich groß, die Anordnung der Moleküle im Innern der Flüssigkeit ist die gleiche wie an der Oberfläche. Nicht so aber bei Lösungen und kolloiden Systemen. Denn die disperse Phase, für echt gelöste Stoffe gilt dasselbe, ist entweder kapillaraktiv oder kapillarinaktiv. Wenn wir in einem Sol eine neue Oberfläche erzeugen, so haben

Tabelle 24. *Zusätzlicher Fettgehalt und Schaumbildung*

10 prozentige Leimlösung K 6 mit Zusatz von:					
a) Olivenöl		b) Neutralfett		c) Ölsäure	
zusätzlicher Fettgehalt Proz.	Schaumzahl ccm	zusätzlicher Fettgehalt Proz.	Schaumzahl ccm	zusätzlicher Fettgehalt Proz.	Schaumzahl ccm
0,00	42,5	0,00	42,5	0,00	42,5
0,10	28,4	0,29	8,1	0,10	33,5
0,19	20,0	0,48	4,2	0,20	25,4
0,29	15,0	0,95	2,0	0,30	19,0
0,38	11,5	1,43	1,0	0,40	14,6
0,48	9,1	1,91	0,5	0,50	12,6
0,57	7,7	4,77	0	0,60	11,9
0,67	6,0	—	—	0,70	11,4
0,86	4,9	—	—	1,20	10,5
1,14	4,6	—	—	2,20	9,0
1,61	4,4	—	—	3,70	7,0
2,56	3,6	—	—	5,00	5,5
4,77	2,5	—	—	—	—

wir im Augenblick der Entstehung eine bestimmte Zusammensetzung der Flüssigkeit in der Oberfläche, welche einer bestimmten Oberflächenspannung entspricht, eben die dynamische Oberflächenspannung. Der kapillaraktive Stoff wird aber aus dem Innern der Flüssigkeit an die Oberfläche diffundieren und sich hier anreichern, das bedeutet, daß die

---

[1] BRESLER u. TALMUD: Kolloid-Z. Bd. 63 (1933) S. 323.

Zahl seiner Moleküle bzw. Teilchen in der Oberfläche gegenüber früher zunehmen wird. Dementsprechend ist ein zeitlicher Abfall der Oberflächenspannung festzustellen. Der Endwert, die sogenannte statische Oberflächenspannung, ist dann erreicht, wenn die mengenmäßige Zusammensetzung der Oberfläche sich nicht mehr ändert. Für kapillarinaktive Stoffe gilt dasselbe, nur daß diese aus der Oberfläche verdrängt werden. Da die Diffusionsgeschwindigkeit um so kleiner sein wird, je größer die bewegten Teilchen sind, so ist zu erwarten, daß bei Glutinlösungen, in welchen die dispersen Teilchen zweifellos groß sind, der Vorgang, der zur Einstellung statischer Oberflächenspannung führt, sehr gut verfolgt werden kann.

Bei der Wahl der Untersuchungsmethode scheiden daher von vornherein diejenigen Verfahren aus, die nur die dynamische Oberflächenspannung zu messen gestatten, also auch das sonst viel angewandte Stalagmometer. Unter diesem Gesichtspunkt wurde, wie auch von T. ACKERMANN[1], die Methode des maximalen Blasendrucks benutzt. Sie beruht darauf, daß durch eine Kapillare mit scharf abgeschliffenem Rand, welche in die zu untersuchende Flüssigkeit eintaucht, langsam Luft durchgepreßt wird derart, daß diese am Kapillarende in Form einzelner Blasen austritt. Der hierbei auftretende maximale Gasdruck muß manometrisch gemessen werden, wobei natürlich der hydrostatische Druck, der über der Kapillare stehenden Flüssigkeitssäule zu berücksichtigen ist. Die Oberflächenspannung kann hieraus berechnet werden zu

$$\sigma = {}^{1}\!/_{2}\, r\, p \;\; \text{Dyn/cm,}$$

wobei p der gemessene manometrische Druck ist und r durch Eichung der Apparatur mit einer Flüssigkeit von bekannter Oberflächenspannung ermittelt wird. Wie bei der Messung der Schaumbildung wurde auch hier eine Konzentration der Leimlösungen von 10% und eine Versuchstemperatur von 50° gewählt.

Durch einige Versuche wurde festgestellt, innerhalb welchen Zeitraums die statische Oberflächenspannung sich einstellt. Nach 120 Sekunden ist keine weitere Änderung der Oberflächenspannung mehr zu beobachten. Bei den folgenden Versuchen wurde daher grundsätzlich eine Einstellzeit von 2 Minuten eingehalten.

Bei den Leimproben 1 bis 10 (Tabelle 23) ist eine unmittelbare Abhängigkeit der Schaumzahlen von der Oberflächenspannung *nicht* feststellbar. Immerhin entspricht häufig der geringeren Oberflächenspannung ein größeres Schaumvolumen.

Zwischen dem Fettgehalt der Leime und dem Schaumvolumen bzw. der Oberflächenspannung ist bei den käuflichen Leimen ebenfalls *keine* Proportionalität zu erkennen. Die Verschiedenheit der Rohstoffe und der

---

[1] ACKERMANN, T.: zit. S. 78.

Vorbehandlung während der Herstellung macht sich so stark geltend, daß vergleichbare Versuchsbedingungen nicht vorliegen.

Schaumbildung bei zusätzlichem Fettgehalt. Der in Glutinleimen vorhandene Fettgehalt unterscheidet sich durch die verschiedene Art der Bindung der Fettsäuren. Diese können als Neutralfette, in Form von Seifen oder als freie Fettsäuren auftreten. Um vergleichbare Versuchsbedingungen zu schaffen, ist es vor allem notwendig, Versuchsreihen mit einem bestimmten Glutinpräparat durchzuführen und diesem abgestufte Mengen von Fetten und Fettsäuren zuzufügen. Zu diesem Zweck wurde aus einem fettarmen Leim (K 6) eine 10%ige Lösung hergestellt; die eine Hälfte der Lösung blieb unverändert, die zweite Hälfte erhielt einen Zusatz von 5% Neutralfett, Fettsäure oder Seife. Die Zusätze wurden durch Erwärmen und Schütteln vollkommen gleichmäßig verteilt. Durch Mischen der beiden Leimlösungen in bestimmten Mengenverhältnissen konnten Leime von genau abgestuftem Fettgehalt hergestellt werden.

a) *Neutralfette.* Als Beispiele wurden Olivenöl und Schweinefett gewählt. Die Schaumhöhe wurde nach

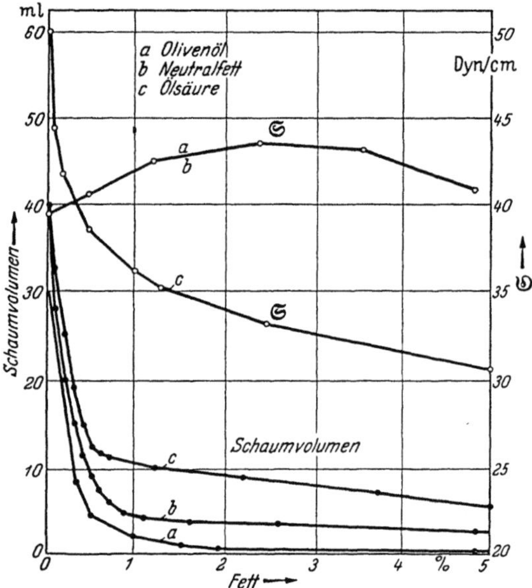

Abb. 31. Schaumvolumen und Oberflächenspannung ⑤, von Glutinlösungen bei Zusatz von Neutralfett und Ölsäure

3 Minuten abgelesen, der Fettgehalt wurde von 0,1 bis 5% abgestuft (s. Tabelle 24, Abb. 31). Die Versuche zeigen, daß ein Zusatz von Neutralfett in jedem Fall die Schaumbildung herabsetzt. Vor allem bei geringen Mengen ist die Wirkung höchst intensiv, sie wird bei höheren Konzentrationen nicht in gleichem Maße gesteigert. Die Kurven zeigen eine gewisse Ähnlichkeit mit den $\sigma \cdot c$-Kurven der kapillaraktiven Stoffe.

b) *Fettsäuren.* Als Beispiel diente Ölsäure. Sie zeigte einen ähnlichen Kurvenverlauf wie die Neutralfette, die schaumdämpfende Wirkung ist jedoch schwächer als bei diesen (Tabelle 24c, Abb. 31c).

c) *Seifen.* Die Wirkung zugesetzter Seifen wird eine verschiedene sein, je nachdem ob eine saure oder eine alkalische Glutinlösung vorliegt. Im ersteren Fall wird freie Fettsäure zur Geltung kommen. Untersucht wurde sowohl Natrium- als auch Calciumoleat. Das Verhalten ist aus

Abb. 32 ersichtlich. Das eigenartige Verhalten des Natriumoleats ist auf Hydrolyse zurückzuführen. Die freie Fettsäure der stark hydrolysierten verdünnten Seifenlösungen, wirkt wie oben festgestellt, stark schaumdämpfend. Bei höheren Seifenkonzentrationen kommt dann auch die nicht gespaltene Seife zur Geltung, welche die Schaumbildung verstärkt.

Kalkseife, die in Wasser äußerst schwer löslich ist und selbst keinen Schaum bildet, zeigt den normalen Kurvenverlauf geringer Fettsäurekonzentrationen.

Einfluß der Abbauprodukte auf die Schaumbildung. In der Literatur finden sich mehrfach Angaben, daß ein höherer Gehalt an Abbauprodukten stärkere Schaumbildung bei Glutinleimen verursacht[1]. Die Schaumbildung beim thermischen Abbau von Leimlösungen wurde im schwach alkalischen und schwach sauren Medium verfolgt. Eine 10%ige Lösung des schwach alkalischen Leims H4 wurde am Rückflußkühler im siedenden Wasserbad erhitzt, von Stunde zu Stunde Proben entnommen und mit diesen die Schaumprüfung ausgeführt.

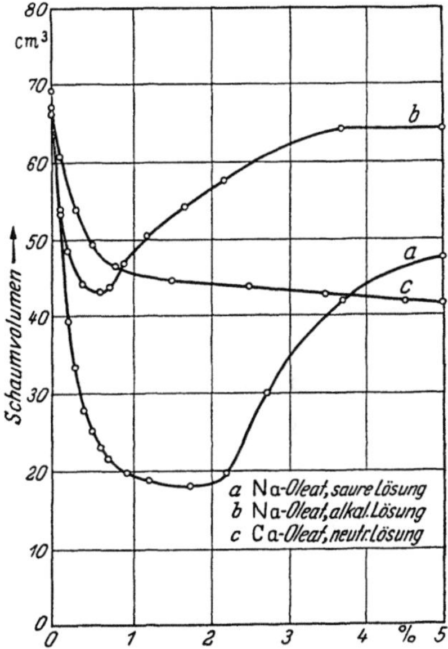

Abb. 32. Schaumvolumen bei Zusatz von Seifen

Für die Thermolyse eines sauren Leims wurde der Knochenleim K8 gewählt und ebenso verfahren wie bei Leim L4. Die Schaumzahlen für beide Versuchsreihen finden sich in Tabelle 25. Die Viskosität der Glutinlösungen

Tabelle 25. *Schaumbildung der Abbauprodukte*

Erhitzungsdauer Stunden	Alkalischer Abbau: Leim H 4, p = 7,5		Saurer Abbau: Leim K 8, p_H = 5,8	
	Viskos. E. G.	Schaumvol. ml	Viskos. E. G.	Schaumvol. ml
0	2,06	17,4	1,35	52,5
1		11,0		47,6
2		8,9		46,8
3		9,4		47,5
4		10,1		47,4
5		9,3		46,1
6		8,4		44,8
7		8,0		43,5
8		7,5		41,6
9	1,34	7,3	1,25	40,1

nimmt bei der Wärmebehandlung anfangs schneller, dann langsamer ab. Es herrscht die Anschauung, daß anfänglich nur eine Desaggregierung der Glutinmizelle, später auch ein chemischer Abbau einsetzt.

[1] Z. B. GOEBEL, E.: in GERNGROSS-GOEBEL, S. 395.

Jedenfalls werden die Leimlösungen bei dieser Behandlung einen zunehmenden Gehalt an Abbauprodukten aufweisen. Keineswegs wird jedoch ein verstärktes Schäumen beobachtet. Die vorstehenden Versuche zeigen vielmehr das Gegenteil. Bei Hautleim erfolgt in den ersten Stunden ein besonders auffallender Rückgang der Schaumbildung. Wie später gezeigt wird (s. S. 85), sind die Stoffe, die bei Abbau des Glutins im sauren Medium (Knochenleim) auftreten, stärker kapillaraktiv als die ursprüngliche Glutinsubstanz, bei alkalischer Reaktion (Hautleim) herrscht das umgekehrte Verhältnis. Trotzdem nimmt in beiden Fällen die Schaumbildung im Verlauf des Abbaus ab. Die Verringerung der Schaumbildung durch abnehmende Teichengröße infolge der Desaggregation überwiegt den Einfluß der veränderten Oberflächenspannung.

Oberflächenspannung von Glutinleimen bei zusätzlichem Fettgehalt.

a) Neutralfett. Die Abstufung der Konzentration des Fettzusatzes geschah wie bei den früheren Versuchen. Knochenleim K 9, Konzentration 10%, Meßtemperatur 50°.

Die Messungen wurden jeweils sogleich nach Zusatz des Fetts, und nach einer längeren Wartezeit von 48 bzw. 60 Stunden ausgeführt, die Werte blieben unverändert.

Durch Neutralfette wird die Oberflächenspannung nur unbedeutend beeinflußt. Auffallend ist die weitgehende Übereinstimmung bei Olivenöl und Neutralfett. Eine „Alterung" ist innerhalb von 48 bzw. 60 Stunden nicht zu beobachten (Tabelle 26, Abb. 31, *a* u. *b*, σ).

Tabelle 26. *Oberflächenspannung bei zusätzlichem Fettgehalt*

Zusätzlicher Fettgehalt %	Oberflächenspannung:	
	a) Leim K 9 + Olivenöl Dyn/cm	b) Leim K 9 + Neutralfett Dyn/cm
0,00	39,50	39,50
0,47	40,82	40,82
1,19	42,60	42,53
2,37	43,60	43,48
4,75	41,87	41,87

b) Freie Fettsäuren. Beispiel: Knochenleime K 6 und K 8, Ölsäure 0 bis 5,0%. Freie Ölsäure wirkt der Glutinlösung gegenüber als typisch kapillaraktiver Stoff. Geringe Zusätze verursachen einen starken Abfall der Oberflächenspannung, wie Abb. 31, *c*, σ, zeigt.

c) Seifen. Es erweist sich, daß die Seifen Glutinlösungen gegenüber als kapillaraktive Stoffe wirksam sind. Allerdings erniedrigen sie die Oberflächenspannung nicht so stark wie die freie Ölsäure. Die Reihenfolge des Wirkungsgrades der Seifen fällt mit der Reihenfolge ihres Hydrolysegrades, d. h. mit dem Gehalt an freier Fettsäure zusammen.

d) Abbauprodukte und Oberflächenspannung. Von ganz besonderem Interesse ist bei den technischen Glutinpräparaten der Einfluß der Abbauprodukte, da er weitgehend den Gebrauchswert dieser Erzeugnisse beeinflußt. Der Abbau wurde in gleicher Weise wie früher bei den Untersuchungen über Schaumwirkung durchgeführt. Es zeigte sich dabei ganz allgemein, daß die Oberflächenspannung durch die Gegenwart von Abbauprodukten nur in ganz *geringem* Maße beeinflußt wird.

Bemerkenswert ist, daß, wenn auch nur in geringem Ausmaß, bei alkalischem Hautleim die Oberflächenspannung *zunimmt*, bei saurem Knochenleim dagegen *abnimmt*.

Einfluß des p_H-Werts auf die Oberflächenspannung und Schaumbildung. Die Angaben, die sich hierüber in der Literatur finden, sind einander widersprechend[1]. Als Versuchsmaterial diente je ein Hautleim und ein Knochenleim, deren Wasserstoffionenkonzentration durch Säure- bzw. Alkalizusatz variiert wurde. Zu diesem Zweck wurden 25 ml der betreffenden Leimlösung mit einer durch Vorversuche ermittelten Menge von $^1/_{10}$ ^{n} Salzsäure oder Natronlauge versetzt und dann mit Wasser auf 50 ml aufgefüllt. Die Ergebnisse dieser Versuche sind in Tabelle 27 und Abb. 33 wiedergegeben.

Die beiden Glutinpräparate Hautleim H 4 und Knochenleim K 8 zeigen bei gleichen p_H-Werten bemerkenswerte Unterschiede bezüglich Schaumbildung und Oberflächenspannung. Die sonstigen Unterschiede beider Leimsorten z. B. in bezug auf Gehalt an Fremdstoffen treten gegenüber dem p_H-Wert durchaus in den Vordergrund. Sehr wahrscheinlich übt z. B. der Gehalt an Kalkseife bei Hautleim einen wesentlichen Einfluß aus. Bei Knochenleim ändert sich die Oberflächenspannung mit wechselndem p_H-Wert sehr wenig. Der isoelektrische Punkt (bei Glutin $p_H = 5,8$) nimmt keine bevorzugte Stellung ein. Dies stellte auch O. GERNGROSS[2]

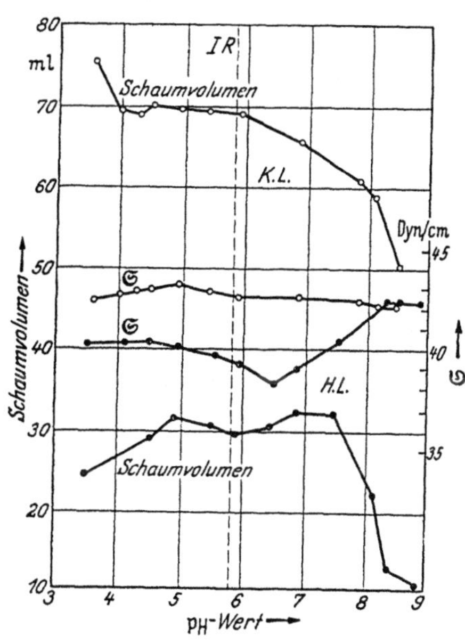

Abb. 33. Schaumvolumen und Oberflächenspannung ⓢ, von Leimlösungen bei verschiedenem p_H-Wert

---

[1] JERMOLENKO: Kolloid-Z. 48 (1929) S. 141, daselbst weitere Literatur.
[2] GERNGROSS, O.: in GERNGROSS-GOEBEL, S. 87.

fest, während DE CARO und LAPORTA[1] für Gelatine bei isoelektrischer Reaktion ein Minimum der Oberflächenspannung fanden.

Tabelle 27. p_H-*Wert, Oberflächenspannung und Schaumzahl*

a) Knochenleim K 8:			b) Hautleim H 4:		
p_H	Oberflächen-spannung Dyn/cm	Schaumzahl ml	p_H	Oberflächen-spannung Dyn/cm	Schaumzahl ml
8,5	42,25	50,4	8,9	42,85	10,2
8,1	42,20	58,8	8,4	42,62	13,2
7,8	42,36	61,3	8,2	42,58	22,2
6,9	42,60	66,2	7,5	40,50	32,2
5,9	42,84	69,0	6,9	39,03	32,0
5,4	42,90	69,5	6,5	38,33	30,6
4,9	43,10	70,0	5,9	39,36	29,6
4,5	43,10	70,2	5,5	39,70	30,6
4,3	42,81	69,3	4,9	40,35	31,4
4,0	42,60	69,6	4,5	40,30	28,8
3,6	42,50	75,5	3,5	40,22	24,3

Bei Hautleim tritt ein Minimum der Oberflächenspannung bei $p_H = 6,5$ deutlich zutage, von da an erfolgt ein starker Anstieg im alkalischen Gebiet.

Genau entgegengesetzt ist der Verlauf der Kurve der Schaumbildung. Letztere geht, dies gilt übrigens auch für Knochenleim, bei zunehmender alkalischer Reaktion stark zurück.

Wirkung von Schaumverhütungsmitteln. Als Schaumverhütungsmittel dienen außer natürlichen Neutralfetten und Ölen, deren schaumdämpfende Wirkung seit alters her bekannt ist, eine Reihe von Spezialpräparaten. Drei derartiger Stoffe, bezeichnet als L.L., A.E. und A 305, wurden untersucht, sie erniedrigen in mäßigem Umfang die Oberflächenspannung, doch erreicht diese Herabsetzung bei weitem nicht das Ausmaß wie bei ausgesprochen kapillaraktiven Stoffen.

Unabhängig davon ist bei diesen Produkten eine hervorragende schaumdämpfende Wirkung zu beobachten (Abb. 34), dasselbe gilt übrigens auch für das gleichzeitig untersuchte Neutralfett.

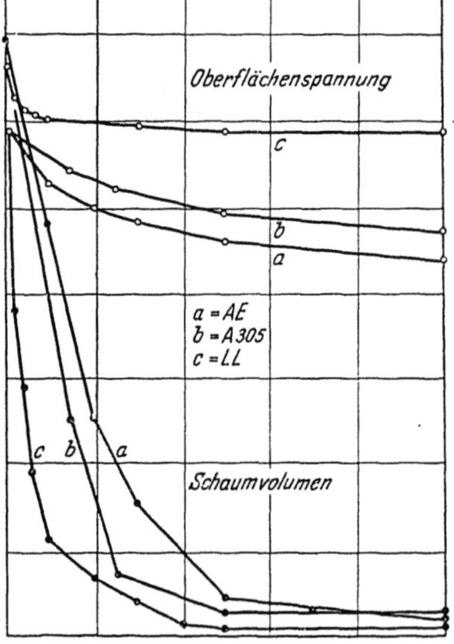

Abb. 34. Schaumvolumen und Oberflächenspannung von Leimlösungen bei Zusatz von schaumdämpfenden Mitteln

---

[1] CARO, L. DE u. M. LAPORTA: Ref. C. Bd. II (1929) S. 3114.

Zusammenhänge zwischen Oberflächenspannung und Schaumbildung.
Schon Wo. OSTWALD und STEINER[1] stellten fest, daß Schaumbildung und Oberflächenspannung voneinander unabhängig sind, dies zeigte im einzelnen auch die vorliegende Untersuchung. Keineswegs ist also die Erniedrigung der Oberflächenspannung als *Maß für die schaumverhütende Wirkung* zu betrachten.

Bedeutsam in diesem Zusammenhang ist die Bemerkung von DE CARO und LAPORTA[2], daß die Proteine die Oberflächenspannung des Wassers nur erniedrigen, wenn sie sich in molekulardispersem Zustand befinden. Im Hinblick auf die bei Gelatine und Leim vorliegenden Verhältnisse ist diese Grenze wohl zu scharf gezogen. Auf jeden Fall trifft es zu, daß die Teilchen von geringem Dispersitätsgrad, also von größeren Dimensionen die Oberflächenspannung wenig beeinflussen. Für die Schaumbildung sind dagegen gerade die Teilchen von kolloiddisperser bis grobdisperser Größenordnung von größtem Einfluß.

Aus diesem Grund ist auch die weitgehende Unabhängigkeit von Oberflächenspannung und Schaumbildung bei Glutinleimen verständlich.

Diffusion und Dialyse

Diffusion ist gekennzeichnet als die Molekularbewegung eines löslichen Stoffs im Bereich eines Lösungsmittels, die dazu führt, daß der lösliche Stoff nach einer gegebenen Zeit den Raum des Lösungsmittels gleichmäßig erfüllt. Auch bei Glutin ist die Erscheinung der Diffusion zu beobachten, nur daß hier die Diffusion langsamer verläuft als bei gelösten Stoffen, da sie bei Glutin auf die BROWNsche Bewegung der Kolloidteilchen zurückzuführen ist. Der Diffusionskoeffizient, der die Geschwindigkeit der Bewegung kennzeichnet, ist bei höheren Konzentrationen größer als bei geringeren. ZSIGMONDY[3] hat festgestellt, daß auch die BROWNsche Bewegung bei Kolloiden in höheren Konzentrationen lebhafter ist als in geringeren. Dies muß dazu führen, daß im einen Fall die Moleküle, im anderen die Kolloidteilchen sich aus einer Umgebung höherer Konzentration in eine solche geringerer Konzentration bewegen, damit die Energieverhältnisse im ganzen System konstant bleiben.

Wenn man ein Reagensglas einige Zentimeter hoch mit Gelatinelösung füllt, diese mit Wasser überschichtet, ohne eine Mischung herbeizuführen und den Inhalt auf einer Temperatur über dem Erstarrungspunkt der Gelatine hält, dann zeigt sich nach einiger Zeit, daß die Gelatine infolge von Diffusion gleichmäßig in der gesamten Flüssigkeit verteilt ist.

Besondere Beachtung hat jedoch umgekehrt die Diffusion von gelösten Stoffen in Gelatinegallerten gefunden. Diffusionsvorgänge ebenso Fäl-

---

[1] OSTWALD, WO. u. STEINER: Kolloid-Z. Bd 36 (1925) S. 342
[2] CARO, L DE u. M. LAPORTA: zit. S. 86.
[3] ZSIGMONDY, R.: Kolloidchemie, 5. Aufl., Bd 2 (1915) S. 111.

lungsreaktionen lassen sich in Gallerten in gleicher Weise durchführen wie im flüssigen Medium. Dadurch daß die Reaktionsprodukte an den Ort ihrer Entstehung fixiert werden, kann man wertvolle Einblicke in die räumlichen Verschiebungen bei diesen Vorgängen gewinnen.

Wenn man erstarrte Gelatinegallerte, die sich in Reagenzgläsern befindet, z. B. mit Farbstofflösungen überschichtet, so diffundieren diese in die Gallerte hinein mit einer Geschwindigkeit, die ihrer Molekulargröße entspricht. Zu beachten ist dabei, daß hier Fällungsreaktionen auftreten können, die vom p_H-Wert der Gelatine und vom Charakter der Farbstoffe abhängen. So werden basische Farbstoffe vermöge ihrer positiven Ladung in Gelatine vom p_H-Wert > 5 gefällt, umgekehrt saure Farbstoffe von $p_H < 5$. Kolloidlösungen diffundieren nicht in die Gelatinegallerte wie dies an gefärbten Lösungen z. B. von kolloidem Gold, Silber, Schwefel usw. zu beobachten ist.

Zu den Diffusionserscheinungen gehören auch die „Liesegangschen Ringe"[1], die vielfach beschrieben und untersucht worden sind. Diese stellen rythmische Fällungen in Gelatine- und anderen Gallerten dar. Der gallertbildende Stoff besitzt meist zugleich die Eigenschaften eines Schutzkolloids, solche beeinflussen bekanntlich auch die Entstehung und das Wachstum der Kristallisationskeime, wodurch die erzeugten Niederschläge einen veränderten Habitus annehmen. Zur Erzeugung Liesegangscher Ringe wird meist der folgende Versuch ausgeführt.

Man mischt 100 ml einer 6%igen Gelatinelösung mit 100 ml 0,2%iger Lösung von Kaliumbichromat. Man gießt eine entsprechende Menge der Gelatinelösung auf eine Glasplatte oder in eine Petrischale von etwa 10 cm Durchmesser und gibt nach dem Erstarren einen großen Tropfen einer 10%igen Silbernitratlösung in die Mitte der Platte. Es entsteht nach einiger Zeit um den Tropfen von Silbernitrat ein dunkler Ring von gefälltem Silberchromat. Im Lauf von Tagen bilden sich weitere konzentrische Ringe um den ersten, deren Abstände voneinander immer größer werden. Man sorge durch Zudecken dafür, daß die Gallerte nicht vorzeitig eintrocknet. Man kann auch die präparierte Gelatinelösung in Reagenzgläser gießen und nach der Erstarrung mit der Silberlösung überschichten. Es entstehen dann in der Gelatine schichtenweise Fällungen, deren Abstände nach unten immer größer werden.

Von den verschiedenen Erklärungen, die für diese Erscheinung gegeben wurden, ist keine voll befriedigend.

Dialyse. Der wesentliche Bestandteil der zahlreichen, verschiedenartigen Dialysierapparate ist eine „halbdurchlässige" Membran, die den Innenraum eines Behälters in zwei Abteilungen trennt. Die eine davon dient zur Aufnahme des Kolloids, die andere wird mit reinem Wasser

---

[1] Liesegang, R. E.: Z. analyt. Chem. Bd. 50 (1910) S. 82; Kolloid-Z. Bd. 12 (1913) S. 74.

gefüllt. Die Dialysiermembrane läßt, wie schon GRAHAM[1] nachwies, gelöste Stoffe hindurch diffundieren, während sie Kolloide zurückhält. Diese Trennung von Kolloiden und Elektrolyten ist ein höchst wichtiges Verfahren zur Reinigung von Kolloidlösungen.

Die Dialyse ist ein sehr langsam verlaufender Vorgang. Die Dialysiergeschwindigkeit ist abhängig:

1. von der relativen Größe der Dialysiermembran zum Flüssigkeitsvolumen,

2. von dem Konzentrationsgefälle in bezug auf den gelösten Stoff zu beiden Seiten der Membran,

3. von der Diffusionsgeschwindigkeit der Moleküle und Ionen. Dementsprechend kann die Leistung des Dialysators dadurch gesteigert werden, daß man eine relativ möglichst große Membranfläche verwendet, das Konzentrationsgefälle durch häufige Erneuerung des Außenwassers hochhält und die Diffusionsgeschwindigkeit durch lebhafte Bewegung der Flüssigkeit evtl. durch Erwärmen derselben vergrößert.

Außerdem spielt natürlich die Art der Membran eine Rolle. Früher wurde hauptsächlich Pergamentpapier benutzt, das jedoch ungleichmäßig und nur mäßig durchlässig ist. Sehr gut bewährt hat sich Zellophanfolie.

Zahlreiche Formen von Dialysatoren sind in Gebrauch, Abb. 35 stellt den alten Dialysator von GRAHAM im Querschnitt dar. Im einfachsten Fall kann man Beutel aus Zellophan benutzen, die man in ein Gefäß mit dest. Wasser hängt[2].

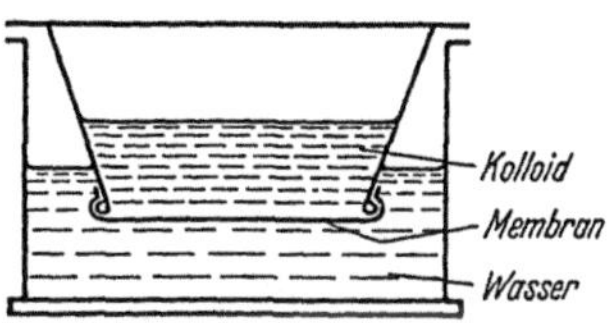

Abb. 35. Dialysator (nach GRAHAM)

Die Dialyse ist ein wertvolles Verfahren zur Herstellung gereinigter Gelatine. Man gebraucht dabei keine Dialysiermembran, vielmehr wirkt die Außenfläche der Gallerte selbst als solche. Man gibt die zerkleinerte trockne Gelatine oder Gelatinegallerte in ein reichlich großes Gefäß mit dest. Wasser; Bewegung des Wassers beschleunigt die Dialyse. Bei häufigem Wasserwechsel ist in einigen Tagen die Hauptmenge der Fremdstoffe aus der Gelatine entfernt. Um ein Erweichen der stark aufquellenden Gallerte zu vermeiden, sollte die Temperatur des Wassers 10° nicht überschreiten.

Will man die gereinigte Gelatine als Trockenpräparat gewinnen, so dampft man die Gallerte in der offenen Porzellanschale bei höchstens 50 bis 60° auf etwa 20% ein (s. S. 196), gießt die Lösung in Schalen mit flachem Boden aus und trocknet die Gallerte an der Luft.

---

[1] GRAHAM, TH.: Philos. Transact. 1861, S. 183. — Liebigs Ann. Chem. Bd. 121 (1862) S. 1.

[2] Siehe z. B.: E. SAUER, Kolloidchemisches Praktikum 2. Aufl. Wiesbaden 1953.

Gelatine als Schutzkolloid

Bestimmte meist stark hydratisierte Kolloide weisen eine große Beständigkeit des Kolloidzustands gegenüber Elektrolytfällung, Temperaturerhöhung, Wasserentziehung usw. auf, sie besitzen weiterhin die bemerkenswerte Fähigkeit, diese Eigenschaft auf andere, an sich wenig beständige Kolloide zu übertragen, wenn sie mit ihnen in Berührung gebracht werden. Man bezeichnet dieses Verhalten als Schutzwirkung, die betreffenden Kolloide selbst als „Schutzkolloide"[1]. Zu ihnen zählen z. B. Gelatine, Kasein, Eiweiß, Stärke, Dextrin, Gummiarabikum und ähnliche, also vor allem solche organischen Stoffe, die bei Gegenwart von Wasser *von selbst* in den Kolloidzustand übergehen.

Die Schutzwirkung beruht nach ZSIGMONDY[2] darauf, daß sich die einzelnen Teilchen des Kolloids jeweils mit den Teilchen des Schutzkolloids zusammenlagern, derart, daß bei den neuen Aggregaten die Eigenschaften des Schutzkolloids durchaus vorherrschen. Trotzdem sind zur Erreichung der Schutzwirkung meist schon äußerst geringe Mengen des Schutzkolloids genügend. Die Annahme, daß die Stabilisierung durch eine Steigerung der Viskosität der Flüssigkeit bei Zusatz des stark hydratisierten, hochviskosen Schutzkolloids erfolge, ist daher ausgeschlossen.

Man unterscheidet:

Schutzwirkung 1. Art: das Schutzkolloid wird der fertigen Kolloidlösung nachträglich zugesetzt.

Schutzwirkung 2. Art: das Schutzkolloid wird schon dem Reaktionsgemisch zugefügt, welches zur Darstellung der Kolloidlösung dient.

Die Schutzkolloide haben eine erhebliche praktische Bedeutung, sie dienen zur Herstellung zahlreicher beständiger Kolloidlösungen als Handelspräparate.

Die einzelnen Kolloide sind nach dem Grad ihrer Schutzwirkung recht verschieden. Gelatine zeichnet sich durch einen besonders hohen Wirkungsgrad als Schutzkolloid aus.

Als Maßstab für die Schutzwirkung dient die „Goldzahl" nach ZSIGMONDY[3]. Die Goldzahl ist diejenige Anzahl Milligramm Schutzkolloid, die eben nicht mehr ausreicht, um die Koagulation von 10 ml roter Formolgoldlösung durch 1 ml 10%ige Kochsalzlösung zu verhindern. Solche Goldzahlen sind für

Gelatine, Leim	0,0001	Stärke	0,05
Kasein	0,0001	Dextrin	0,05
Gummiarabikum	0,002		

---

[1] Siehe z. B.: E. SAUER, Kolloidchemisches Praktikum zit. S. 89.
[2] ZSIGMONDY, R.: zit. S. 87.
[3] wie [2].

Gelatine steht bezüglich der Wirksamkeit als Schutzkolloid an der Spitze.

Der Nachweis, daß eine gegenseitige Adsorption von Schutzkolloid und zu schützendem Kolloid stattfindet, wurde von THIESSEN[1] durch elektronenmikroskopische Abbildung von geschützten Goldsolen mit Gelatine als Schutzkolloid erbracht.

In einer kolloiden Lösung, die ein geschütztes Kolloid z. B. Gold mit Gelatine enthält, treten nur noch die kolloidchemischen Reaktionen des Schutzkolloids zutage. Man kann das sonst sehr elektrolytempfindliche Gold nicht mehr durch Salzlösungen fällen, jedoch entsteht auf Zusatz von überschüssigem Alkohol ein Niederschlag von ausgeschiedener Gelatine, welcher auch das Gold einschließt.

Bei photographischem Negativmaterial ist Gelatine nicht nur der Träger und das Bindemittel der lichtempfindlichen Schicht, sie wirkt auch als Schutzkolloid bei Herstellung des lichtempfindlichen Bromsilbers und hat einen weitgehenden Einfluß auf die Abstufung der Korngröße und den Charakter der Silberverbindung.

Optische Erscheinungen

Tyndalleffekt, Ultramikroskopie. Klare Gelatinelösungen zeigen einen TYNDALLschen Lichtkegel.

ZSIGMONDY und BACHMANN[2] haben Beobachtungen am Gelatinegel im Ultramikroskop beschrieben. Verfolgt man den Erstarrungsvorgang wäßriger $1/_2$ bis 1%iger Gelatinelösungen im Ultramikroskop, so kann man bei geeigneter Temperatur das Auftreten unzähliger Ultramikronen beobachten, durch deren Heranwachsen bzw. Aneinanderlagern allmählich Flocken gebildet werden, die aus mikroskopischen und submikroskopischen Teilchen bestehen. Diese Teilchen befinden sich zunächst nicht in Ruhe, sondern in oszillatorischer Bewegung, die allerdings nicht so lebhaft ist wie im Hydrosol; allmählich hört die Bewegung auf, und die Flocke verfestigt sich. In konzentrierteren Lösungen ist infolge der dichteren Lagerung die Differenzierung schwieriger.

Elektronenmikroskop. Bis jetzt konnten nur Strukturen des Kollagens sichtbar gemacht werden (S. 24). Beobachtungen an der festen Glutinsubstanz werden sicher noch wertvolle Aufschlüsse geben.

Optische Drehung, Mutarotation. Die Aminosäuren enthalten jeweils ein asymmetrisches Kohlenstoffatom im Molekül, sie sind also optisch aktiv. Demzufolge zeigen Gelatinelösungen eine Drehung der Ebene des polarisierten Lichts und zwar eine Linksdrehung. Das Ausmaß der spezi-

---

[1] THIESSEN, P.: Kolloid-Z. Bd. 101 (1942) S. 241.

[2] ZSIGMONDY, R. u. W. BACHMANN: Kolloid-Z. Bd. 11 (1912) S. 145. — BACHMANN, W.: Z. anorg. allg. Chem. Bd. 73 (1912) S. 125.

fischen Drehung von Gelatinelösungen bei Temperaturen unter 15° ist sehr erheblich, es beträgt $[\alpha]_D = -313°$. Beim thermischen Abbau geht die Drehung zurück. Der Drehwert ist also ein Maßstab für die Qualität der Gelatine.

TRUNKEL[1] stellte fest, daß die optische Drehung mit Änderung der Temperatur einer starken Verschiebung unterliegt, er bezeichnete die Erscheinung als „Mutarotation".

C. R. SMITH[2] untersuchte diese Erscheinung näher und zeigte, daß unterhalb von 15° C die spezifische Drehung $[\alpha]_D = -313°$, oberhalb von 35° C $[\alpha]_D = -143°$ beträgt.

SMITH nimmt an, daß zwei verschiedene Formen der Gelatine vorliegen, eine Gelform und eine Solform, die beliebig durch Änderung der Temperatur gegenseitig ineinander umgewandelt werden können. Beide Formen sollen demnach nicht nur verschiedenen Zustände ein und desselben Stoffs darstellen, sondern zwei verschiedene Modifikationen.

J. R. KATZ[3] ist ebenfalls der Meinung, daß es sich um zwei Modifikationen handelt, die durch verschiedene optische Drehung und verschiedene Röntgendiagramme gekennzeichnet sind.

Die α-Gelatine, die Solform, ist niedrig drehend und nicht kristallin, die β-Gelatine, die Gelform, hat hohe spezifische Drehung und ist kristallin.

Jedoch besteht auch die Möglichkeit, daß einfach der Übergang der Gelatine vom Sol- in den Gelzustand eine Änderung der optischen Drehung bewirkt, die durch den Aufbau der Mizelle in der Gallerte verursacht wird, ohne daß hier zwei besondere Modifikationen des Glutins anzunehmen sind. Immerhin ist die außerordentlich starke Mutarotation bei Gelatine so bemerkenswert, daß noch eine nähere Erforschung dieser Vorgänge erwünscht wäre.

SMITH[4] hat auf die Mutarotation eine Prüfmethode für Gelatine begründet. Das Verfahren bietet jedoch nach GERNGROSS[5] keine Vorteile gegenüber demjenigen der einfacher zu messenden Viskosität und Gallertfestigkeit.

Optische Refraktion. Die Messung der Lichtbrechung oder Refraktion von Gelatine- und Leimlösungen läßt sich schnell und einfach durchführen. Der Brechungsindex einer Gelatinelösung ist deren Konzentration proportional und ist unabhängig vom Grad des Abbaus[6]. Er ändert

---

[1] TRUNKEL, H.: Biochem. Z. Bd. 26 (1910) S. 493.

[2] SMITH, C. R.: J. Amer. chem. Soc. Bd. 41 (1919) S. 135.

[3] KATZ, I. R.: Recueil Trav. chim. Pays-Bas Bd. 51 (1932) S. 825.

[4] SMITH, C. R.: wie [2]. — THIELE, L.: Leim u. Gelatine, S. 157.

[5] GERNGROSS, O.: in GERNGROSS-GOEBEL, S. 90.

[6] ROBERTSON, T. B.: J. biol. Chem. Bd. 12 (1912) S. 23. — HIRSCH, P.: Z. angew. Chem. Bd. 33 (1920) S. 269. — WALPOLE, G.: Kolloid-Z. Bd. 13 (1913) S. 241.

sich zwischen 20 und 40° kaum mit der Temperatur. Ein Verfahren zur Bestimmung der Konzentration mit Hilfe des Refraktometers ist auf S. 299 beschrieben.

c) Glutin als Gallerte

Entstehung von Gallerten

Wenn man eine Leim- oder Gelatinelösung abkühlen läßt, so erstarrt sie zu einer Gallerte. Derartige stark wasserhaltige Gallerten stehen in ihren Eigenschaften zwischen festen Körpern und Flüssigkeiten. Glutinlösungen bilden selbst bei geringen Konzentrationen, z. B. bei einem Trockengehalt von 1% und weniger noch formbeständige Gallerten. Gegenüber anderen wasserhaltigen Gallerten, z. B. Kieselsäure, besitzt die Glutingallerte, besonders bei höherer Konzentration einen hohen Grad von mechanischer Festigkeit und Elastizität.

Die Bildung von Glutingallerten kann auf zwei Wegen erfolgen:

1. wie schon erwähnt durch Abkühlen von Glutinlösungen,
2. durch Quellen trockner Glutinsubstanz in Wasser.

Jede Glutinlösung von einer bestimmten Konzentration aufwärts erstarrt beim Abkühlen zur Gallerte. Die Temperatur, bei welcher Gallertbildung eintritt, der Gelatinierungspunkt, ebenso der Schmelzpunkt der Gallerte ist ein charakteristisches Kennzeichen für jedes Glutinpräparat (s. S. 113). Beide Punkte sind von der Konzentration abhängig.

Übergießt man lufttrocknes Glutin, z. B. ein Stück Leim mit heißem Wasser, so löst es sich langsam auf, es erweckt den Eindruck eines schwerlöslichen Körpers. Bei näherer Beobachtung zeigt sich jedoch, daß es sich nicht um eine Auflösung in gewöhnlichem Sinn handeln kann, der Körper erweicht zunächst stark an der Oberfläche, bildet zähe Schlieren, die sich allmählich im Wasser verteilen.

Ganz anders ist das Bild, wenn wir die Glutinsubstanz in Wasser von Zimmertemperatur bringen. Hier tritt *Quellung* ein; unter starker Wasseraufnahme und Volumvergrößerung verwandelt sich der Glutinkörper in eine elastische Masse, in eine Gallerte.

Wenn die Gallerte durch Quellung der festen, trockenen Glutinsubstanz entsteht, dann ist diese Quellung begrenzt. In der Regel werden bei der Quellung bei weitem keine so stark wasserhaltigen Gallerten gebildet, wie sie beim Erstarren von Glutinlösungen entstehen. Wenn ein bestimmtes Quellungsmaximum erreicht ist, kommt die Wasseraufnahme zum Stillstand. Das Quellungsmaximum ist mit der Temperatur veränderlich. Außerordentlich stark macht sich der Einfluß von Elektrolyten, besonders von Wasserstoff- und Hydroxylion auf die Quellung geltend (s. S. 99). Der Quellungsvorgang ist außerdem mit einer Wärmeentwicklung verbunden[1], ebenso ist eine Volumkontraktion zu beobachten, d. h. das Volumen der gequollenen Masse ist kleiner als das von Trockensubstanz + Wasser. Beide Erscheinungen sind beim Beginn der Quellung am stärksten und lassen schnell nach, wenn der Wassergehalt etwa 50% des Trockengewichts erreicht hat.

Die Wasseraufnahme geht anfangs rasch, dann mit immer mehr abnehmender Geschwindigkeit vor sich[2]. Die Quellungsdauer hängt vom kleinsten Durchmesser des Glutinkörpers ab, sie wächst mit steigender Dicke des Versuchskörpers schnell an, da die Bewegungsgeschwindigkeit des Wassers innerhalb des Gallertkörpers eine sehr geringe ist.

Quantitive Messungen können entweder mit ganzen Platten von Gelatine oder mit der pulverförmigen Substanz[3] vorgenommen werden. Im ersten Fall wird die Gewichtszunahme durch Wägung der sorgfältig abgetrockneten Quellkörper verfolgt; im zweiten Fall mißt man das Volumen der gekörnten Quellmasse nach Absitzen in einem Maßzylinder.

Nach einer bestimmten Zeit ist ein deutlich feststellbarer Stillstand der Quellung, das Quellungsmaximum, erreicht.

Sehr gut läßt sich der Quellungsvorgang verfolgen, wenn man Glutinsubstanz von ganz bestimmter Korngröße zu den volumetrischen Versuchen benutzt[4]. Ein körniges Material ist dabei besser geeignet als pulverisierte Blattgelatine, da die flachen Plättchen sich in der Flüssigkeit schlecht absetzen. Man spannt einen graduierten, verschließbaren Zylinder auf eine langsam rotierende Scheibe, füllt Wasser und die abgewogene Menge von Gelatinepulver ein und versetzt die Scheibe in Umdrehung. Die Vorrichtung befindet sich in einem Raum von konstanter Temperatur. Nach bestimmten Zeitabständen,

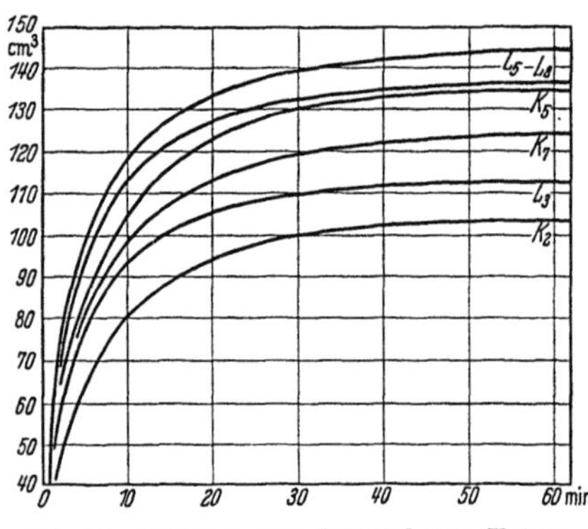

Abb. 36. Quellung von Leimpulvern, Volum-Zeitkurven

anfangs in sehr kurzen Intervallen, hält man den Zylinder in senkrechter Lage an und läßt die gequollene Masse 1 bis 3 Minuten absitzen. In Abb. 36 sind die Quellungsversuche für einige Hautleime und Knochenleime wiedergegeben. Die Wasseraufnahme ist sehr regelmäßig, bei der angewandten Korngröße von 0,5 mm ist die Hauptmenge des Wassers

---

[1] KATZ, J.: Kolloidchem. Beih. Bd. 9 (1912) S. 1—182.
[2] HOFMEISTER, F.: Naunyn-Schmiedebergs Arch. exp. Pathol. Pharmakol. Bd. 27 (1890) S. 295.
[3] FISCHER, M. H.: Kolloid-Z. Bd. 5 (1909) S. 197.
[4] SAUER, E.: Farben-Ztg. Bd. 31 (1926) S. 1425.

schon nach etwa 30 Minuten aufgenommen, das Quellungsmaximum selbst wird nach $^3/_4$ bis $1^1/_2$ Stunden erreicht.

Theorie der Quellung. Eine allen Erscheinungen der Quellung gerecht werdende Erklärung ist nicht gefunden. Diese kann nur gegeben werden, wenn der Bau der Gallerte selbst aufgeklärt ist.

Ziemlich sicher erscheint, daß das Quellungswasser in der Gelatinegallerte nicht einheitlich gebunden ist. Bis 50% des Gewichts der Trockensubstanz an Wasser wird unter starker Druck- und Wärmeentwicklung aufgenommen aus einer Atmosphäre, die mit Wasserdampf gesättigt ist; dann hört die Wasseraufnahme aus der Dampfphase auf. Weitere Wassermengen treten nur hinzu, wenn die Gelatine nunmehr in flüssiges Wasser gebracht wird, wobei bis zur Erreichung des Quellungsmaximums 1000% Wasser und mehr in die Masse eingeht.

Immer wieder ist zu erkennen, daß die Wasserbindung in der Gallerte mindestens zweifacher Art ist und die Grenze wird übereinstimmend bei etwa 50% Wasseraufnahme bzw. 60 bis 70% Trockengehalt der Glutinsubstanz gefunden (s. S. 203). Die Tatsache, daß die weiteren Wassermengen nur aus der flüssigen Phase aufgenommen werden, legt den Schluß nahe, daß es sich um zusammenhängende Massen von verhältnismäßig lose eingeschlossenem flüssigen Wasser handelt.

Sehr eingehend hat J. R. KATZ[1] die Quellungsvorgänge untersucht: er hat für eine große Anzahl von quellbaren Stoffen die Kurven der Wasseraufnahme und -abgabe bei Änderung des Dampfdrucks aufgenommen. Diese Kurven zeigen auch für Stoffe sehr verschiedenartiger chemischer Herkunft eine einfache Form und unverkennbare Ähnlichkeit. KATZ leitet aus seinen Beobachtungen einfache Gesetze der Quellung ab. Bemerkenswert ist, daß diese Gesetzmäßigkeiten nicht nur für Quellungsvorgänge Gültigkeit besitzen, sondern auch bei anderen Erscheinungen, wo es sich um Aufnahme einer Flüssigkeit durch einen festen oder flüssigen Körper handelt, Anwendung finden können. Andererseits kann der quantitative Verlauf der Wasseraufnahme bei gewissen Fällen der Quellung durch die Adsorptionskurve von FREUNDLICH wiedergegeben werden.

KATZ faßt die Quellung als die Bildung einer Lösung von Wasser im quellbaren Körper auf.

Der Vorgang der Quellung selbst konnte jedoch durch diese Untersuchungen von KATZ nicht aufgeklärt werden.

Quellungsdruck und Quellungswärme. Der bei der Quellung entwickelte Druck ist ein sehr beträchtlicher, er kann gemessen werden, indem man die Quellung durch einen Gegendruck zum Stillstand bringt und die Größe dieses Gegendrucks ermittelt.

---

[1] KATZ, J. R.: Kolloidchem. Beih. Bd. 9 (1917) S. 1—182.

Derartige Messungen für Gelatine wurden von C. REINKE[1], später von E. POSNJAK[2] ausgeführt, das Verfahren von POSNJAK sei kurz wiedergegeben.

Der zu den Versuchen dienende Apparat bestand aus dem eigentlichen Quellungsmeßrohr A (Abb. 37), das mit einem Metallmanometer und weiter mit einer Gasbombe in Verbindung stand. Das Quellungsrohr war ein kurzes senkrecht stehendes Glasrohr, an das rechtwinklig über der Mitte ein kapillares Rohr K angeschmolzen war. Es trug an seinem unteren Ende eine 25 mm breite und 15 mm hohe Tonzelle T, die vermittels von Bleiglätte-Glyzerin-Kitt so angekittet war, daß das Glasrohr innen direkt auf dem Boden der Tonzelle stand. Am oberen Ende des Glasrohrs war eine metallische Mutterverschraubung V angekittet. Die angeschmolzene Kapillare hatte etwa 70 cm Länge und einen inneren genau kalibrierten Durchmesser von 1 mm. Die Glaskapillare stand durch eine angekittete Verschraubung mit einer dickwandigen Kupferkapillare in Verbindung. Die letztere führte zu einem Plattenmanometer für Drucke bis 15 atü und weiter zu einer Gasbombe, von welcher aus die ganze Apparatur unter Druck gesetzt werden konnte.

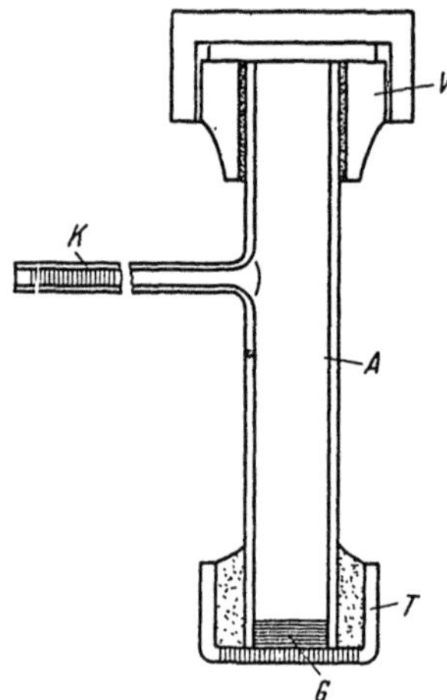

Abb. 37. Apparat zur Messung des Quellungsdrucks (nach POSNJAK)

Die Methode gründete sich darauf, daß Quecksilber aus dem senkrechten Rohr durch den in diesem Rohr befindlichen quellenden Körper in die Kapillare verdrängt wurde. In das trockene Quellungsrohr wurde ein (oder mehrere) genau in das Rohr passendes, ausgestanztes kreisrundes dünnes Scheibchen von Gelatine G eingelegt, darauf wurde reines Quecksilber langsam eingegossen. Wurde nun die Tonzelle in ein Gefäß mit Wasser getaucht, so drang dieses von außen in die Tonzelle ein. Die Gelatineplatte quoll auf und durch deren Volumvergrößerung bewegte sich das Quecksilber in der Kapillare vorwärts. Die Verschiebung wurde an der Teilung abgelesen und ergab die Volumänderung, die der quellende Körper erfahren hatte. Gleichzeitig wurde am Manometer der zugehörige Druck abgelesen.

Die Quellung von Gelatine in reinem Wasser wurde eingehend untersucht. Es ergab sich, daß sich bei der Quellung dem Druck entsprechende Gleichgewichte einstellen. In Tabelle 28 sind eine Reihe dieser Versuche wiedergegeben.

[1] REINKE, J.: Hansteins botan. Abhandl. Bd. 4 (1879) S. 1.
[2] POSNJAK, E.: Kolloidchem. Beih. Bd. 3 (1912) S. 417.

Die Zahlen in Spalte 3 der Tabelle geben den Gehalt an Wasser in der Gelatine an, bei welchem die Quellung bei den zugehörigen Drucken zum Stillstand kommt. Diese Drucke sind zugleich die Quellungsdrucke, die in dem System Gelatine-Wasser in dem gerade erfaßten Stadium der Quellung herrschen. Das Quellungsstadium ist durch die bis zu diesem Zeitpunkt aufgenommene Wassermenge gekennzeichnet. Mit diesem Verfahren können Quellungsdrucke bis höchstens 5 atü gemessen werden, da bei höheren Drucken das Quecksilber durch die Tonzelle gedrückt wird. Bei 5,12 kg/cm² Druck hat die

Tabelle 28
Quellungsdrucke von Gelatine

Nr.	Druck kg/cm²	Quellung g Wasser je 100 g Gelatine
1	0,52	255
2	0,72	244
3	1,12	206
4	2,12	146
5	3,12	127
6	4,12	109
7	5,12	92

Gelatine schon 92% ihres Gewichts an Wasser aufgenommen, d. h. in dem anfänglichen Stadium der Quellung, welches nicht erfaßt werden kann, herrschen höhere Quellungsdrucke als 5 kg.

Quellungswärme. Die ersten Wassermengen werden unter größerer Wärmeentwicklung gebunden als das später aufgenommene Wasser. Die Ursache für die anfänglich entwickelten höheren Wärmemengen dürfte darin zu suchen sein, daß die Wassermoleküle zu Beginn der Hydratation eine stärkere Kontraktion[1] erleiden, als gegen Ende der Wasseraufnahme. Das im Gebiet der späteren reichlichen Wasserbindung aufgenommene Wasser zeigt die normale Dichte $s = 1,0$. In einem etwa 85%igem Gel (lufttrockene Gelatine) kann die Dichte des Wassers bis $s = 1,3$ betragen. Bei Untersuchung einer Handelsgelatine fanden EGGERT und REITSTÖTTER für deren Dichte 1,340 Beim Trocknen bei 110° C verlor diese Gelatine 17,07% Wasser, die Dichte betrug dann 1,351. Die Dichte des gebundenen Wassers war somit $s = 1,29$.

Bau der Gallerten

Eine befriedigende Erklärung für den Bau der Gallerten konnte noch nicht gefunden werden. Sie müßte im Einklang mit den Quellungsvorgängen stehen. Gerade der Verlauf der Quellung und Entquellung könnte wertvolle Rückschlüsse auf den Bau der Gallerten zulassen.

Eindeutig ist wohl festgestellt, daß das Wasser in der Glutingallerte in dreifacher Abstufung gebunden ist. EGGERT und REITSTÖTTER[2] vertreten die Ansicht:

1. das bei der Quellung zuerst aufgenommene Wasser durchdringt das Innere des Mizells, es erleidet nachweisbar eine Deformation (s. S. 40),

---

[1] EGGERT, J. u. J. REITSTÖTTER: zit. S. 40.
[2] EGGERT, J. u. J. REITSTÖTTER: zit. S. 40.

2. weitere Wassermengen werden in Form von Hüllen an die Mizelle angelagert,

3. die letzten Wassermengen sind in den Kapillaren und Vakuolen des Gelatinegels eingeschlossen.

Diese Art der verschiedenen Wasserbindung ist eindeutig durch die Entwässerungskurve von GERIKE (s. S. 203) gekennzeichnet. Hier ist ersichtlich, daß die isotherme Entwässerung in zwei bzw. drei abgegrenzten Bereichen des Dampfdrucks erfolgt, wobei ein kleiner Rest des Wassers besonders fest gebunden ist.

Von zahlreichen Forschern wird eine Mizellarstruktur der Gallerte angenommen. Eine Anzahl von Peptidketten sind zu Bündeln vereinigt, welche eben die Mizelle darstellen. Diese Mizelle ihrerseits sind zu einem elastischen Gerüst von erheblicher Festigkeit miteinander verknüpft. In den Zwischenräumen dieses Gerüstes sind die restlichen erheblichen Wassermengen eingeschlossen.

Nach neueren Feststellungen (s. S. 38) beträgt das Molekulargew cht verdünnt wäßriger Lösungen von Glutin, in welchen die Mizelle die Einzelteilchen bilden, etwa 90000. Wenn bei weitgehender Thermolyse die Glutinmizelle in einzelne Peptidketten aufgeteilt werden, so erhält man noch Molekulargewichte von erheblicher Größe, im Durchschnitt Werte von etwa 4500, welche jedenfalls den Einzelketten entsprechen.

GERNGROSS[1] nimmt an, daß etwa ein Bündel von 20 Hauptvalenzketten das Glutinmizell bildet, welches in verdünnt wäßrigen Lösungen als kinetische Einzelteilchen auftritt, in konzentrierteren zu Schwärmen, in Gelen endlich zu durchgehenden Aggregaten zusammengeschlossen zu sein vermag.

Die Struktur dieser Mizelle aus Bündeln von Peptidketten muß auf die Bildung des Glutins aus dem Kollagen zurückgeführt werden. Kollagen ist aus langen Fasern von durchgehenden Peptidketten aufgebaut. Beim Übergang vom Kollagen in Glutin werden diese langen Fasern in kürzere Bruchstücke aufgeteilt. Diese Bruchstücke, eben die Mizelle, sind entsprechend dem Faseraufbau des Kollagens Bündel von Peptidketten. Diese Bündel von Peptidketten können nicht nachträglich in den Glutinlösungen durch Zusammenlagerung von Einzelketten entstehen, da eine ordnende Kraft, wie sie im lebenden Gewebe des Kollagens vorhanden ist, hier fehlt. Tatsächlich wird nie beobachtet, daß die durch Thermolyse aufgespaltenen Einzelketten sich nachträglich wieder zu Mizellen zusammenlagern. Der Viskositätsabfall, der mit der Aufspaltung in Einzelketten verbunden ist, läßt sich in keinem Fall wieder rückgängig machen. Er bleibt unverändert bestehen, wenn z. B. die Lösung eingedampft, getrocknet und wieder aufgelöst wird. Aggregate von höherem Molekular-

---

[1] GERNGROSS, O., K. HERMANN u. W. ABITZ: Biochem. Z. Bd. 228 (1930) S. 409.

gewicht und höherer Viskosität, wie sie anfänglich aus dem Kollagen entstehen, können nachträglich aus den Einzelketten nicht wieder aufgebaut werden.

Die Art des Aufbaus der Gallerte wird unverändert erhalten, auch wenn die Gallerte durch Erwärmen aufgelöst wird und wieder erstarrt. Der Elastizitätsmodul der Gallerte bleibt annähernd konstant. Wenn Gallerten aus Glutinlösungen hergestellt werden, so wird durch den Wassergehalt der ursprünglichen Lösung der Aufbau der Gallerte bestimmt. Diese schon in der Lösung bestehende Verteilung zwischen festem Anteil und Wasser ist maßgeblich für den Aufbau der Gallerte und bleibt auch in der trocknen Glutinsubstanz erhalten. Dies zeigt folgender Versuch[1]: Man stellt aus einer Leimprobe je eine Lösung von 10%, 20% und 30% her, läßt die Lösungen zur Gallerte erstarren und trocknet die Gallerten an der Luft bei Raumtemperatur. Aus den drei Trockenprodukten stellt man Leimpulver von 0,5 mm Korngröße her und führt damit Quellungsversuche entsprechend S. 94 aus. Die drei Muster des *gleichen* Leims

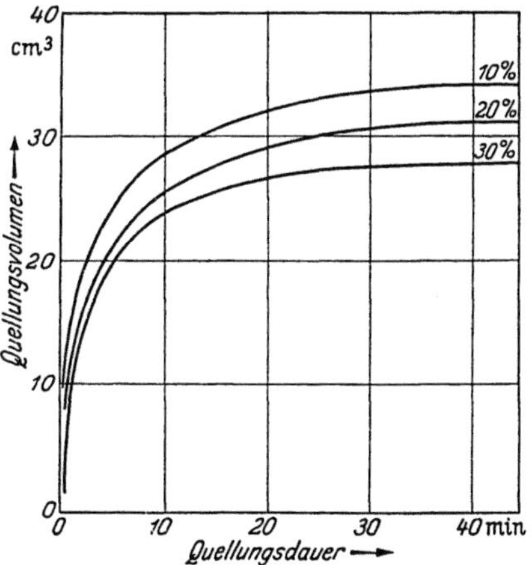

Abb. 38. Verschiedene Quellungsmaxima eines Leims bei Trocknung von dessen Gallerte bei einer Konzentration von 10, 20 und 30%

zeigen nunmehr eine abgestufte Wasseraufnahme und, entsprechend dem ursprünglichen Wassergehalt der Ausgangslösungen, ein steigendes Quellungsmaximum (Abb. 38). Die Wasseraufnahme ist dabei nicht dem Wassergehalt der ursprünglichen Leimlösungen gleich, da, wie oben erwähnt, die Wasseraufnahme bei Quellung der trocknen Substanz beschränkt ist.

Quellung von Glutin in Säuren

Wie schon erwähnt wird die Quellung durch Anwesenheit von Elektrolyten im Quellungswasser, besonders durch H- und OH-Ionen stark beeinflußt. Die Säurequellung der Gelatine wurde wiederholt untersucht.

Nach A. KUHN[2] besteht eine angenäherte Proportionalität zwischen der Konzentration, bei welcher das Quellungsmaximum auftritt, und der Stärke der Säure. Das Maximum wird bei starken Säuren schon bei niederen, bei schwachen Säuren erst bei höheren Konzentrationen erreicht.

---

[1] SAUER, E. u. E. KLEVERKAUS: Kolloid-Z. Bd. 50 (1930) S. 134.
[2] Kolloidchem. Beih. Bd. 14 (1921/22) S. 147.

Wo. Ostwald, A. Kuhn und E. Böhme[1] prüften die Bedeutung der Wasserstoffionenkonzentration auf die Quellung von Gelatine. Sie zeigten, daß verschiedene Säuren bei *gleichem* p_H-Wert *verschieden* stark quellen, daß also auch das Anion berücksichtigt werden muß. Die Ergebnisse der letztgenannten Forscher stehen stark in Widerspruch zu der Auffassung J. Loebs[2] von der reinen Wasserstoffwirkung der Säuren.

Das Quellungsmaximum ist in bestimmten Fällen auch vom Volumen der Quellflüssigkeit abhängig. Wo. Ostwald und P. Kestenbaum[3] haben diese „Bodenkörperbeziehung" bei der Quellung von Gelatine eingehend untersucht.

Zur Messung der Quellung wurde meist die Volummethode nach M. H. Fischer[4] unter Verwendung des Ausgangsmaterials in pulverisiertem Zustand benutzt. Dieser Arbeitsweise, so nützlich sie sich auch erwiesen hat, haften erhebliche Mängel an.

E. Sauer und E. Kleverkaus[5] suchten verschiedene Fehlermöglichkeiten dieser Arbeitsweise auszuschalten. Einige Ergebnisse ihrer Versuche seien hier mitgeteilt. Das Quellungsvolumen wurde bei diesen dadurch genauer ermittelt, daß am Schluß des Versuchs die Quellungsmasse durch Zentrifugieren zu einem konstanten Volumen verdichtet wurde. Die oben erwähnte Bodenkörperbeziehung wurde dadurch ausgeschaltet, daß die zur Quellung benutzte Säure während der gesamten Versuchsdauer ununterbrochen erneuert wurde. Dieser Bodenkörpereffekt, d. h. die Abhängigkeit des Quellungsmaximums vom Verhältnis des Volumens der Quellflüssigkeit zum Gewicht

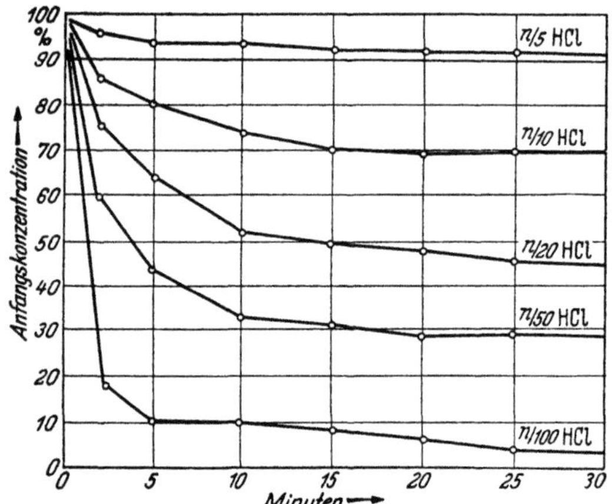

Abb. 39. Rückgang der „äußeren" Säurekonzentration bei Quellung von Gelatinepulver in Salzsäure bei Konzentrationen von n/100 bis n/5 HCl

der festen Substanz, entsteht dadurch, daß das quellende Glutin einen Teil der zur Quellung dienenden Säure bindet. Die Säurekonzentration in der Außenflüssigkeit wird daher am Schluß des Versuchs eine geringere

---

[1] Kolloidchem. Beih. Bd. 20 (1925) S. 143.
[2] Loeb, J.: Proteins and the Theory of Colloidal Behavior, New York 1922.
[3] Kolloidchem. Beih. Bd. 29 (1929) S. 1.
[4] Fischer, M. H.: Kolloidchem. Beih. Bd. 1 (1909/10) S. 93.
[5] Kolloid-Z. Bd. 50 (1930) S. 130.

sein als diejenige der *anfangs* zugesetzten Säure, so daß die Messung des Quellungsvolumens sich tatsächlich in einen Bereich geringerer Säurekonzentration verschiebt. Die Kurven in Abb. 39 zeigen die prozentuale Abnahme der Säurekonzentration in der Außenflüssigkeit, wenn man die Säure während des Quellungsversuchs nicht erneuert.

Als Versuchsmaterial diente Gelatinepulver, das auf 1 mm Korngröße abgesiebt war. Als Versuchsgefäße wurden graduierte Glaszylinder von 150 ml Inhalt benutzt, mehrere von diesen wurden in einer waagrechten Einspannvorrichtung innerhalb eines Thermostatenbehälters beweglich

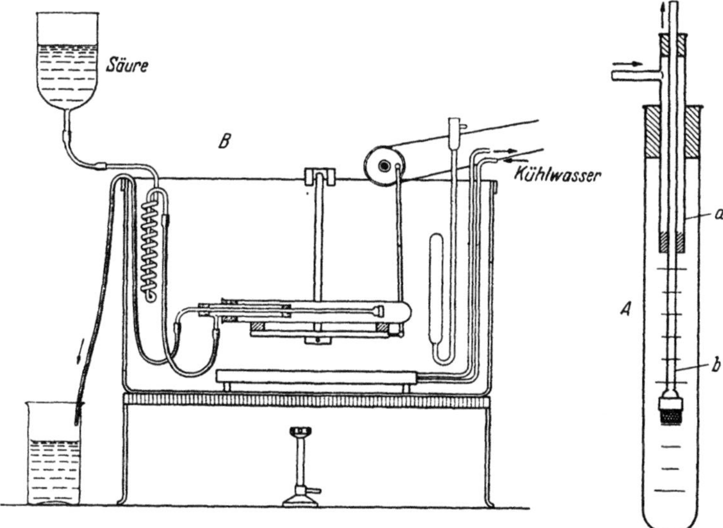

Abb. 40. A Zylinder zur Messung des Quellungsvolumens von Gelatinepulver bei Quellung in Säuren bei dauerndem Zu- und Ablauf der Säure. B Thermostat zur Durchführung dieser Quellungsversuche

gelagert und dauernd durch eine Antriebsvorrichtung in schaukelnder Bewegung gehalten (Abb. 40). Die zur Quellung dienende Säure durchströmte langsam die Glaszylinder, so daß die Quellung dauernd bei unveränderter Säurekonzentration erfolgte. Abb. 40A zeigt die Vorrichtung für Zu- und Abfluß der Säure. Das Quellungsmaximum ist in 40 bis 50 Minuten erreicht, setzt man den Versuch länger, z. B. 10 Stunden fort, so ändert sich das Quellungsmaximum nicht mehr.

Der Hauptmangel der Volummethode liegt darin, daß das Volumen der gequollenen Masse nur ungenau bestimmt werden kann. Der Fehler wird besonders dann störend in Erscheinung treten, wenn das Quellungsvolumen für irgendwelche Berechnungen zugrunde gelegt werden müßte. Die Volummessung konnte dadurch verbessert werden, daß am Schluß des Versuchs die Zylinder mit der gequollenen Masse bis zur Volumkonstanz der letzteren zentrifugiert wurden. Die Gallertteilchen werden zu einem

kompakten Gallertkörper vereinigt, der sich durch Schütteln nicht mehr
zerteilen läßt. Bei dieser Arbeitsweise ist eine weitgehende Entfernung
der überschüssigen Lösung erreichbar. Der Säuregehalt und der p_H-
Wert der Quellungsmasse läßt sich nach Erwärmen und Auflösen mit
Zuverlässigkeit feststellen.

Quellung in Salzsäure, Salpetersäure und Schwefelsäure. Bei einer Konzentration von 0,003 bis 0,005 n dieser drei Säuren wird der Höchstwert

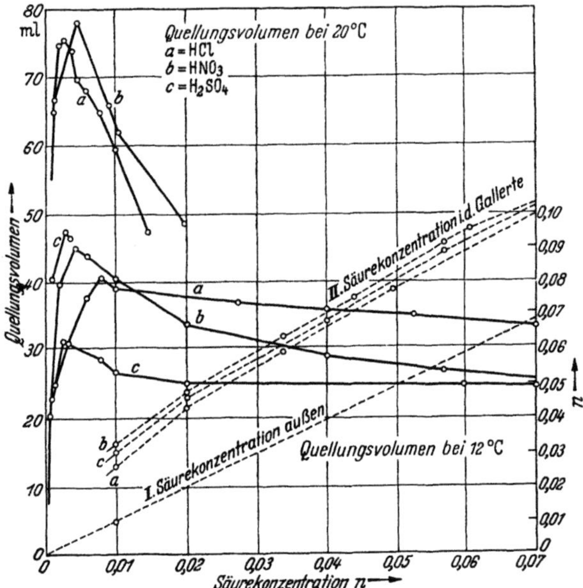

Abb. 41. Quellungsmaxima von Gelatine in verschiedenen Konzentrationen von HNO₃, HCl und
H₂SO₄ bei 12° und 20°

der Quellungsmaxima erreicht (Abb. 41). Dieser Quellungsanstieg tritt
bemerkenswerterweise bei äußerst niederer Säurekonzentration ein und
ist auf ein sehr kleines Konzentrationsgebiet beschränkt, denn bei höheren Konzentrationen sinkt die Quellung wieder ziemlich schnell ab. Für
Schwefelsäure ist das Quellungsmaximum geringer als bei den beiden
anderen Säuren. Die Säuremenge innerhalb der Gallerte steigt entsprechend der äußeren Konzentration an, man muß also aus der Kurve
schließen, daß die Hauptmenge der Säure bei der Quellung in unveränderter Konzentration aufgenommen wird.

Wie schon erwähnt, ist jedoch die Konzentration der Säure innerhalb
der Gallerte nach den Kurven in Abb. 41 immer um einen gewissen Betrag höher als in der Lösung (s. Tabelle 29, Spalte 2 und 3). Die Differenz
stellt jedenfalls die chemisch an die Glutinsubstanz gebundene Säuremenge dar, die sich bei steigender Säurekonzentration kaum ändert.

Tabelle 29. *1 g Gelatine in Salpetersäure, Temperatur 12° C*

1. Nr.	2. Konzentration der Säure außen n	3. Konzentration der Säure in der Gallerte n	4. p_H-Wert der Säure	5. p_H-Wert der Gallerte	6. Quellungs- maximum ml
1	0,0005	0,018	3,75	4,26	19
2	0,001	0,018	3,20	3,72	25
3	0,002	0,018	3,04	3,28	40
4	0,004	0,021	2,28	3,19	46
5	0,006	0,024	2,60	2,82	44
6	0,010	0,030	2,07	2,34	40
7	0,020	0,046	1,99	1,99	34
8	0,034	0,057	1,91	1,94	30
9	0,040	0,067	1,77	1,78	29
10	0,057	0,080	1,71	1,75	27
11	0,074	0,093	1,60	1,60	25
12	0,100	0,130	1,14	1,32	22

Verfolgt man die p_H-Werte bei den verschiedenen Quellungsversuchen so ist eine Gesetzmäßigkeit insofern zu erkennen, als die H-Ionenkonzentration in der Quellmasse dauernd geringer ist als in der Außenlösung, trotzdem umgekehrt die Gesamtsäure in der Gallerte durchweg einen höheren Gehalt aufweist. Dieser Überschuß an Säure, d. h. die chemisch an Glutin gebundene Säuremenge ist demnach weniger dissoziiert als die durch Quellung aufgenommene (Tabelle 29, Spalte 4 und 5).

Bei der Untersuchung organischer Säuren zeigt sich bei den Homologen Ameisensäure, Essigsäure und Propionsäure ein

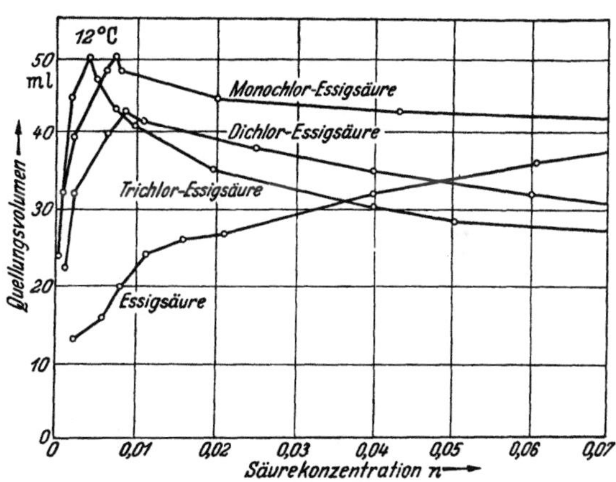

Abb. 42. Quellungsmaxima von Gelatine in Essigsäure, sowie in Mono-, Di- und Trichloressigsäure bei 12° C

wesentlich anderes Bild. Mit zunehmender Säurekonzentration steigen die Quellungsmaxima annähernd gleichförmig an (Abb. 42). Wie bekannt, geht bei diesen Säuren bei höheren Konzentrationen die Quellung schließlich in eine Verflüssigung der Gallerte über.

Bemerkenswert ist das Verhalten der chlorierten Essigsäuren. Die Kurven schließen sich weitgehend an die der Mineralsäuren an. Ein solches Verhalten steht durchaus in Einklang mit dem Dissoziationsgrad und dem p_H-Wert dieser Säuren (Abb. 42).

Elastizität der Gallerte

Die „Gallertfestigkeit" wird vielfach in der Gelatine und Leimindustrie als Maßstab für die Bewertung dieser Erzeugnisse herangezogen. Man begnügt sich für diesen Zweck mit empirischen Verfahren, von solchen hat heute nur die Methode nach BLOOM (s. S. 274) praktische Bedeutung.

Für wissenschaftliche Zwecke wird man jedoch die Messung des Elastizitätsmoduls bevorzugen.

Die Möglichkeit der Bestimmung des Elastizitätsmoduls von Gelatinegallerten beruht ebenso wie bei anderen festen Körpern auf der Erscheinung, daß elastische Körper gegen die Wirkung einer äußeren Kraft mit einer elastischen Gegenkraft reagieren, welche das Bestreben hat, die bewirkte Deformation wieder rückgängig zu machen.

Über die Bestimmung des Elastizitätsmoduls von Gelatine finden wir in der Literatur eine ganze Reihe von Arbeiten, da die Gelatinegallerte wegen ihrer elastischen Eigenschaften auch die Aufmerksamkeit der Physiker auf sich lenkte[1].

Bei der Bestimmung des Elastizitätsmoduls von Gelatine wurden meist die üblichen Methoden angewandt: Dehnung band- und zylinderförmiger Gallertkörper, auch Torsion von Gallertzylindern. Von den Ergebnissen dieser Arbeiten sei erwähnt, daß nach A. LEIK[2] sich der Elastizitätsmodul mit dem Quadrat der Konzentration ändert. SHEPPARD und SWEET[3] gelangten zu einer allgemeineren Gleichung, die zwei Konstanten enthält.

Die thermische Vorbehandlung übt eine ähnliche Wirkung auf den Elastizitätsmodul wie auf die Viskosität aus. Mit zunehmender Erhitzungsdauer ist eine bedeutende Abnahme der Festigkeit zu beobachten.

Die Messungen von E. FRAAS[4] und A. LEIK lassen erkennen, daß Stoffe, welche die Quellung beeinträchtigen, also vor allem solche organischer Natur, die reich an Hydroxylgruppen sind, wie Rohrzucker, Gummi arabicum, Glyzerin u. a. den Elastizitätsmodul erhöhen, Elektrolyte dagegen im allgemeinen eine Depression desselben zur Folge haben. Dabei macht sich die Wirkung der HOFMEISTERschen Anionenreihe SO_4'', Cl', Br', NO_2', J', SCN' geltend. Von den Verfahren zur Bestimmung des Elastizitätsmoduls hat nur das von SHEPPARD und SWEET[5] praktische Bedeutung erlangt. Ihr Torsionsdynamometer hat jedoch wie

---

[1] MAURER, R.: Ann. d. Phys. u. Chem. Bd. 28 (1886) S. 628. — BJERKEN, B. v.: ebd. Bd. 43 (1891) S. 817. — FRAAS, E.: ebd. Bd. 53 (1894) S. 1074. — LEIK, A.: ebd. Bd. 319 (1904) S. 139. — GILDEMEISTER, M.: Z. Biol. Bd. 63 (1914) S. 175. — HATSCHEK, E.: Kolloid-Z. Bd. 28 (1921) S. 210. — SHEPPARD u. SWEET: J. Amer. chem. Soc. Bd. 43 (1921) S. 539.
[2] Zit. S. 104. [3] Zit. S. 104. [4] Zit. S. 104.
[5] SHEPPARD, SWEET u. SCOTT JR.: Ind. Engng. Chem. Bd. 12 (1920) S. 1007.

alle ähnlichen Vorrichtungen den Nachteil, daß Gallertzylinder in einer besonderen Form hergestellt werden müssen und dann in den Apparat eingespannt werden. Es ist jedoch bei einer solchen Arbeitsweise fast ausgeschlossen, Gelatinekörper von genau bestimmten Dimensionen zur Anwendung zu bringen, abgesehen von den Fehlern, die durch das Einspannen selbst entstehen.

Ein Verfahren von E. SAUER und E. KINKEL[1] sucht diese Fehlermöglichkeiten auszuschalten; bei der Ausführung wurden folgende Punkte vor allem berücksichtigt.

1. Die Gelatinekörper, an welchen Deformationen vorgenommen werden, bleiben während des Versuchs in den zur Herstellung benutzten Formen.

2. Die Temperatur während des Erstarrens der Gallerte ist die gleiche wie bei Ausführung der Messung.

Die dabei angewandte Arbeitsweise sei nachstehend kurz beschrieben.

Läßt man in einer Glasröhre B, die unten durch Quecksilber abgeschlossen ist (Abb. 43), ein Gelatinesol erstarren, so wird die Gallerte dank der außerordentlichen Adhäsionsfähigkeit an reinem Glas an dem inneren Umfang der Röhre festhaften und kann demnach als eingespannt betrachtet werden. Nach Entfernung des Quecksilbers hat man einen Zylinder von Gelatinegallerte vor sich, dessen beide Endflächen nach außen konkav gewölbt sind. Wird nun auf eine dieser Flächen ein Druck ausgeübt, so findet eine gegenseitige Verschiebung der einzelnen konzentrischen Schichten, in welche man sich den Gallertzylinder zerlegt denken kann, statt. Die Formveränderung wird zweckmäßig durch Luftdruck hervorgerufen. Ist der deformierende Druck bekannt, läßt sich ferner die Verschiebung der Mittelachse messen und ist die Länge des Gallertzylinders gleich l, der Radius der Röhre R, so kann daraus der Modul der Scherung E_s berechnet werden. In Abb. 44 bedeutet x den Radius einer beliebigen Schicht, dem Differential dx entspricht das Verschiebungsdifferential dy.

Gemäß dem HOOKEschen Gesetz[2], das wir als gültig voraussetzen, besteht dann die Beziehung: $\dfrac{dx}{dy} = \dfrac{1}{E_s}\, p,$

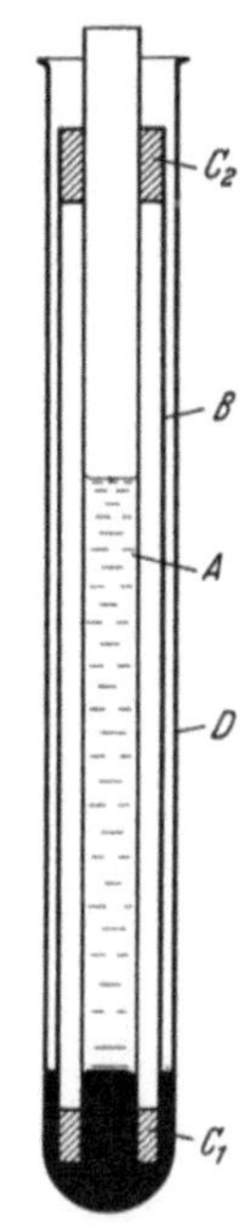

Abb. 43. Gelatinezylinder A zur Bestimmung des Elastizitätsmoduls (nach E. KINKEL)

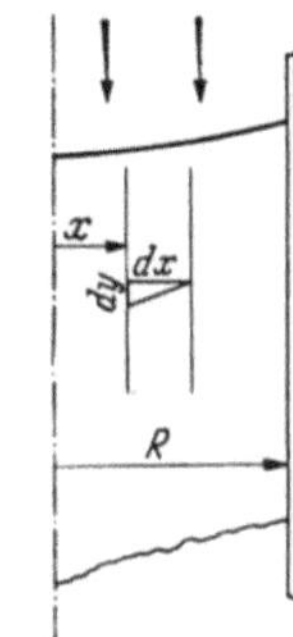

Abb. 44. Messung des Elastizitätsmoduls E_s (nach KINKEL). Berechnung von E_s aus der Dilatation y

---

[1] SAUER, E. u. E. KINKEL: Z. angew. Chem. Bd. 38 (1925) S. 413.

[2] HOOKEsches Gesetz: Das Ausmaß der Verschiebung ist der wirkenden Kraft direkt proportional.

wo $p = \dfrac{P}{2\pi(R-x)\,l}$ ist. Vereinigt man diese beiden Gleichungen so folgt:

$$\frac{dy}{dx} = \frac{1}{E_s}\,\frac{P}{2\pi l\,(R-x)}$$

Ist P die wirkende Gesamtdruckkraft und nennt man den Druck d, so ist:

$$P = \pi(R-x)^2\,d$$

Dies führt zu der Gleichung:

$$\frac{dy}{dx} = \frac{1}{E_s}\,\frac{(R-x)\,d}{2\,l}$$

woraus sich der Integralausdruck:

$$\int\limits_0^y dy = \frac{d}{2\,E_s\,l}\int\limits_{x=0}^{x=R}(R-x)\,dx$$

und schließlich: $E_s = \dfrac{R^2\,d}{4y\cdot l}$ ergibt.

Wird der ausgeübte Druck an einem Quecksilbermanometer abgelesen, bei welchem der Höhenunterschied der beiden Quecksilbersäulen h sein möge, so kann man d durch $\dfrac{h}{760}$ ersetzen, wenn h in Millimeter angegeben wird. Werden alle übrigen Größen in derselben Maßeinheit gemessen, so folgt für den Elastizitätsmodul der Scherung:

$$E_s = \frac{h\,R^2}{4\cdot 760\,l\,y}\ \text{kg/mm}^2\,.\quad(1);\qquad E_s = \frac{P\cdot R^2}{4\cdot l\cdot y}\qquad(2)$$

Setzt man für $\dfrac{h}{760}$ den manometrischen Druckwert P so erhält man Gleichung (2).

Bei der Ausübung des Verfahrens handelt es sich hauptsächlich um die Messung der Größe y, also der Verschiebung der Mittelachse des Gallertzylinders durch den Luftdruck.

Sehr einfach und recht genau kann dies auf mikroskopischem Weg mit Hilfe eines Okularmikrometers geschehen. Man stellt das Ablesemikroskop auf den konkav nach außen gekrümmten Meniskus ein, welcher von der Gelatinegallerte sich gegenüber der Luft ausbildet.

Das Ablesemikroskop ist so eingerichtet, daß es durch ein Zahnradgetriebe senkrecht, durch eine Mikrometerschraube waagrecht verschoben werden kann. Hierdurch gestaltet sich das Einstellen des Meniskus sehr einfach.

Der Radius der Meßröhren läßt sich aus deren Inhalt und Längen berechnen; die Größe h, also die Länge des Gallertzylinders, wird mit einer Schublehre auf 0,1 mm genau abgelesen. Der Luftdruck wird mit einem

Gummiballgebläse erzeugt. Die Ablesung des Drucks erfolgt an einem Quecksilbermanometer.

Tabelle 30 und Abb. 45 gibt ein Beispiel einer Meßreihe bei steigenden Drucken wieder.

Tabelle 30. *Luftdruck h und Verschiebung y des Gallertzylinders*

Nr.	h mm Hg	y Skalenteile	$k = \dfrac{y}{h}$
1	9,8	1,8	0,189
2	19,6	3,7	0,189
3	28,3	5,4	0,191
4	37,8	7,2	0,190
5	47,7	9,1	0,191

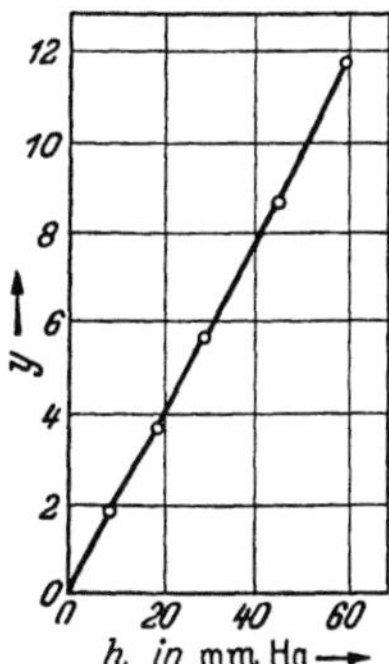

Abb. 45. Messung des Elastizitätsmoduls (nach KINKEL). Dilatation y direkt proportional Druck h (HOOKEsches Gesetz)

Die y/h-Werte zeigen bei verschiedenen Drucken eine befriedigende Übereinstimmung, wodurch auch die Gültigkeit des HOOKEschen Gesetzes für diese Ausführung der Messung erwiesen ist.

Nachprüfung der Formel. Bei einer Variation des Radius R von 4,1 bis 7,4 mm und der Längen l von 3,7 bis 108 mm konnte die Gültigkeit der Formel festgestellt werden. Am günstigsten sind die Ergebnisse, wenn die Länge l wenigstens den zehnfachen Wert des Radius R aufweist.

Verfahren für undurchsichtige Leimgallerten. Die Meßmethode ist nicht ohne weiteres brauchbar, wenn die Gallerte undurchsichtig ist. Durch einen kleinen Kunstgriff kann man jedoch das Verfahren auch für undurchsichtige Leimgallerte anwendbar machen.

Nach dem Erstarren überschichtet man die Leimgallerte mit einer durchsichtigen Flüssigkeit, die in absehbarer Zeit nicht merklich in die Gallerte hineindiffundiert, also etwa mit Perchloräthylen, Toluol oder dergl. und nimmt die Bestimmung wie gewöhnlich vor, nur mit dem Unterschied, daß das Mikroskop jetzt auf den Meniskus der Hilfsflüssigkeit gerichtet wird. Die Verschiebung des Meniskus der Hilfsflüssigkeit sei s. Das Verhältnis Querkontraktion zu Längsdilatation μ ist für Gelatine[1] $\mu = 0,5$; es gilt die Beziehung $E_D = 2 (1 + \mu) E_S$, für Gelatine ist also:

$$E_D = 3\, E_S . \tag{3}$$

Bei Anwendung der Hilfsflüssigkeit lassen sich die Gl. (4) und (5) ableiten:

$$E_S = \frac{P \cdot R}{8 \cdot l \cdot s} \quad (4) \quad \text{und} \quad E_D = \frac{3 \cdot P \cdot R}{8 \cdot l \cdot s} . \tag{5}$$

---

[1] MAURER, R.: zit. S. 104.

Die Vorzüge dieser verhältnismäßig exakten und einfachen Methode gegenüber den empirischen Verfahren bedürfen kaum der Erörterung. Vor allem wird bei den relativ geringen Deformationen die Grenze der Gültigkeit des HOOKEschen Gesetzes niemals überschritten.

Abb. 46 stellt die Ausführung eines besonders für praktische Zwecke geeigneten Meßapparats dar. An Stelle eines Quecksilber- wird ein empfindliches Federmanometer benutzt. Die Meßröhren besitzen am oberen Ende eine Metallverschraubung und werden mit dieser an die Druckluftleitung angeschlossen.

Beziehung zwischen Elastizität und Konzentration der Gallerte. A. LEIK[1] hat zum erstenmal die quadratische Abhängigkeit der Konzentration der Gallerte von dem Elastizitätsmodul und die annähernde Gültigkeit der Beziehung $E_D = k \cdot c^2$ erkannt, wo c die Konzentration der Gallerte und k ein konstanter Faktor ist.

SHEPPARD und SWEET[1] haben in ihrer früher erwähnten Arbeit die Meinung geäußert, LEIKs Beziehung sei entweder ein ganz spezieller Fall oder sie stelle eine Grenzbedingung dar. Sie haben LEIKs Formel durch eine allgemeinere Gleichung ersetzt:

$$E_D = k' \cdot c^n$$

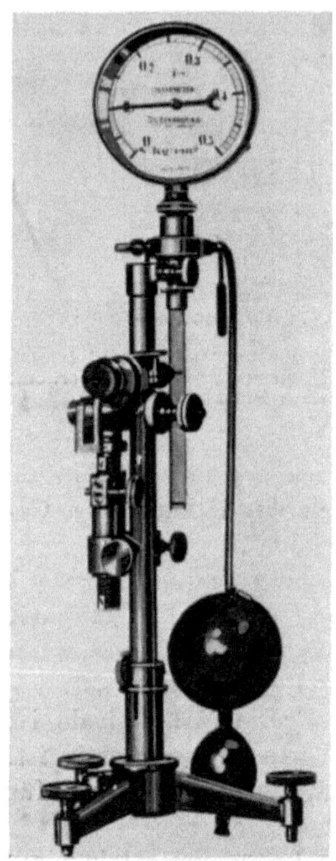

Abb. 46. Apparat zur Messung des Elastizitätsmoduls von Gelatine (nach E. KINKEL)

k' und n sind zu bestimmende Konstanten, n ist mit der Gelatinesorte variabel.

Die folgenden Versuchsreihen dienten dazu festzustellen, ob und in welchem Bereich die einfache quadratische Beziehung nach A. LEIK Gültigkeit besitzt, oder ob nicht der Gleichung nach SHEPPARD und SWEET allgemein der Vorzug zu geben ist.

Für zwei Versuchsreihen wurde eine elektroosmotisch gereinigte und eine gewöhnliche, nicht weiter vorbehandelte Gelatine benutzt. Die mit den vollkommen gleichmäßig vorbehandelten Gelatinelösungen verschiedener Konzentration c wurden 20 Stunden lang bei 20,0° im Thermostaten belassen und dann die Messung bei der gleichen Temperatur vorgenommen. Die Zahlenwerte für c sind nicht Prozente, sondern beliebig

---

[1] LEIK, A.: zit. S. 104.

gewählte Konzentrationseinheiten, $c = 45$ entspricht beispielsweise einer Konzentration von 14,89%.

Tabelle 31

Einfluß der Konzentration auf den Elastizitätsmodul

Gelatine-art	Konzentration c	E_D kg/mm²	$k = \dfrac{E_D}{c^2}$
I*	45	0,00380	$19 \cdot 10^{-7}$
	35	0,00241	$20 \cdot 10^{-7}$
	25	0,00134	$21 \cdot 10^{-7}$
	15	0,0047	$21 \cdot 10^{-7}$
II	45	0,00577	$28 \cdot 10^{-7}$
	35	0,00328	$27 \cdot 10^{-7}$
	25	0,00173	$28 \cdot 10^{-7}$
	15	0,00066	$29 \cdot 10^{-7}$

* I = elektroosmotisch gereinigte Gelatine
II = unveränderte Handelsgelatine

Die quadratische Abhängigkeit ist bei obigen beiden Beispielen, besonders bei der Handelsgelatine, wo es sich um unveränderte Gelatine handelt, gut gewahrt.

Weitere Versuche wurden mit einer stufenweise abgebauten Gelatine ausgeführt. Es zeigte sich, daß mit fortschreitendem Abbau der Wert des Exponenten n sich vergrößert, z. B. bei $3\frac{1}{2}$ stündigem Abbau von $n = 2,0$ auf $n = 2,73$ ansteigt.

Diese Versuche lehrten also, daß die quadratische Beziehung der Gelatinekonzentration zum Elastizitätsmodul nach A. Leik für reine unveränderte Gelatine eine recht weitgehende Gültigkeit besitzt, während für teilweise abgebaute Glutinsubstanz die allgemeinere Gleichung von Sheppard und Sweet in Frage kommt.

Das Verfahren zur Bestimmung des Elastizitätsmoduls nach E. Kinkel ist seit der ersten Veröffentlichung im Jahre 1925 dauernd in Gebrauch[1] und hat sich bestens bewährt. Gegenüber der Bloomschen Messung der Gallertfestigkeit hat es den Vorzug, daß die Messung nicht in empirischen Einheiten, sondern als Elastizitätsmodul in kg/mm² erfolgt. Außerdem wird die Vorbereitung und Messung der Gallerte bei der gleichen Temperatur nämlich bei 20° C vorgenommen. Nach 24 Stunden Wartezeit bei 20° hat der Elastizitätsmodul zuverlässig den Endwert erreicht.

In neuester Zeit wurde von Saunders und Ward[2] ein Verfahren auf ähnlicher Grundlage beschrieben. Auf einen Gallertzylinder, der in einem Glasrohr zur Erstarrung gebracht wurde, wird ein Luftdruck ausgeübt

---

[1] Zu mindestens in *einer* Gelatinefabrik.

[2] Saunders, P. R. u. A. G. Ward: Proceedings of the Second International Congress on Rheology, Oxford 1953.

(Abb. 47). Die Verschiebung des Zylinders wird nicht am Meniskus beobachtet, vielmehr überträgt man diese Verschiebung auf einen Quecksilbermeniskus und liest das verdrängte Volumen des Quecksilbers an einer kommunizierenden Kapillare ab. Aus dem angewandten Luftdruck und der Quecksilberverdrängung läßt sich der Elastizitätsmodul berechnen.

Abgesehen davon, daß Quecksilber zusätzlich verwendet werden muß, ist das Verfahren einfach auszuführen. Es gibt bis zu einer Konzentration von etwa 10% der Gallerte zuverlässige Werte.

Beziehung zwischen Viskosität und Gallertfestigkeit. Diese beiden physikalischen Größen, die an der Gallerte einerseits und an der Glutinlösung andererseits gemessen werden, sind wichtige Grundlagen für die Wertbeurteilung der Glutinerzeugnisse. Es besteht keine eindeutige Abhängigkeit beider Größen voneinander, doch entsprechen im allgemeinen den höheren Werten der Viskosität auch höhere Gallertfestigkeiten.

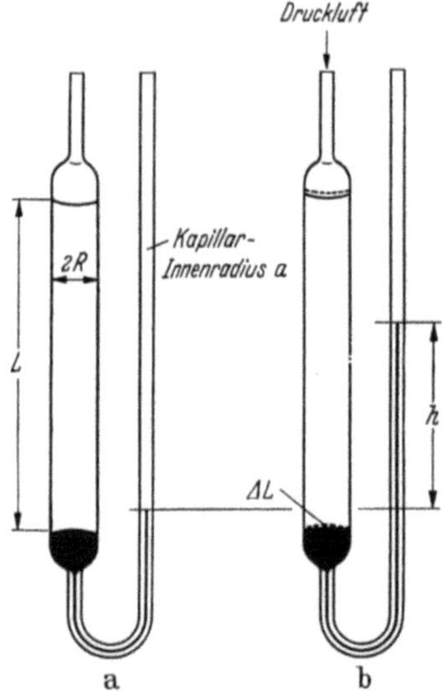

Abb. 47. Messung des Elastizitätsmoduls (nach SAUNDERS und WARD)

Die Viskosität einer Glutinlösung ist ein Ausdruck für die Durchschnittsgröße der Mizelle in dieser Lösung. Die Viskosität verdünnter Glutinlösungen gibt ein Bild vom Molekulargewicht des gelösten Stoffes.

Die Gallertfestigkeit steht in enger Beziehung zum Bau der Gallerte und zur Art der Wasserbindung in der Gallerte.

Die Natur der Ausgangsstoffe, die Art der Vorbehandlung bei der Herstellung, der Gehalt an Elektrolyten, der p_H-Wert wird sich keineswegs in gleichem Sinn auf Viskosität und Gallertfestigkeit auswirken.

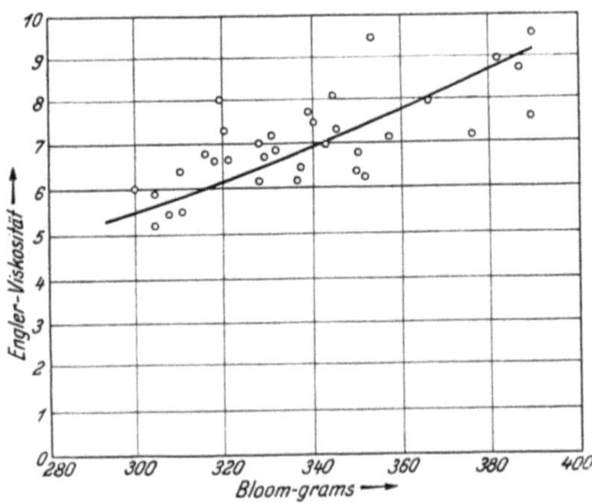

Abb. 48. Viskosität und Gallertfestigkeit: a) keine direkte Proportionalität

wirken. Der Wärmeabbau dagegen verursacht sowohl einen Rückgang der Viskosität als auch der Gallertfestigkeit.

Von einer größeren Zahl von Proben von Hautleimen wurde sowohl die Viskosität als auch die Gallertfestigkeit von Bloom ermittelt. — Die Werte sind in Abb. 48 für die Viskosität als Ordinaten, für die Gallertfestigkeit als Abszissen eingetragen. Man erkennt, daß keine übereinstimmende Abhängigkeit der beiden Größen besteht.

Wenn es möglich wäre, eine Reihe von Proben von vollkommen einheitlicher Vorgeschichte zur Untersuchung heranzuziehen, so könnte man vermutlich eine mehr einheitliche Richtung der beiden Größen erwarten. Eine Serie derartiger Leime läßt sich als „abgestufte Mischungsreihe" verwirklichen, wenn man von zwei Leimsorten Mischungen mit verschiedenen Prozentgehalten der beiden Anteile herstellt und die einzelnen Mischungen untersucht. In Tabelle 32 ist die Viskosität und Gallertfestigkeit für zwei Leime A und B und deren Mischungen Nr. 1 bis 11 abgestuft von 10 zu 10% dargestellt. In Abb. 49 ist die Bloom-Viskosität in Beziehung zur Gallertfestigkeit (Bloom-gr.) wiedergegeben.

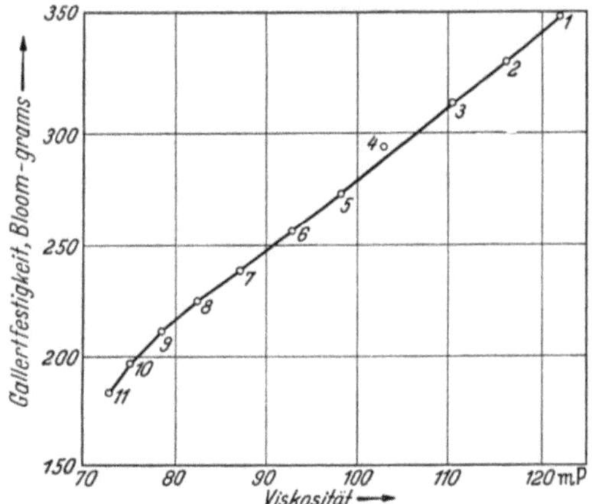

Abb. 49. Viskosität und Gallertfestigkeit: b) annähernde Proportionalität nur bei einer einheitlichen „Mischungsreihe"

Tabelle 32. *Mischungsreihe. Viskosität und Gallertfestigkeit*

Nr.	Mischung Leim A %	+ Leim B %	Viskosität ENGLER Engl.-Grd.	Viskosität BLOOM MILLIPOISE	Gallertfestigkeit BLOOM-Gr.
1	0	100	7,5	121,5	347
2	10	90	7,0	115,5	334
3	20	80	6,5	110,8	318
4	30	70	6,0	102,8	299
5	40	60	5,7	97,3	276
6	50	50	5,4	92,4	258
7	60	40	5,1	85,9	239
8	70	30	4,8	82,3	227
9	80	20	4,5	77,8	214
10	90	10	4,2	75,5	198
11	100	0	4,0	73,0	185

Bei derartigen Mischungsreihen ist eine gewisse Gesetzmäßigkeit wohl erkennbar. Eine solche kommt jedoch nur dadurch zustande, daß hier der Einfluß der ungleichen Vorgeschichte völlig ausgeschaltet ist. Es handelt sich also um einen Sonderfall, der nicht verallgemeinert werden kann.

Diese Tabelle kann daher keineswegs als allgemein gültige Vergleichungsskala für Viskosität und Gallertfestigkeit dienen.

Einfluß peptisierender Stoffe auf Viskosität und Gallertfestigkeit. Die Einwirkung chemischer Agentien macht in einzelnen Fällen die unterschiedliche Grundlage von Viskosität und Gallertfestigkeit besonders sichtbar. Wie an anderer Stelle beschrieben (S. 226), kann durch Zusatz bestimmter, leicht löslicher Stoffe eine Verflüssigung der Glutingallerten verursacht werden. Solche Stoffe sind Essigsäure, Harnstoff, Thioharnstoff, α-naphthalinsulfosaures Natron, Chloralhydrat u. a., diese Stoffe weisen kein gemeinsames chemisches Kennzeichen auf. Bei Zusatz

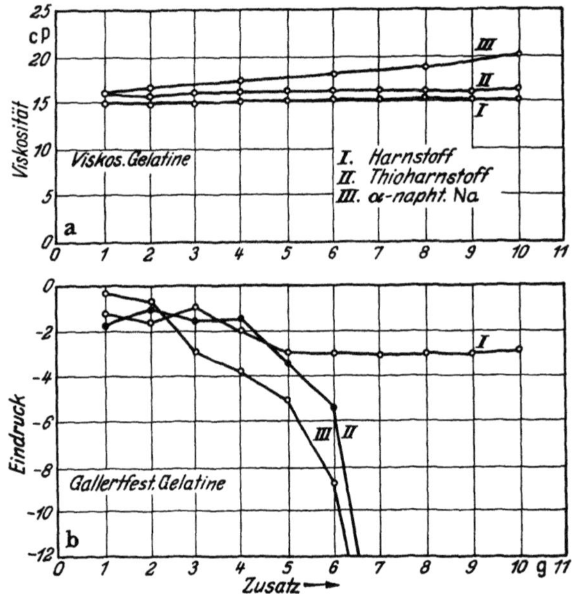

Abb. 50. Änderung von Viskosität und Gallertfestigkeit bei Zusatz von peptisierenden Stoffen

steigender Mengen solcher Stoffe zu Leimlösungen nimmt die Festigkeit der aus diesen Lösungen entstehenden Gallerten mehr und mehr ab bis schließlich eine dauernde Verflüssigung erreicht, d. h. die Gallertfestigkeit = 0 ist. Welchen Einfluß haben die genannten Stoffe andererseits auf die Viskosität von Leimlösungen?

Die gleichzeitige Änderung von Viskosität und Gallertfestigkeit bei Zusatz derartiger peptisierend wirkender Stoffe wurde von W. ELLENBERGER[1] näher untersucht.

Zu 10 g Gelatine in 90 g Wasser wurden 1—10 g Harnstoff, Thioharnstoff oder α-naphthalinsulfosaures Natron zugesetzt und die Viskosität

---

[1] ELLENBERGER, W.: Dissertation, Stuttgart 1954.

im geeichten OSTWALD-Viskosimeter bei 40° C in Centipoise gemessen. Außerdem wurde vergleichsweise festgestellt, welche Änderung der Viskosität die Zusatzstoffe *ohne* Gelatine in wäßriger Lösung hervorrufen. Es zeigte sich, daß die Viskosität dieser Lösungen sich kaum von derjenigen des reinen Wassers unterscheidet.

Von Gallerten der gleichen Konzentrationen an Gelatine und Zusatzstoffen wurde die Festigkeit durch die Eindrucktiefe eines belasteten Stempels gemessen. Die Belastung wurde von 5 bis 400 g gesteigert, die Gallerten wurden 20 Stunden bei 15° C gekühlt.

In Abb. 50 sind einige Beispiele dieser Versuche dargestellt. Abb. 50a zeigt den Verlauf der Viskosität bei Zusatz von 1—10 g Harnstoff, Thioharnstoff und α-naphthalinsulfosaurem Natron. In Abb. 50b ist die Gallertfestigkeit in willkürlichen Einheiten als negative Eindruckstiefe aufgetragen, und zwar jeweils für die Belastung von 10 g. Bei Thioharnstoff und α-naphthalinsulfosaurem Natron ist die peptisierende Wirkung stärker als bei Harnstoff. Bei den ersteren tritt schon bei 7 g Zusatz die Verflüssigung der Gallerte ein, so daß die Versuchsreihen nicht zu Ende geführt werden konnten.

Im Gegensatz zur Gallertfestigkeit bleibt in allen Fällen die Viskosität praktisch *unverändert* nur für α-naphthalinsulfosaures Natron ist sie schwach ansteigend infolge einer geringen Eigenviskosität des letzteren. Dies änderte sich auch nicht, wenn die Messung im Lauf von 9 Stunden mehrfach wiederholt wurde.

Es wird hier also sichtbar, daß die Wirkung der genannten Stoffe auf Viskosität und Gallertfestigkeit durchaus voneinander *abweicht*. Parallel mit der Viskosität bleibt auch die Bindefestigkeit bei Gegenwart dieser Zusatzstoffe fast unverändert.

Die Bindefestigkeit steht in engem Zusammenhang mit der Viskosität, während sie zur Gallertfestigkeit keine ursächliche Beziehung hat.

Schmelzpunkt der Gallerte

Beim Erwärmen beginnt eine Gallerte von Gelatine und Leim bei einer bestimmten Temperatur sich zu verflüssigen. Dieser „Schmelzpunkt" ist allerdings nicht mit dem Schmelzpunkt kristallisierter Stoffe zu vergleichen. Der Bestimmung des Schmelzpunktes als Kennzahl zur Bewertung von Glutinerzeugnissen wird auch nicht die gleiche Bedeutung beigemessen wie etwa der Viskosität und Gallertfestigkeit. Dasselbe gilt auch für die Messung des Erstarrungspunktes.

BOGUE[1] faßt den letzteren als Grenzwert der Viskosität auf. Der Erstarrungspunkt ist erreicht, wenn die Viskosität unendlich ($\eta = \infty$) wird.

Vom technischen Standpunkt aus verdient jedoch dieser Übergangspunkt beträchtliches Interesse; ja man kann sagen, er bildet diejenige

---

[1] BOGUE, R. H.: Chem. metallurg. Engng. Bd. 23 (1920) S. 64, 105.

physikalische Kennzahl der Leimlösung, welche während des Fabrikationsgangs von besonderer Bedeutung ist.

Die Verarbeitungsbedingungen hängen stark von dieser Größe ab. Eine niedrig schmelzende Gallerte muß stärker eingedampft werden, um schneidbare Blöcke oder trocknungsfähiges Kleinstückmaterial zu ergeben als eine höher schmelzende. Beim Trocknungsvorgang kann ein Überschreiten der Schmelztemperatur zu einer Verflüssigung des Trocknungsgutes führen.

Bei der Prüfung der Gelatine ist der Schmelzpunkt von erheblicher Bedeutung. Bei den Verwendungszwecken der Gelatine sind die Eigenschaften ausschlaggebend, die mit dem Gallertzustand in Verbindung stehen. Der Schmelzpunkt der Gallerte ist ein wichtiges Kennzeichen des Gallertzustandes.

Wie schon erwähnt, wird die Bestimmung des Schmelzpunktes auch als Prüfverfahren zur Bewertung von Leim benutzt, jedoch ist die Schmelzpunktbestimmung nicht in die deutsche Normung der Glutinleime aufgenommen, dagegen wird sie unter den „British Standards" aufgeführt (S. 301).

Wir finden eine ganze Reihe von Verfahren zur Bestimmung des Schmelzpunktes so von CAMBON[1], CHERCHEFFSKY[2], HEROLD[3], KISSLING[4], SAUER (s. S. 299), SHEPPARD und SWEET[5].

CAMBON benutzt kleine, schwach konische Metallbecher (Abb. 51) von 22 mm Höhe, 17 mm oberem und 15 mm unterem Durchmesser. Das Gewicht beträgt genau 7 g, der Boden besteht aus einer 3 mm dicken Eisenplatte. In den Becher wird eine Leimlösung von bestimmter Konzentration gegeben, außerdem wird ein Stäbchen aus Glas oder Metall mit oberer Aufhängeöse in die Leimlösung hineingestellt und die Gallerte in einem Kühlbad erstarren

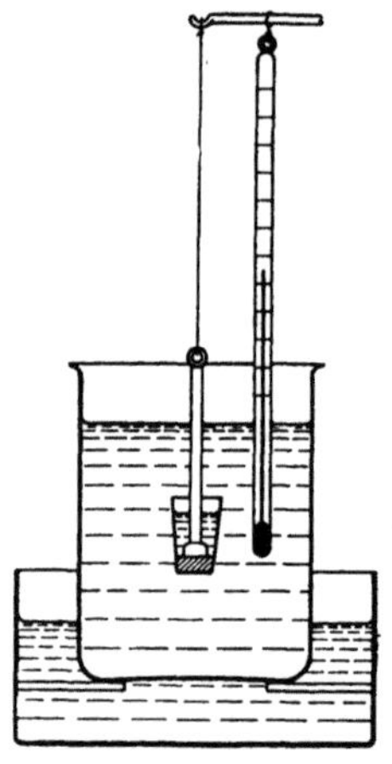

Abb. 51. Schmelzpunkt der Gallerte (nach CAMBON)

lassen. An der Öse wird ein Faden befestigt und das Gefäß mit der Gallerte in ein Becherglas mit Wasser gehängt, das durch ein Wasserbad langsam erwärmt wird. In das Becherglas taucht ein Thermometer mit Zehntelgradteilung, dessen Quecksilberkugel sich unmittelbar neben dem Metallbecher mit der Gallerte befindet. Als Schmelzpunkt wird die Temperatur abgelesen, bei welcher der Metall-

[1] CAMBON, V.: La Fabrikation des Colles et Gelatines, Paris 1923, S. 52.
[2] CHERCHEFFSKY: Chemiker-Ztg. 1901, S. 413.
[3] HEROLD, J.: Chemiker-Ztg. Bd. 34 (1910) S. 203; Bd. 35 (1911) S. 93.
[4] KISSLING, R.: Z. angew. Chem. Bd. 17 (1903) S. 308.
[5] SHEPPARD, S. E. u. S. SWEET: Ind. Engng. Chem. Bd. 13 (1921) S. 423.

becher von der Gallerte abfällt. (Über Schmelzpunktbestimmung siehe auch S. 299.)

Das Verhältnis der Schmelztemperaturen zu Viskosität und Gallertfestigkeit ist aus den Zahlen von Tabelle 33 ersichtlich. Mit zunehmenden Schmelzpunkten steigt annähernd auch die Viskosität und die Gallertfestigkeit an, doch besteht durchaus keine einheitliche Beziehung zwischen diesen drei Größen.

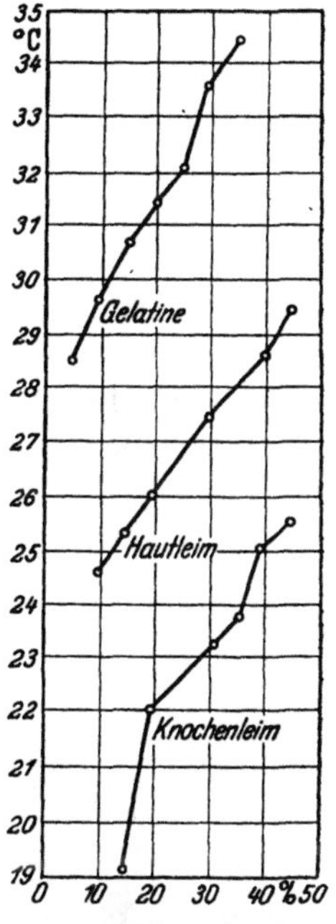

Abb. 52. Einfluß der Konzentration von Gelatine- und Leimgallerten auf deren Schmelzpunkt

Tabelle 33. *Schmelzpunkt, Viskosität und Gallertfestigkeit*

Schmelz-punkt °C	Viskosität ENGLER-Gramm	Gallert-festigkeit BLOOM-Gramm
29,5	2,54	118
30,0	2,82	113
30,0	2,54	132
30,5	3,57	163
31,5	3,96	136
32,0	5,32	164
32,0	5,24	200

Bei allen Schmelzpunktbestimmungen ist Voraussetzung, daß immer die gleiche Kühltemperatur und Kühlzeit benutzt wird, ebenso muß immer eine bestimmte Konzentration eingehalten werden.

Der Schmelzpunkt ändert sich erheblich mit der Konzentration, wie Abb. 52 erkennen läßt.

Über die Abhängigkeit des Schmelzpunktes vom p_H-Wert siehe S. 74.

IV. Theorie des Klebvorgangs

Von der Vielseitigkeit dieses Problems wird von DE BRUYNE und HOUWINK[1] an Hand der großen Zahl der Klebstoffe und Bindemittel ein Überblick gegeben. Auch wenn man nur die Vorgänge bei der Leimhaftung[2] bei den Glutinleimen betrachtet, so sind die beteiligten Erscheinungen noch hinreichend kompliziert und bis heute keineswegs aufgeklärt.

---

[1] DE BRUYNE, N. A. u. R. HOUWINK: Klebtechnik, Stuttgart 1957. Übersetzung des Buches der gleichen Verfasser: Adhesion and Adhesives, NewYork-Amsterdam-London-Brüssel, 1951.

[2] Die Bezeichnung „Leimhaftung" statt „Leimbindung" wird gewählt, um eine Verwechslung mit dem Vorgang der chemischen Bindung zu vermeiden.

Praktisch wird die Klebkraft von Holzleimen, so auch von den tierischen Leimen durch Probeleimungen von Holzkörpern festgestellt, wobei man Langholz-, Schäftungs- und Hirnholzleimung unterscheidet, je nachdem die Leimfuge parallel, schräg oder senkrecht zur Faserrichtung liegt. Diese Verfahren sind in den deutschen DIN-Normen „Prüfung von Holzleimen" festgelegt (siehe S. 252). Einheitlich wird hier der Ausdruck „Bindefestigkeit" statt verschiedener bisher üblicher Bezeichnungen wie Bindekraft, Klebkraft, Fugenfestigkeit u. a. gebraucht.

Früher und zum Teil auch heute noch wird hauptsächlich von Praktikern eine „mechanische" Deutung des Klebvorgangs bevorzugt, insbesondere bei der Leimung von Holz. Die Leimlösung dringt mehr oder weniger tief in die Poren des Holzes ein, verankert sich beim Trocknen zwischen den Holzfasern in Form von kleinsten Teilchen und feinsten Fäden und bringt auf diese Weise eine äußerst feste Verbindung zustande. Eine solche Erklärung ist abzulehnen, obwohl McBain[1] sie noch für zutreffend erklärte. Insbesondere die Untersuchungen von Truax[2] haben erwiesen, daß die Leimlösung durchaus nicht immer in tiefere Schichten

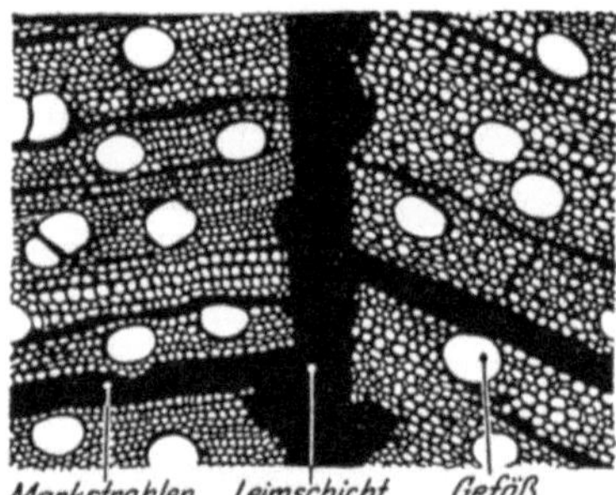

Abb. 53. Mikroskopische Ansicht einer Leimfuge im Schnitt (nach Truax)

des Holzes eindringt und rauhe Flächen keineswegs die Bindefestigkeit verbessern. Außerdem ist es möglich, mit Glutinleim eine äußerst feste Haftung zwischen vollkommen glatten Glasflächen herzustellen. Diese Haftung ist so fest, daß beim Eintrocknen von Leim in Glas- und Porzellangefäßen Teile aus der Oberfläche der Gefäße von dem festhaftenden Leim herausgerissen werden. Abb. 53 zeigt eine der bekannten Mikrophotographien von Truax, einen Schnitt parallel der Faser. In der Mitte, senkrecht verlaufend, ist der Schnitt durch die Leimfuge sichtbar. Es ist deutlich zu erkennen, daß die Leimschicht gegen die Holzflächen beiderseits durchaus glatt begrenzt ist. Ein Eindringen in die Poren des Holzes hat bei dieser hochwertigen Leimung nicht stattgefunden, vielmehr sind überall seitlich der Leimfuge die lufterfüllten Kanäle (Poren) sichtbar, in welche der Leim nicht eingedrungen ist.

Das feste Haften beim Klebvorgang ist nur durch *Anziehungskräfte* erklärbar. Diese können nur als Kräfte von Molekül zu Molekül wirksam sein. Chemische Gruppen, die zu gegenseitiger Bindung fähig sind, be-

---

[1] McBain, J. W.: J. Soc. chem. Ind. Bd. 46 (1927) S. 321.
[2] Truax, T. R.: The Gluing of Wood, US. Depart. of Agriculture, Bulletin No. 1500, Washington 1929.

tätigen von beiden Seiten her ihre Valenzkräfte und stellen so einen Zusammenhalt von großer mechanischer Festigkeit her.

Der Vorgang der Leimhaftung z. B. des Zusammenfügens von zwei von ebenen Flächen begrenzten Holzkörpern mit Glutinleim spielt sich in zwei Phasen ab.

1. Das Aufbringen des Leims auf die zu verleimenden Flächen.

2. Die Vollziehung des Haftvorganges selbst unter Abbinden des Leims und Verfestigung bis zur Endfestigkeit.

So einfach die Ausführung der Phase 1 erscheint, so ist doch ihre erfolgreiche Vollendung von zahlreichen Vorgängen abhängig, die mit den Eigenschaften des Leims und der Werkstoffe in Zusammenhang stehen, als da sind Viskosität, Fließeigenschaften, Benetzung, Oberflächenspannung, Schrumpfung, weiter die Porosität, Festigkeit und Oberflächenbeschaffenheit des Werkstoffs, außerdem Feuchtigkeit, Art der Druckanwendung, Temperatur u. a. Diese zahlreichen Faktoren sind von erheblichem Einfluß auf den Klebvorgang, wenn sie auch nur zur vorbereitenden Phase 1 gehören.

Bei Glutinleimen wird z. B. der Viskosität besondere Bedeutung beigemessen. Zunächst ist eine bestimmte Mindestviskosität erforderlich, um das Eindringen des Leims in die Poren zu verhindern. Diese Viskosität stellt der Verbraucher vielfach gefühlsmäßig auf Grund praktischer Erfahrungen durch geeigneten Wasserzusatz ein; in Großbetrieben geschieht dies natürlich durch Abwägen bzw. Abmessen von Leim und Wasser. Die Viskosität ist auch ein Maßstab für die Bindefestigkeit des Leims. Ein Leim von höherer Viskosität besitzt bei gleicher Konzentration erfahrungsgemäß höhere Bindefestigkeit als ein solcher von geringerer Viskosität. Natürlich ist nicht die Viskosität die Ursache der besseren Klebkraft, vielmehr ist die Viskosität ein Maßstab für den Gehalt an Reinglutin. Das Glutin vor allem ist der Träger der Klebkraft. Bei Abbau des Glutins und Verminderung des Glutingehalts geht die Bindefestigkeit zurück. Die Abbauprodukte des Glutins besitzen nur eine geringe Bindefestigkeit. Allerdings wurde mehrfach praktisch festgestellt, daß nicht Leime von höchster Viskosität, also von höchstem Glutingehalt das Maximum der Klebkraft aufweisen, vielmehr ergibt ein geringer Abbaugrad die besten Klebeffekte[1]. Man war früher sogar der Meinung, daß hochwertige Gelatine von sehr hoher Viskosität und Gallertfestigkeit nur eine mangelhafte Bindefestigkeit besitzt[2]. Diese Meinung beruhte darauf, daß die hochviskosen Gelatinelösungen zu stark mit Wasser verdünnt wurden. Es konnte sich dann wegen nicht ausreichender Trockenmasse kein zusammenhängender Leimfilm zwischen den Holz-

[1] SAUER, E.: Habilitationsschrift Stuttgart 1922. — GERNGROSS, O. u. H. A. BRECHT: Mitteil. aus dem Materialprüfungsamt Berlin-Dahlem 1922, S 253.

[2] SAUER, E.: zit. [1]

flächen ausbilden. Nach Untersuchungen von TRUAX[1] ist das Vorhandensein eines zwar dünnen, jedoch zusammenhängenden Leimfilms eine wichtige Voraussetzung für die Leimhaftung.

Wenn genügend konzentrierte Gelatinelösungen hergestellt und die Hölzer vorgewärmt werden, so besitzt die Gelatineleimung eine ausgezeichnete Bindefestigkeit.

Wenn die Voraussetzungen der Phase 1 erfüllt sind, d. h. wenn die Leimlösung ordnungsgemäß in die Leimfuge eingebracht ist und die Holzkörper unter Druck gesetzt sind, dann vollzieht sich die Phase 2, der eigentliche Klebvorgang. Dieser beginnt mit dem „Abbinden". Meist versteht man unter Abbinden ein vorläufiges Haften, das bei Glutinleimen durch Gelatinieren und Aufsaugen eines Teils des Wassers durch die Holzfaser bewirkt wird. In diesem Stadium wird der Klebvorgang eingeleitet, im Laufe der Trocknung erreicht die Leimhaftung ihre volle Endfestigkeit. Voraussetzung ist, daß beim Trocknen des Leims die Leimfuge unter Druck steht, damit beim Schwinden der Leimschicht die Holzflächen nachrücken. Keineswegs braucht diese Druckanwendung bis zur völligen Entwässerung und Schwindung des Leims anzuhalten. Schon vorher ist die Leimhaftung so weit fortgeschritten, daß die Leimschicht von selbst einen starken Zug auf die Holzflächen ausübt, so daß die gegenseitige Annäherung der letzteren bis in die Endlage ohne zusätzlichen Druck allein durch diese Zugkräfte abläuft.

Wie oben erwähnt, werden bei der Leimhaftung Anziehungskräfte von Molekül zu Molekül betätigt. „Für das Zustandekommen der Adhäsion spielen Kräfte der molekularen Wirkungssphäre eine Rolle"[2]. Über diese Vorgänge liegen bisher kaum irgendwelche Forschungen vor. GERNGROSS[3] vermutete, daß bei Glutinleimen die Aminogruppen an der Bindung und Leimhaftung beteiligt sind.

HOUWINK[4] erörtert die Molekularkräfte und deren Beziehungen zu Kohäsion und Adhäsion. „Quantitative Angaben über Haftung können bis heute noch nicht gemacht werden. Es gibt noch spezifische Effekte der Wechselwirkung, die man bei der Berechnung der Energie eines derartigen Systems berücksichtigen müßte, bevor man quantitative Aussagen über die Vorgänge bei Adhäsion und Kohäsion machen könnte."

Zur Erklärung der Kohäsion sind zwei Arten von Teilkräften wesentlich, diejenigen, welche die Atome eines Moleküls zusammenhalten und diejenigen, welche größere Atomgruppen vereinigen.

[1] TRUAX, T. R.: zit. S. 116.
[2] BERTHOLD, Chemiker-Ztg. Bd. 75 (1951) S. 454.
[3] GERNGROSS, O.: in GERNGROSS-GOEBEL, S. 94.
[4] HOUWINK, R.: in DE BRUYNE-HOUWINK, S. 30 u. f.

Der Energiewert des ganzen Moleküls setzt sich aus den Inkrementen seiner wirksamen Gruppen zusammen. Diesen Energiewert bezeichnet man nach Dunkel[1] als Molkohäsion.

Die Tabelle 34 von Mark[2] gibt den durchschnittlichen Beitrag verschiedener Gruppen zur Kohäsion in cal/Mol wieder.

Tabelle 34. *Molare Kohäsion verschiedener organischer Gruppen*

Gruppe:	cal/Mol.	Gruppe:	cal/Mol.
$-CH_2$	1780	$-COOCH_3$	5600
$=CH_2$	1780	$-COOC_2H_2$	6230
$-CH_2-$	990	$-NH_2$	3530
$=CH-$	990	$-NO_2$	7200*
$-OH$	7250	$-SH$	4250*
$=CO$	4270	$-CONH_2$	13200*
$-CHO$	4700	$-CONH-$	16200*
$-COOH$	8970	* Noch unsichere Werte	

Bemerkenswert ist der hohe Wert von 16200 cal/Mol für die maßgebliche Gruppe der Peptidbindung der Eiweißkörper $-CONH-$.

Bei Einbringen einer Schicht von Glutinleim zwischen zwei Holzflächen scheint eine Orientierung der langgestreckten Glutinmizelle senkrecht zur Leimfläche stattzufinden. Zunehmend mit der Entwässerung werden die Mizelle parallel gerichtet und gestreckt bis die Trocknung vollständig und der Höchstwert der Festigkeit erreicht ist. Mit diesem Vorgang der Parallelrichtung und Streckung der Fibrillen scheint eine außerordentliche Steigerung der Festigkeit verbunden zu sein.

Es sei an den oben erwähnten Vorgang erinnert, daß eine eintrocknende Leimlösung in einem Glasgefäß oder eine trocknende Leimschicht auf einer Glasplatte ein so hohes Maß der Adhäsion und Kohäsion äußert, daß Glasteile aus der Oberfläche der Glaswandung oder Glasfläche herausgerissen werden. Die Adhäsion und Kohäsion des Leims übertrifft hier die Festigkeit des Glases, welche 600 bis 900 kg/cm² beträgt. Bei Zerreißversuchen mit trockner Leimsubstanz in Form von Abschnitten von Leimtafeln wird diese Festigkeit bei weitem nicht erreicht.

Wichtig ist es auch aufzuklären, welchen Aufbau und welche Größe das Molekül oder Mizell eines Stoffes besitzen muß, damit dieser Stoff die Eigenschaften eines Klebstoffes gewinnt. Bei Glutinleimen ist bekannt, daß mit dem thermischen Abbau, also mit der Verkleinerung des Mizells, schrittweise die Bindefestigkeit zurückgeht.

A. J. Staverman[3] kommt zu dem Schluß: „Bevor wesentliche Fortschritte auf diesem Gebiet erwartet werden können, muß unser theoretisches Wissen erheblich vertieft werden, besonders über die quantitativen

[1] Dunkel, M.: Z. physikal. Chem. Bd. 138 (1928) S. 42.
[2] Mark, H.: in de Bruyne-Houwink: S. 37.
[3] Staverman, A. J.: in de Bruyne-Houwink, S. 40.

Beziehungen, z. B. zwischen Kohäsion und Molekülen. Es fehlen uns die Grundlagen, um diese Vorgänge durch Messung zu erfassen. Vorerst sind Fortschritte auf dem Gebiet der Klebstoffe eher durch systematische praktische Versuche zu erwarten, als durch rein theoretische Forschungen.''

In diesem Sinn ist es vielleicht zweckmäßig und führt zu Ergebnissen, wenn man zunächst von der Aufstellung allgemeiner Gesetzmäßigkeiten absieht und wenn man vielmehr von Fall zu Fall jeden einzelnen Klebstoff als *chemisches* Problem betrachtet und seinen Aufbau und seine für die Haftung wirksamen Gruppen ermittelt.

V. Die Fabrikation der Gelatine[1]

Die Herstellung der Hautgelatine unterscheidet sich prinzipiell nicht von derjenigen des Hautleims, nur daß für Gelatine die hochwertigsten Rohstoffe und eine besonders sorgfältige Arbeitsweise angewandt wird.

Schon bei der Fabrikation wird auf die wichtigen Anwendungszwecke Rücksicht genommen. Dementsprechend wird hergestellt

   1. Gelatine für photographische Zwecke,
   2. Speisegelatine,
   3. Technische Gelatine.

Rohstoff

Wir haben zu unterscheiden zwischen Knochen- und Hautgelatinen. Für die Herstellung der ersteren kommen in Betracht: indischer Knochenschrot, ein bedeutender Importartikel, Hartknochen, d. h. Fußrohrknochen von Kälbern und Rindern, Abfälle der Beinwarenindustrie, z. B. sogenannte Brillen und ausgesuchte Kopfknochen, Kinnbacken, Schulterblätter usw., welche jedoch zwecks Entfettung nicht bei höheren Temperaturen, etwa im Autoklaven, behandelt sein dürfen. Als weiterer hierher gehörender Rohstoff seien die „Hornschläuche'' erwähnt. Das sind die sehr glutinreichen Zapfen von Rindshörnern, welche sich durch große Ergiebigkeit auszeichnen.

Für die Fabrikation von Hautgelatinen finden Gerbereiabfälle, also Kalbs- und Rindsköpfe sowie Fußabschnitte, welche frisch oder gekälkt angeliefert werden, Verwendung. Weiterhin Spaltleimleder in gekälktem oder getrocknetem Zustand.

Fabrikation der Knochengelatine

Diese unterscheidet sich von der Herstellung der Hautgelatine insofern, als zunächst die Gerüstsubstanz des Knochens, das Trikalziumphos-

---

[1] Von Dr. E. Kinkel, Heilbronn. Der Arbeitsrichtung des Verfassers entsprechend ist die Photogelatine bevorzugt behandelt.

phat, entfernt werden muß. Die Knochen werden in einer Brecheranlage, welche aus Vor- und Nachbrecher besteht, gebrochen und in einer Siebtrommel von anhaftendem Schmutz befreit und nach verschiedenen Korngrößen sortiert. In manchen Fabriken ist es üblich, nach Vortrocknung eine Entfettung durch Extraktion mit Benzin oder chlorierten Kohlenwasserstoffen vorzunehmen. Hieran schließt sich eine Behandlung mit verdünnten Mineralsäuren, wobei Salzsäure mit einem Gehalt von $2^1/_2$ bis 6% HCl gebräuchlich ist. Dieser Prozeß, die Mazeration, hat den Zweck, das Trikalziumphosphat des Knochens herauszulösen und in ein Gemisch von Phosphorsäure und primärem Kalziumphosphat umzuwandeln. Dieser Vorgang wird in säurefesten Behältern im Gegenstromprinzip vorgenommen und dauert in Abhängigkeit von Materialbeschaffenheit und Temperatur 2 bis 4 Wochen. Die Beendung dieser Behandlung wird dadurch festgestellt, daß man einzelne Stücke durchschneidet und den Querschnitt beurteilt. Die „Mazerationslauge" ergibt durch Umsetzung mit Kalkmilch Dikalziumphosphat und dieses stellt als Futterkalk ein wertvolles, gut verkäufliches Nebenprodukt der Gelatinefakrikation dar. Dieser Mazerationsprozeß erfordert sorgfältige Beobachtung, so daß keine durch saure Hydrolyse auftretende Schädigung des Rohstoffes auftritt. Nach einer gründlichen Zwischenwäsche erfolgt eine Durchalkalisierung mittels Kalkmilch, welcher sich der Äscherprozeß anschließt. Hierunter versteht man die Behandlung des entmineralisierten Knochens, Ossein genannt, mit Kalkmilch von 1 bis 3° Bé, die 6 bis 16 Wochen und länger dauern kann, je nach Materialbeschaffenheit, Stückgröße und Äschertemperatur. Dies geschieht in Äschergruben oder -türmen, wobei das Gut während des ganzen Prozesses mehrere Male durch Anwendung von Hebezeugen mechanisch unter Erneuerung der Kalkmilch umgesetzt wird (Umkalkung), so daß die oberen Teile des Grubeninhalts nach unten kommen.

Der Sinn der Äscherung besteht darin, daß die bei dem Ossein noch vorliegenden, seine Festigkeit bedingenden, chemischen Querverbindungen gelöst werden. Hierbei tritt gleichzeitig eine Bindung von Wasser, d. h. eine Quellung des Materials ein. Eiweißartige Nichtkollagenkörper werden durch alkalische Hydrolyse zerstört und nebenbei vorhandenes Fett in schwerlösliche Kalkseifen übergeführt. Es ist leicht verständlich, daß eine Überäscherung, etwa durch zu hohe Äschertemperaturen oder durch zu lange fortgesetzte Äscherung, vermieden werden muß, da sonst eine Schädigung des Glutinmoleküls, d. h. eine Aufspaltung zu kürzeren Bruchstücken stattfindet, was in einer Beeinträchtigung der physikalischen Konstanten (s. später) zum Ausdruck kommt.

Die Kontrolle des Äschervorganges wird vorgenommen

1. durch Feststellung des Alkalitätsgrades und des Alkaligehalts mittels Indikatoren und Titration mit Säure,

2. durch Bestimmung von Stickstoff und reaktionsfähigem Schwefel,

3. durch Bestimmung der Summe der Eiweißabbauprodukte und

4. des Materialreifegrades durch Anstellung von Probesuden.

Nach Beendigung der Äscherung erfolgt eine Beseitigung des Äscherkalkes durch eine Vorwaschung mit gewöhnlichem Wasser und einer Nachsäuerung mit verdünnten Mineralsäuren, wie Salzsäure oder Schwefelsäure. Auch hier sind Übersäuerungen zu vermeiden. Schließlich findet eine Fertigwaschung des Materials zwecks Entfernung der überschüssigen Säuren statt.

Dieser Vorgang, der in Wäschern verschiedenartiger Ausführungen erfolgt, kann von 5 bis zu 20 Stunden dauern, je nach Materialbeschaffenheit, zur Verfügung stehender Wassermenge und Einrichtung. Der Auswaschgrad kann wiederum durch die Vornahme von Verkochungsproben ermittelt werden.

Der Vorgang des Versiedens beruht in einer Hydratation des gequollenen Kollagens und einer Extraktion der gebildeten Gelatine (Glutin) mit warmem Wasser. Zu beachten ist hierbei der p_H-Wert, welcher in der Gegend von 6,0 liegen soll und durch Zugabe von Säure oder Alkali korrigiert werden kann. Dieser sogenannte „Versiedevorgang" vollzieht sich in mehreren Stufen und beginnt bei einer Temperatur von etwa 45° C. Nach Erreichung einer Konzentration der Brühe von 5 bis 8% läßt man diese ab und macht nach Zugabe von neuem Wasser eine 2. Fraktion (Abzug) unter Steigerung der Temperatur. Die Extraktion wird mehrfach wiederholt, bis zu 5 Abzügen, wobei die Temperatur bis zu 80° und höher ansteigen kann. Die Sudkessel, in welchen die Extraktion vorgenommen wird, sind indirekt durch Niederdruckdampf heizbar und haben einen Siebboden, durch welchen die gröberen Materialteile beim Ablaufen abgehalten werden. Diese Kessel sind aus V_2A-Stahl oder aus hartemailliertem Stahlblech hergestellt. Die abgelassenen Brühen werden durch Zellulose, evtl. unter Zusatz von Adsorbentien, wie Aktivkohle, Kieselgur usw., blankfiltriert und in Vakuumverdampfern mit einer oder mehreren Verdampfungsstufen, aus V_2A-Stahl bestehend, auf 15 bis 25% Trockengehalt konzentriert. Mitunter ist hier infolge ausgefallener Eiweißstoffe nochmals eine Zwischenfiltration notwendig. Die Brühen werden durch die Behandlung mit bakteriziden Stoffen, wie SO_2, Wasserstoffperoxyd und anderen, konserviert.

Die Weiterverarbeitung erfolgt über eine Erstarrung der eingedickten Brühe zu festen Gallerten, entweder diskontinuierlich durch Ablassen in Erstarrungskästen, welche in Kühlräume gelangen oder kontinuierlich über Kühlbänder oder Kühltrommeln. Hier sei darauf hingewiesen, daß eine gründliche Durcherstarrung für den später sich anschließenden Trocknungsprozeß von Vorteil ist. Die Gallerte wird nunmehr zerkleinert, und zwar für Speisezwecke entweder in Blattform (Speiseblattgelatine) mit einer Größe von etwa 7 × 20 cm oder, wie insbesondere für photographische Zwecke, in Nudel- oder Grießform. Die zerkleinerte Gallerte wird heute meist vollmechanisch auf Bändern oder Horden, auch in Trommeln, mittels scharf bewegter Luft bei steigender Temperatur, vielfach in mehreren Zonen, getrocknet. Für manche Zwecke ist filtrierte und klimatisierte Luft von 30 bis 50° C unerläßlich. Je nach Beschaffenheit des Trockengutes und der relativen Feuchtigkeit der Luft hat man mit einer Trockenzeit von 6 bis 12 Stunden zu rechnen. Die Überwachung des Trockenvorganges erfordert Aufmerksamkeit und Erfahrung, da der Schmelzpunkt nicht überschritten werden darf und mit der Art der Gelatine wechselt.

Die Zerkleinerung des Gutes, welches den Trockner mit einer Restfeuchtigkeit von 8 bis 10% verläßt, erfolgt in Schlagkreuz- oder Messerkreuzmühlen zu verschiedenen Körnungen, welche im Mittel zwischen 1 bis 2 mm liegen. In klimatisierten Räumen, welche frei von riechenden Anteilen, z. B. Phenolen, Schwefelwasserstoff usw. sein müssen, kommt das gemahlene Gut vor dem unmittelbaren Verkauf oder einer Weiterverarbeitung auf Lager.

Fabrikation der Hautgelatine

Durch eine Rohwäsche werden die Hautrohstoffe von anhaftenden Konservierungsmitteln, wie Kochsalz oder Kalk, befreit. Der sich anschließende Äscherprozeß verläuft grundsätzlich ähnlich wie bei dem Ossein, d. h. das Material wird mit Kalkmilch behandelt bei Konzentrationen von 2 bis 7° Bé über eine Dauer von 4 bis 20 Wochen und noch länger, wiederum in Abhängigkeit von der Materialbeschaffenheit. Kalbsmaterial erfordert eine kürzere, Rindsmaterial eine längere Äscherdauer, während getrocknetes Material Aufschlußzeiten bis zu $^1/_2$ Jahr erfordert. Auch hier ist ein mehrfaches Umlagern unerläßlich. Die Beendigung der Kalkung wird durch die Anstellung von Probesuden festgelegt, wobei die lange Erfahrung voraussetzende, gefühlsmäßige Beurteilung nicht außer acht gelassen werden kann. Die schließliche Beseitigung des Äscherkalkes durch Vorwaschung, Nachsäuerung, Fertigwäsche, sowie alle weiteren Prozesse, wie Siedevorgang, Filtration, Erstarrung und Trocknung sind bereits bei der Fabrikation von Knochengelatine geschildert.

Kurz erwähnt sei auch noch die Möglichkeit, Hautmaterial, insbesondere Schweinehautmaterial, einer sauren Äscherung bei p_H-Werten von 3 bis 4 zu unterwerfen. Derartige Äscherprozesse sind in den Vereinigten Staaten gebräuchlich und dürften dort auf den sehr großen Anfall von Schweinehäuten zurückzuführen sein.

Gelatine für photographische Zwecke

Der Besprechung des Kapitels „Photogelatine" wird zweckmäßig eine kurze Betrachtung über die Entwicklung der Photographie und der photographischen Materialien vorausgeschickt.

Die Photographie ist im Verlaufe eines Jahrhunderts, besonders aber in den seit Ende des ersten Weltkrieges vergangenen rund 40 Jahren für fast alle Zweige des wissenschaftlichen und praktischen Lebens von höchster Bedeutung geworden. Auf vielen Gebieten der Naturwissenschaften, vornehmlich der Chemie und der Physik — insbesondere der Kernphysik — ist die Photographie entscheidend für die Gewinnung der grundlegenden Erkenntnisse gewesen und ist es noch heute. Es seien in diesem Zusammenhang weitere wichtige Gebiete aufgezählt, für deren Bearbeitung die Photographie im besten Sinne des Wortes unentbehrlich ist: Astronomie, Botanik, Zoologie, Geographie, Medizin, Spektralanalyse, Dokumentation, Kriminalistik. — Auf eine erschöpfende Behandlung muß an dieser Stelle verzichtet werden.

Die Anzahl der lichtempfindlichen Materialien ist heute fast unübersehbar groß. An dieser Stelle seien nur einige besonders wichtige Photomaterialien aufgezählt, wobei die Schichten mit der höchsten Empfindlichkeit an den Anfang gestellt sind:

Röntgenfilm, Röntgenpapier,
Kine-Negativ-Film,
Planfilm für Porträt, Amateurrollfilm, Kleinbildfilm,
Color-Negativ-Film,
Color-Positiv-Film,
Kine-Positiv-Film, Diapositiv-Film und -Platte,
Filme für labortechnische Zwecke,
Dokumentenfilm,
Mikrofilm,
Bromsilberpapier,
Chlorbromsilberpapier,
Chlorsilberpapier.

Die kommerzielle Bedeutung der Photomaterialien ist eine ungeheuer große; wertmäßig gehört die Herstellung der photographischen Materialien zu den bedeutendsten Industrien. Der Wert der gegenwärtig in einem Jahre auf der ganzen Welt verbrauchten Photomaterialien dürfte mehr als eine Milliarde Mark betragen.

Zur Herstellung dieser lichtempfindlichen Materialien ist die Photogelatine ein sehr wichtiger, ja ausschlaggebender Rohstoff, der bis in die Gegenwart praktisch noch nicht durch synthetische Produkte, trotz vieler Versuche, ersetzt werden konnte.

Eine photographische Schicht stellt bekanntlich eine Suspension von Bromjodsilber, Chlorbromsilber oder reinem Chlorsilber in Gelatine dar. Diese Suspensionen werden in Gelatinelösungen nach wechselnden Mischmethoden erzeugt, erfahren eine Wärmebehandlung und werden nach vorhergehender Erstarrung und Zerkleinerung in sogenannte Emulsionsnudeln durch Waschen von Nebensalzen befreit. Eine zweite Wärmebehandlung führt dann zu der gewünschten Empfindlichkeit (Reifung). Ist diese erreicht, wird die „Emulsion" auf Papier, Rohfilme oder Glasplatten aufgetragen, erstarrt und getrocknet. Die Gelatine ist somit Träger der lichtempfindlichen Schichten. Für die Empfindlichkeit, die Schleierfreiheit, Gradation, Haltbarkeit und Fleckenfreiheit der Photoprodukte ist die Gelatine verantwortlich. Seit der englische Arzt Dr. MADDOX 1871 diese in den photographischen Herstellungsprozeß eingeführt hat, hat nicht nur die photographische Industrie, sondern auch die Fabrikation photographischer Gelatinen eine bedeutende Entwicklung durchgemacht. Die Ansprüche, welche an den Rohstoff Gelatine gestellt werden, sind außerordentlich hoch und beziehen sich auf 1. die physikalischen Konstanten, 2. die photographischen Eigenschaften.

1. Die physikalischen Konstanten

a) Die Viskosität. Eine Gelatine gilt als um so hochwertiger, je höher ihre Zähflüssigkeit bei gleicher Konzentration und Temperatur ist. Zur Messung bedient man sich hauptsächlich zweierlei Methoden: Messung der Ausflußzeit eines bestimmten Gelatinevolumens durch eine Kapillare. Hierfür ist das Viskosimeter von ENGLER oder die einfache, an ihrem Ende mit einem kurzen Kapillarrohrstück versehene Auslaufpipette, welche zwecks Konstanthaltung der Temperatur mit einem Wärmemantel umgeben ist, gebräuchlich. Man gibt den Viskositätswert entweder als relative Zahl, im Vergleich zu Wasser mit der Viskosität 1,0, oder in Zentipoise an. Die relativen Viskositätswerte einer 10%igen normalen Gelatinelösung bei einer Meßtemperatur von 45° C können schwanken zwischen den Werten 2 bis 8. Ein anderes System beruht auf der Messung der Torsionskraft, welche ein in gleichbleibender Tourenzahl bewegter Meßkörper der Gelatinelösung entgegensetzt. Die erhaltenen Meßwerte können an Hand von entsprechenden Eichkurven in Zentipoise umgerechnet werden. Ein bekanntes Instrument dieser Art ist das Drage-Torsions-Viskosimeter.

b) Gallert-Elastizität. Diese wird häufig mit dem Begriff Gallertfestigkeit verwechselt, worunter man eigentlich Zerreißfestigkeit der Gallerte versteht. Auch hier sind verschiedene Methoden im Gebrauch, welche zu empirischen oder auch zu physikalisch einwandfreidefinierten Werten führen. Eine der bekanntesten Methoden ist die von BLOOM, bei welcher der Druck eines genau bestimmten Stempels auf eine in einem Becher befindliche Gelatinegallerte bis zu einer bestimmten Eindringtiefe gemessen wird (s. S. 274). Die BLOOM-Grade sind insbesondere in den Vereinigten Staaten ein anerkanntes Maß für die Gallertfestigkeit. Seit Jahrzehnten bewährt hat sich die Bestimmung der Gallertelastizität nach SAUER-KINKEL (s. S. 105). Diese Methode beruht darauf, daß die Gelatinelösungen bestimmter Konzentration in Präzisionsglasröhren mit einem Durchmesser von 10 mm auf eine Länge von 120 mm blasenfrei eingefüllt und unter konstanten Bedingungen zur Erstarrung gebracht werden. Ein auf die Oberfläche wirkender Luftdruck bewirkt eine axiale Verschiebung (innerhalb des Gültigkeitsbereiches des HOOKEschen Gesetzes), welche entweder mikroskopisch oder durch Projektion der Meniskuskuppe gemessen werden kann. Der Elastizitätsmodul des Schubs E_s errechnet sich nach der Beziehung $E_s = \dfrac{r^2 \cdot D}{4\, s \cdot 1}$, wobei r den Röhrenhalbmesser, D den deformierenden Druck, s die Deformation und l die Länge des Gallertzylinders darstellt. Man kann die Dimension des E_s-Wertes so wählen, daß Werte zwischen 50 und 1000 gemessen werden.

c) Erstarrungspunkt. Die Gießtechnik der photographischen Emulsion stellt an die Erstarrungsfähigkeit der Gelatine gewisse Mindestforderungen. Diese stehen im Zusammenhang mit der Gießgeschwindigkeit und der Schichtdicke der photographischen Emulsion. Die Ermittlung des Erstarrungspunktes erfolgt so, daß man 100 ccm einer 10%igen Gelatinelösung von 45° C unter gleichmäßigem Rühren mit einem in $^1/_{10}°$ geteilten Normalthermometer durch Einstellen in ein größeres Gefäß mit einer Temperatur von 20° langsam und gleichmäßig abkühlt und die Temperatur abliest, bei welcher die Gelatinelösung beim Herausziehen des Thermometers Fäden zu ziehen beginnt. Unter obigen Bedingungen liegt der Erstarrungspunkt zwischen 22 und 30° C.

d) Schmelzpunkt. Im Zusammenhang mit der Trocknung photographischer Schichten ist dieser Punkt ebenfalls wichtig. Unter gleichbleibenden Bedingungen werden 10 ccm der 10%igen Gelatinelösung in dünnwandigen Reagenzgläsern zur Erstarrung gebracht, deren Öffnung schließlich durch einen Stopfen verschlossen wird. Mit der Öffnung nach unten werden die Reagenzgläser in ein Wasserbad gebracht, dessen Temperatur stets gleichmäßig langsam gesteigert wird. Man erreicht schließlich einen Punkt, bei welchem die Gallerte nach unten zu rutschen beginnt. Die abgelesene Wasserbadtemperatur entspricht dem Schmelzpunkt. Dieser liegt bei guten Gelatinen unter obigen Bedingungen bei 30 bis 31°. Wichtig ist auch die Zeit, welche eine unter bestimmten Bedingungen erstarrte Gelatinelösung bei stets gleichbleibendem Temperaturgefälle bis zur Erreichung ihres Schmelzpunktes benötigt (Aufschmelzzeit).

e) p_H-Wert und Säure. Der p_H-Wert wird nach bekannten Methoden entweder kolorimetrisch, wobei sich neben Farbstofflösungen die *Lyphan*-Papiere bestens bewährt haben oder mittels der Glaselektrode gemessen. Bei photographischen Gelatinen findet man Werte zwischen 5,2 und 7,0.

f) Quellfähigkeit. In dieser Hinsicht werden sehr wechselnde Anforderungen gestellt. Bei manchen photographischen Schichten wird eine möglichst geringe Quellfähigkeit, bei anderen wiederum, etwa im Zusammenhang mit der Entwicklungsgeschwindigkeit raschere Quellgeschwindigkeit gefordert. Eine einfache Methode besteht darin, daß man Gelatinepulver zunächst auf einen möglichst einheitlichen Korndurchmesser aussiebt, eine bestimmte Menge davon in einem Meßzylinder mit Wasser genau festgelegter Temperatur durchrührt und die Zunahme des Quellvolumens mit der Zeit feststellt.

g) Chromalaunzahl. Im Zusammenhang mit der Härtung photographischer Schichten durch Formaldehyd bzw. Chromsalze ist das Ansprechen der Gelatine wichtig und je nach ihrem Molekularzustand wechselnd. Mit gleichartiger Geschwindigkeit läßt man eine 10%ige Chromalaunlösung zu einem bestimmten Volumen 10%iger Gelatinelösung zulaufen und ermittelt den Verbrauch an Chromalaun bis zur einsetzenden Koagulation.

h) Aschegehalt. Dieser kann manchmal, wenn auch nicht gerade häufig, von Bedeutung sein. Er wird festgestellt nach der in der analytischen Chemie üblichen Veraschungsmethode oder durch Messung der elektrischen Leitfähigkeit.

Die meisten physikalischen Konstanten, insbesondere Viskosität, Gallertelastizität und Quellfähigkeit zeigen eine Abhängigkeit nicht nur von dem p_H-Wert der Gelatine, sondern auch von der bekannten HOFMEISTERschen Ionenreihe. Besonders hingewiesen sei auf das Verhalten der Gelatine beim isoelektrischen Punkt, bei welchem die sauren und basischen Gruppen des Gelatinemoleküls ausgeglichen sind. Der isoelektrische Punkt liegt bei den meisten alkalisch geäscherten Gelatinen etwa bei dem Wert 4,5 bis 4,8.

2. Die photographischen Eigenschaften

Bei der Betrachtung der photographischen Eigenschaften der Gelatine wird man sich zunächst ein Bild machen müssen über die Herstellungsverfahren des Halogensilbers und der photographischen Emulsion, weiterhin über die Art des Einsatzes bei einem feststehenden Emulsionsrezept. Es werden demzufolge bei der Vielfalt der photographischen Emulsionen recht verschiedenartige Anforderungen an die Gelatine gestellt, welche nur durch langjährige Erfahrungen hinsichtlich optimaler Wirksamkeit und gleichmäßiger Nachlieferung an die Photofabriken erfüllt werden können. Die Schwierigkeiten werden noch dadurch erhöht, daß es durchaus üblich ist, in einem Emulsionsrezept ganz verschiedenartige Gelatinetypen zu verwenden.

Das photographische Verhalten der Gelatine ist, von dem Einfluß ihrer physikalischen Größen abgesehen, bedingt durch das Zusammenwirken recht verschiedenartiger chemischer Körper mit edler und unedler Wirkung. Unter den letzteren befinden sich Schleiersubstanzen, welche weder als chemische Sensibilisatoren noch als Reifebeschleuniger wirksam sind, empfindlichkeitsschädigende Stoffe anorganischer und organischer Natur. Für letztere wird häufig der nicht genau definierte Begriff „Hemmkörper" gebraucht. Diese Substanzen beeinflussen die Empfindlichkeit, Gradation und Reifegeschwindigkeit bei vielen Emulsionen in wenig erwünschtem Sinn.

Von besonderem Interesse sind nun jene Körper, welche man in 3 Klassen einteilen kann:

1. Reifungskörper.
2. Klarhalter.
3. Gradationskörper und Halogenakzeptoren.

Alle diese Substanzen können bei der Gelatinefabrikation mehr oder weniger vollkommen auf natürliche Art entstehen und bedingen durch Zusammenwirkung das seit langem bekannte unterschiedliche photographische Verhalten der Gelatine. Unter Reifungskörpern versteht man solche Substanzen, welche nach beendeter physikalischer Reifung den chemischen Reifeprozeß beschleunigen, verbunden mit einer Steigerung der allgemeinen Empfindlichkeit, meist unter Beeinflussung der nicht immer erwünschten Farbempfindlichkeit bzw. Erhöhung des Schleiers. Diese Stoffe reagieren mit dem Halogensilber und bilden insbesondere an der Kornoberfläche Verbindungen, welche, ganz allgemein ausgedrückt, über Zwischenstufen mehr oder weniger rasch in Schwefelsilberkeime zerfallen. Diese Ag_2S-Keime sind somit als Funktion der Gelatine die Elektronenfallen für die bei der Belichtung freiwerdenden Elektronen. In der Praxis macht man die Beobachtung, daß die Beschaffenheit der entstehenden Ag_2S-Keime, also ihre Form, Größe und ihr Verteilungsgrad von einschneidendem Einfluß ist. In der Hauptsache handelt es sich bei diesen Reifungssubstanzen um Thionate, welche bei der Äscherung schwefelhaltiger Eiweißkörper oder durch Oxydation des in der Gerberei häufig benutzten Schwefelnatriums entstehen. Zweifellos liegen aber auch reduzierende Substanzen vor, welche mit dem Halogensilber Verbindungen bilden, welche schließlich in reine Silberkeime zerfallen. Die natürlichen Reifekörper der Gelatine sind demzufolge keine einheitlichen Substanzen. Die ursprünglich von S. E. SHEPPARD aus den Abwässern der Gelatinefabrikation isolierten Thioharnstoffabkömmlinge können *nicht als die natürlichen Reifungskörper der Gelatine* bezeichnet werden und haben praktisch kaum irgendwelche Bedeutung.

Die zweite Gruppe der Gelatinebestandteile, die Klarhalter, unterscheiden sich grundsätzlich von den Reifungskörpern. Bei der Betrachtung ihrer Wirkungsweise hat man zu unterscheiden, ob diese Substanzen bereits während der Kornbildung, während der physikalischen Reifung oder bei dem bereits fertiggereiften Korn wirksam sind. Ihre Hauptaufgabe besteht darin, den je nach der Natur der Reifungssubstanzen mehr oder weniger stark auftretenden Reifungs- oder Entwicklungsschleier günstig zu beeinflussen, ohne daß nennenswerte Empfindlichkeitsschädigungen entstehen. Dies geschieht auf dreierlei Art:

1. Die Klarhalter bilden mehr oder weniger schwer lösliche Silberverbindungen und schützen das Halogensilberkorn durch Umhüllungen. Sie vermögen auch die physikalische Reifung zu beeinflussen.

2. Dieser Schutz kann auch durch Adsorption geeigneter Substanzen, welche keine schwerlöslichen Silberverbindungen geben, an der Kornoberfläche stattfinden.

3. Die Ausbildung der Reifungskeimbeschaffenheit wird durch Beeinflussung der Silberbildungsgeschwindigkeit gesteuert. Solche klarhaltenden Substanzen finden sich als natürliche Körper. Für die Bildung der schwerlöslichen Silberverbindungen ist in erster Linie die — SH-Gruppe und die = NH-Gruppe verantwortlich zu machen. Die entstehenden Silberverbindungen dürften wahrscheinlich innere Komplexsalze darstellen.

Auch bei der 3. Gruppe, den Gradationskörpern, handelt es sich um Substanzen, welche mit Silbersalzen schwerlösliche Verbindungen liefern. Sie vermögen durch ausgesprochene Keimwirkung das Halogensilberkornwachstum, insbesondere bei Chlorsilberemulsion, zu beeinflussen, dadurch daß möglichst gleichartige Körner entstehen, eine Voraussetzung für das Zustandekommen einer steileren Gradation. Vielfach wohnen den Silberverbindungen solcher Körper auch halogenakzeptorische Eigenschaften inne, d. h. die Fähigkeit, das bei der Belichtung freiwerdende Halogen zu binden, wodurch die Bildung der Belichtungskeime günstig beeinflußt wird. Insbesondere diese Substanzen vermögen bei Emulsionsverfahren, auf die nicht näher eingegangen werden kann, erstaunliche Wirkungen hervorzurufen.

Bei einer guten chemischen Überwachung der Gelatinefabrikation ist es durchaus möglich, Einfluß auf das Entstehen oder die Entfernung, sofern dies notwendig ist, der oben kurz geschilderten Substanzen zu nehmen.

Bei der Prüfung der Gelatine auf ihre photographischen Eigenschaften handelt es sich vorzugsweise um drei Punkte:

1. Um die Feststellung des labilen Schwefels nach der Methode von ABRIBAT[1]. Diese beruht darauf, daß die Gelatinelösungen mit einer ammoniakalischen Silberlösung in der Wärme behandelt und der Verbrauch durch elektrometrische Rücktitration mit Allylthioharnstoff unter Verwendung einer Schwefelsilberelektrode ermittelt wird.

---

[1] Science et Ind. Phot. 1941, Nr. 1/2, S. 1.

2. Um die Feststellung von Reifungs- und Hemmkörpern nach der Methode von AMMANN-BRASS[1]. Hier wird die Zunahme der Trübung einer kadmiumsalzhaltigen Chlorsilberemulsion sowohl in Abhängigkeit von der Zeit der Wärmebehandlung als auch der Gelatinekonzentration verfolgt. Hemmkörperreiche Gelatinen geben flacheren Anstieg der Trübungskurven im Gegensatz zu den hemmkörperarmen Gelatinen.

3. Die beiden unter 1. und 2. genannten Methoden reichen jedoch nicht aus, um die sehr hohen Anforderungen, welche heute an gute Photogelatinen gestellt werden, genügend scharf zu erfassen. Weitaus den wertvollsten Einblick gibt die Herstellung von Prüfemulsionen, wobei zu beachten ist, daß eine einzige Probeemulsion zur Charakterisierung einer Gelatine niemals ausreichend ist. Diese Prüfemulsionen werden nach den Grundsätzen von Fabrikationsansätzen hergestellt, systematisch gereift

Abb. 54. Sensitogramme von zwei Photoprobeemulsionen a) normal b) extrahart

und die einzelnen Proben sensitometrisch ausgewertet. Wie sehr verschieden die Gelatinen arbeiten können, zeigen die Sensitogramme einer Papieremulsion bei Anwendung zweier Gelatinen, deren Gradation bei gleichem Prüfrezept zwischen „Extrahart" und „Normal" wechseln kann (Abb. 54).

Die Papierstreifen mit der Prüfemulsion werden im Sensitometer stufenweise, von einem Ende zum anderen zunehmend, stärker belichtet. Streifen a, normal, zeigt bei zunehmenden Belichtungszeiten eine gleichmäßige Abstufung der Gradation, während Streifen b, extrahart, bei gleicher Belichtung einen schroffen Übergang der Lichtwerte aufweist.

Die Durchführung und Auswertung der photographischen Prüfemulsion setzt neben der Kenntnis der photographischen Emulsionstechnik lange Erfahrung in der Beurteilung der Sensitogramme und des gesamten Reifungsbildes der Gelatinen voraus. Bei diesen Versuchen wird zum Vergleich immer eine Bezugsgelatine (Typ) mitemulsioniert.

Photohilfsgelatinen. Erwähnt werden sollen auch noch die sogenannten Photohilfsgelatinen, also die Barytage-Gelatine, die Schutzschicht- und die NC-Gelatine (non curling), sowie die Haftschicht-Gelatine.

---

[1] Kolloid-Z. Bd. 110 (1948) S. 115.

Die Barytage-Gelatine hat die Aufgabe, die inerte Schutzschicht zwischen Rohpapier und Emulsion, das Bariumsulfat, auf dem Papier zur Haftung zu bringen. Es ist einleuchtend, daß eine derartige Gelatine frei von Schleierkörpern sein muß.

Die gleiche Forderung wird neben sehr hohen physikalischen Konstanten an die Schutzschicht-Gelatine und die NC-Gelatine gestellt, welche die gegen mechanische Beanspruchung empfindliche Schicht schützen bzw. das Rollen des Films verhüten soll. Wie bei allen photographischen Gelatinen ist auch hier die Forderung nach einer einwandfreien Gußfähigkeit, d. h. „Kometenfreiheit", selbstverständliche Voraussetzung.

Die Haftschichtgelatine schließlich muß die Fähigkeit aufweisen, in einem Gemisch von Methanol und einer organischen Säure, z. B. Eisessig mehr oder weniger „opal löslich" zu sein. Sie darf jedoch nach 1 bis 2 Tagen noch keine Neigung zur Ausflockung in diesen Lösungen aufweisen. Die Haftschichtgelatine wird auf den Rohfilm aufgetragen und bewirkt die Haftung zwischen diesem und der photographischen Emulsion.

Speisegelatine

Die Verwendung von Gelatine für Speisezwecke nimmt in zahlreichen Ländern dauernd zu, an der Spitze stehen die USA.

Die Speisegelatine ist ebenfalls ein hochwertiges Erzeugnis, doch werden an sie nicht die gleich hohen Anforderungen gestellt wie an die Photogelatine.

Die Speisegelatine soll eine hohe Gallertfestigkeit besitzen, sie soll vollkommen klar, frei von Geruch und Geschmack, frei von Fett und Säure und weitgehend keimfrei sein.

In einzelnen Ländern bestehen gesetzliche Vorschriften über den Reinheitsgrad der Speisegelatine. In Deutschland liegen solche nicht vor, die Speisegelatine unterliegt nur den allgemeinen Vorschriften über Lebensmittel.

Seit 1932 liegt in Deutschland der Entwurf einer Verordnung über Konservierungsmittel vor, dieser ist jedoch nicht zum Gesetz erhoben worden. Nach diesem wird zur Konservierung von Gelatine schweflige Säure in einer Menge von 125 mg SO_2 je 100 g für zulässig erachtet (0,125%). Das deutsche Arzneibuch (DAB 6) macht nur kurze Angaben über Gelatine: Gelatina alba, farblose oder nahezu farblose, durchsichtige, geruch- und geschmacklose dünne Tafeln von glasartigem Glanze. 1 g Gelatine darf nach dem Verbrennen höchstens 0,02 g Rückstand hinterlassen. Löst man den durch Verbrennen von 10 g Gelatine erhaltenen Rückstand in 3 ccm verdünnter Salpetersäure und übersättigt die Lösung mit Ammoniakflüssigkeit, so darf keine blaue Färbung auftreten

(Kupfersalze). Weiter noch Bestimmung der schwefligen Säure durch Destillation.

Die strengsten Vorschriften finden sich in den USA nach der Verordnung „Pure Food & Drugs Act, June 30. 1906".

Diese gibt als Höchstgrenze der Verunreinigungen für Speisegelatine an:

$$
\begin{array}{ll}
\text{Schweflige Säure } (SO_2) \ldots\ldots\ldots & 0{,}035\% \\
\text{Zink} \ldots\ldots\ldots\ldots\ldots\ldots\ldots\ldots & 0{,}010\% \\
\text{Kupfer} \ldots\ldots\ldots\ldots\ldots\ldots\ldots & 0{,}003\% \\
\text{Blei} \ldots\ldots\ldots\ldots\ldots\ldots\ldots\ldots & 0{,}002\% \\
\text{Arsen} \ldots\ldots\ldots\ldots\ldots\ldots\ldots\ldots & 0{,}00014\% \\
\end{array}
$$

In Deutschland wird Speisegelatine industriell hauptsächlich zur Herstellung von Fischkonserven und Puddingpulvern verarbeitet.

Zubereitete Fische, wie Aal, Bratheringe u. a., werden in Gelatinegallerte eingebettet. Der Gallerte wird etwas Essig, Salz und andere Stoffe zur Würzung zugesetzt.

Die meisten sog. Puddingpulver enthalten einen erheblichen Zusatz von Gelatine. Nach dem Aufkochen des Puddingpulvers mit Milch gibt die Gelatine die Gewähr für ein zuverlässiges, verhältnismäßig schnelles Erstarren beim Kühlen der vorbereiteten Puddingmassen.

In den Vereinigten Staaten werden außerordentlich große Mengen von Gelatine zur Herstellung von „Ice Cream" (Rahmeis, Sahneeis) verbraucht. Dieses ist ein gefrorenes Produkt aus Rahm und Zucker, das etwa 14% Milchfett, 0,5% Gelatine mit oder ohne Geschmackstoffe enthält. Die Gelatine verhütet als Schutzkolloid die Bildung grober Eiskristalle und gibt dem Eis eine gleichmäßig weiche Beschaffenheit.

Ebenso hat in Amerika die Herstellung von Geleepulver großen Umfang angenommen. Diese bestehen aus feingemahlener Gelatine, Zucker, Essenzen und Aromastoffen. Die Pulver werden mit Wasser gequollen, nach wenigen Minuten erwärmt, gelöst und sind nach dem Erstarren schon genußfähig.

Der Zusatz von Gelatine bei Herstellung von Rahmeis und ähnlichen Erzeugnissen ist in doppelter Hinsicht zweckmäßig und wertvoll. Die Wirkung als Schutzkolloid wurde schon erwähnt, es ist noch daran zu erinnern, daß Gelatine ein ganz besonders hochwertiges und wirksames Schutzkolloid ist (S. 90). Bei Genuß von Milch und Milchzubereitungen wird das Kasein durch die Säure des Magens ausgefällt. Gelatine bewirkt nun, daß diese Ausscheidung nicht in kompakter Masse, sondern in feinsten Flocken erfolgt. Ebenso wird das Fett durch Gelatine äußerst feinteilig emulgiert. Diese Vorgänge begünstigen natürlich die Verdauung.

Weiterhin besitzt Gelatine als Eiweißstoff einen gewissen Nährwert. Zwar ist zu berücksichtigen, daß im Glutin lebenswichtige Aminosäuren fehlen (S. 16), doch ist Gelatine trotzdem ein hochwertiges Nahrungsmittel, da durch gleichzeitigen Genuß anderer Nahrungsmittel die fehlenden Aminosäuren zugeführt werden können.

Anwendung für pharmazeutische Zwecke

Für pharmazeutische Zwecke werden erhebliche Mengen von Gelatine als Hilfsstoff verbraucht. Die „Pharmazeutischen Manuale"[1] führen zahlreiche „gelatinae" auf, d. h. pharmazeutische Zubereitungen, deren Träger Gelatinegallerte ist.

Heute wohl der bedeutsamste Anwendungszweck der Gelatine im pharmazeutischen Bereich ist die Verabreichung von Heilmitteln in Gelatinekapseln. Diese dienen dazu, hauptsächlich flüssige Medikamente genau zu dosieren und einzuhüllen. Die glatte, elastische und undurchlässige Gelatinekapsel schützt ihren Inhalt vollkommen bis zum Zweck der Verwendung. Sie löst sich leicht in warmem Wasser und in den Verdauungssäften. Übelschmeckende Medikamente lassen sich in den Gelatinekapseln mühelos und ohne Belästigung schlucken. Die Dosierung des Inhalts, die Herstellung, Füllung und Schließung der Kapseln wird maschinell in einem Arbeitsgang vollzogen. Die Kapseln werden in verschiedener Form und in verschiedener Größe als Kugeln, als eiförmige oder zylindrische Körper angefertigt. Die geschlossenen Kapseln zeigen keine sichtbare Naht[2].

Über Untersuchung der Speisegelatine siehe S. 307.

Technische Gelatine

Die Erzeugnisse dieses Namens stehen in ihren Eigenschaften zwischen normaler Gelatine einerseits und hochwertigem Leim andererseits. Viskosität und Gallertfestigkeit zeigen vielfach hohe Werte, doch reichen diese Produkte in bezug auf helle Farbe und Durchsichtigkeit nicht an hochwertige Gelatine heran. Es bestehen jedoch keine eindeutigen Kennzeichen, welche technische Gelatine einerseits von Gelatine, andererseits von Leim scharf abgrenzen. Diese Erzeugnisse können für solche technischen Zwecke dienen, wo zwar hohe Gallertfestigkeit und Viskosität verlangt wird, jedoch nicht die höchsten Anforderungen an Klarheit und Farbe gestellt werden. Immerhin wird technische Gelatine aus wirtschaftlichen Gründen im allgemeinen nicht zur Holzleimung benutzt werden.

Die meist gebräuchliche Art der Herstellung besteht darin, daß man beim Sieden von Hautleim aus hochwertigen Rohstoffen die ersten Abzüge getrennt entnimmt und sie besonders sorgfältig weiterverarbeitet.

---

[1] Z. B. HAGERS Pharmazeutisches Manual, Neues Pharmazeutisches Manual von EUGEN DIETRICH.

[2] Hersteller der Gelatinekapseln in Deutschland: R. P. Scherer GmbH., Eberbach/Baden.

Diese Brühen ergeben ein verhältnismäßig helles Produkt, eben die technische Gelatine.

Früher wurde technische Gelatine überwiegend als Blattgelatine gewonnen, wobei Blätter von erheblicher Dicke, 0,5 bis 2 mm, erzeugt wurden. Heute kommt die technische Gelatine auch in Kleinstück- und Pulverform in den Handel.

VI. Die Fabrikation des Hautleims

Rohstoffe

Als Ausgangsmaterial für die Herstellung des Hautleims dient die tierische Haut oder vielmehr deren Abfälle, die man mit dem Sammelnamen „Leimleder" bezeichnet, obwohl es sich um ungegerbte Haut handelt. Rohstofflieferanten sind in der Hauptsache in- und ausländische Gerbereien und Schlachthöfe, die das Leimleder in grünem, trockenen, gesalzenen oder schwach gekälkten Zustand an die Leimfabriken abgeben.

Abgesehen von der Qualität und Herkunft der Häute, von denen die Abfälle stammen, unterscheidet man je nach Art der Gewinnung Spalt-, Hand- und Maschinenleimleder.

Das wertvollste ist das Spaltleimleder wegen seines hohen Anteils an Kernhaut. Es fällt bei der Zurichtung für die Spaltung der Haut mit der Spaltmaschine ab.

Das Entfleischen der Häute von Hand mit dem Scher- oder Haardegen auf den Scherbäumen ergibt das Handleimleder, das meist noch Kernstücke enthält, die sich für die Lederherstellung nicht eignen.

Die geringste Qualität, das Maschinenleimleder, fällt bei der maschinellen Entfleischung der Haut ab. Das maschinengeschorene Material besteht meist aus dünnen Hautstreifen, die ihre Form der maschinellen Entfleischung der Haut verdanken und nur wenig Kern enthalten.

Gesucht sind außerdem noch Abschnitte, wie es Kopfteile von Rindern, Kälbern und Ziegen oder Ohren, Schwänze und Füße von Ochsen und Kühen sind. An trockenen Rohstoffen sind „Webervögel" und Rohhaut-Stanzabfälle besonders geschätzt.

Eine Übersicht über die Zusammensetzung und Ausbeute der wichtigsten Rohstoffe enthält Tabelle 36.

Der qualitative Unterschied sowie die Farbe der Leime aus den angeführten Rohstoffen ist beträchtlich, diese werden deshalb für den speziellen Verwendungszweck eines Leims eigens zusammengestellt. Trotzdem ist es nicht möglich, stets Leim mit völlig gleichbleibenden Eigenschaften herzustellen, da, abgesehen von der unterschiedlichen Vorbehandlung der einzelnen Posten der zu einem Sud benötigte Rohstoff sich aus Hautabfällen von Hunderten von verschiedenen Tieren

zusammensetzt, selbst wenn die Tiergattung dieselbe bleibt. Aus diesen
Gründen läßt sich auch bei Auswahl der Rohstoffe kein allgemein gül-
tiges Rezept aufstellen, vielmehr ist die Fabrikation auf jahrzehntelange
Erfahrung aufgebaut.

Tabelle 36[1]
Zusammensetzung und Ausbeute von Rohstoffen der Hautleimherstellung

Rohstoff	Wasser-gehalt %	Leim-ausbeute %	Fett-gehalt %	Rück-stand %
Kalbleimleder, gesalzen	30—40	14	2	9
„ gekälkt	50—70	14	1	5—10
„ trocken	10	35—40	1	5
Rindleimleder, grün gesalzen	30—40	14	2	8
„ gesalzen	30—40	14	2	10
„ gekälkt	50—70	10—12	2	8
„ trocken	10	35	1	5—10
Rohhaut, getrocknet	10	40—50	—	5
Webervögel	10	50—60	1	8
Pferdeleimleder, gesalzen	40	10	1—2	10—20
Buffalo-Haut, trocken (Surronen)	10—20	45—50	1	10
Kaninchennudeln	10	30—40	—	20—30
Rindleimleder, handgeschor., gekälkt.	50—70	8—12	3	5—10
Kalbleimleder, „ „ .	50—70	7—8	2—3	10
Pferdeleimleder, „ „ .	50—70	6—8	1—2	15
Rindleimleder, handgeschor., trocken	15	25—30	3—4	10—20
Leimleder, handgeschoren, trocken, deutsches	10	27—33	1	10
Leimleder, handgeschoren, trocken, italienisches	12	30	1—2	20—30
Leimleder, handgeschoren, trocken, indisches	15	30	—	20
Chromspäne	40—50	18—20	—	—
Knochensehnen, trocken (Kalkutta).	10—15	35—40	—	30
Knochensehnen, ohne Knochen	10—15	50—70	—	—

Wie die Tabelle 36 zeigt, besteht zwischen den verschiedenen Leimledersorten ein großer Unterschied in bezug auf die Leimausbeute. Im
übrigen können diese Zahlen bei dem sehr verschiedenen Ausfall der
einzelnen Rohstoffe nur einen annähernden Anhalt über die Leimausbeute geben.

Behandlung des Leimleders in den Gerbereien

Die in den Gerbereien anfallenden frischen Hautabfälle verändern sich
sehr schnell durch bakterielle Zersetzung besonders in den Sommer-
monaten. Es ist jedoch vom Standpunkt des Leimfabrikanten unerwünscht, wenn in einzelnen Lederfabriken die Abfälle mit stark wirkenden Desinfektionsmitteln, wie Sublimat, Phenol, Formalin u. a., behandelt
werden.

---

[1] Tabelle teilweise nach E. GOEBEL in GERNGROSS-GOEBEL, S. 129.

Zur Verhinderung der Fäulnis und der Zersetzung werden vielmehr zweckmäßig die Leimlederabfälle ohne Zusatz von besonderen Desinfektionsmitteln sofort nach dem Anfall mit dünner Kalkmilch, die ein sehr gutes und billiges Desinfiziens hierfür darstellt, behandelt. Hierbei unterscheidet man zwischen der Haufen- und Grubenäscherung. Bei der ersteren werden die Abfälle auf Haufen geschichtet und lagenweise mit Kalkmilch behandelt, während in den Gruben, ähnlich wie später in den Leimfabriken, das Material abwechselnd mit Kalkmilch eingetragen wird. Während bei der Haufenbehandlung meist ein gut abgetropftes Rohmaterial anfällt, enthält das aus den Gruben kommende mehr Wasser und ist vor der Verladung erst nochmals in Haufen zu lagern. Im Inland wird das Material überwiegend naß verladen, dagegen wird das von Übersee kommende vor dem Versand getrocknet und kommt in Ballen gepreßt zur Verladung.

Außer den schwach gekälkten Abfällen liefern die Gerbereien vor allem den in ihrer Nähe liegenden Leimfabriken das Leimleder auch in grünem oder gesalzenem Zustand, das dann sofort weiter verarbeitet werden muß.

Äscherung des Leimleders

Das von den Gerbereien zur Verhütung von Fäulnis bereits mit dünner Kalkmilch vorbehandelte nasse Leimleder wird im Bedarfsfalle in der Leimfabrik zuerst gewaschen oder gelangt direkt zur Kalkbehandlung in die Äschergruben.

Das getrocknete Leimleder wird in den Leimfabriken vor der Weiterbehandlung in kaltem Wasser, je nach seiner Beschaffenheit 2 bis 3 Tage eingeweicht und weiter wie die frischen, gesalzenen oder stark mit Chemikalien behandelten Rohmaterialien zur Entfernung der löslichen Stoffe, ferner von Blut und Schmutz in Waschmaschinen gründlich gewaschen, bis das ablaufende Wasser rein und klar ist.

Der so vorbereitete Rohstoff wird in die Äschergruben oder Äscherkästen mit Kalkmilch „eingemacht". Diese Äschergruben werden heute in der Regel aus Beton hergestellt. Sie werden entweder bis nahe zum Rand in den Boden eingelassen oder die Umfassungsmauern ragen etwa 1 m aus dem Boden heraus. Die Grundfläche dieser rechteckigen Gruben beträgt je 6 bis 12 Quadratmeter, die Tiefe 2 bis $2^1/_2$ m, das Fassungsvermögen ist 10 bis 20 Tonnen. Die Gruben werden reihenweise nebeneinander angeordnet, derart, daß sie zum Füllen und Entleeren leicht zugänglich sind. Sie werden meist im Freien, bisweilen auch unter Dach angelegt (Abb. 55 u. 56).

Bei neueren Anlagen werden auch verhältnismäßig hohe, runde turmartige Äscherbehälter benutzt, wobei das Füllen und Entleeren maschinell erfolgt (Abb. 57).

In diese Gruben wird das Leimleder eingelagert und mit Kalkmilch überschüttet bis die Grube gefüllt ist. An der Oberfläche soll der Rohstoff

Abb. 55. Äschergruben im Freien. Beschickung der Gruben und Transport des Leimleders durch Greifer und Brückenkran (F. Häcker, Vaihingen/Enz)

Abb. 56. Äschergruben in Halle. Transport des Leimleders durch Greifer und Brückenkran Koepff & S., Heilbronn)

mit Kalkmilchbrühe bedeckt sein. Diese nimmt nach einigen Tagen eine gelbe Farbe an. Die überstehende Brühe wird dann abgelassen und durch frische Kalkmilch ersetzt. Nach 8 bis 14 Tagen wird die Grube

entleert und gereinigt und das Leimleder in eine andere Grube in um-
gekehrter Reihenfolge mit Kalkmilch wieder frisch eingesetzt.

Dieses Umsetzen des Leimleders wird je nach der Beschaffenheit des
Rohstoffs 2 bis 3 mal, zuweilen noch öfters wiederholt bis die Ware zum
Versieden reif ist.

Die Dauer der Äscherung richtet sich nach der Art und der Vorbehandlung des Leimleders. Im allgemeinen erfordert die Kälkung etwa 6 bis
10 Wochen.

Wann die Rohware sudreif ist, kann nur die praktische Erfahrung entscheiden. Im allgemeinen prüft man das Material in der Weise, daß man

Abb. 57. Turmartige Äscherbehälter, Transport des Leimleders wie bei Abb. 55 und 56.
H. Ratjen, Nienburg/W.

dickere Hautstücke, z. B. die Backenteile oder Kopfstücke unterhalb der
Ohren quer durchschneidet und die Schnittflächen untersucht. Sind
diese bläulich und von glasigem Aussehen, so genügt die Kälkung, sind
dagegen noch blutige Stellen vorhanden oder zeigt sich noch ein fester
Kern, so ist eine erneute Kälkung erforderlich.

Bei Herstellung des Hautleims ist das Bewegen des Leimleders inner-
halb des Betriebs eine Transportfrage, die rationell gelöst werden muß.
Eine sehr lästige Arbeit ist das Füllen und Entleeren der Äschergruben.
Neuerdings bedient man sich hierfür der bekannten maschinellen Grei-
fer. Ein fahrbarer Auslegerkran mit Greifer leistet wertvolle Dienste.
In einzelnen Fällen benützt man einen großen Brückenkran, wobei die
Anordnung so getroffen ist, daß der Greifer sowohl die Äschergruben,
als auch die Waschmaschinen und die Kochbehälter bedienen kann
(Abb. 58). Gelegentlich wird das gewaschene Leimleder in weiten Rohren

mit Wasser zu den Kochgeschirren geschwemmt. Oder das Leimleder
wird für den waagerechten Transport in offenen Betonrinnen weiter-
geschwemmt und mit Hilfe eines maschinellen Schrägförderers zu den
Waschmaschinen und Kochbehältern gehoben.

Nach der Kälkung wird das Leimleder bisweilen noch auf Haufen ge-
schaufelt und einige Tage sich selbst überlassen, dann ausgebreitet und

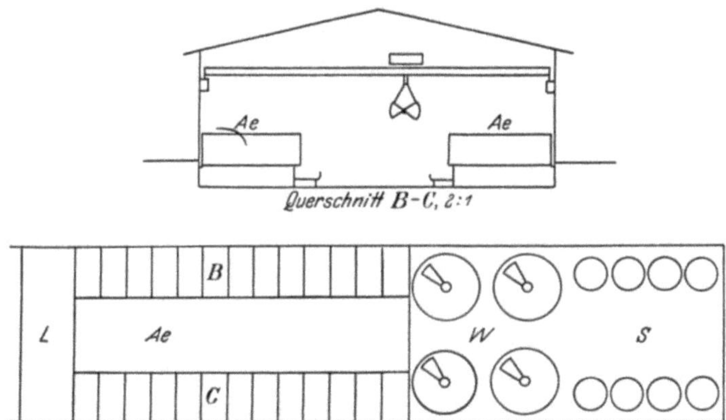

Abb. 58. Äschergruben (Ae), Waschmaschinen (W) und Sudkessel (S) in Halle. Gemeinsame Bedienung durch Greifer an Brückenkran (nach L. THIELE, Leim und Gelatine S. 165)

getrocknet. Diese früher allgemein übliche Nachbehandlung findet man
gegenwärtig wegen der damit verbundenen Mehrarbeit nur noch ver-
einzelt. Sie bezweckt, den überschüssigen Ätzkalk in den Außenschichten
des Rohstoffs durch die Kohlensäure der Luft in unschädlichen kohlen-
sauren Kalk zu verwandeln und damit eine Überäscherung an der Oberfläche zu unterdrücken, während in den tieferen Schichten, wo die Kalk-
einwirkung zum Teil noch unvollständig ist, eine Nachäscherung stattfinden kann.

Wird die Äscherung zu lange fortgesetzt, so treten Verluste an leim-
gebender Substanz auf, die unbedingt vermieden werden müssen.

Die Ansicht, daß alte Kalkbrühen besser sind als frische, ist abzulehnen,
denn der wirksame Bestandteil der Kalkmilch ist nur das freie Kalziumhydroxyd. Allerdings spielen auch Bakterien und Bakterienfermente in
diesen Brühen eine Rolle[1]. Bei Kalkbrühen, die bei Gegenwart von genügenden Mengen von festem Kalkhydrat als Bodenkörper gesättigt gehalten sind, herrscht eine hinreichend hohe Alkalität (etwa $p_H = 12,5$),
so daß die von den Häuten herstammenden Bakterien allmählich ab-
sterben und vor allem sich nicht weiter vermehren. Mit dem Sinken des

---

[1] GERNGROSS, O.: in C. OPPENHEIMER: Fermente und ihre Wirkungen, Leipzig
1929, Bd. 4, S. 2, 63.

p_H-Werts beim Verbrauch des Kalks nimmt indessen die Bakterientätigkeit rasch zu. Bestimmte Bakterien aus alten Äscherbrühen erweisen sich als außerordentlich alkaliresistent und vermehren sich noch in gesättigten Kalkbrühen.

Kontrolle der Kalkbrühen. Die Abnahme des Kalziumhydroxyds in den Kalkbrühen in den Äschern ist äußerlich nicht sichtbar, da dauernd festes Kalziumkarbonat gebildet wird. Man entnimmt Proben der Kalkbrühen, filtriert diese vollkommen klar und titriert 25 ml mit n/10 Salzsäure. Solange noch überschüssiges festes Kalziumhydroxyd anwesend ist, bleibt der Gehalt des gelösten Anteils in der filtrierten Lösung annähernd unverändert, d. h. es werden zur Neutralisation von 25 ml annähernd 12,5 ml n/10 Salzsäure verbraucht. Ist der Säureverbrauch geringer, so ist die Kalkbrühe nicht mehr gesättigt und muß erneuert werden. Andere Reaktionen dienen dazu, den Anteil an abgebauter Eiweißsubstanz in der Äscherbrühe nachzuweisen.

Einwirkung des Kalks auf die Hautsubstanz. Die Behandlung der Hautsubstanz mit Kalkmilch, wie sie sich bei der handwerklichen Gewinnung des Leims in früheren Zeiten herausgebildet hat, erscheint zunächst roh und primitiv. Bei näherer Untersuchung dieser Arbeitsweise erkennt man jedoch, daß dieses Reagens sowohl hinsichtlich der Dosierung der Konzentration als auch in seiner vielfältigen Wirkung auf die Hautsubstanz sehr glücklich gewählt ist. Jedenfalls konnte es bis heute durch kein besseres Verfahren ersetzt werden.

Kalziumhydroxyd, $Ca(OH)_2$, der wirksame Anteil der Kalkmilch, ist in Wasser nur wenig löslich. Für verschiedene Temperaturen gelten die folgenden Zahlen:

5°	.... 1,35 g CaO/l	25°	.... 1,25 g CaO/l
15°	.... 1,32 g CaO/l	30°	.... 1,22 g CaO/l
20°	.... 1,29 g CaO/l	40°	.... 1,12 g CaO/l

Man kann annehmen, daß etwa 1 g im Liter löslich ist, die Konzentration wäßriger Lösungen also 0,1 % beträgt. Verwendet man z. B. eine 3 %ige Kalkmilch, so entsteht eine 0,1 %ige Lösung von Kalziumhydroxyd, die daneben eine reichliche Menge eines festen Bodenkörpers enthält. Wenn die schwache Lösung des Kalziumhydroxyds verbraucht wird, so kann sie dauernd durch Auflösung des festen Kalziumhydroxyds wieder ergänzt werden. Träger der alkalischen Reaktion ist die sehr verdünnte Lösung von Kalziumhydroxyd, deren Konzentration aus einem größeren Vorrat an fester Substanz andauernd wieder ersetzt und konstant gehalten wird. Die Überführung des Kollagens der Haut in Glutin vollzieht sich unter Mitwirkung der geringen Konzentration an Hydroxylionen des Kalkhydrats. Natürlich kann durch höhere Alkalikonzentration dieser Vorgang beschleunigt werden, doch ist ein solches Verfahren praktisch nicht anwendbar. In dem uneinheitlichen Rohstoffgemisch werden die einzelnen Anteile eine durchaus verschiedene Äscherungsdauer benötigen, eine teilweise Überäscherung wird bei Anwendung höherer Alkalikonzentrationen immer die Folge sein. Ein brauchbares Ergebnis kann hier nur durch langandauernde Einwirkung eines schwachen Alkalis, wie es eben die gesättigte Lösung von Kalkhydrat ist, erzielt werden. Die unvermeidliche Überäscherung eines bestimmten Anteils des Rohstoffs wird unter diesen Bedingungen nur ein geringes Ausmaß erreichen.

Die mannigfaltigen Umwandlungen der Hautsubstanz und ihrer Nebenbestandteile bei der Äscherung entwickeln sich günstiger bei Ausreifung in längeren Zeiträumen. Eine Beschleunigung dieser Vorgänge wirkt nachteilig auf die spätere Leimqualität.

Durch den Kälkungsprozeß wird die Ober- und Unterhaut von der Lederhaut getrennt, indem die verhärteten Zellen der Oberhaut erweicht, die Schleim- und Wachstumszellen, Muzine und Albumine gelöst und die Haarwurzelkanäle so gelockert werden, daß die Haare leicht entfernt werden können. Die Fleischteile der Unterhaut werden zersetzt und die Fette in unlösliche Kalkseifen übergeführt.

Die protoplasmareichen Bindegewebezellen, die in losem Verband das ganze kollagene Gewebe der Lederhaut durchsetzen, werden gelöst und entfernt. Durch die Wirkung der Hydroxylionen des alkalischen Äschers tritt eine starke Alkaliquellung des kollagenen Gewebes ein, die sowohl eine Sprengung der Hüllen und Aufbündelung der Fasern als auch eine Auflockerung der Mizellarverbände zur Folge hat.

Es ist naheliegend, daß der Kalk zum Teil von der Proteinsubstanz chemisch gebunden wird, doch besitzen wir hierüber noch keine zuverlässigen Kenntnisse. Jedenfalls muß bei der Kalkaufnahme durch die Hautsubstanz zwischen dem gebundenen und kapillar aufgenommenen Kalk unterschieden werden. Während der überschüssige Kalk bei den Wäschen leicht entfernt werden kann, erfordert es längere Zeit, bis der gebundene Kalk durch Zerfall der Kalkverbindungen abgespalten wird und herausdiffundiert. Durch Säurezusatz beim Auswaschen wird dieser Vorgang unterstützt.

Herstellung der Kalkmilch. Zur Gewinnung der Kalkmilch ist ein möglichst reiner Ätzkalk zu verwenden, wie er durch Brennen von hochprozentigem kohlensaurem Kalk (Kalkstein) erhalten wird. Gut durchgebrannter Weißkalk läßt sich leicht und vollständig mit Wasser löschen unter Bildung von Kalziumhydroxyd bei starker Wärmeentwicklung.

$$CaO + H_2O = Ca(OH)_2 + 15175 \text{ cal.}$$

Ein Ablöschen auf Vorrat und Einsumpfen der Kalkmilch in Gruben zur Gewinnung des Äscherkalks wird kaum noch vorgenommen. Vielmehr benutzt man zur Herstellung der erforderlichen sehr großen Mengen von Kalkmilch besondere Ablöschapparate in Form von rotierenden Trommeln und Rührwerkbottichen, die automatisch aus dem trockenen Ätzkalk eine Kalkmilch von bestimmter Konzentration liefern.

Man kann den Gehalt der Kalkmilch mit dem Areometer spindeln, obwohl die Kalkmilch keine Lösung, sondern nur eine Aufschlämmung von festem Kalkhydrat ist. Man benutzt entweder ein Areometer, welches direkt Prozent Kalziumhydrat oder Kalziumoxyd anzeigt oder man stellt das spezifische Gewicht der Flüssigkeit fest und rechnet mit Hilfe einer Tabelle auf Prozente Kalkhydrat um.

Das Waschen des Leimleders

Nach der Äscherung erfolgt ein gründliches Auswaschen des Rohstoffs zur Entfernung des Kalks und der bei der Kalkbehandlung in Lösung gegangenen Anteile der Hautsubstanz.

Es sind hierfür Waschmaschinen verschiedener Bauart in Gebrauch. In Europa wird vorwiegend der „Waschholländer" benutzt. Dieser besitzt die äußere Form der bekannten Holländer der Papierfabriken. In einem rechteckigen Behälter mit abgerundeten Enden wird durch ein doppeltes Schaufelrad der Inhalt in Umlauf gesetzt und kräftig durchgerührt. Im Innern befindet sich ein Siebboden oder Siebbleche an den

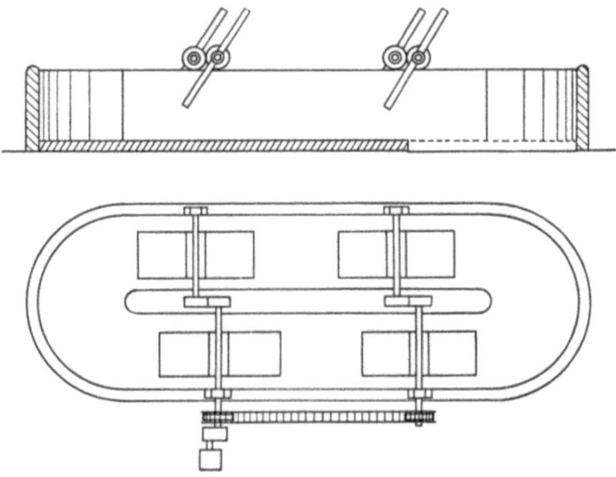

Abb. 59. Waschholländer für Leimleder

Seitenwänden, um beim Abfließen des Wassers die feinen Anteile des Rohstoffs zurückzuhalten. Abb. 59 zeigt einen zu ebener Erde stehenden Waschholländer in Eisenbeton. Er besitzt bei verhältnismäßig großer Länge je 2 zwei- oder vierflüglige Paddelräder auf beiden Seiten. Ein Siebboden erstreckt sich über einen Teil der Länge des Behälters oder es sind Siebbleche an den Seitenwänden angebracht. Die Bewegung der

Flügel ist bei dieser Ausführung verhältnismäßig langsam, sie beträgt etwa 20 Umdrehungen je Minute. Der Antrieb wird von einem Motor mit Getriebe mit Hilfe von Zahnrädern und Ketten betätigt.

In einzelnen Betrieben werden Waschtröge mit einer langgestreckten Rührwelle benutzt, denen eine besonders gründliche Waschwirkung zugeschrieben wird.

In den Vereinigten Staaten ist überwiegend der sogenannte „Cone roller" in Gebrauch. Als Behälter dient hier ein runder Trog von 5 bis

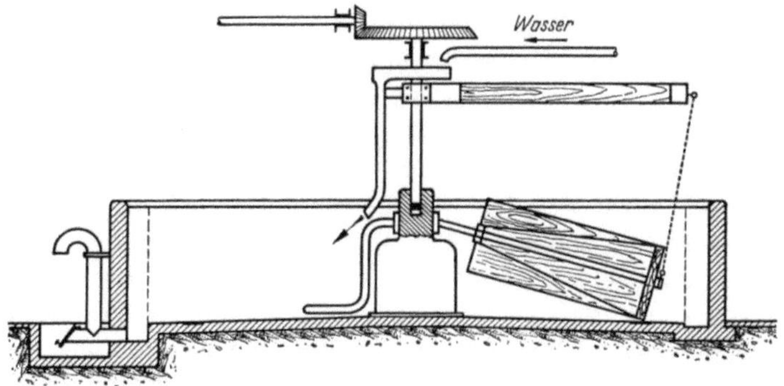

Abb. 60. Amerikanische Waschmaschine für Leimleder („Cone roller") (nach H. Streidl, München)

8 m Durchmesser und etwa $1^1/_4$ m Tiefe, mit einem Siebboden in 25 cm Höhe über dem Boden. Die mechanische Bearbeitung des zu waschenden Rohstoffs wird durch eine hölzerne umlaufende konische Trommel, den „cone", ausgeübt, der zur Steigerung der Rührwirkung am Umfang mit vorstehenden Kanten versehen ist (s. Abb. 60 u. 61). Von einer senkrechten Mittelwelle aus wird die Walze z. B. durch eine Zugkette im Kreise herumgeführt, wobei die Walze auf dem zu waschenden Leimleder frei beweglich aufliegt. Durch abwechselndes Andrücken und Entlasten wird der Rohstoff mit dem Waschwasser gründlich in Berührung gebracht. Der Kraftaufwand ist geringer als bei den Holländern, da der Rohstoff wenig von der Stelle bewegt wird; trotzdem wird anscheinend ein guter Wascheffekt erreicht.

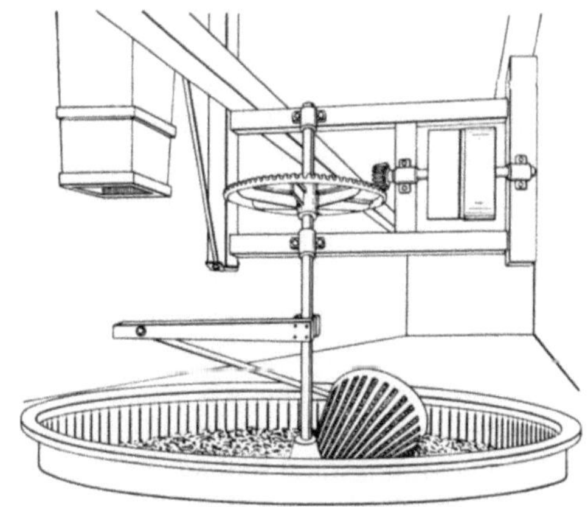

Abb. 61. „Cone roller"-Waschmaschine, Ansicht (nach L. Thiele, Leim und Gelatine, S. 87)

Bei allen Waschmaschinen kann mit dauerndem Wasserdurchfluß gearbeitet werden, wobei natürlich die Wassermenge je nach dem Grad der Vorwaschung noch reguliert werden kann. Oder man kann den Waschbehälter nur von Zeit zu Zeit mit frischem Wasser füllen. Das letztere Verfahren wird da am Platze sein, wo Waschwasser nicht in unbeschränkter Menge zur Verfügung steht. Zweckmäßig wird dann das gebrauchte Wasser vollständig abgelassen und erst dann der Behälter wieder mit frischem Wasser gefüllt. In diesem Falle kommt der Rohstoff immer wieder mit frischem Wasser in Berührung, und es kann auch mit geringerem Wasserverbrauch eine gute Entkalkung erzielt werden.

Bei Gebrauch der Waschmaschinen ist die richtige Wahl der Siebbleche zu beachten, vor allem bei der Verarbeitung von feinfaserigem Maschinenleimleder, da es sich hierbei um die Zurückhaltung oder den Verlust nicht unbedeutender Fett- und Hautsubstanzmengen handelt. Es ist jedoch nicht möglich, durch sehr enge Lochung der Siebbleche diese Verluste zu vermeiden. Bei einem höheren Gehalt des Leimleders an Neutralfett beobachtet man ein starkes Schmieren schon bei Lochweiten von 4 mm, da sich die Löcher sehr schnell durch eingedrungene Fetteilchen verlegen. Das Gegebene ist hier die Verwendung verhältnismäßig weiter Siebe, die sich leicht durch einen starken Wasserstrahl reinigen lassen. In die Abwasserleitung ist ein Feinfilter einzubauen, z. B. ein Drehfilter, das aus dem abfließenden Wasserstrom noch die mitgerissenen feineren Haut- und Fettkalkteilchen entfernt und automatisch austrägt.

Verhalten des Hautmaterials beim Waschprozeß. Liegt ein durch Ätzkalk und Schwefelnatrium stark gequollenes Material vor, so beobachtet man beim Waschen eine verhältnismäßig rasche Entfernung der Äscherchemikalien, während das aus dem Innern nachdiffundierende Alkali begreiflicherweise je nach der Dicke der Hautstücke einer längeren Zeitspanne bedarf. Stehen genügend Waschmaschinen zur Verfügung und hält das Rohmaterial nicht gar zu hartnäckig seinen Kalk zurück, so wäscht man vorteilhaft ohne Säurezusatz bis zur völligen Neutralität des Hautmaterials weiter. Je nachdem sind dazu 24 bis 48 und mehr Stunden nötig. Da nun mit dem Alkali fortwährend gelöste Eiweißsubstanz herauswandert, so haben wir es hier vor allem bei länger ausgedehntem Waschen mit einer nicht zu unterschätzenden Nachextraktion von für die Leimgewinnung nachteiligen Eiweißabbauprodukten zu tun.

Mit fortschreitender Entkalkung tritt eine Entquellung der Hautsubstanz ein, sie wird schlaff und verfällt. Durch Zusatz von Mineralsäure, Salzsäure oder Schwefelsäure kann die Erreichung dieses Zustands beschleunigt werden, wenn durch genaue Kontrolle der Alkalitätsverhältnisse dafür gesorgt wird, daß kein bleibender Überschuß an Säure verwendet wird. Überschüssige Säure bringt bekanntlich ihrerseits die Hautsubstanz wieder zur Quellung, und an der starken Trübung des ablaufenden Wassers sowie an der glasigen Beschaffenheit gewisser Hautpartien erkennt man leicht den Eintritt der Übersäuerung.

In einzelnen Betrieben wird regelmäßig ein Säurezusatz zur vollständigen Neutralisierung des Kalks benutzt. Man wäscht z. B. zunächst mit Wasser bis zu p_H = 8 bis 9 aus, wobei der p_H-Wert im abfließenden Wasser gemessen wird. Sodann gibt man bei abgestelltem Wasserfluß so viel Salzsäure zu dem bewegten Rohstoff, daß nach 3 Stunden noch ein p_H-Wert von 6 bis 7 aufrechterhalten wird. Nun erfolgt ein mehrstündiges Nachwaschen zur Entfernung des geringen oberflächlichen Säureüberschusses sowie des bei der Neutralisation entstehenden Chlorkalziums bzw. Natriumsulfats.

Der Nachteil einer starken Rohmaterialsäuerung ist erwiesen. Abgesehen von dem bei starker Übersäuerung eintretenden Substanzverlust erhält man leicht einen Leim von dunkler (rotbrauner) Farbe, der bei Säuerung mit Salzsäure und mangelhaftem Auswaschen schlecht trocknet, also hygroskopisch ist, bei Anwendung von Schwefelsäure dagegen Gips enthält, der sich unter Umständen im Vakuumapparat durch Krustenbildung unliebsam bemerkbar macht und auch zur Auswitterung und einer rauhen Oberfläche der getrockneten Leimtafeln führen kann.

Die unangenehmste Eigenschaft besteht jedoch in der erhöhten Fäulnisfähigkeit des Leims, vor allem wenn mit Salzsäure gesäuert wurde. Dies rührt einerseits her von der Fällung der kalklöslichen Eiweißstoffe durch die Säure innerhalb des Materials, die dann beim Siedeprozeß die Abzüge trüben und dem Leim bei Nichtentfernung eine schmutzige Farbe erteilen. Sie bilden bei ihrer leichten Zersetzlichkeit einen geeigneten Nährboden für Bakterien. Andererseits werden möglicherweise bestimmte zur Haltbarmachung des Leims zugesetzte Konservierungsstoffe in ihrer Wirkung durch die nicht entfernten Elektrolyte ungünstig beeinflußt.

Der Siedeprozeß

Entsprechend dem früheren Brauch spricht man auch heute noch von einem Versieden des Leimleders, obwohl es sich um ein Ausschmelzen handelt, das in der Hauptsache bei Temperaturen unter dem Siedepunkt vorgenommen wird. Zur Erzeugung eines möglichst hochviskosen, an Abbauprodukten armen Leims ist die Anstrebung einer neutralen Reaktion beim Siedeprozeß die erste Vorbedingung. Langes und sauberes Vorwaschen ist dafür die beste Grundlage. Das Verkochen erfolgt ganz allgemein in offenen Kesseln.

Diese Sudkessel sind meist rechteckige Behälter von 4 bis 7 qm Grundfläche und etwa $1\frac{1}{4}$ bis $1\frac{1}{2}$ m Tiefe mit einem Siebboden und darüberliegenden Heizröhren für indirekten Dampf, teilweise auch mit gelochten Heizröhren für direkten Dampf (Abb. 62). Die indirekte Beheizung kann auch mit Hilfe eines Doppelmantels bewirkt werden. Es wird in der Leimindustrie nicht als notwendig erachtet, emaillierte Stahl-behälter oder solche aus V_2A-Stahl zu benutzen, wie bei der Gelatineherstellung. In einzelnen Betrieben sind aus prinzipiellen Gründen Holzbehälter in Gebrauch, um einen Übergang von Eisen in die Leimbrühe auszuschließen; auch besitzen diese eine bessere Wärmehaltung. Man kann die Leimkessel auch mit einer Um-

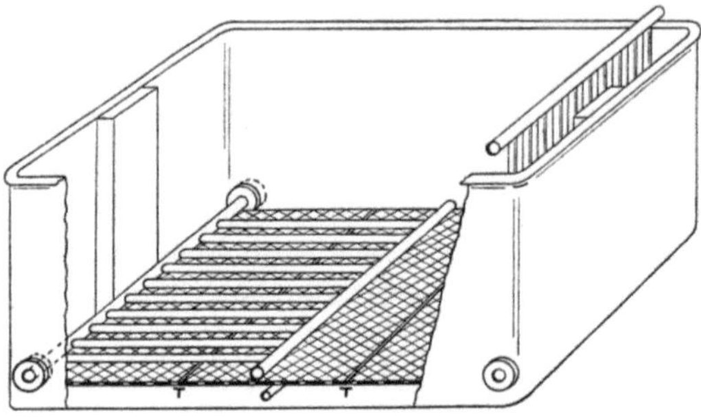

Abb. 62. Sudbehälter für Hautleim (Kochgeschirr)
(nach H. Streidl, München)

laufpumpe versehen, welche die Leimbrühe in der Nähe des Bodens absaugt und von oben her wieder in den Bottich zurückführt, wodurch eine Durchmischung der Brühe und ein guter Temperaturausgleich erzielt wird. Jedoch ist ein solches Verfahren nur selten in Gebrauch.

Zum Aussieden wird der etwa zu Dreiviertel mit Rohstoff gefüllte Kessel mit reinem Wasser aufgefüllt und unter öfterem Aufrühren bei etwa 60° so lange erwärmt bis die entstehende Leimbrühe etwa 5%ig ist. Bei Kontrolle der Wasserstoffionenkonzentration beim Ausschmelzen ist zu berücksichtigen, daß bei der folgenden Eindampfung der p_H-Wert der ersten Abzüge um 0,2 bis 0,4 Einheiten zurückgeht, da ein Teil des in der Brühe vorhandenen Kalks durch die Kohlensäure der Luft gebunden wird. Bei den letzten Abzügen steigt dadurch, daß nun der kapillar gebundene Kalk in Lösung geht, der p_H-Wert wieder an. Nur eine jahrelange Erfahrung ergibt die Möglichkeit, den p_H-Wert jeweils im richtigen Bereich zu halten, um dem Leim den gewünschten p_H-Endwert zu geben.

Zeigt nun die Leimspindel einen Gehalt von etwa 5% an, so wird dieser erste „Abzug" durch den Siebboden in ein größeres Sammelgefäß abgelassen. Der Rest wird erneut mit Wasser angesetzt. Derart werden nacheinander 4 bis 6 solcher Abzüge gemacht unter Steigerung der Ausschmelztemperatur. Nach anderen Angaben werden die ersten beiden Abzüge bei etwa 75° entnommen und die Konzentration auf 8 bis 12% gebracht. Bei den weiteren Abzügen wird die Temperatur auf 80° und schließlich auf 90° gesteigert. Es ist auch das Verfahren in Gebrauch, daß man ohne besondere Temperaturkontrolle das Wasser oder Leimwasser im Kochbehälter bis zum ersten Aufkochen erwärmt und dann den Kesselinhalt ohne weitere Wärmezufuhr bis zur gewünschten Anreicherung der Brühe sich selbst überläßt.

Vor dem Ablassen der Leimbrühen wird das vor allem bei Verarbeitung von frischem Leimleder auftretende Neutralfett abgeschöpft. Beim letzten Abzug werden die Rückstände ausgekocht, dieser dient als Zusatzwasser für den ersten Abzug des folgenden Arbeitsgangs, da er nur einen geringwertigen Leim liefern würde.

Im allgemeinen werden die einzelnen Abzüge nicht getrennt gehalten, sondern gesammelt, gemischt und nach Eindampfen gemeinsam auf Trockenleim verarbeitet.

Bei Verwendung von Spalt- und Kalbleimleder können auch die ersten Abzüge auf technische Gelatine und Gelatineleim von besonders hoher Viskosität und Gallertfestigkeit verarbeitet werden.

Ein weiteres Verfahren besteht darin, daß man nicht, wie zuvor erwähnt, alle Abzüge zu einem Sud vereinigt, sondern diese Abzüge nur gruppenweise zusammennimmt und mehrere Teilsude herstellt.

Herstellung von Teilsuden

Bei diesem Verfahren werden z. B. die ersten und zweiten Abzüge als erster Teilsud gesammelt, die dritten und vierten als 2. Teilsud und die folgenden Abzüge fallen als 3. Teilsud an. Die Teilsude zeigen oft beträchtliche qualitative Unterschiede, durch Abmischen der getrockneten Sude hat es der Hersteller in der Hand, ein Erzeugnis zusammenzustellen, das bestimmten Anforderungen an die Qualität entspricht.

In der Versuchsreihe nach Tabelle 37[1] wurden aus der laufenden Produktion einer Hautleimfabrik die Zahlen für eine Anzahl Sude auf-

Tabelle 37. *Viskosität und Gallertfestigkeit von Teilsuden*

Nr.	1. Teilsud			2. Teilsud			3. Teilsud		
	Viskosität	Bloom-Gr.	p_H	Viskosität	Bloom-Gr.	p_H	Viskosität	Bloom-Gr.	p_H
1	10,0	344	7,5	7,2	311	7,1	5,5	253	7,4
2	9,5	389	7,4	6,7	317	7,4	5,0	245	7,4
3	9,3	352	7,1	7,2	303	7,1	5,6	250	7,5
4	8,8	387	7,5	6,9	316	7,5	6,4	287	7,4
5	8,0	319	7,1	6,0	275	7,3	4,5	206	7,3
6	7,7	339	7,3	7,0	280	7,1	5,6	241	7,3
7	7,6	340	7,3	6,5	281	7,2	5,4	256	7,2
8	7,3	320	7,4	6,0	246	7,3	4,7	223	7,4
9	7,2	330	7,3	6,0	256	7,3	4,4	207	7,4
10	7,0	330	7,3	6,0	260	7,1	5,2	238	7,4
11	6,8	329	7,1	7,1	290	7,3	6,4	260	7,3
12	6,5	337	6,9	5,3	275	6,6	4,3	210	7,1
13	6,4	308	7,3	5,8	266	7,5	4,5	224	7,5
14	6,3	352	6,9	5,2	260	7,3	4,7	230	7,2
15	6,0	300	7,4	5,0	247	7,4	4,9	224	7,4
16	5,8	304	7,3	5,8	260	7,5	4,8	216	7,3
17	5,5	310	7,1	5,0	265	7,5	4,7	240	7,4
18	5,3	323	6,8	4,8	265	6,9	4,5	215	7,2
19	5,2	304	7,4	5,8	293	7,4	4,8	253	7,4
20	4,4	292	7,0	4,8	249	7,1	4,1	204	7,2

[1] Dissertation W. Ellenberger, Stuttgart 1954.

geführt, und zwar getrennt in je drei Teilsuden. Von jedem Teilsud wurde die Viskosität nach ENGLER, die Gallertfestigkeit nach BLOOM und der p_H-Wert bestimmt. Die Zahlen sind nach abnehmender Viskosität der ersten Teilsude geordnet.

Diese Zahlen lassen erkennen, daß zwischen Gallertfestigkeit und Viskosität ein bestimmtes Verhältnis *nicht* besteht (s. S. 110). Bemerkenswert ist, daß in allen Fällen die Gallertfestigkeit von Teilsud 1 bis Teilsud 3 abnimmt, während die Viskosität gelegentlich auch ansteigt, so bei den Versuchen 11, 19 und 20.

Wie schon erwähnt, wird auch ein Verkochen mit direkt eingeblasenem Dampf gelegentlich angewandt. Dies erscheint in solchen Fällen notwendig, in denen noch verhältnismäßig hartes, kurz oder gar nicht nachgeäschertes und unaufgeschlossenes Rohmaterial verarbeitet wird. Man erhält in kurzer Zeit unterstützt durch die mechanische Rührtätigkeit des einströmenden Dampfes einen gleichmäßig erhitzten Kesselinhalt. Überläßt man die Brühe der einzelnen Abzüge noch einige Zeit der Ruhe, so daß sich bei abgestelltem Dampf der feste suspendierte Anteil genügend absetzen und das Material noch nachschmelzen kann, so erhält man Brühen von hinreichender Klarheit mit einem Gehalt an 6 bis 8% Trockengehalt.

Durch die direkte Kochung tritt gleichzeitig eine gründliche Sterilisation des Kesselinhalts ein, was vor allem bei reichlicher Verwendung von rohem Leimleder von größter Bedeutung ist. Gewisse meist geringwertige Leimledersorten halten häufig mit besonderer Hartnäckigkeit Alkali in ihren stärkeren Teilen zurück, so daß bei ihrer Verkochung in manchen Fällen sich doch noch Alkalitätsgrade einstellen, die, wenn unbeachtet, einen niedrig viskosen Leim ergeben müßten. Zur Neutralisation starke Mineralsäuren den heißen Leimbrühen zuzusetzen, ist natürlich nicht zulässig, dagegen ist Phosphorsäure weniger bedenklich, da hierbei der Kalk in unlöslicher Form niedergeschlagen wird.

Von schwachen Säuren sind Kohlensäure und schweflige Säure als Neutralisationsmittel ebenfalls erprobt worden. Kohlensäure löst sich in der heißen Leimbrühe nur spurenweise und entweicht größtenteils ungebunden an der Oberfläche. Bessere Erfolge erzielt man mit Schwefeldioxyd, da hier die Löslichkeit eine günstigere ist als bei Kohlendioxyd und eine saubere Neutralisation in kurzer Zeit erreicht wird. Man bläst das Gas direkt aus der Bombe durch Siebröhren in den Kochkessel ein.

Weit einfacher und rascher in der Handhabung sind gewisse Salze, die leicht sauer reagierende Lösungen ergeben. In erster Linie ist hier das Zinksulfat (Zinkvitriol) zu nennen; dieses hat sich in den letzten Jahrzehnten wegen seiner neutralisierenden, stark konservierenden und flockenden Eigenschaften in weitestem Umfang in der Fabrikation des Hautleims eingeführt. Durch gleichzeitigen Zusatz von einer chemisch äquivalenten Menge Bariumkarbonat, das sich mit dem durch die Neutralisation gebildeten Kalziumsulfat trotz seiner geringen Löslichkeit quantitativ zu Bariumsulfat und Kalziumkarbonat umsetzt, kann man den Aschegehalt weitgehend erniedrigen.

Es hat sich schließlich gezeigt, daß die Verwendung von Zinksulfat nicht ohne Bedeutung für die Bleichmöglichkeit eines Leimes ist. Man beobachtet beim Zusetzen des Salzes zum heißen Kesselinhalt das Auftreten einer milchigen Trübung, wohl eine durch das entstehende Zinkhydroxyd hervorgerufene Eiweißflockung. Diese Flockung besitzt eine erhebliche Adsorptionskraft für gewisse färbende Substanzen im Leim, denn man erhält hier nach sachgemäßer Filtration ein der reduzierenden Bleichung sehr zugängliches Leimerzeugnis.

Klärung und Filtration der Leimbrühen

Die chemische Klärung beruht auf einer Flockenbildung, die alle feinteiligen, selbst kolloide Fremdstoffe adsorbiert; nach Absetzen der Flockung ist die Leimlösung vollkommen klar. Die Klärung eignet sich jedoch in erster Linie für Knochenleim (s. S. 185).

Auch durch Filtration erhält man völlig klare Lösungen von reinerer Farbe. Die gewöhnlichen Filterpressen, die mit Filtertüchern arbeiten, sind nicht imstande, die feinteiligen Verunreinigungen aus den Leimlösungen zu entfernen. Man benutzt für Leim und Gelatine Spezialfilter. Diese gleichen zwar in ihrer äußeren Form den Filterpressen (Abb. 63); an Stelle der Filtertücher treten jedoch dicke Filterplatten, die in einer besonderen Presse aus aufgeschlemmter Zellulose-, Baumwoll- und Asbestfaser hergestellt werden. Diese passen genau in die Kammern der Filterpresse und werden noch feucht in die

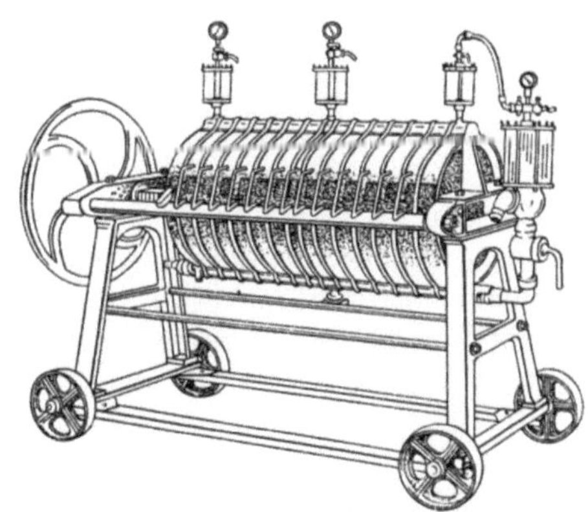

Abb. 63. Filter für Gelatine und Leim

Kammern eingesetzt. Die Leimbrühe wird mit Hilfe einer Pumpe bei 1 bis 3 atm Druck durch das Filter gepreßt. Die verhältnismäßig hohe Durchlässigkeit und ihre große Dicke (3 bis 5 cm) bedingen eine hinreichend große Filtriergeschwindigkeit und ein erheblich aufgehelltes Filtrat. Wenn nach einigen Stunden die Filtrierfähigkeit nachläßt, werden die Filterkuchen durch neue ersetzt. Die gebrauchte Filtermasse kann nach Auswaschen mit heißem Wasser in einer Spezialwaschmaschine immer wieder verwendet werden. Durch mehrstufige Filtration, d. h. wenn man die Leimbrühe nach der ersten Filtration durch ein weiteres Filter von gesteigerter Wirkung schickt, erhält man ein völlig klares Filtrat[1].

Der Zweck des Filtrierens bei der technischen Leimherstellung ist nicht nur die Gewinnung eines möglichst klar durchsichtigen Filtrats, vielmehr soll damit eine reinere, hellere Farbe des Fertigfabrikats erzielt werden. Nach dem Filtrieren wird sogar bisweilen wieder eine geringe Menge einer weißen Mineralfarbe zugesetzt, um ein leicht trübes Erzeugnis zu erhalten (s. S. 190).

Durch die Filtration erleidet der Leim keine Einbuße an Qualität, die Viskosität vor und nach der Filtration ist praktisch die gleiche. Der Verlust an Leimsubstanz durch das Filtrieren ist minimal. Im Gegenteil bedeutet die Filtration des Leims in mehrfacher Hinsicht eine Verbesserung desselben.

Die Beständigkeit gegen Zersetzung wird wesentlich erhöht, beispielsweise zeigte eine filtrierte Leimlösung erst nach 4 Tagen beginnende Zersetzungserscheinungen, während die unfiltrierte Lösung desselben Leims nach dieser Zeit bei 40° im Brutschrank schon völlig in Fäulnis übergegangen war[2].

Weiterhin wird der Fettgehalt, wenn ein solcher vorhanden ist, wesentlich verringert. Fettsäuren werden hier meist als Kalkseifen in Form feiner Flocken vorliegen, die vom Filter zurückgehalten werden. Unverseiftes Fett wird anscheinend von der Filterfaser teilweise adsorbiert[3].

Durch die Entfernung des schaumdämpfenden Fetts aus der Leimlösung ist die unmittelbare Folge des Filtrierens bei manchen Leimsorten ein verstärktes Schäumen des Filtrats, was vor allem beim Eindampfen zu Störungen führen kann. Da nun die Schaumfähigkeit dem fertigen Leim zu einem erheblichen Grade erhalten bleibt, so nimmt man seine Zuflucht zur leichten Fettung der filtrierten Leimlösung vor dem Eindampfen und erzielt dabei schon mit recht geringen Mengen von Neutralfett einen vollen Erfolg. Raffiniertes, leicht emulgierendes Leimfett ebenso die käuflichen Entschäumungsmittel dämpfen den Schaum ausgezeichnet, während z. B. Mineralöl völlig ungeeignet ist (s. auch S. 82).

Die Neigung des Filtrats zum Schäumen ist nicht immer gleich groß. Ein merklich alkalischer, also kalziumhydroxydhaltiger Leim schäumt nach dem Filtrieren sehr stark. Ein weitgehend elektrolytfreier, von Muzinen und Abbaustoffen freier Leim hat auch nach der Filtration nur wenig Neigung zur Bildung eines starken und haltbaren Schaums.

Fettfrei ist praktisch kein Leim, und häufig verdanken gerade die im Rufe besonders geringen Schäumens stehenden Leime diese Eigenschaft ihrem verhältnismäßig hohen Fettgehalt.

---

[1] Spezialfilter mit verhältnismäßig dünner Schicht sind sehr wirksam.

[2] SAUER, E.: Kunstdünger- und Leimindustrie Bd. 21 (1924) S. 295.

[3] SAUER, E.: Kunstdünger- und Leimindustrie Bd. 22 (1925) Nr. 7.

Es sei bemerkt, daß ein Leim sehr fetthaltig sein kann, ohne daß die gelegentlich als Merkmal angeführten „Fettaugen" auftreten, da das Fett in der Leimbrühe völlig emulgiert wird.

Das Eindampfen

Vor der eigentlichen Trocknung muß der verdünnten, etwa 5%igen Leimbrühe die Hauptmenge des Wassers durch Eindampfen entzogen werden. Diese Wasserverdampfung war von jeher ein schwieriger Arbeitsgang bei der Leimgewinnung. Auch die früheren Leimsieder hatten sehr wohl erkannt, daß durch das Kochen der Leimbrühe in Kesseln über direktem Feuer die Leimqualität außerordentlich geschädigt wird. Sie behalfen sich damit, daß sie schon beim Aussieden des Leimleders auf eine möglichst hochkonzentrierte Leimbrühe hinarbeiteten, damit ein nachträgliches Eindampfen unnötig war. Dies konnte wenigstens bei hochwertigem Leimleder durch langes Äschern, Zerkleinern des gewaschenen Leimleders und Versieden mit verhältnismäßig geringem Wasserzusatz erreicht werden, ein Verfahren, das jedoch nur teilweise zum Ziel führte.

Die neuzeitliche Leimfabrikation benutzt zum Eindampfen der Leimbrühe Vakuumverdampfer, die meist nach dem Mehrkörperprinzip gebaut sind. Für die Leimindustrie mußten Spezialverdampfer entwickelt werden, da die beim Eindampfen im Vakuum allgemein sehr störend auftretende Schaumbildung bei Leimlösungen in verstärktem Maße zu erwarten war und außerdem auf die Erhaltung der Qualität besonders Rücksicht genommen werden mußte.

Entsprechend der Eigenart der Leimlösung muß der Leimverdampfer folgende Bedingungen erfüllen:

1. Niedere Eindampftemperatur,
2. kurze Berührungszeit der Leimlösung mit den Heizflächen,
3. Unterdrückung der Schaumbildung.

Die Herabsetzung der Temperatur wird durch Anwendung des Vakuums erreicht. Eine kurze Verweilzeit im Verdampfer läßt sich durch kontinuierliche Verdampfung mit schnellem Durchgang der Leimbrühe durch den Verdampfer verwirklichen. Dabei ist der Fassungsraum des Verdampfers so klein wie möglich zu halten. Die Unterdrückung der Schaumbildung beim Eindampfen gelingt heute in durchaus befriedigender Weise, anfänglich durch Anwendung von Prallplatten, neuerdings hauptsächlich durch Zentrifugalwirkung. Gleichzeitig soll natürlich eine möglichst günstige Ausnutzung der Wärme gewährleistet sein.

Die Anwendung des Vakuums bedingt an sich keine Wärmeersparnis gegenüber dem Eindampfen unter dem äußeren Atmosphärendruck, diese wird erst durch das „Mehrkörperprinzip" erreicht. Bei Anordnung von mehreren Verdampferkörpern hintereinander wird mit dem Brüdendampf des ersten Körpers der zweite Körper beheizt usw. Ein solches

Verfahren ist nur möglich, wenn entsprechend der abnehmenden Temperatur des Brüdens die Siedetemperatur der Flüssigkeit von Körper zu Körper stufenweise herabgesetzt wird. Diese Möglichkeit besteht durch Anwendung des Vakuums. Die Siedetemperatur in der letzten Stufe wird durch die Kondensation bestimmt, die Temperatur im Heizraum des ersten Körpers durch den Druck des Heizdampfs, die übrigen Temperaturen stellen sich von selbst ein. Die Temperaturen in einem dreistufigen Vakuumverdampfer betragen z. B. 90°, 75° und 55°. Theoretisch erfordert ein Zweikörperverdampfer die Hälfte, ein Dreikörper ein Drittel der Menge des Heizdampfs wie sie im Einkörperapparat nötig wäre. Außerdem sind dabei natürlich die entsprechenden Wärmeverluste in Rechnung zu setzen.

Der Mehrkörperverdampfer benötigt eine wesentlich größere Heizfläche als ein Einkörper der gleichen Leistung, da das Temperaturgefälle zwischen Heizfläche und einzudampfender Flüssigkeit mit steigender Zahl der Verdampfkörper immer kleiner wird.

Eine weitere Ersparnis an Heizdampf kann durch Anwendung des Prinzips der „Wärmepumpe" erreicht werden. Man komprimiert den Brüdendampf, bringt ihn dadurch wieder auf höheren Druck und höhere Temperatur und kann ihn dann zur weiteren Eindampfung der Lösung verwenden, aus welcher er entstammt.

Wenn diese Kompression des Brüdens maschinell z. B. mit Hilfe eines elektrisch betriebenen Turbokompressors durchgeführt wird, so sind für eine derartige Anlage und deren Betrieb so hohe Kosten aufzuwenden, daß das Verfahren nicht lohnend ist.

In sehr einfacher Weise und wenig kostspielig läßt sich die Brüdenkompression mit Hilfe eines Dampfstrahlkompressors verwirklichen. Der Vorgang ist in

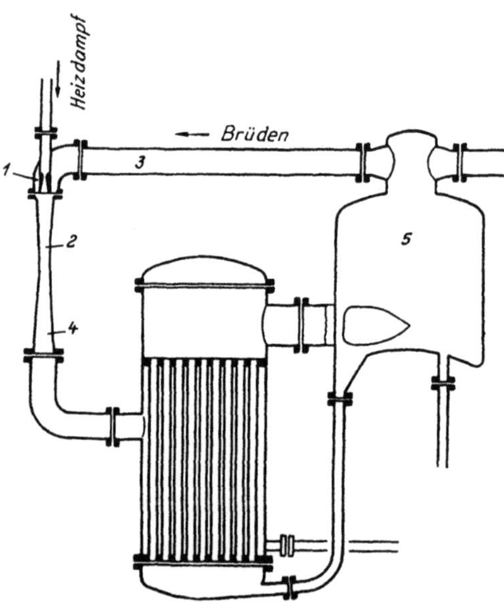

Abb. 64. Einkörper-Verdampfer mit Brüdenkompressor

Abb. 64 an einem Einkörperverdampfer dargestellt. Diese Konstruktion ist deshalb ebenso einfach als wirkungsvoll, weil der zum Betrieb des Strahlkompressors dienende Dampf gleichzeitig als Heizdampf Verwendung findet. Der Heizdampf, der wenigstens 2 atü Druck haben muß, tritt durch die Düse 1 in den Dampfstrahlkompressor 2 ein, er saugt durch Rohr 3 einen erheblichen Anteil des Brüdendampfs aus dem Flüssigkeitsabscheider 5 an. Im Strahlkompressor wird der Brüden auf höheren Druck gebracht, aus Frischdampf und Brüden entsteht ein Dampfgemisch, das einen höheren Druck und eine höhere Temperatur als der Brüden besitzt und zum Heizkörper des Verdampfers strömt. Ein Teil des Brüdens wird auf diese Weise im Kreislauf immer wieder als Heizdampf zur Eindampfung herangezogen. Jedoch ist es nicht möglich, die gesamte Menge des Brüdens wieder nutzbar zu machen, vielmehr muß ein Teil desselben dem Kondensator zugeführt werden, entsprechend der Menge des Frischdampfs, die dauernd zum Betrieb des Strahlkompressors nötig ist.

Abb. 65 stellt einen Dreikörper-Vakuumverdampfer dar, wie er in der Leimindustrie vielfach in Gebrauch ist (Wiegand, Apparatebau, Karlsruhe). Die Heizkörper H_1, H_2, H_3 sind mit senkrecht stehenden Heizrohren ausgerüstet. Es hat sich erwiesen, daß mit senkrecht stehenden Rohren der beste Effekt erzielt wird. Bei a_1 strömt die Leimlösung dem ersten Heizkörper zu, durch a_2 und a_3 wird sie dem zweiten bzw. dritten Heizkörper zugeleitet. Der mittlere und obere Teil der Rohre ist nicht mehr mit Flüssigkeit gefüllt, sondern es sind nur die inneren Rohrwandungen benetzt. Der im Rohr entstehende Brüden treibt die Flüssigkeit mit großer Geschwindigkeit nach oben. Schaumblasen, die sich im unteren Teil der Rohre bilden, werden zerstört, so daß die Flüssigkeit die Rohre in der Hauptsache tropfenförmig und schaumfrei verläßt. Die Trennung von Brüden und Flüssigkeit erfolgt in den an die Heizkörper anschließenden Flüssigkeitsabscheidern A_1, A_2, und A_3. Diese Abscheider sind als Zentrifugalabscheider gebaut. Der Brüdenstrom tritt tangential mit großer Geschwindigkeit in den Abscheider ein, so daß durch Zentrifugalkraft die Flüssigkeit vom Wasserdampf getrennt wird und eine verlustfreie schaumlose Eindampfung gewährleistet ist. Bei a_4 verläßt die konzentrierte Leimbrühe den Verdampfer und wird kontinuierlich durch eine Pumpe abgezogen. Der überschüssige Brüden wird im Oberflächenkondensator verflüssigt und aus dem Kühler durch eine Strahlpumpe abgesaugt.

Die Endkonzentration wird durch die Menge des Zulaufs an dünner Brühe bei a geregelt. Bei geringer Zulaufmenge wird eine hohe Endkonzentration erreicht. Bei der hier angewandten kontinuierlichen Eindampfung kann nicht eine beliebig hohe Konzentration eingehalten werden, die Höchstkonzentration wird etwa 50% betragen. Doch wird normal die Leimbrühe bei Hautleim ohnedies nur höchstens auf 25% eingedampft. Bei dem abgebildeten Verdampfer ist die Einrichtung getroffen, daß durch die Rohre links unten am Flüssigkeitsabscheider ein Teil der eingedampften Leimbrühe vom Abscheider jeweils wieder zum gleichen Heizkörper zurückkehrt, um bei der Eindampfung eine höhere Konzentration zu erzielen, die Menge dieses Rücklaufs kann geregelt werden.

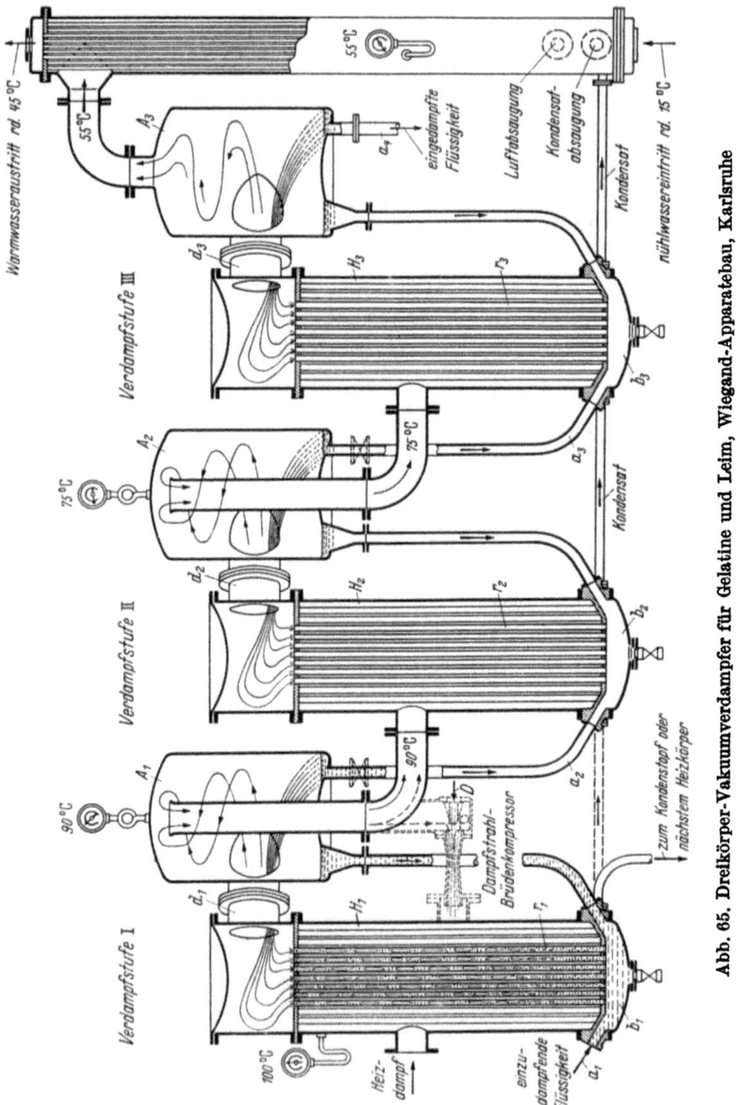

Abb. 65. Dreikörper-Vakuumverdampfer für Gelatine und Leim, Wiegand-Apparatebau, Karlsruhe

Wie aus Abb. 65 ersichtlich, ist der Inhalt an Flüssigkeit im Verdampfer gering, er ist nur so groß, daß eben die Heizkörper und ein kleiner Teil der Abscheider gefüllt ist. Der hierdurch erzielte schnelle Durchgang der

Brühe durch den Verdampfer ist für die Schonung der Leimqualität sehr vorteilhaft. Infolge der kleinen Flüssigkeitsmenge beträgt die Kochdauer in der ersten Stufe, wo die Konzentration noch gering und die Temperatur am höchsten ist (z. B. 90° C), nur 1 bis 2 Minuten. Tatsächlich ist ein Rückgang der Viskosität der Leimbrühe beim Eindampfen in derartigen Apparaten kaum feststellbar. Zum Schluß beim Ablauf aus Abscheider A_3 wird die eingedampfte Leimbrühe durch eine kleine Pumpe aus dem Verdampfer entnommen.

Abb. 66 stellt einen Einkörper-Vakuumverdampfer dar, der durch Anwendung eines Brüdenkompressors auch für kleinere Leistungen ein spar-

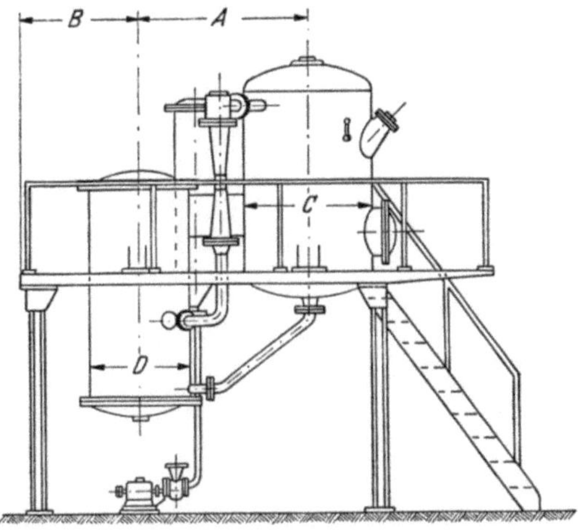

Abb. 66. Einkörper-Vakuumverdampfer mit Brüdenkompressor und Sammelbehälter, H. Streidl, München

sames Eindampfen bei verhältnismäßig niederen Anschaffungskosten gestattet[1].

Bei den neuzeitlichen Verdampfern findet sich meist die Bauart mit getrennten Heizkörpern und Flüssigkeitsabscheider, die von B. BLOCK etwa vor 40 Jahren eingeführt wurde. Sie gewährleistet eine leichte Zugänglichkeit der einzelnen Teile des Apparats. Die Schaumabscheidung wird hier zweckmäßig durch Zentrifugalwirkung erreicht.

Die bekannten Verdampfer der Fa. Kestner, Lille, sind durch große Länge der Heizrohre gekennzeichnet, wodurch eine hohe Durchgangsgeschwindigkeit bei sehr dünner Schicht der einzudampfenden Flüssigkeit an den Rohrwandungen bewirkt wird. In Abb. 67 ist ein Verdampfer dieser Firma gezeigt, welcher in einem Körper in einer Hälfte (links) mit *aufsteigender*, in der anderen Hälfte (rechts) mit absteigender Flüssigkeit

---

[1] H. Streidl, München.

arbeitet. Entsprechend dieser Betriebsweise ist hier der Flüssigkeitsabscheider *unten* angeschlossen. Bei dieser Ausführung wird bei *einem*

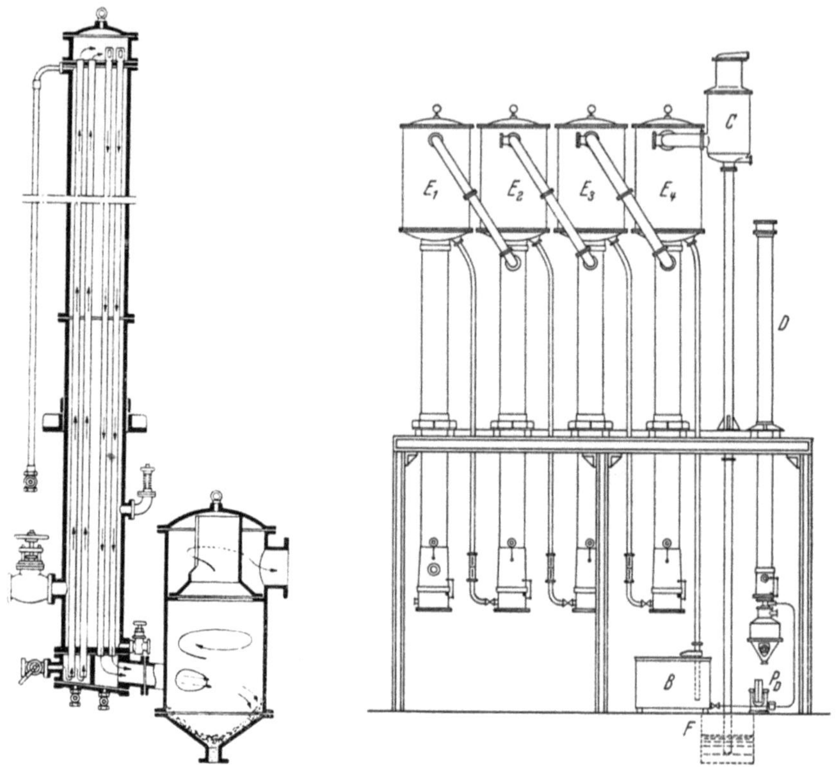

Abb. 67. Einkörper-Vakuumverdampfer System Kestner, Lille

Abb. 68. Vierkörper-Vakuumverdampfer System
Kestner, Lille

Durchgang der Flüssigkeit eine hohe Endkonzentration erreicht. Abb. 68
ist ein Vierkörper-Verdampfer der gleichen Firma.

Tabelle 38[1]. *Dampf-, Kühlwasser- und Kraftbedarf verschiedener Verdampfanlagen
für 1000 l/Stunde Wasserverdampfung*

	1 stufiger Vakuum-verdampfer	1 stufiger Vakuum-verdampfer mit Brüdenkompressor	3 stufiger Vakuum-verdampfer	3 stufiger Vakuum-verdampfer mit Brüdenkompressor
Dampf	1100 kg	600 kg	420 kg	360 kg
Kühlwasser	20 m³	10 m³	8 m³	6 m³
Kraft	6 PS	3 PS	3 PS	3 PS

Fallstromverdampfer. Das Bestreben, Verdampferanlagen für besonders hochempfindliche Stoffe zu schaffen, hat zur Konstruktion des

---

[1] Angaben von Wiegand-Apparatebau, Karlsruhe.

„Fallstrom-Verdampfers" geführt (Abb. 69). Das Prinzip besteht darin, daß Flüssigkeit und Brüden ihren Weg durch die Heizrohre von *oben* nach *unten* nehmen, also gerade umgekehrt wie bei den meistgebräuchlichen Verdampfern. Dieses Verfahren gestattet, den Flüssigkeitsinhalt des Verdampfers auf ein Mindestmaß herabzusetzen. Die Innenflächen von Siederohren und Abscheider sind nur benetzt, mit Flüssigkeit gefüllt sind nur die Vorwärmer sowie die Pumpen mit ihren Zu- und Ableitungen. Wesentlich für den einwandfreien Betrieb derartiger Apparate ist die richtige Art der Flüssigkeitszuführung zu den Heizrohren. Die Durchlaufzeit durch einen solchen Verdampfkörper beträgt höchstens etwa 1 Minute. Zur Schonung von hochwertigem Eindampfgut kann hohes Vakuum benutzt werden und dieses kommt voll zur Wirkung, weil in den Heizrohren kein statischer Druck einer Flüssigkeitssäule besteht.

Während für die Leimgewinnung normale Vakuumverdampfer ihren Zweck durchaus erfüllen, wird der Fallstrom-Verdampfer da am Platze sein, wo besonders empfindliches Gut, z. B. hochwertige Gelatine eingedampft werden soll.

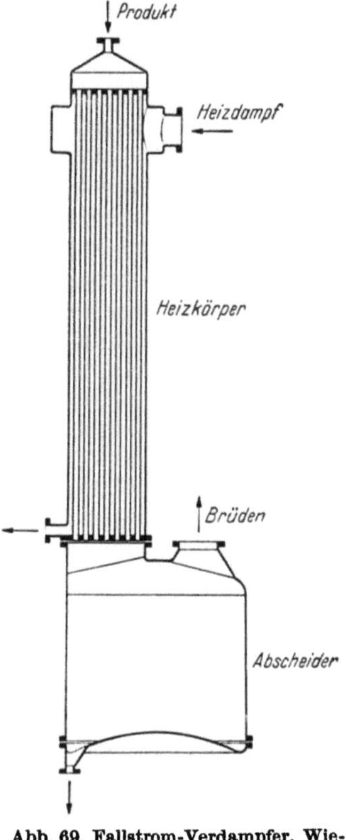

Abb. 69. Fallstrom-Verdampfer, Wiegand-Apparatebau, Karlsruhe

Konservieren und Bleichen des Leims

Wie schon erwähnt, wird die Leimbrühe je nach Qualität des Leims auf etwa 20 bis 25% eingedampft, zumindestens so weit, daß beim Erkalten eine „schnittfeste" Gallerte entsteht. Vor der Überführung in den Trockenzustand wird sie noch einer Behandlung unterzogen, die einerseits die Beständigkeit gegen Zersetzung erhöht, andererseits auch das Aussehen des trocknen Endprodukts noch verbessert. Schon durch die vor dem Eindampfen meist vorgenommene Filtration werden feste Schwebstoffe entfernt, eine reinere Farbe und klareres Aussehen erzielt.

Wird die Leimbrühe, wie dies heute meist geschieht, durch Schnelltrocknung auf Kleinstückleim verarbeitet, so erscheint eine besondere Konservierung überflüssig. Da jedoch der Verbraucher häufig unter den ungünstigsten Verhältnissen sehr hohe Ansprüche an die Beständigkeit des Hautleims stellt, so empfiehlt es sich, jeden Leim grundsätzlich in eine Form zu bringen, in der er sowohl den auf der Oberfläche der Gallerte aufkommenden Verflüssigungsbakterien, als auch den sich bei Brutschranktemperaturen im flüssigen Leim entwickelnden Fäulnisbakterien größtmöglichen Widerstand leistet.

Eine äußerst unangenehme Art der Zersetzung tritt in der noch wasserhaltigen Leimgallerte beim Trocknen als Tafelleim unter Blasenbildung auf. Es ist das Verdienst von CH. HICKETHIER[1] durch sorgfältige bakteriologische Untersuchungen diese Vorgänge aufgeklärt zu haben.

Die Gasblasen kommen durch den Lebensvorgang einer bestimmten Art von anäroben Bakterien zustande; diese Bakterien sind fast immer im Rohmaterial nachzuweisen. Ihre Sporen zeichnen sich durch große Beständigkeit gegen Wärme aus, erst durch neunstündiges Erhitzen auf Siedetemperatur werden sie vernichtet. Sie überdauern daher den Siedeprozeß und finden ihrer anäroben Natur gemäß bei völligem Luftabschluß im Innern der außen angetrockneten Gallerttafeln die günstigsten Lebensbedingungen. Wird die Trocknung der Tafeln schnell beendet, so bleibt es bei der Bildung kleiner Blasen; bei Auflösen des Leims in Wasser kommt die Zersetzung wieder zum Stillstand. Bei längerer Entwicklungsdauer, wie sie z. B. bei dicken Leimtafeln während der Trocknung gegeben ist, nimmt das Wachstum der Bakterien und damit die Blasenbildung einen äußerst starken Umfang an („Taschenleim"), es entstehen übelriechende Fäulnisgase, und der Leim färbt sich dunkel, so daß die Leimsubstanz erheblich geschädigt wird.

Eine zuverlässige Konservierung bereitet bisweilen Schwierigkeiten. Die Verhältnisse liegen beim Hautleim insofern ungünstiger als beim sauren Knochenleim, da die Fäulnisbakterien gerade die neutrale oder leicht alkalische Reaktion des Hautleims bevorzugen. Konservierungsmittel sind in großer Zahl bekannt.

Wirklich brauchbar sind nur wenige Mittel dieser Art. Einzelne besitzen überhaupt nur eine ungenügende Wirkung, andere konservieren gut, sind jedoch störender Eigenschaften wegen nicht anwendbar. Formaldehyd z. B. macht den Leim unlöslich in Wasser, Beta-Naphthol gibt manchmal zu Verfärbungen Anlaß, Phenol besitzt einen starken Geruch. Als sehr brauchbar hat sich das p-Chlor-m-kresol erwiesen, der Kresolgeruch ist nur sehr schwach. Es kommt unter dem Namen „Raschit" in den Handel, ist allerdings in Wasser unlöslich und muß unter Zusatz von Natronlauge gelöst werden.

Ein lösliches Salz des Chlorkresols ist das „Grotan", welches sich als Konservierungsmittel für Leim gut bewährt hat. Grotan löst sich in 20 bis 30 Teilen heißen Wassers, andererseits kann es, ähnlich wie Phenol, durch Zusatz geringer Wassermengen verflüssigt werden (Lösung vom Wasser in Grotan).

---

[1] CH. HICKETHIER: Kunstdünger- und Leimindustrie Bd. 24 (1927) S. 527.

Zu beachten ist auch, daß Grotan mit Wasserdampf, z. B. im Verdampfer flüchtig ist. Aus diesem Grund ist die kombinierte Anwendung mit einem anderen Konservierungsmittel zweckmäßig. Beispielsweise kann man den frisch hergestellten Leimabzügen zur Vorkonservierung sogleich Zinksulfat zusetzen, nach dem Eindampfen erfolgt die eigentliche Konservierung mit Grotan. Wichtig ist dabei, daß bei Zusatz des Grotans noch keine stärkeren Zersetzungsvorgänge der Leimsubstanz begonnen haben. Falls dies jedoch zutrifft, ist die Wirkung des Grotans zweifelhaft, da es dann möglicherweise selbst verändert wird, vielleicht einer Reduktion unterliegt.

Werden diese Bedingungen eingehalten, so ist die Leimgallerte oder Leimlösung beinahe unbegrenzt haltbar. Eine Reaktion zwischen Zinksulfat und Grotan in so geringer Konzentration findet in Gegenwart von Leim nicht statt. An neueren Konservierungsmitteln für Leim sind noch zu erwähnen Solbrol, Amicrol und Preventol[1], die eine ähnliche Wirksamkeit besitzen wie Raschit und Grotan und sich zum Teil durch nur geringen Eigengeruch auszeichnen.

Die Bleichung der Hautleime erfolgt mit Oxydations- und mit Reduktionsmitteln.

Die Oxydationsbleiche wird meist mit Wasserstoffsuperoxyd ausgeführt, das in 0,5%iger wäßriger Lösung der nicht mehr zu warmen uneingedampften Leimlösung zugesetzt wird, bis die Aufhellung der Farbe erzielt ist. Die Bleiche erfolgt durch Sauerstoff in statu nascendi, der bei Zerfall des Wasserstoffsuperoxyds eine stark oxydierende Wirkung ausübt. Je nach der Farbe der ursprünglichen Leimlösung rechnet man 3 bis 5 kg 30%iges Wasserstoffsuperoxyd, das mit Wasser auf 0,5% verdünnt wird, zur Bleichung einer Leimlösung, die 1000 kg trockenen Leim enthält.

Neuerdings wird gelegentlich eine Bleichung des Leims mit Chlor vorgenommen. Handelsübliches Natriumhypochlorit in Form der „Natronbleichlauge" mit 150 g wirksamen Chlors im Liter wird in starker Verdünnung der Leimbrühe zugesetzt.

Weit mehr ist die Reduktionsbleichung in Gebrauch, die in der konzentrierten Leimbrühe vorgenommen wird. Ausgezeichnet brauchbar für diesen Zweck ist „Blankit", das Natriumsalz der hydroschwefligen Säure (Natriumhydrosulfit), die nur in ihren Salzen beständig ist. Es zersetzt sich in der warmen Leimlösung unter Bildung von Schwefeldioxyd, welches auf bestimmte färbende Bestandteile der Leimlösung reduzierend wirkt und die Färbung aufhellt. Die Bleichung geschieht, indem man der konzentrierten Leimlösung das in kaltem Wasser gelöste feste Natriumhydrosulfit unter kräftigem Rühren zusetzt. Die Menge beträgt 0,1 bis 0,2% berechnet auf den Leimtrockengehalt der Leimlösung. Die Auf-

---

[1] Hersteller: Farbenfabriken Bayer, Leverkusen.

hellung der Farbe tritt sofort ein. Leider dunkelt die durch Blankit-bleichung erzeugte hellere Färbung der Leime beim Trocknen durch Sauerstoffaufnahme häufig teilweise wieder nach. Sehr wahrscheinlich wird das Nachdunkeln durch Anwesenheit von Eisenverbindungen hervorgerufen (s. S. 188).

Leime, die für die mit farbenempfindlichen Stoffen arbeitenden Industrien bestimmt sind, sollten demnach nur mit Oxydationsmitteln gebleicht werden, wodurch auch das Natriumsulfid des „blauen Leimleders" oxydiert wird, was besonders wichtig ist, da heutzutage fast kaum noch vollständig „giftfreies" Material anfällt.

Um eine schwache Trübung des fertigen Leims zu erzielen, werden der Leimbrühe gelegentlich unlösliche weiße Pigmente, wie Lithopon, in sehr geringer Menge zugefügt. Heute ist eine derartige Trübung weniger in Gebrauch, da die Kleinstückleime klardurchsichtig bevorzugt werden (s. S. 150).

Die konzentrierte Leimbrühe ist dann zur Gelatinierung und Trocknung bereit. Bei einzelnen Verfahren, z. B. bei Herstellung von Tafelleim, wird die Leimbrühe zum Erstarren in verzinkte Blechkasten ausgegossen. Bei der Gewinnung des Kleinstückleims wird die Leimbrühe meist kontinuierlich in dünner Schicht gekühlt, zerkleinert und anschließend fortlaufend getrocknet.

Die Formung und Trocknung des Leims ist in Abschnitt VIII besonders behandelt.

Aufarbeitung der Leimkesselrückstände

Nach Beendigung des Siedeprozesses verbleiben in den Sudbehältern erhebliche Mengen fester, stark wasserhaltiger Rückstände. Diese bestehen aus unlöslichen Anteilen des Leimleders, Haaren, Fett, Kalkseifen und Fremdstoffen. In der Hauptsache handelt es sich darum, den vorhandenen Fettanteil noch nutzbar zu machen.

Beim Kochprozeß selbst wird schon das aufsteigende Neutralfett von der Leimbrühe abgeschöpft. Die Leimkesselrückstände werden zur weiteren Fettgewinnung in 3 bis 6 cbm große Lärchenholzbottiche überführt, mit Wasser überschichtet und unter Zusatz entsprechender Mengen von Schwefelsäure mäßig erwärmt nach anderen Angaben aufgekocht. Der erforderliche Heizdampf wird durch Bleirohre zugeführt. Unter Aufschäumen entweicht Kohlensäure, die vorhandenen Kalkseifen werden gespalten. An der Oberfläche sammelt sich klares dunkles Fett in Form von Fettsäure, die abgeschöpft oder abgepumpt wird. Von STIEPEL[1] wird für den Säureaufschluß Salzsäure empfohlen, da bei dieser ein geringerer Rückstand entsteht.

---

[1] STIEPEL, E.: in GERNGROSS-GOEBEL, S. 198.

Auch die bei der Säurespaltung entstehenden Rückstände enthalten noch 10 bis 15 % emulgiertes Fett oder Fettsäure in der Trockenmasse. Diese Rückstände werden auf freie Flächen überführt und durch längere Lagerung in stichfeste Form gebracht. Sie werden in dieser Form oder getrocknet an Düngerfabriken abgegeben, wo der Restgehalt an Fett extrahiert und der verbleibende Rückstand auf Dünger verarbeitet wird. Durch Zusatz fehlender Mineralsalze, vor allem Kali und Phosphat, entsteht ein billiger Volldünger. Dieser wird von Weingutsbesitzern gern gekauft; der intensive Geruch soll Nager von den gedüngten Rebstöcken fernhalten.

Größere Betriebe führen die Extraktion der Säurerückstände selbst durch. Für diesen Zweck eignen sich besonders rotierend Extraktionsapparate[1], da hier eine vorherige Trocknung des Rohstoffs nicht notwendig ist. Es gelingt dabei, in 3 Waschungen mit Lösungsmittel den Fettgehalt auf 1 bis 2 % Restfett in der Trockensubstanz herabzusetzen. Dieser Rückstand wird ebenfalls in Düngerfabriken aufgearbeitet.

Die drei verschiedenen Sorten des Leimfetts: Schöpffett, Säurefett und Extraktionsfett, unterscheiden sich mehr oder weniger in der Farbe und im Geruch. Analytisch zeigen sie nur insofern wesentliche Unterschiede, als der Fettsäuregehalt beim Schöpffett ein sehr geringer, bei den beiden anderen Sorten jedoch ein solcher von 60 bis 70 % und selbst mehr ist.

VII. Die Fabrikation des Knochenleims

Aufbau der Knochen

Das Rohmaterial für die Herstellung des Knochenleims sind die Knochen größerer Säugetiere, vor allem des Schlachtviehs. Am besten geeignet sind die Knochen ausgewachsener Rinder.

Der Knochen entwickelt sich immer auf einer bindegewebehaltigen Grundlage. Die in ihm enthaltene anorganische Substanz lagert sich in Form kleinster Kristalle in den Fibrillen des Bindegewebes ab. Die Knochenmasse ist von zahlreichen feinen Gefäßen durchsetzt, diese verlaufen in besonderen Kanälen, nach ihrem Entdecker CLOPTON HAVERS als „HAVERSsche Kanäle" bezeichnet. In der Mitte des Knochens befindet sich ein großer Markkanal, am äußeren Umfang wird der Knochen von einer bindegewebigen Haut, dem Periost, umfaßt. In der kompakten Knochensubstanz selbst befinden sich zahlreiche, auf Abb. 70 senkrecht zu ihrer Hauptrichtung getroffene HAVERSsche Kanäle. Größtenteils laufen diese parallel mit der Längsachse des Röhrenknochens, stehen miteinander durch Querkanäle in Verbindung und münden an der äußeren und inneren Oberfläche des Knochens mit sehr feinen Öffnungen.

---

[1] Hersteller: O. Wilhelm, Stralsund.

Die verkalkten Fibrillen der Knochensubstanz bauen sich zu Lamellen
auf; die größeren Knochen bestehen aus einem komplizierten System
solcher Lamellen. Diese sind im allgemeinen zu folgenden Systemen an-

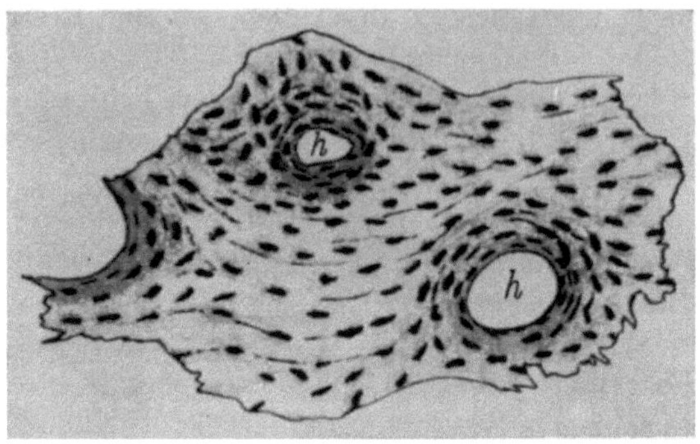

Abb. 70. Mikroskopischer Querschnitt durch Säugetierknochen. h = HAVERSsche Kanäle; kleine
Knochenhöhlen oder Lakunen (schwarz); charakteristische Lamellenstruktur

geordnet. Zunächst verlaufen mehrere Lamellen parallel der Oberfläche
des Knochens und wiederum andere parallel mit der Grenzfläche des
Markraums. Die HAVERSschen Kanäle sind von parallel verlaufenden

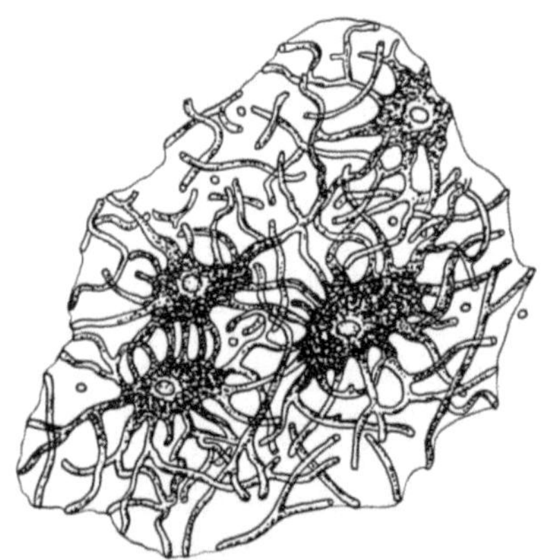

Abb. 71. Querschnitt durch Knochen bei stärkerer Vergrößerung als Abb. 70; Knochenhöhlen mit feinen Verbindungskanälen

Lamellen umgeben. Diese blättrige,
lamellare Struktur ist charakteristisch für den Knochenaufbau.

In den Lamellen zerstreut liegen
die Knochenhöhlen oder Lakunen
(wenig zutreffend auch als „Kno-
chenkörperchen" bezeichnet). Diese
Knochenhöhlen, 13 bis 31 μ lang und
6 bis 15 μ breit, sind meist parallel
der Längsrichtung des Knochens angeordnet, sie stehen durch äußerst
feine Kanälchen miteinander und
mit den HAVERSschen Kanälen in
Verbindung wie aus Abb. 71 bei
stärkerer Vergrößerung zu erkennen
ist.

Die HAVERSschen Kanäle enthalten Gefäße, entweder eine Arterie
oder eine Vene oder beides zusammen. Wir müssen uns weiter vor-
stellen, daß in allen Knochenhöhlen und den verbindenden Kanälchen
Lymphplasma zirkuliert. Der Plasmastrom bewegt sich wahrscheinlich
von der Periost- und Markfläche des Knochens zu den HAVERSschen
Kanälen.

Chemische Zusammensetzung des Knochens

Seinem äußeren Aufbau nach besteht der Knochen aus: Knochengewebe oder eigentlicher Knochenmasse, Knochenhaut (Periost), Knochenmark.

Das Knochengewebe setzt sich zusammen aus einem organischen und einem anorganischen Anteil, die in innigster Durchdringung einen Körper von außerordentlicher Festigkeit aufbauen. Die Hohlräume des Knochens sind von dem stark fetthaltigen Knochenmark ausgefüllt. Außerdem weist der Knochen einen erheblichen Wassergehalt auf, der sich auf alle Anteile des Gesamtknochens verteilt. Die Dichte (spezifisches Gewicht) der gereinigten kompakten Knochenmasse ist 1,9 bis 2,0, während diejenige des frischen Gesamtknochens 1,40 bis 1,75 beträgt.

Über die chemische Zusammensetzung des Knochens sind zahlreiche Untersuchungen ausgeführt worden. Das Verhältnis zwischen organischem und anorganischem Anteil, Fett und Wasser, ist nicht nur bei den einzelnen Tierarten recht verschieden, auch bei ein- und derselben Tierklasse zeigen sich in den verschiedenen Lebensaltern große Unterschiede, ebenso für die verschiedenen Teile des Skeletts des gleichen Tieres. So fand SCHRODT[1], der die eingehendste Untersuchung der Einzelteile eines ganzen Skeletts in frischem Zustand ausgeführt hat, folgende Grenzwerte:

Wassergehalt .... 1,8 bis 44,3%
Fettgehalt .... 1,2 bis 26,9%
Ossein (Kollagen) .... 15,8 bis 32,8%
Anorganische Substanz .... 28,0 bis 56,3%

Mit zunehmendem Alter wird der Knochen vor allem wasserärmer, dementsprechend steigert sich der Gehalt an Fett und Mineralstoffen, während die Menge der kollagenen Eiweißsubstanz, des Osseins, sich weniger ändert. Wenn jedoch die völlige Ausbildung erreicht ist, verschiebt sich die Zusammensetzung kaum noch. Interessant ist, daß bei hungernden Tieren der Fettgehalt der Knochen sehr schnell sinkt; so konnte E. VEIT[2] feststellen, daß der Fettgehalt der Knochen von Tieren bei Nahrungsmangel in 7 Tagen von 13% auf 0,6% zurückging; das Knochenmark war nach dieser Zeit durch eine stark wasserhaltige gallertartige Masse ersetzt.

Der Wassergehalt schwankt bei den einzelnen Teilen des Skeletts mit dem verschiedenen Alter des Tieres usw. Bemerkenswert ist, daß sich ein Teil des Wassers erst bei höherer Temperatur als 100° C entfernen läßt.

---

[1] SCHRODT: Landw. Versuchsstation Bd. 29, S. 349.
[2] VEIT, E.: Z. Biol. Bd. 46 (1905) S. 167.

Nachstehend sind noch die Analysen von Knochen verschiedener Herkunft nach KÖNIG[1] wiedergegeben. Vom praktischen Standpunkt für die Leimfabrikation interessieren die des Rinds am meisten.

Tabelle 39. *Analysen von Tierknochen*

Art des Knochens	Knochen-knorpel %	Fett %	Mineral-stoffe %	Einzelne Mineralstoffe		
				Ca-Phosphat %	Mg-Phosphat %	CaCO₃ %
Darmbein eines Ochsen ..	33,50	—	63,25	57,35	2,05	3,85
Darmbein eines Schafs ..	43,30	—	55,93	50,58	0,86	4,49
Schienbein eines Schafs ..	51,97	—	45,94	40,42	0,64	4,88
Schienbein eines Rinds ..	30,23	0,50	69,27	—	—	—
Rippe eines Rinds	30,23	11,72	52,34	—	—	—
Beckenknochen eines Rinds	35,94	22,07	48,08	—	—	—
Unterarm eines Rinds ...	27,17	18,38	45,15	—	—	—
Rohrknochen eines Ochsen	29,68	9,88	60,44	—	—	—
Rückenwirbel eines Rinds	31,85	21,65	45,50	—	—	—

Die großen Unterschiede in der Zusammensetzung der Knochen verschiedener Tiergattungen, Körperteile, Altersstufen usw. treten dadurch in Erscheinung, daß bei vorstehenden Analysen die mehr zufälligen Werte für Fett- und Wassergehalt der eigentlichen Knochenmasse zugerechnet wurden. Die trockene, fettfreie Knochenmasse weist dagegen relativ geringe Unterschiede auf. Es ist nicht einmal möglich, durch die chemische Analyse menschliche Knochen von solchen tierischer Herkunft zu unterscheiden.

Aus diesem Grund seien hier noch eine Anzahl Analysen v. BIBRAS[2] wiedergegeben, der außerordentlich zahlreiche und sorgfältige Untersuchungen über die Zusammensetzung von Knochen ausführte, die auch heute noch Bedeutung haben (Tabelle 40). Die für diese Analysen verwendeten Knochen wurden äußerlich sauber präpariert und bei 150° C bis zur Gewichtskonstanz getrocknet. Die Hauptmenge des Fetts wurde durch die Reinigung entfernt. Der Fettgehalt betrug daher nur 0,7 bis 4,4%. In allen Fällen wurden frische Knochen untersucht. Nur das Material Nr. 8 (Büffel) war älterer Herkunft.

Da bei diesen Analysen der Wasser- und Fettgehalt der Knochen weitgehend ausgeschaltet war, so zeigt sich hier, wie schon erwähnt, eine weit geringere Abweichung in der Zusammensetzung der Knochen verschiedener Herkunft.

Der mineralische Anteil der Knochenmasse, gelegentlich als Knochenerde bezeichnet, besteht in der Hauptmenge aus Kalzium und Phosphorsäure, in geringerer Menge sind vertreten: Magesium, Natrium, Kalium,

---

[1] KÖNIG: Die menschlichen Nahrungs- und Genußmittel, Bd. II.
[2] v. BIBRA: Chemische Untersuchung über die Knochen und Zähne, Schweinfurt 1844.

Tabelle 40. *Knochenanalysen nach v. Bibra*

Tiergattung, Alter	Art des Knochens	Kalzium-phosphat %	Kalzium-karbonat %	Magnesium-phosphat %	Salze (Alkalien u. a.) %	Knorpel-substanz %	Fett %	Organische Substanz %	Anorgan. Substanz %
1. Schaf, männlich, 4 Jahr	Femur[1]	55,94	12,18	1,00	0,50	29,68	0,70	30,38	69,62
2. Schaf, männlich, alt	Femur	52,55	12,33	1,20	0,93	31,26	1,73	32,09	67,01
	Humerus[2]	52,73	12,31	1,11	0,89	31,32	1,64	32,96	67,04
	Os occipit.[3]	51,72	12,01	1,09	0,91	31,64	2 64	34,28	65,72
	Hornzapfen	47,69	10,94	1,07	0,87	37,53	1,90	39,43	60,57
3. Ziege, männlich, alt	Os occipit.	47,07	9,09	1,59	1,02	39,58	1,65	41,23	58,77
	Hornzapfen	53,15	8,04	1,32	0,99	35,20	1,30	36,50	63,50
4. Rind	Humerus	57,76	9,37	1,73	0,90	29,85	0,39	30,24	69,76
5. Kalb, 3 Wochen	Femur	59,22	5,65	2,80	0,92	30,11	1,30	21,41	68,59
6. Ochse, 3 Jahre	Femur	55,65	12,55	2,32	0,81	26,80	1,87	28,67	71,33
7. Zuchtstier, 4 Jahre	Femur	54,07	12,71	1,42	0,80	29,09	1,91	31,00	69,00
	Tibia[4]	54,03	11,99	1,44	0,70	29,92	1,92	31,81	68,16
	Humerus	54,00	12,09	1,39	0,91	29,61	2,00	34,80	65,20
	Os occipit.	52,51	11,14	1,05	0,50	32,80	2,00	31,61	68,39
8. Büffel, Knochen alt	Humerus	59,47	10,33	1,42	0,91	26,77	1,10	27,87	72,13
9. Pferd, Wallach, 6 Jahr	Femur	54,37	12,00	1,83	0,70	27,99	3,11	31,10	32,61
	Humerus	52,86	12,07	1,75	0,71	29,70	2,91	68,90	67,39
10. Pferd, weiblich, 14 Jahr	Femur	54,63	11,28	1,50	0,40	27.98	4,21	32,19	67,81
	Tibia	54,11	11,09	1,50	0,30	28,90	4,10	33,00	67.00
	Fibula[5]	54,56	11,18	1,54	0,40	28,18	4,41	35,32	64,68
11. Hausschwein, kastriert, 3 J.	Femur	61,37	8,22	0,97	0,52	27,70	1,22	28,92	71,08
	Tibia	61,14	8,10	0,80	0,40	28,37	1,19	29,56	70,44
	Humerus	61,27	7,99	0,88	0,60	28,09	1,17	29,26	70,74

[1] = Oberschenkel,   [2] = Oberarm,   [3] = Hinterhauptbein,   [4] = Schienbein,   [5] = Wadenbein.

Fluor, Chlor, Kohlensäure, Schwefelsäure u. a. Wir finden hierüber schon von älteren Forschern zahlreiche Untersuchungen. H. ARON[1] gibt als Mittel an:

52,0% CaO	40,3% P_2O_5
1,2% MgO	0,1% Cl
1,1% Na_2O	0,1% F
0,2% K_2O	5,0% CO_2

Daraus berechnet sich nach ZALESKY und CARNOT folgende Zusammensetzung:

Kalziumphosphat	85,0%
Magnesiumphosphat	1,5%
Kalziumfluorid	0,2%
Kalziumkarbonat	10,0%
Alkalisalze	2,0%

wobei das Phosphat als Trikalziumphosphat, nicht als Apatit berechnet ist.

Es fällt auf, daß in Knochen das Natrium gegenüber dem Kalium so stark überwiegt, in allen anderen Körpergeweben ist dagegen das umgekehrte Verhältnis der Alkalimetalle zu finden. Es ist anzunehmen, daß dies mit dem hohen Natriumgehalt des Knorpels, aus dem sich ja der Knochen entwickelt, zusammenhängt.

Aus den obigen Analysen von BIBRAS läßt sich auch die prozentuale Zusammensetzung des rein anorganischen Anteils des Knochens berechnen. Die wichtigsten dieser Werte sind in Tabelle 41 angegeben.

Tabelle 41. *Zusammensetzung des anorganischen Knochenanteils, berechnet nach Tabelle 40*

	Analyse v. BIBRA	Kalziumphosphat %	Kalziumkarbonat %	Magnesiumphosphat %	Salze der Alkalien u.a. %
Schaf, männlich, alt femur	Nr. 2	78,50	18,40	1,79	1,34
Kalb, 3 Wochen „	„ 5	86,40	8,24	4,08	1,34
Ochse, 3 Jahre „	„ 6	77,90	17,58	3,25	1,14
Zuchtstier, 4 Jahre „	„ 7	78,40	18,44	2,06	1,16
Pferd, Wallach, 6 Jahre „	„ 9	78,80	17,40	2,03	1,01
Pferd, weibl., 14 Jahre „	„ 10	80,50	16,60	2,21	0,59
Hausschwein, 3 Jahre „	„ 11	86,20	11,53	1,36	0,73

In älteren Analysen wird die Phosphorsäure des Knochens als einfacher phosphorsaurer Kalk berechnet. Das Verhältnis von Phosphorsäure zu Kalzium ist bei Knochen jedoch durchaus übereinstimmend mit dem im natürlichen Apatit. Außer dem mineralischen Apatit kennt man noch die Formen des Hydroxyl- und Karbonatapatits

Apatit (Fluor)	$2Ca_3(PO_4)_2 \cdot CaF_2$
Hydroxylapatit	$3Ca_3(PO_4)_2 \cdot Ca(OH)_2$
Karbonatapatit	$3Ca_3(PO_4)_2 \cdot CaCO_3$

[1] ARON, H.: Handbuch der Biochemie Bd. 4, S. 233 (Jena 1925).

Das Vorkommen des Apatits in der Natur ist darauf begründet, daß die Apatitform des Kalziumphosphats sich durch besondere Schwerlöslichkeit auszeichnet.

GASSMANN[1] konnte schon 1913 nachweisen, daß das Phosphat der Knochen mindestens teilweise aus Karbonatapatit besteht. Es gelang ihm auch, aus dem Karbonat den entsprechenden Chlorapatit herzustellen, und zwar geschah dies durch Glühen des Karbonats mit Chlorkalzium oder Chlorbarium. Das in beiden Fällen erhaltene Phosphatokalziumchlorid (Chlorapatit) hatte die unten angegebene Zusammensetzung und stimmt also mit dem berechneten Wert gut überein.

Zusammen-setzung	Hergestellt mit Hilfe von		berechnet
	$CaCl_2$	$BaCl_2$	
Ca	38,42%	38,11%	38,39%
PO_4	54,76%	54,61%	54,57%
Cl	6,81%	6,22%	6,68%

Wesentlich ist die Frage, ob der organische Anteil des Knochens mit dem anorganischen irgendwie chemisch verbunden ist, da der trockene fettfreie Knochen äußerlich durchaus das Bild eines einheitlichen Körpers darstellt. Jedoch lassen sich beide Bestandteile chemisch leicht voneinander trennen. Bei Behandlung der Knochen mit verdünnter Salzsäure lösen sich die anorganischen Verbindungen, ohne daß die äußere Form des Knochens verändert wird. Der Knochenknorpel bleibt in elastischem Zustand zurück und trocknet zu einer hornartigen Masse ein. Andererseits kann das Ossein durch Einwirkung von Dampfdruck und Wasser in Lösung gebracht werden, wobei dann das Mineralgerüst als zusammenhängende, poröse Masse übrigbleibt. Immerhin ist wenigstens ein kleiner Anteil der Phosphorsäure organisch gebunden. SUZUKI und YOSHIMURA[2] geben folgende Bindung der Phosphorsäure in einem Knochenmehl an:

Als Lezithinphosphat 0,09%
Löslich in Salzsäure 99,89%
Davon anorganisches Phosphat 88,51%
Organisches Phosphat 2,65%

Neuere Versuche führten zu dem Ergebnis, daß das Kalziumphosphat in Form kleinster Kristalle zwischen die Fibrillen des Kollagens nachträglich eingelagert worden ist, wie sich optisch und röntgenographisch erweisen läßt, in Form submikroskopischer Kriställchen von Hydroxylapatit.

---

[1] GASSMANN, TH.: Hoppe-Seyler's Z. physiol. Chem. Bd. 83 (1913) S. 403; C. 1913, I. 1614.
[2] SUZUKI u. YOSHIMURA: Bull. Coll. Agric. Tokyo Bd. 7, S. 496.

Diese Kristallite treten in zweierlei Anordnung auf, entweder folgen sie mit ihren optischen Achsen dem Zuge der Kollagenfasern oder aber die Kalkverbindungen scheiden sich sphäritisch ab. Das erste Verhalten, als homogene Verkalkung bezeichnet, kommt so zustande, daß die zuerst gebildeten Kollagenfibrillen auf die später sich ausscheidenden Phosphatkristalle einen richtenden Einfluß ausüben. Die Kristallite werden von den Kollagenfibrillen orientiert eingelagert.

Nach röntgenographischen und elektronenmikroskopischen Untersuchungen von CARLSTRÖM und Mitarbeitern[1] über den Bau der Apatitkristallite im Knochen scheint ein starker Zusammenhang zwischen Form und Orientierung der Apatitkristallite und der Struktur der Kollagenfibrillen zu bestehen. Die Länge der Kristallite mit 210 bis 220 Å entspricht $^1/_3$ der sich wiederholenden bekannten Periode von 640 Å der Kollagenfibrillen, wobei in den gut orientierten Knochensystemen die Hauptperioden von Kollagen und Kristalliten sich decken. Es erscheint sicher, daß die Anordnung der Kollagenfibrillen die Kristallisation des Phosphats entweder direkt oder indirekt durch andere in regulären Intervallen zugeordnete Stoffe lenkt.

Knochen als Rohstoff

Der Herkunft des Rohmaterials nach unterscheidet man:

Sammelknochen. Sie werden von den Sammlern in kleinsten Mengen zusammengebracht und gehen erst noch durch die Hände der Klein- und Großhändler, ehe sie in die Leimfabrik gelangen. Meist sind sie mit mehr oder minder großen Mengen von Abfällen untermischt und enthalten Hörner, Hufe und Eisen. Infolge der langen Lagerung ist das in ihnen enthaltene Fett zu einem erheblichen Anteil in freie Fettsäure gespalten, die leimgebende Substanz ist durch Zersetzung teilweise in ihrer Qualität geschädigt und in ihrer Ausbeute gemindert. Eine bessere Qualität zeigen solche Sammelknochen, die vom Knochenhändler bei Fleischern und in Gaststätten regelmäßig in noch frischem Zustand abgeholt werden. In Deutschland liefern die Sammelknochen weitaus die Hauptmenge des Rohstoffs für die Knochenleimgewinnung.

Schlachthausknochen. Solche sind sehr wertvoll, da sie frei von Verunreinigungen sind, noch frisch zur Verarbeitung gelangen, wenig zersetztes Fett und hochwertigen Leim liefern. Sie besitzen einen höheren Wassergehalt als die Sammelknochen. In USA werden große Mengen von frischen Knochen auf Leim verarbeitet. Wenn diese Knochen jedoch zur Gewinnung von Speisefett im Autoklaven vorbehandelt werden, wie dies zu Kriegszeiten in Deutschland allgemein üblich war, so ist nicht nur ihr

---

[1] CARLSTRÖM, D., E. ENGSTRÖM u. J. B. FINEAN: Sympos. Soc. Exp. Biol. Bd. 9 (1955) S. 85; Ref. C. 1956.

Fettgehalt bis auf etwa 2% verschwunden, vielmehr wird auch die Leimsubstanz durch die Druckbehandlung bzw. die hohe Temperatur so verändert, daß sie nur noch einen ganz minderwertigen Leim ergibt.

Abdeckerknochen. Diese stammen aus den Abdeckereien, sie sind meist nur wenig zerkleinert, stark mit Fleischteilen behaftet und enthalten viel Pferdeknochen, die einen dunklen, unansehnlichen Leim liefern.

Stirnzapfen oder Hornschläuche. Sie bilden den inneren, teilweise hohlen knochigen Teil der Hörner des Rindes und lassen sich leicht vom Horn trennen. Ihr Gehalt an Mineralsubstanz ist wesentlich geringer als der der übrigen Knochen. Sie ergeben ein sehr wertvolles Rohmaterial, das sich auch für die Gelatineherstellung sehr gut eignet.

Abfälle aus Beindrehereien. Die sog. Knochenbrillen kommen in geringem Umfang ebenfalls als Rohstoff in Betracht, sie liefern einen vorzüglichen Leim, werden jedoch heute meist auf Gelatine verarbeitet.

Indischer Knochenschrot dient praktisch nur als Ausgangsmaterial für die Gelatineherstellung.

Vorbereitung des Rohmaterials

Ehe die Rohknochen zum Versieden auf Leim verwendet werden können, müssen sie noch einer mehrfachen Vorbehandlung unterzogen werden.

Sortieren und Zerkleinern. Man entleert die im Bahn- oder Lastwagen angeführten oder vom Lager entnommenen Knochen auf einen Schüttler, der sie durch stoßende Bewegung gleichmäßig ausbreitet und auf ein Sortier- und Transportband weitergibt. Auf dem Sortierband wird das Verlesen von Hand vorgenommen. Die besonders unter den Sammelknochen reichlich vorhandenen Fremdstoffe werden ausgeschieden, Eisenteile werden von einem starken Elektromagneten zurückgehalten, der zwischen Schüttler und Band eingeschaltet ist. Außer Holz, Glas, Papier, Lumpen, Steinen usw. läßt man auch Röhrenknochen, Hufe und Hörner aussuchen, die gesondert verwertet werden. Das langsam laufende Transportband fördert die Knochen zum Brecher, welcher eine Zerkleinerung auf Nuß- bis Faustgröße vornimmt.

Die Aufbereitungsanlage nach Abb. 72 setzt sich zusammen aus Schüttler, Sortierband und Knochenbrecher. Der Schüttler besteht aus einer schwach geneigten kurzen Schwingrinne, die durch einen Exzenterantrieb in Bewegung gesetzt wird. Der Elektromagnet kann als feststehender Flachmagnet ausgebildet sein, zur Entfernung der festgehaltenen Eisenteile muß von Zeit zu Zeit der Strom ausgeschaltet werden. Zweckmäßiger ist ein rotierender Trommelmagnet, welch letzterer selbsttätig die erfaßten Eisenteile nach rückwärts abwirft. Neben dem schräg aufsteigenden Leseband ist ein treppenförmiges Podest angebracht, auf dem das Personal, welches die Knochen sortiert, Aufstellung nimmt. Das Leseband fördert die Knochen in den Einwurftrichter des Knochenbrechers.

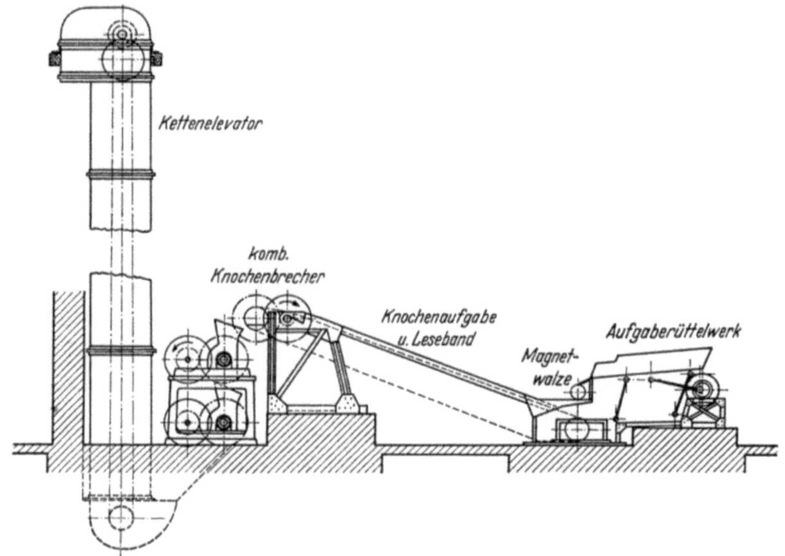

Abb. 72. Aufbereitung der Rohknochen: Rüttelwerk, Leseband und doppelter Knochenbrecher

Knochenbrecher[1]. Die Entfettung der Knochen erfordert eine Zerkleinerung auf 5 bis 8 cm Stückgröße. Man benutzt dazu Knochenbrecher

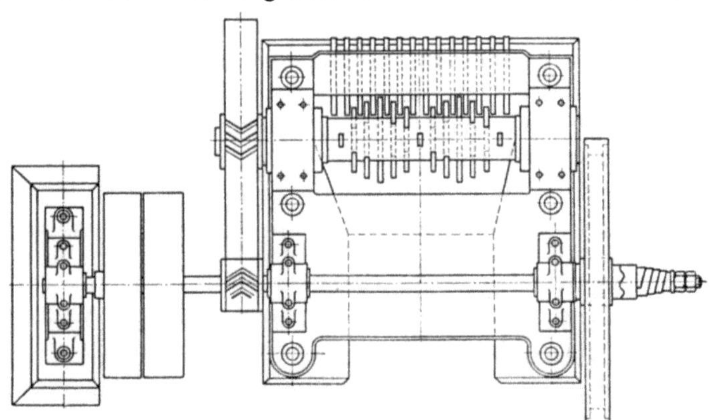

Abb. 73. Knochenbrecher mit „Messerwalze", von oben

von besonderer Konstruktion bei welchen die Entstehung von Kleinmaterial möglichst vermieden wird. Bei dem Kruppschen Brecher besteht

---

[1] Hersteller: Maschinenfabrik K. Menzel, Windelsbleiche.

das wirksame Organ aus einem Paar stählerner Zahnradwalzen, die gegeneinander rotieren. Sehr zweckmäßig sind die Messerbrecher. Die Zer-

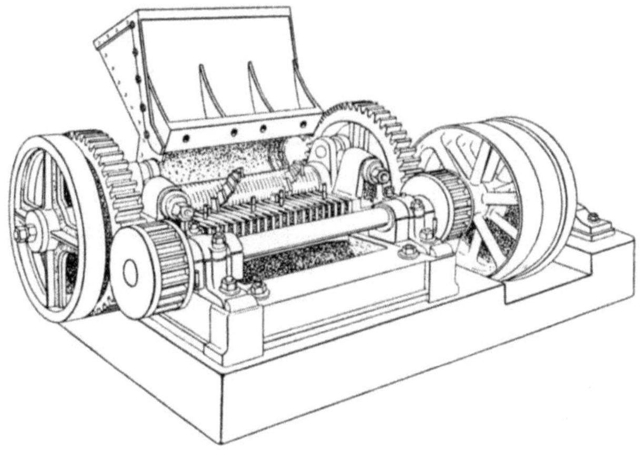

Abb. 74. Knochenbrecher, Ansicht, Trichter aufgeklappt

kleinerung erfolgt hier durch eine rotierende Messerwalze, die gegen einen feststehenden Kamm von Stahlklingen arbeitet. Die Messerwalze besteht aus einer äußerst kräftigen Stahlwelle, sie trägt eine Reihe spiralförmig versetzter vierkantiger Stahlklingen, die letzteren werden in durchgehenden Bohrungen der Welle festgekeilt (s. Abb. 73 u. 74). Die rotierenden Klingen gehen mit geringem Spielraum durch die Abstände der feststehenden. Die spiralige Anordnung bewirkt, daß die Schlagklingen einzeln nacheinander zum Eingriff kommen, wodurch der Knochenbrecher dauernd gleichmäßig belastet wird. Bei dem Doppelbrecher nach Abb. 75 sind zwei Brecher übereinander angeordnet. Mit Hilfe desselben können große Schenkelknochen, Schädel usw. ohne vorherige Zer-

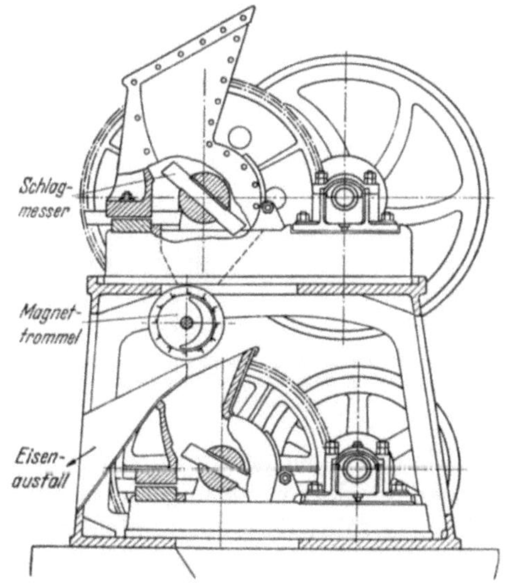

Abb. 75. Doppelter Knochenbrecher, oben: Grobbrecher, unten: Feinbrecher, Messerwalze im Querschnitt

kleinerung auf die gewünschte Größe gebrochen werden. Der obere Brecher mit großem Messerabstand besorgt die Vorzerkleinerung, der untere bricht weiter auf Nußgröße. Zwischen beiden ist ein rotierender Elektromagnet eingebaut, der gelegentlich abbrechende Schlagklingen vom oberen Brecher abfängt und so eine Beschädigung des unteren verhütet. Der Antrieb erfolgt wegen der starken Beanspruchung für beide Brecher gesondert mittels Zahnradvorgelege und Riemenscheibe. Der Kraftbedarf ist bei einer Leistung von 1000 bis 4000 kg Rohknochen in der Stunde je nach Größe 5 bis 12 PS.

Das von den Knochenbrechern anfallende zerkleinerte Rohmaterial wird am besten mit Hilfe mechanischer Förderanlagen der Fettextraktionsanlage zugeführt. Es empfiehlt sich ein größeres Silo für Rohknochen über den Extraktionsapparaten anzubringen, um diese ohne Zeitverlust füllen zu können.

Entfettung der Knochen. Die Entfettung der Knochen für die Leimfabrikation wird heute überwiegend nach dem Extraktionsverfahren mit organischen, in Wasser unlöslichen Lösungsmitteln durchgeführt. Weitaus am meisten gebräuchlich ist immer noch das Benzin, welches schon J. SELTSAM, Forchheim i. Bay.[1], der das Extraktionsverfahren für die Knochenverarbeitung im Jahr 1879 einführte, benutzt hat. Die Zahl der verschiedenen Extraktionsapparate ist eine sehr große. Am besten bewährt hat sich für Knochen das Extrahieren in feststehenden Einzelapparaten mit Lösungsmitteldämpfen. In Abb. 76 ist eine Knochenextraktionsanlage, wie sie in dieser oder ähnlicher Form viel in Gebrauch ist, wiedergegeben, Abb. 77 stellt einen Extraktionsapparat nach H. Streidl, München, dar.

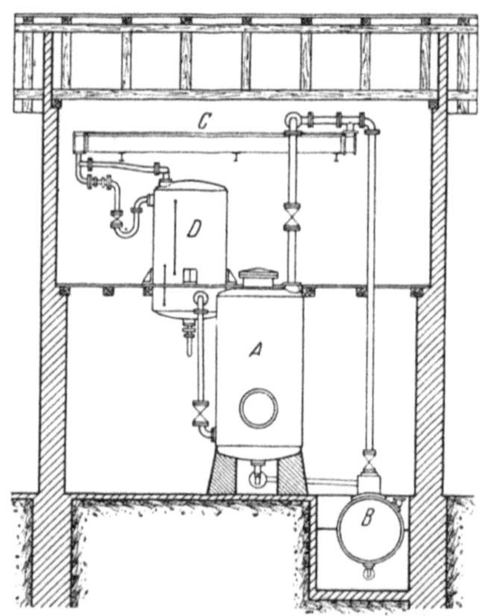

Abb. 76. Extraktionsapparat für Knochen
A Extraktor, *B* Fettsammler, *C* Kühler, *D* Benzinbehälter

Die zerkleinerten Knochen werden mittels Becherwerk oder einer sonstigen Fördervorrichtung einem über dem Extraktor *E* angebrachten Silo zugeführt (in Abb. 77 nicht eingezeichnet) und von hier aus in den Extraktor eingefüllt. Nach Schließen des oberen Mannlochs wird vom Benzinbehälter *B* aus durch Leitung *b* dem Extraktor so viel Benzin zufließen lassen, bis der Flüssigkeitsspiegel beinahe den Siebboden *S* erreicht. Das flüssige Benzin erreicht also die auf dem Siebboden *S* aufliegenden Knochen nicht, vielmehr füllt das Benzin nur den verhältnismäßig kleinen Raum unter dem Siebboden aus. Durch eine unterhalb

----

[1] DRP. 10196.

des Siebbodens gelagerte Dampfschlange wird das Benzin dauernd zum Sieden erhitzt, die Dämpfe steigen in den Knochen empor, kondensieren sich hier an dem anfänglich noch kalten Material und wirken dabei intensiv lösend auf das vorhandene Fett. Schließlich wird die gesamte Füllung auf die Temperatur des siedenden Lösungsmittels erwärmt sein, die Benzindämpfe müßten nunmehr unkondensiert zum Kühler K abziehen. Es ist jedoch zu berücksichtigen, daß die Knochen eine beträchtliche Menge

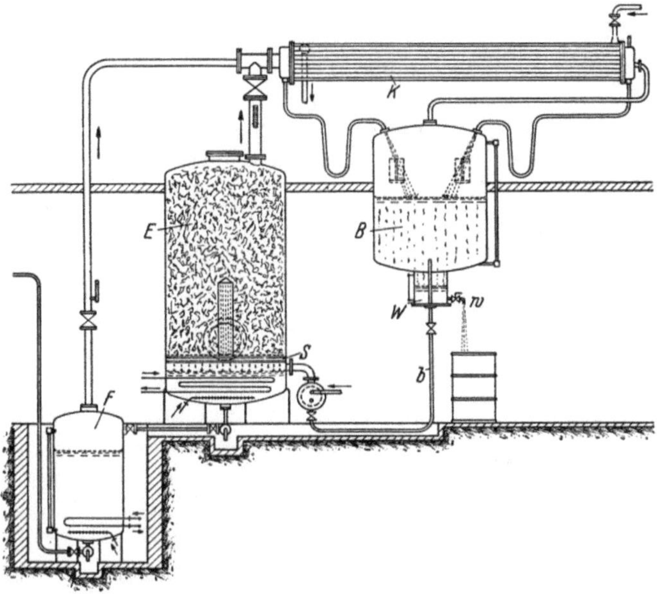

Abb. 77. Extraktionsapparat für Knochen im Querschnitt (nach H. Streidl, München). E Extraktor, F Fettsammler, B Benzinbehälter mit Wasserabscheider W, K Kühler

Wasser enthalten, letzteres wird durch die heißen Benzindämpfe dauernd verdampft, wobei diese ihrerseits kondensiert werden und dabei fettlösend wirken.

Man läßt während der Extraktion Benzin aus Behälter B nachfließen, die abziehenden Benzindämpfe werden im Kühler K verdichtet, das Kondensat bestehend aus Benzin mit wenig Wasser fließt in den Benzinbehälter; das Wasser sammelt sich unten in W und wird von Zeit zu Zeit durch Hahn w abgelassen. Bei anderen Konstruktionen wird ein Wasserabscheider zwischen Kühler und Benzinbehälter eingeschaltet. Wenn auch die automatische Wasserabscheidung als Vorzug zu betrachten ist, so hat die obige Konstruktion den Vorteil, daß dem Benzin längere Zeit zur Trennung vom Wasser gegeben ist.

Um Wärme zu sparen, kühlt man nur so weit, daß das Benzin eben kondensiert wird und noch warm dem Behälter zufließt.

Das Benzin-Fettgemisch wird aus dem Extraktor nach dem Fettsammler F abgelassen und hier das im Fett noch enthaltene Lösungsmittel über Kühler K nach dem Benzinbehälter abdestilliert. Nach beendeter Extraktion werden die noch in den Knochen vorhandenen Benzinreste durch direkten Dampf von 4 bis 6 atü abgetrieben. Bei der Entspannung im Extraktor wirkt der Dampf als überhitzter Dampf und gibt kein Wasser an die Knochen ab. Die Erfahrung hat gezeigt, daß es günstiger ist, die schweren Benzindämpfe im Extraktor von *oben* nach *unten* auszutreiben, die Rohrleitungen müssen dann entsprechend geändert

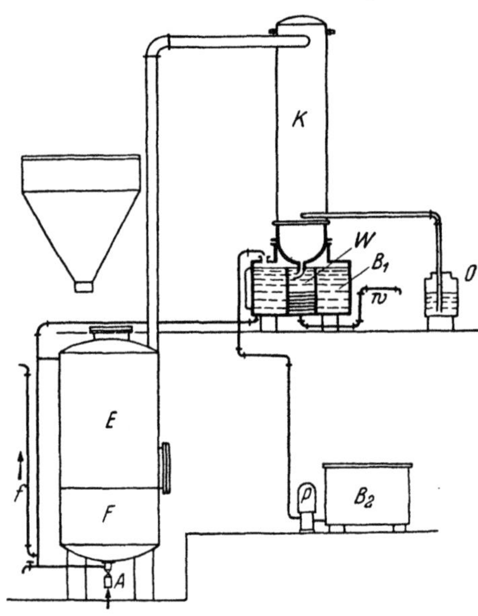

werden. Die aus dem Extraktor entleerten Knochen sind weitgehend fettfrei (0,3 bis 0,5%) und lufttrocken.

Bei der Extraktionsanlage von Thiele[1] wird ein stehender Extraktor E benutzt, dessen unterer Teil F zugleich als Fettsammler dient (s. Abb. 78). Der senkrecht stehende geschlossene Kühler K enthält mehrere konzentrisch angeordnete Rohrschlangen, durch welche das Kühlwasser fließt. Die Benzindämpfe treten oben tangential ein und umspülen die Kühlschlangen. Das Kondensat fließt in den darunter befindlichen Benzinbehälter B, wobei das Wasser in dem eingebauten Wasserabscheider W zurück-

Abb. 78. Extraktionsapparat (nach Thiele). E, F Extraktor mit Fettsammler, K Kühler, B Benzinbehälter

gehalten wird und bei w abläuft. Kleine Mengen nicht kondensierter Benzindämpfe werden in der Ölvorlage O abgefangen. Nach beendeter Extraktion wird das Fett in F von Benzin befreit und mit Dampfdruck durch f zum Fettbehälter gedrückt. Von A aus wird heiße Luft durch die Knochen geblasen, um die Benzinreste nach K und B überzuführen.

Nach Thiele lassen sich mit dieser Apparatur 4 Füllungen von je 3000 kg Schrot in 24 Stunden entfetten. Die eigentliche Entfettung nimmt je 3 Stunden in Anspruch. Der Verlust an Lösungsmittel beträgt 0,6%, der Dampfverbrauch bei **6** atü 1000 kg, der Kühlwasserbedarf 8 bis 10 m³ je Füllung.

Extraktion mit flüssigem Lösungsmittel. Die beschriebenen Extraktionsverfahren verbinden mit der Entfettung der Knochen gleichzeitig

---

[1] Thiele, L.: Leim und Gelatine, S. 35. — Gerngross-Goebel: S. 99.

eine Trocknung derselben, was als besonderer Vorzug bei der Extraktion mit Dämpfen des Lösungsmittels betrachtet wird. Es ist jedoch zweifelhaft, ob mit dieser Arbeitsweise in jeder Richtung der beste Nutzeffekt erzielt wird, da die Entfettung einerseits und die Trocknung andererseits verschiedene Arbeitsbedingungen verlangen. Es ist nicht möglich, beide Verfahren restlos befriedigend zu einem Arbeitsgang zu vereinigen. Die Trocknung mit Benzindämpfen erfordert eine höhere Temperatur und eine längere Dauer als die Entfettung. Die hohe Temperatur schädigt nachweislich die Qualität der Eiweißsubstanz.

Nach E. SAUER[1] verfährt man so, daß man zunächst die gebrochenen Knochen z. B. auf einer Darre mit erwärmter Luft trocknet und dann mit flüssigem Lösungsmittel bei Temperaturen unterhalb des Siedepunkts entfettet. In einer größeren Versuchsapparatur wurde mit Tri als Lösungsmittel in folgender Weise gearbeitet. Der verhältnismäßig hohe Extraktor E wurde mit Knochenschrot gefüllt, dann Lösungsmittel aus Vorwärmer V mit 60° C bis zu halber Höhe eingelassen (Abb. 79). Durch Pumpe U wurde das Tri $^1/_2$ Stunde lang in lebhaften Umlauf gesetzt. Mit frischem Lösungsmittel wurde diese Behandlung noch zweimal in gleicher Weise wiederholt, das Tri

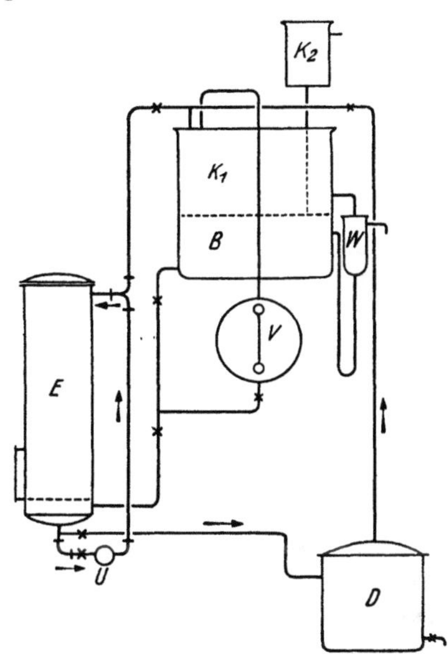

Abb. 79. Extraktionsapparat für Tri (flüssig) (nach E. SAUER)

abgelassen und die Lösungsmittelreste in üblicher Weise ausgetrieben. Die Gesamtarbeitsdauer betrug ohne Trocknung etwa $3^1/_2$ Stunden, die eigentliche Entfettung $1^1/_2$ Stunden. Bei dieser kurzen Arbeitszeit sind verhältnismäßig kleine Apparate anwendbar. Die Knochen enthalten noch 0,5 bis 0,8% Fett, sie ergeben einen hochwertigen Leim und sind auch zur Gelatinefabrikation geeignet.

Lösungsmittel. Für die Extraktion mit Lösungsmitteldämpfen wird meist Benzin mit Siedegrenzen von 90 bis 120° C benutzt, THIELE[2] empfiehlt 100 bis 130°. Sehr hochsiedende Anteile, die gelegentlich im Benzin anwesend sind, wirken nachteilig, da sie hohe Dampftemperaturen benötigen, wodurch die Leimqualität geschädigt wird. Meist bleiben solche sehr hochsiedenden Anteile nach und nach im Knochenfett zurück. Eine

---

[1] SAUER, E.: DRP. Nr. 717910 Kl. 22i. 22. 3. 1940.
[2] THIELE, L.: S. 32.

Siedetemperatur von über 100° ist erwünscht, um das Wasser in den Knochen zu verdampfen. Doch wird auch bei geringeren Temperaturen das Wasser verflüchtigt, wenn auch langsamer, da Wasser auch unterhalb der Siedetemperatur einen Dampfdruck aufweist, dieser ist von 80° aufwärts schon recht erheblich. Um die spätere Leimqualität günstig zu beeinflussen, wird daher auch gelegentlich Leichtbenzin mit Siedegrenzen unterhalb von 100° angewendet.

Außer Benzin kommt von Kohlenwasserstoffen als Lösungsmittel auch Benzol und seine Homologen in Betracht, falls die Anwendung wirtschaftlich ist. Außerdem vor allem als nicht brennbare Lösungsmittel chlorierte Kohlenwasserstoffe wie Trichloräthylen und Perchloräthylen. Tabelle 42 enthält die wichtigsten Kennzahlen dieser Lösungsmittel.

Tabelle 42. *Lösungsmittel*

	Formel	Dichte	Siedepunkt	Verdampfungswärme
Benzin	—	0,70—0,75	100—130°	—
Benzol	C_6H_6	0,899	80,4°	—
Trichloräthylen („Tri") ..	C_2HCl_3)	1,47	87°	56 Kal
Perchloräthylen („Per") ..	C_2Cl_4	1,62	119°	51 Kal
Wasser	—	1,00	100°	625 Kal

Das Trichloräthylen („Tri") hat sich als Fettlösungsmittel wegen seiner Nichtbrennbarkeit für verschiedene Zwecke in größtem Umfang eingeführt.

Die Verdampfungswärme ist äußerst günstig, zur Verdampfung von 1 kg Tri sind 56 Kal nötig, für Wasser über die zehnfache Menge, d. h. zum Verdampfen und Destillieren der Chlorkohlenwasserstoffe sind nur sehr geringe Wärmemengen aufzuwenden.

Daß das Tri für die Knochenextraktion das Benzin noch nicht verdrängt hat, liegt wohl daran, daß für ungünstige Betriebsverhältnisse die Gefahr der Korrosion eiserner Apparate besteht. Tri ist in trockenem Zustand durchaus beständig. Bei Gegenwart von Wasser, besonders beim Erhitzen werden gelegentlich Zersetzungserscheinungen beobachtet, die durch unkontrollierbare Verunreinigungen in den Knochen noch gefördert werden. Es wird Salzsäure abgespalten, die zu starker Rostbildung führt. Doch ist zu erwarten, daß diese Schwierigkeiten noch überwunden werden.

Das Extraktionsknochenfett ist hell- bis dunkelbraun und besitzt einen unangenehmen Geruch. Es enthält größere Mengen von Asche, letztere meist in Form von Kalkseifen. Man reinigt es durch Aufkochen mit 2 bis 5% Schwefelsäure von 60° Bé, wobei die Kalkseifen unter Bildung der freien Fettsäuren gespalten werden und ein Niederschlag von Gips ausfällt. Einer Bleichung widersteht es hartnäckig, man kann eine solche mit Chromsäure oder durch Behandlung mit schwefliger Säure und darnach mit Bariumsuperoxyd erreichen. Für diesen Zweck wird auch 30%iges Wasserstoffperoxyd empfohlen, ebenfalls Natronbleichlauge (Hypochlorit).

Nicht zu verwechseln mit dem Knochenfett ist das Knochen- und Klauenöl; es wird durch vorsichtiges Auskochen der Fußknochen von Rindern mit Wasser gewonnen und dient als feines Schmieröl.

Trockene Reinigung der Knochen

Die Knochen verlassen praktisch trocken und fettfrei die Extraktionsapparate, sie sind aber in diesem Zustand zur Verarbeitung auf Leim noch nicht geeignet. Da außer der Sortierung ein Reinigungsprozeß mit ihnen vor der Entfettung nicht vorgenommen wird, enthalten sie größere Mengen von Staub, Erde, Haaren u. a. Fremdstoffen. Aus diesem Grund erfolgt nunmehr zunächst eine mechanische Reinigung auf trocknem Wege. Die entfetteten Knochen werden auf einem Schrotbrecher, der in seiner Konstruktion den Knochenbrechern ähnlich ist, noch weiter auf Nußgröße zerkleinert, dann auf ein Silo gehoben und von hier nach Bedarf der Scheuer- oder Poliertrommel zugeführt. Man benutzt solche für unterbrochenen und für fortlaufenden Betrieb. Eine Scheuertrommel der ersten Art besteht aus einem runden oder polygonalen Zylinder, dessen Umfang aus feingelochten starken Siebblechen gebildet wird. Die Löcher sind zweckmäßig nach außen konisch erweitert, um das Durchfallen der Feinbestandteile zu erleichtern. An Stelle der Lochbleche benutzt man auch mit gutem Erfolg kräftige Drahtnetze aus Vierkantdraht, die eine noch bessere Scheuerwirkung erzielen, allerdings nicht so dauerhaft wie die Bleche sind. Der Zylinder ist an den Stirnflächen geschlossen und trägt an seinem Umfang eine Einfüllöffnung mit Verschlußdeckel. Seine Länge beträgt bis zu 5 m bei einem Durchmesser von $1^1/_4$ bis $1^1/_2$ m. Man füllt ein bestimmtes Quantum von Knochen in die Trommel ein und versetzt sie in Umlauf; dabei werden Fremdstoffe an den rauhen Wänden der Trommel und durch gegenseitiges Abreiben von den Knochenstücken abgescheuert. Diese selbst werden geglättet und an den Kanten abgerundet. Das Feinmaterial fällt durch die Siebe in den staubdichten Sammelkasten, welcher die Trommel umgibt, und wird durch Sackstutzen entnommen oder durch eine Schnecke nach außen gefördert. Für größere Betriebe ist die kontinuierliche Scheuerung der Knochen besser geeignet. Die hierfür benutzten Trommeln besitzen an einem Ende einen Einlauf, am gegenüberliegenden eine Austragsvorrichtung für die polierten Knochen (Abb. 80). Zum Entleeren dient ein regulierbares Ausräumschaufelwerk; je nach Einstellung desselben verweilen die Knochen kürzer oder länger in der Trommel, wie es gerade der Reinheitsgrad derselben erfordert. Will man die Trommel für periodischen Betrieb benutzen, dann wird die Austragsvorrichtung zeitweise gänzlich ausgeschaltet. Es empfiehlt sich sehr, den polierten Knochenschrot noch in einem Sichtzylinder nach Größe zu klassieren. Der letztere wird unmittelbar dem Arbeitsgang der Putztrommel angeschlossen. Das normale Produkt fällt in Nußgröße an, sehr grobstückiger Schrot geht nochmals zum Schrotbrecher zurück,

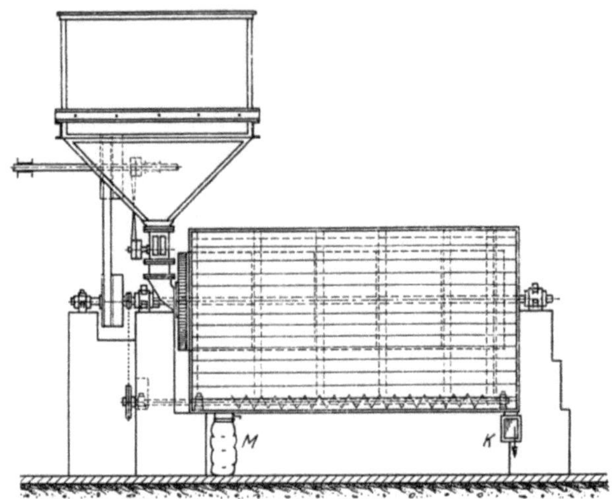

Abb. 80. Scheuertrommel zur trockenen Reinigung der extrahierten Knochen, *K* Entnahme der gescheuerten Knochen, *M* des Scheuermehls

der feine Schrot wird besonders aufgefangen. Auch aus dem abgescheuerten Mehl, das als Rohknochenmehl bezeichnet wird, kann der gröbere Anteil noch ausgesiebt und mit für die Leimfabrikation herangezogen werden.

Der polierte Knochenschrot bildet das eigentliche Rohmaterial für die Knochenleimfabrikation. Falls die Leimfabrikation mit der Anlieferung an Rohmaterial zeitweise nicht Schritt halten kann, wird man nach Möglichkeit nicht die Rohknochen längere Zeit lagern, sondern sogleich extrahieren und auf polierten Schrot verarbeiten, da die nassen Knochen beim Liegen durch Zersetzung Verluste erleiden und ihr Geruch zu Belästigungen führt. Man sollte daher den Raum der Extraktoren möglichst reichlich bemessen. Der polierte Schrot ist dagegen fast geruchlos und unbegrenzt haltbar. Sein Gehalt an Sticktsoff beträgt 4,5 bis 5,5%, an Phosphorsäure (P_2O_5) 23 bis 25%.

Nasse Reinigung der Knochen

Die auf trocknem Weg durch Scheuern schon weitgehend von Fremdstoffen befreiten Knochen werden noch einer nassen Reinigung unterworfen, die gelegentlich fälschlich als „Mazeration" bezeichnet wird. Man füllt die Knochen in große offene Behälter, die mit einem Deckel lose bedeckt werden, z. B. Holzbottiche, ausgebleite Holzkästen oder betonierte Tröge mit einem Asphaltanstrich, dann läßt man Wasser zulaufen, bis die Knochen davon bedeckt sind. Unter den Siebboden auf welchen der Knochenschrot gelagert ist, wird durch gelochte Bleirohrschlangen gasförmige schweflige Säure eingeleitet. Das Einweichen der Knochen und die gelegentliche Zufuhr an schwefliger Säure dauert 24 bis 48 Stunden. Die Knochen sollen durch diese Behandlung gebleicht und noch anhaftender Schmutz gelöst werden. Die erforderliche schweflige Säure wird meist durch Verbrennen von Schwefel in Schwefelöfen gewonnen und mittels einer Pumpe in die Rohrschlangen gepreßt. Die Menge der zugeführten schwefligen Säure wird durch das Gewicht des verbrannten Schwefels bestimmt. Natürlich werden bei dieser Behandlung auch geringe Mengen von Kalziumphosphat gelöst und mit ins Abwasser geführt. Dieser Abgang ist ganz unbedeutend, da verhältnismäßig wenig

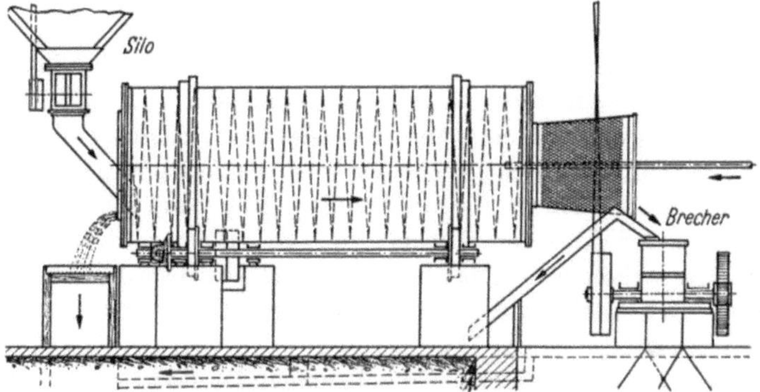

Abb. 81. Waschtrommel für Knochen mit Nachbrecher

Schwefeldioxyd zugeführt wird. Ein Verlust an Leimsubstanz entsteht nicht.

Untersucht man das weglaufende Wasser von den Weichbottichen, so findet man etwas Phosphorsäure, außerdem einige Zehntelprozente stickstoffhaltiger Substanz, die jedoch kein Leim ist, da sie sich in kaltem Wasser leicht löst. Der geschwefelte Schrot wird sogleich weiterverarbeitet, zunächst muß er gut ausgewaschen werden. Man benutzt Waschmaschinen verschiedener Bauart. Eine solche besteht im einfachsten Fall aus einem perforierten Eisenzylinder, der in

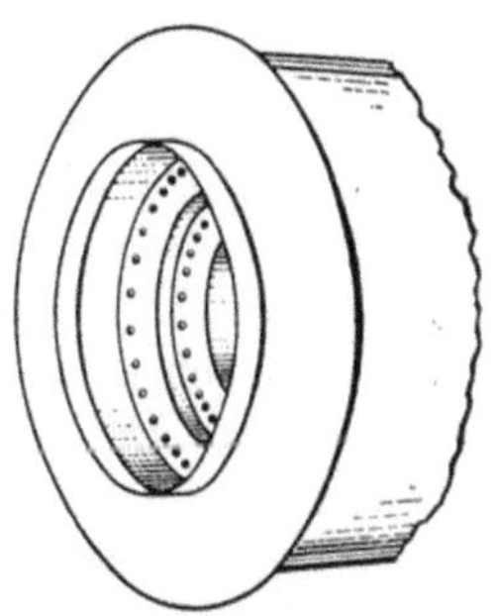

Abb. 82. Innerer Einbau der Waschtrommel (Transportspirale)

waagerechter Lage in einem wasserdurchströmten Trog rotiert. Nach einem anderen Prinzip wird der Rohstoff im Innern eines geschlossenen Zylinders durch einen geeigneten Einbau von einem Ende zum anderen bewegt, während das Waschwasser den entgegengesetzten Weg macht (Abb. 81 u. 82).

Die von der Waschtrommel ausgetragenen Knochen gehen nochmals durch einen Brecher und werden am besten von einem Becherwerk oder einer anderen Transportvorrichtung aufgenommen und über die Leimdämpfer zur Beschickung derselben gefördert.

Über den Wert der Schwefelung sind die Meinungen geteilt, einzelne Fachleute sind der Ansicht, daß ein gründliches Einweichen und Waschen auch ohne Anwendung von schwefliger Säure den gleichen Zweck erfüllt. Man wird bei der Behandlung mit Schwefeldämpfen nachher den Säuregehalt nicht immer restlos durch Waschen aus den Knochen entfernen und schädigt dadurch die Qualität des Leims bei der nachfolgenden Druckbehandlung in den Dämpfern, wo die Gegenwart selbst geringer Säuremengen recht nachteilig wirkt.

Das Entleimen der Knochen

Wenn man die so vorbereiteten Knochen mit heißem Wasser behandelt, so wird die in ihnen enthaltene organische Substanz, das Ossein, nur in sehr geringer Menge in wasserlöslichen Zustand, d. h. in Leim übergehen. Zur Erreichung dieses Ziels ist die Anwendung höherer Temperaturen, d. h. höherer Dampfdrucke nötig. Man benutzt daher zur Entleimung der Knochen Autoklaven. Es ist charakteristisch für die angewandte Arbeitsweise, daß man zunächst nur Dampf unter erhöhtem Druck einwirken läßt und dann mit heißem Wasser ohne Druck behandelt, um den entstandenen Leim herauszulösen. Bei der Hitzebehandlung finden zwei Vorgänge gleichzeitig nebeneinander statt: erstens das Ossein wird in wasserlösliches Glutin, d. h. in Leim verwandelt, zweitens der in Wasser gelöste Leim wird weiter abgebaut. Der zweite Teilvorgang ist unerwünscht, da er die Qualität des Leims schädigt. Man wird also dahin streben, diesen möglichst zu unterdrücken. Aus diesem Grunde läßt man den Dampfdruck in *Abwesenheit* von Wasser einwirken und entzieht die durch Kondensation des Dampfes entstehende Leimbrühe möglichst schnell der Überhitzung. Sodann wird der Leim nach Wegnahme des Drucks durch heißes Wasser herausgewaschen und aus dem Kocher entfernt. Diese Behandlung — erst Druck, dann Wasser — wird so oft wiederholt, bis die Leimsubstanz im Knochen annähernd erschöpft ist. Bei Gebrauch eines einzelnen Autoklaven erhält man dabei ein ungeheures Quantum von Flüssigkeit von geringer Leimkonzentration. Einen Fortschritt bedeutete daher das Verfahren von Zwillinger, der zwei Autoklaven einschließlich der erforderlichen Verbindungsleitungen aufstellte und die Knochenfüllung in beiden in der Weise mit Wasser und Dampf behandelte, daß die Leimbrühe abwechselnd aus einem Apparat in den anderen übergeführt, während in der gleichen Zeit jeweils der andere Apparat unter Dampfdruck gesetzt wurde. Dieses Verfahren erzielte unter mehrmaliger Erneuerung des Wassers während einer Charge eine angereicherte Leimbrühe.

Eine systematische Fortentwicklung dieser Arbeitsweise führte zur Diffusionsbatterie, für welche ein Vorbild, allerdings unter anderen Bedingungen, in der Zuckerfabrikation schon gegeben war. Das Prinzip ist folgendes: 3 bis 6 Autoklaven, auch Dämpfer oder Diffuseure genannt, werden zu einer Batterie vereinigt. Der einzelne Dämpfer besteht aus einem geschlossenen Zylinder mit einem Siebboden im unteren Teil, mit oberem und unterem Mannloch zum Füllen und Entleeren. Sowohl unter dem Siebboden als auch am Scheitel des

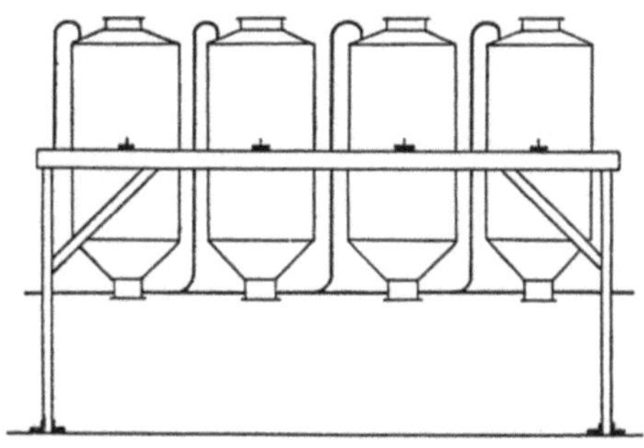

Abb. 83. Batterie von Knochendämpfern (4 Autoklaven) zum Entleimen der Knochen, Entleerung unten

Dämpfers ist ein ringförmiges Dampfbrauserohr eingebaut. Sämtliche Dämpfer einer Batterie sind mit Zuleitungen für Heizdampf und heißes

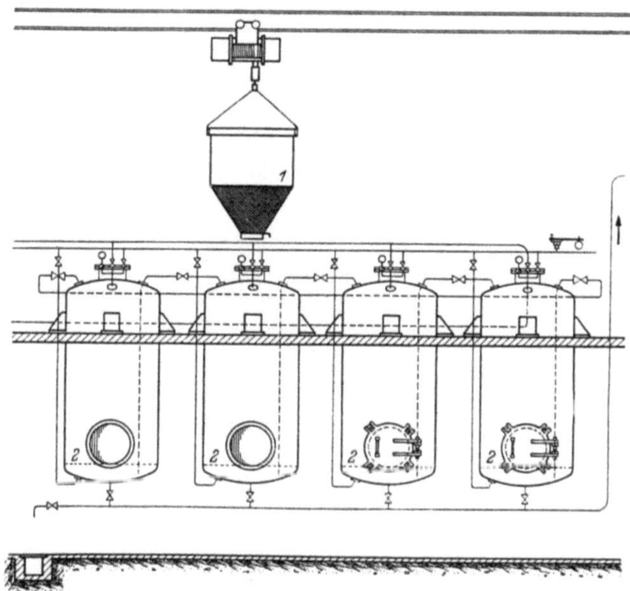

Abb. 84. Dämpferbatterie für Knochen, Entleerung seitlich (nach H. Streidl, München)

Wasser ausgerüstet, außerdem verbindet eine obere und eine untere Leitung, die von einem Diffuseur zum nächsten läuft, sämtliche Dämpfer, um in einfacher Weise die Lösungen von einem Behälter zum anderen überführen zu können. Man ist davon abgekommen, den Fassungsraum der einzelnen Dämpfer sehr groß zu wählen und bevorzugt solche mittlerer Größe, die etwa 1500 bis 2000 kg Knochenschrot zur Füllung benötigen. Die Anordnung der Batterie nach Abb. 83 mit der Entleerungsöffnung am Boden gestattet eine äußerst einfache Ausräumung der Rückstände. Die Konstruktion nach Abb. 84 mit etwas größerem Durchmesser hat wieder den Vorteil, daß die Materialschicht weniger hoch ist, so daß sich die Knochen besonders bei fortschreitender Entleimung weniger dicht aufeinandersetzen.

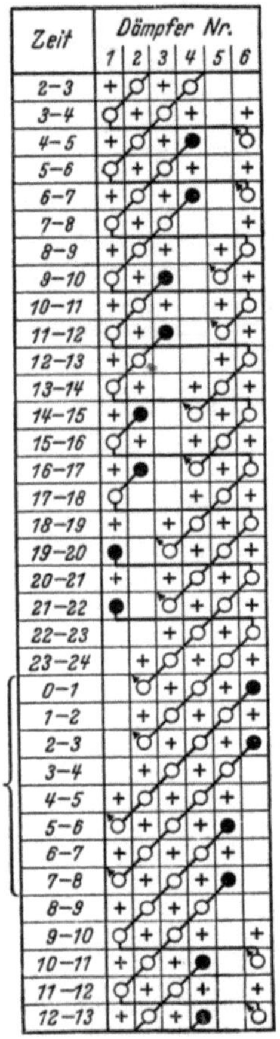

Arbeitsweise. Während des gesamten Arbeitsgangs wird das Prinzip des Gegenstroms befolgt, d. h. das frisch zugesetzte Wasser tritt in den in bezug auf Leimgehalt am meisten erschöpften Dämpfer ein, wandert nach und nach durch die immer weniger entleimten Füllungen der anderen Dämpfer, um schließlich mit der höchsten Leimkonzentration durch einen eben frisch gefüllten Dämpfer zu gehen. Man arbeitet mit einer Batterie von 6 Apparaten, z. B. nach folgendem Schema: Jede Füllung erhält 12 mal Dampfdruck und 12 mal Wasser bei je einer Stunde Einwirkungsdauer und einem sich steigernden Dampfdruck von etwa $1/4$ bis 2 atü. Zugeführt wird zweimal frisches Wasser, das der Reihe nach durch alle Dämpfer geht. Bei dieser Arbeitsweise ist also eine Füllung in 24 Stunden aufgearbeitet, wobei die Zeit für Füllen und Entleeren nicht inbegriffen ist. Die Konzentration der ersten Leimbrühe, die nach Passieren der 6 Dämpfer abgelassen wird, ist etwa 15 % Leimgehalt, die der zweiten etwa 13 %.

In dem Schema („Fahrplan") nach Abb. 85 geben die oberen Zahlen die Nummern der Leimdämpfer an, die seitlichen Zahlen links die Stunden. Die Perioden des Dampfdrucks sind durch Kreuze, die der Auslaugung durch Kreise bezeichnet. Ein schwarzer Kreis bedeutet Frischwasser, ein kleiner schräger Pfeil Entleerung der gesättigten Leimbrühen. Die Verbindungslinien zwischen den Kreisen zeigen den Weg der Leimlösungen an. Die Zeiten für das Weiterfördern der Brühen, das Umstellen des Dampfdrucks usw. sind in den angegebenen Zeitabschnitten eingeschlossen. Der Wechsel der mehr oder weniger angereicherten Leimbrühen in den Dämpfern ist nachstehend als „1. Wasser", „2. Wasser" usw. bezeichnet. Nach dem Schema Abb. 85 erhält

Zeit	\multicolumn{6}{c}{Dämpfer Nr.}
	1	2	3	4	5	6
2–3	+	○	+	○		
3–4	○	+	○	+		+
4–5	+	○	+	●		○
5–6	○	+	○	+		+
6–7	+	○	+	●		○
7–8	○	+	○			+
8–9	+	○	+		+	○
9–10	○	+	●		○	+
10–11	+	○	+		+	○
11–12	○	+	●		○	+
12–13	+	○			+	○
13–14	○	+		+	○	+
14–15	+	●		○	+	○
15–16	○	+		+	○	+
16–17	+	●		○	+	○
17–18	○			+	○	+
18–19	+		+	○	+	○
19–20	●		○	+	○	+
20–21	+		+	○	+	○
21–22	●		○	+	○	+
22–23			+	○	+	○
23–24		+	○	+	○	+
0–1		○	+	○	+	●
1–2		+	○	+	○	+
2–3		○	+	○	+	●
3–4		+	○	+	○	
4–5	+	○	+	○	+	
5–6	○	+	○	+	●	
6–7	+	○	+	○	+	
7–8	○	+	○	+	●	
8–9	+	○	+	○		
9–10	○	+	○	+		+
10–11	+	○	+	●		○
11–12	○	+	○	+		+
12–13	+	○	+	●		○

Abb. 85. Arbeitsplan für sechsteilige Dämpferbatterie zur Entleimung von Knochen, + Dampf, ○ Wasser

Weg der Leimlösungen an. Die Zeiten für das Weiterfördern der Brühen, das Umstellen des Dampfdrucks usw. sind in den angegebenen Zeitabschnitten eingeschlossen. Der Wechsel der mehr oder weniger angereicherten Leimbrühen in den Dämpfern ist nachstehend als „1. Wasser", „2. Wasser" usw. bezeichnet. Nach dem Schema Abb. 85 erhält

Dämpfer Nr. 6 von 3 bis 4 Uhr den 1. Dampfdruck, von 4 bis 5 Uhr das 1. Wasser. Dieses 1. Wasser ist eine stark angereicherte Leimbrühe, die schon 5 Dämpfer (5, 4, 3, 2, 1) passiert hat. Diese Leimlösung hat damit ihren Durchgang beendet, und wird nach Ablauf der Zeit in den Sammelbehälter gefördert. Dann folgt von 5 bis 6 Uhr der 2. Dampfdruck, von 6 bis 7 Uhr das 2. Wasser. Dieser Wechsel geht nach dem Schema weiter bis von 0 bis 1 Uhr das 11. Wasser, von 2 bis 3 Uhr das 12. Wasser gegeben wird. 11. und 12. Wasser sind Frischwasser, die aus dem nahezu erschöpften Knochenschrot die letzten Reste von Leim herausziehen sollen.

Wenn man Diffuseurbatterien von je vier Dämpfer benutzt, verschieben sich die Zeitverhältnisse, man erhält natürlich eine andere Einteilung als bei der Sechser-Batterie.

Der Dampf, der bei der Druckentlastung aus den Autoklaven abströmt, wird zweckmäßig zur Vorwärmung des Entleimungswassers verwendet.

Natürlich lassen sich auch noch andere Zeitpläne für die Entleimung benutzen, jedoch ist man in der Arbeitsfolge für Dampf und Wasser an bestimmte Zeitabstände gebunden, damit ein praktisch durchführbarer „Fahrplan" zustande kommt. An sich wäre es zweckmäßiger, zu Beginn, wenn die Beschickung eines Dämpfers noch frisch ist, den Dampfdruck kurz und die Auslaugung länger andauern zu lassen, doch ist eine solche Einteilung nur mangelhaft durchführbar.

Dieses systematische Auslaugen hat den Zweck, neben einer guten Ausbeute an Leim möglichst hoch konzentrierte Leimbrühen zu erhalten, um die Eindampfarbeit nieder zu halten. Allerdings muß man bei dem stundenlangen Erhitzen der Leimbrühen bis nahe zum Siedepunkt mit einer Schädigung der Leimqualität rechnen. Da heute sehr leistungsfähige Mehrkörperverdampfer zur Verfügung stehen, nimmt man auch eine höhere Verdampfungsarbeit in Kauf und erstrebt eine verbesserte Leimqualität. Das geschieht z. B. in der Weise, daß man jedem frisch gefüllten Dämpfer einen Dampfdruck vorweg gibt, dann sogleich mit *frischem* Wasser auslaugt und diese Leimbrühe nicht durch die übrigen Dämpfer zirkulieren läßt. Solche Brühen, den übrigen zugesetzt, ergeben eine merkliche Verbesserung der Leimqualität.

Der entleimte Knochenschrot enthält in der lufttrocknen Substanz 0,8 bis 0,9 % Stickstoff. Tatsächlich scheint es nicht möglich zu sein, noch weitere Leimsubstanz aus den Knochen herauszuholen, vielmehr darf man diese Stickstoffmenge nicht als Leim in Rechnung setzen. Anscheinend ist ein bestimmter Anteil des Stickstoffs nicht als leimgebende Substanz gebunden. Vielleicht handelt es sich hier um Verbindungen der organischen Substanz mit den Phosphaten. Daß eine bestimmte Menge der Phosphorsäure organisch gebunden ist, lassen die früher erwähnten Analysen des Knochengewebes vermuten (S. 167).

Will man die Ausbeute erhöhen, indem man den Dampfdruck bei der Entleimung zum Schluß weiter steigert, z. B. statt 2 atü auf 3 atü, so läßt sich kein besseres Ergebnis erzielen. Der Stickstoffgehalt im entleimten Schrot ist nicht geringer als bei 2 atü, wie die nachstehenden Analysen zeigen. Dagegen leidet die Qualität des Leims.

Tabelle 43. *N-Gehalt im entleimten Schrot*

Höchstdruck bei Entleimung	2 atü	3 atü
Rest-Stickstoff nach Entleimung:	0,96 % N	0,91 % N
	0,77	0,79
Versuch 1—5	0,98	0,90
	0,93	0,92
	0,92	0,84

Tabelle 44. *Leimkonzentration in den Dämpfern*

Zeit	Leimkonzentration: I. Wasser			Leimkonzentration: II. Wasser		
	Dämpfer Nr.	A. %	E. %	Dämpfer Nr.	A. %	E. %
0—1	6	0,0	1,8	—	—	—
1—2	5	1,9	2,4	—	—	—
2—3	4	4,5	4,8	6	0,0	1,5
3—4	3	8,5	9,1	5	1,8	1,9
4—5	2	12,4	12,7	4	3,3	3,6
5—6	1	13,6	15,5	3	5,8	7,1
6—7	—	—	—	2	10,2	11,0
7—8	—	—	—	1	12,4	13,1

A. = Anfangskonzentration, E. = Endkonzentration.

Von Interesse ist es, beim Arbeiten nach dem Diffusionsverfahren festzustellen, in welcher Weise die Anreicherung der Leimbrühen allmählich fortschreitet. Zu diesem Zweck wurden einer Sechserbatterie während eines gesamten Arbeitsgangs fortlaufend Proben der Leimbrühen entnommen, und zwar sowohl oben als auch in der Mitte und unten, und ihre Konzentration festgestellt. Die Ergebnisse finden sich in Tabelle 44 und Abb. 86, es bedeutet A. die Anfangskonzentration, E. die Endkonzentration in dem betreffenden Zeitabschnitt,

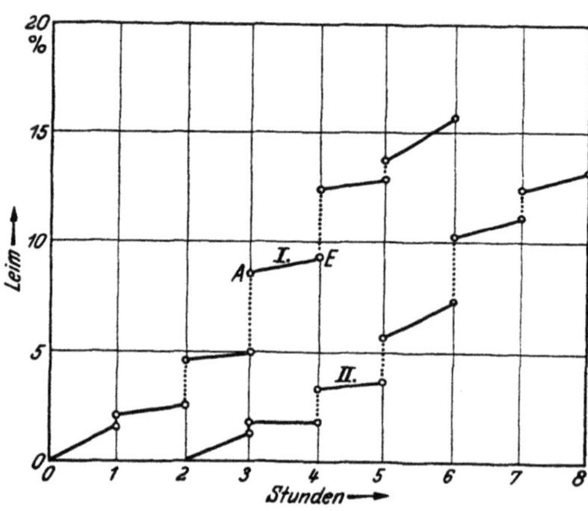

Abb. 86. Anreicherung der Leimbrühen während 6 Stunden beim Durchgang durch 6 Knochendämpfer

und zwar die Mittelwerte von oben, Mitte und unten aus jedem Dämpfer. Zwei getrennte Leimlösungen (I. u. II.) gehen in je 6 Stunden durch die gesamte Batterie. Dieser Zeitabschnitt ist in Abb. 85 durch eine Klammer links der Zahlen bezeichnet. Es fällt auf, daß beim Übergang der Leimlösung von einem Dämpfer zum nächsten die Konzentration sprunghaft ansteigt (Abb. 86). Dies rührt wohl daher, daß aus dem Knochenschrot, der soeben unter Dampfdruck stand, beim Einfließen der weitergeförderten Leimlösung das frisch aufgeschlossene Glutin an der Oberfläche der Knochenstücke verhältnismäßig rasch herausgelöst wird und dann aus dem Innern der Knochen langsamer nachdiffundiert. Auch kommt jeweils die unter dem Siebboden der Dämpfer angesammelte konzentriertere Leimbrühe hinzu.

Die bei der Diffusion herrschende Temperatur der Leimbrühen von über 90° macht es verständlich, daß die Qualität des Knochenleims beeinträchtigt wird. Die fertigen Leimbrühen werden durch Dampfdruck oder Luftdruck aus den Diffuseuren nach höher stehenden Sammelbehältern gepreßt. Für Knochenleim sind Holzbottiche besonders geeignet. Durch Mischung verschiedener Brühen sucht man eine gleichmäßige Qualität herzustellen. Die Leimlösungen haben eine Konzentration von 10 bis 20 % und besitzen eine gelbe bis hellbraune sehr trübe Färbung. Man leitet etwas schweflige Säure ein, um eine Konservierung und teilweise Bleichung des Leims zu erreichen. Die schweflige Säure (Schwefeldioxyd) wird zu diesem Zweck meist gasförmig aus Stahlflaschen entnommen, an welche man ein dünnes Kupfer- oder Bleirohr anschließt. Um das Schwefeldioxyd einfach dosieren zu können, stellt man den Zylinder auf eine Dezimalwaage neben den Leimbottich und bemißt den Zusatz nach der Gewichtsabnahme.

Klärung der Leimbrühen

Die *Bleichung* der Leimlösung zur Aufhellung dunkler Färbungen geschieht im allgemeinen nach dem Eindampfen derselben. Die *Klärung* dagegen hat zum Zweck, organische und anorganische Schwebestoffe, welche eine Trübung der Leimbrühen und des fertigen Leims verursachen, zu beseitigen.

Die einfachste Klärung erfolgt durch Absitzenlassen der festen Fremdstoffe, die natürlich in der Hauptsache von den entleimten Knochen herstammen. Nach mehrstündigem Stehen hat sich die Brühe so weit geklärt, daß man zum Eindampfen schreiten kann. Da aber die Hauptmenge der feinen Schwebestoffe auf diese Weise nicht entfernt werden kann, so ergibt eine solche Leimlösung nur einen unansehnlichen Leim.

Um klare Brühen zu gewinnen, können verschiedene Mittel angewandt werden.

Sehr guten Erfolg zeitigt die Filtration und sie wird in größtem Umfang angewendet. Die Filtrationsarbeit ist schon unter Hautleim beschrieben, so daß sie hier übergangen werden kann.

Außerdem ist bei Knochenleimen die chemische Klärung am Platze,

da, im Gegensatz zu Hautleim, die Qualität des Knochenleims durch eine
solche Behandlung kaum verändert wird. Die Klärung wird dadurch erreicht, daß man in der Leimlösung einen flockigen Niederschlag erzeugt;
dieser schließt durch Adsorption alle Feinbestandteile ein, die in der
Leimlösung suspendiert sind, und reißt sie beim Absetzen mit zu Boden.
Nicht jeder schwerlösliche, durch chemische Fällung erzeugte Niederschlag ist für den Zweck der Klärung geeignet. Günstig scheint es zu sein,
wenn nicht rein anorganische Fällungen erzeugt werden, sondern auch
Stoffe in organischer Bindung beteiligt sind.

Klären mit Kalk. Nach L. THIELE[1] ist durch Zusatz von Kalkmilch
eine brauchbare Klärung zu erreichen. Geschwefelte Brühen müssen noch
schwach sauer sein, sonst tritt keine Fällung ein. Man gibt die Kalkmilch
bei 70 bis 90° zu, rührt lebhaft um und der Niederschlag setzt sich schnell
in großen Flocken ab.

Klären mit Kalziumphosphat. Nach V. CAMBON[2] erzeugt man einen
Niederschlag von Trikalziumphosphat in der Leimlösung, der eine gut
klärende Wirkung besitzt. Man kann dabei nach dessen Angaben auf
zweierlei Weise verfahren: a) Man löst soviel Dikalziumphosphat (Prä-
zipitat) in wäßriger schwefliger Säure von 5 bis 6 % auf, bis eine Lösung
von 12° Be erhalten wird, dabei entsteht Monokalziumphosphat und Kalziumsulfit. Von dieser Lösung gibt man 3 bis 4 Liter zu 100 Liter Leimbrühe, die nicht über 18% Leimgehalt und mindestens eine Temperatur
von 85° haben soll. Dann rührt man 10 Minuten lang lebhaft um. In der
heißen Lösung reagieren Kalziumsulfit und Monokalziumphosphat unter
Freiwerden von Schwefeldioxyd und Ausfällung von Trikalziumphosphat.
Man setzt nun einige Liter Kalkmilch zur völligen Ausfällung des Tri-
kalziumphosphats zu und rührt weiterhin einige Zeit bis sich das Kalziumphosphat zu großen Flocken zusammenballt und überläßt hierauf
die Lösung zur Absetzung des Niederschlags der Ruhe. Nach 2 Stunden
ist die Klärung völlig beendet. b) Das zweite Verfahren besteht darin,
daß man der Leimbrühe 2 bis 4 Volumprozente einer Phosphorsäure oder
Monokalziumphosphatlösung von je 5° Be bei 80° C zufügt und dann
mit der genau berechneten Menge Kalkmilch versetzt, die hinreicht, um
eine quantitative Fällung von Trikalziumphosphat herbeizuführen. Letzteres bewirkt beim Absetzen die Klärung.

Klärung mit Alaun. Alaun oder Aluminiumsulfat wird als Fällungsmittel viel empfohlen, bessere Wirkungen erzielt man bei Kombination
von Aluminiumsalzen mit anderen Chemikalien. Derartige Reaktionen
wurden von GUTBIER, SAUER und SCHELLING[3] eingehend untersucht, von
ihren Ergebnissen sei folgendes mitgeteilt.

---

[1] THIELE, L.: Leim und Gelatine, S. 60.
[2] CAMBON, V.: La Fabrication des Colles et Gelatines, Paris 1923, S. 62.
[3] GUTBIER A., E. SAUER u. F. SCHELLING: Kolloid-Z. Bd. 30 (1922) S. 376.

Setzt man Alaun bei mittleren Temperaturen etwa zwischen 30 und 50° C dem Leim zu, so entsteht kein Niederschlag, dagegen wird die Viskosität unter Umständen beträchtlich erhöht. Dies kann so weit gehen, daß die Leimlösung erstarrt (s. S. 66). Bei höherer Temperatur in schwach saurer Lösung fällt ein Niederschlag aus, welcher klärende Eigenschaften besitzt. Durch Versuche muß ermittelt werden, welche Mengenverhältnisse erforderlich sind. Auch hier wird die Klärung durch Zusatz von Phosphorsäure gefördert. Eine 10%ige Lösung von Knochenleim läßt sich mit 0,4 kg Alaun und 0,8 Liter Phosphorsäure von 10% auf 100 l gut klären. Bei Großversuchen wurde ermittelt, daß schon geringere Mengen Alaun wirksam sind. Man gibt der Leimlösung bei einer Temperatur nicht unter 80° den in Wasser gelösten Alaun und dann die Phosphorsäure zu, rührt $^1/_4$ bis $^1/_2$ Stunde kräftig um, bis sich grobe Flocken gebildet haben und überläßt dann die Lösung solange sich selbst, bis der Niederschlag sich vollständig zu Boden gesetzt hat. Dies erfordert erheblich längere Zeit, als oben für Kalziumphosphat angegeben ist. Vielfach wird es nötig sein, die Leimlösung zum Absetzen über Nacht stehen zu lassen. Bei der Niederschlagsbildung ist auch die Art des Umrührens von Einfluß. Ein langsames Umrühren von Hand mit einer Rührkrücke erweist sich als günstig, bisweilen muß das Rühren länger fortgesetzt werden, als oben angegeben. Schnellaufende mechanische Rührer sind gelegentlich unwirksam, weil sie die Flocken „zerschlagen".

Das folgende Verfahren der Klärung führt nach langjährigen Erfahrungen meist zu ausgezeichneten Erfolgen. Man benutzt dabei außer Aluminiumsalzen zusätzlich noch Bariumsuperoxyd.

Für je 100 kg Trockenleim in der Lösung verwendet man: 1,75 kg Alaun, 1 kg Bariumsuperoxyd und etwa 0,5 bis 1 Liter Phosphorsäure von 50%.

Die Leimlösung soll eine Konzentration von 10 bis 20% und eine Temperatur von wenigstens 80° C haben.

Man löst den Alaun in warmem Wasser und gibt ihn zur Leimbrühe, dann wird das Bariumsuperoxyd in fester Form eingestreut und kurz umgerührt. Alsdann fügt man Phosphorsäure bis zur schwach sauren Reaktion (Lackmus) zu. Nun wird die Leimlösung solange kräftig umgerührt, bis Flocken sichtbar werden, wozu etwa 5 bis 20 Minuten erforderlich sind, Falls keine Bildung von Flocken erfolgt, dann ist häufig ein weiterer Zusatz von Säure wirksam.

Chemisch ist der Vorgang wohl so aufzufassen, daß der Alaun als Gerbmittel gegenüber Glutin wirkt und mit diesem zusammen einen unlöslichen Niederschlag bildet. Es ließ sich feststellen, daß von den Bestandteilen des Alauns nur das Aluminium, und zwar in Form des kolloiden Aluminiumhydroxyds wirksam ist. Letzteres bildet mit Glutin wasserunlösliche Verbindungen, die jedoch kein konstantes Verhältnis in bezug auf anorganischen und organischen Anteil haben. Hier liegen jedenfalls kolloide Adsorptionsverbindungen vor, welche Glutin und Aluminiumhydroxyd in wechselnden Mengen enthalten. Nach der Klärung findet sich tatsächlich in der Leimlösung Aluminium nur noch in äußerst geringer Menge vor.

Durch die Klärung wird die Leimlösung nicht nur völlig glasklar, vielmehr ist auch die Farbe wesentlich aufgehellt von dunkelbraun bis hellgelb. Die Trübungsstoffe, die teils anorganischer, teils eiweißartiger Natur sind, werden niedergeschlagen. Jedoch nicht bloß suspendierte Stoffe, auch *Färbungen* können durch Klärung entfernt werden. Störende Färbungen im Leim werden z. B. von Metallen erzeugt. Die Färbung, die durch Nachdunkeln nach reduzierender Bleichung entsteht, ist auf Eisenverbindungen zurückzuführen. Der geklärte Leim zeigt solches Nachdunkeln nicht. Tatsächlich läßt sich nachweisen, daß durch die Klärung ein vorhandener Eisengehalt in der Leimbrühe bis auf ein Minimum verschwindet. Dies läßt sich durch Ausführung der Berlinerblau-Reaktion vor und nach der Klärung zeigen.

An sich ist der Klärvorgang für den Knochenleim kaum schädlich, um so mehr als die zugesetzten Chemikalien der Hauptmenge nach in den Niederschlag gehen. Dagegen ist das lange Stehen bei höherer Temperatur für die Qualität des Leims nachteilig, dies trifft vor allem für höherwertigen Hautleim zu. Der Aschegehalt des Leims wird durch die Klärung um ein Geringes vermindert, der Säuregehalt nimmt etwas zu. Störend ist dagegen, daß die Schaumbildung durch das Klären erhöht wird. Aus diesem Grunde empfiehlt es sich, niemals den ganzen Anfall der Fabrikation der Klärung zu unterwerfen, man wird nur einen gewissen Teil, etwa die Hälfte oder ein Drittel der Leimbrühen klären und mit den übrigen ungeklärten, die man evtl. filtrieren kann, gemischt weiter verarbeiten.

Wenn man den bei der Klärung erhaltenen Niederschlag auswäscht und trocknet ergibt sich eine hornartige graue Masse. Die Analyse gibt keine konstante Zusammensetzung, es wurde z. B. gefunden:

I.	10,53% N	8,67% Al	Spuren Sulfat
II.	9,07% N	16,21% Al	0,62% Sulfat

Der Stickstoffgehalt ist also etwas verschieden, jedenfalls geringer als im Leim selbst infolge Anwesenheit des anorganischen Anteils. An der Bildung des Niederschlags sind als organische Komponente nicht irgendwelche beigemischten Nebenbestandteile beteiligt, sondern die Glutinsubstanz selbst. Dies geht daraus hervor, daß sich die Ausfällung eines Niederschlags in ein und derselben Leimlösung mehrfach wiederholen läßt. Dagegen kann die Menge des Niederschlags durch erhöhten Alaunzusatz nicht beliebig gesteigert werden, vielmehr wird bei größeren Alaunmengen ein Teil des letzteren in Lösung bleiben.

In der Praxis ist die Aufarbeitung des Klärrückstands eine höchst unangenehme Aufgabe, an welcher die Anwendung des Verfahrens vielfach scheitert. Der sehr voluminöse Klärschlamm besteht weitaus zur Hauptmenge aus Leimbrühe, die Menge der festen Substanz ist verhältnismäßig gering. Keinesfalls läßt sich dieser feste Anteil des Klärschlamms durch Filtration von der beigemengten Leimlösung trennen. Die Hauptmenge des Leims kann man wiedergewinnen, wenn man den Schlamm mit heißem Wasser stark verdünnt und in einem hohen zylindrischen Behälter nochmals absitzen läßt, man erhält dabei allerdings nur eine sehr verdünnte Leimlösung. Die rationellste Aufarbeitung des Schlamms besteht darin, daß man ihn in kleinen Portionen in die Leimdämpfer gibt. Er wird dann in verdünntem Zustand nacheinander durch die ganze Dämpferbatterie gefördert, wobei die festen Anteile allmählich in der porösen Knochenmasse zurückbleiben. Eine Abtrennung der Leimbrühe vom festen Anteil des Schlamms in einer geschlossenen Zentrifuge kommt auch in Frage.

Eine andere, bisweilen vorteilhafte Anwendung der Klärung mit Alaun und Phosphorsäure ist die Regenerierung in Zersetzung übergegangener dunkler übelriechender Leimbrühen. Wenn diese evtl. nach Verdünnen auf etwa 20% geklärt werden, verlieren sie ihre dunkle Farbe und größtenteils auch den unangenehmen Geruch und lassen sich so wieder einigermaßen verwertbar machen. Handelt es sich um verdorbenen Tafelleim, so gibt man denselben zunächst zum Quellen und Auswaschen mehrere Tage in fließendes kaltes Wasser, löst dann auf und klärt mit Alaun und Phosphorsäure.

Da heute die Gewinnung von Tafelleim stark in den Hintergrund getreten ist, so wird auf eine sehr helle Farbe des Leims nicht mehr so großer Wert gelegt; eine Filtration wird in den meisten Fällen ausreichend sein, so daß eine Klärung entbehrlich ist.

Eindampfen, Bleichen, Formen und Trocknen des Knochenleims

Die weitere Verarbeitung der Leimbrühen besteht zunächst im Eindampfen. Dieser Vorgang bietet keinerlei neue Gesichtspunkte gegenüber der gleichen Behandlung beim Hautleim. Dasselbe gilt für die folgenden Operationen der Formgebung und Trocknung. Eine Abweichung gegenüber dem Hautleim besteht nur darin, daß die Leimbrühen wohl in der Regel schwach sauer gehalten werden. Ein Zusatz von schwefliger Säure erfolgt wie schon erwähnt, unmittelbar nach Entleeren der Brühen aus den Dämpfern. Bei Knochenleim wird vorzugsweise eine reduzierende Bleichung mit Natriumhydrosulfit („Blankit") benutzt. In die eingedampfte Leimbrühe wird nochmals Schwefeldioxyd eingeleitet und wenige Promille Blankit, berechnet auf Trockenleim, zugefügt. Es tritt sogleich eine sichtbare Aufhellung des Leims ein. Ein geringer Zusatz von Lithopon oder Leimweiß gibt dem Leim, besonders wenn er geklärt oder filtriert ist, ein schwach trübes weniger glasiges Aussehen. Es erscheint widersinnig. den Leim zunächst zu klären und dann wieder trüb zu machen. Jedoch erstrebt man durchaus nicht ein völlig klares Aussehen des Leims; durch die Filtration oder Klärung soll der schmutziggraue bis graugrüne Stich des rohen Leims beseitigt werden. Wird der Leim nachher wieder mit den genannten weißen unlöslichen Färbungsmitteln getrübt, so erhält er nunmehr eine rein gelbe bis gelbbraune Färbung.

Der Knochenleim hat einen charakteristischen etwas säuerlichen Geruch; wenn das Rohmaterial schlecht gereinigt wurde, tritt jedoch bisweilen ein höchst unangenehmer Geruch auf, man sucht ihn durch Zusatz von sehr geringen Mengen von Nitrobenzol zu verbessern. Auch eine Konservierung der Leimbrühe kann vor dem Erstarrenlassen, soweit nicht der Zusatz von Schwefeldioxyd als genügend erachtet wird, vorgenommen werden. Man verwendet ähnliche Mittel wie bei Hautleim, nämlich Betanaphthol, Grotan, Raschit usw., um ein Verderben der konzentrierten Leimbrühen zu vermeiden und um Schimmeln oder Blasenbildung beim Trocknen in den Kanälen zu unterdrücken. Das Entstehen von Blasen in den Tafeln wird übrigens bei Knochenleim weniger beobachtet.

Die geringere Gallertfestigkeit und der tiefere Schmelzpunkt des Knochenleims gegenüber dem Hautleim wird insofern berücksicht, als man die Brühen höher eindampft, um eine Gallerte von der genügenden Schneidfestigkeit zu erhalten. Die Konzentration wird nach dem Eindampfen im Winter etwa 28 bis 32% im Sommer 35 bis 38% betragen. Beim Trocknen in den Kanälen geht man mit der Temperatur nicht über 25° C hinaus. Man muß bei Knochenleim die Entwässerung etwas weitertreiben als bei Hautleim, da er infolge des höheren Gehalts an Abbauprodukten in trocknem Zustand bei gleichem Wassergehalt wie bei Hautleim noch eine etwas zähe Beschaffenheit im Innern der Tafel besitzt. Die weitere Behandlung bis zum Lagern und Versandfertigmachen schließt sich eng an die des Hautleims an.

Die Aufarbeitung der Nebenprodukte

Als Nebenprodukte werden bei der Verarbeitung der Knochen das Knochenfett und die Knochenmehle gewonnen. Über Knochenfett s. S. 176.

Das **Rohknochenmehl** oder Scheuermehl fällt beim Scheuern und Absieben der extrahierten Knochen in der Poliertrommel an. Es besteht aus feinen Knochensplittern, zerkleinerten Anteilen der abgescheuerten

Knochenhaut und Knorpelsubstanz und ist mit Haaren und einer erheblichen Menge von Staub und Fremdstoffen vermischt. Immerhin ist es bei einem Gehalt von 3,5 bis 5% Stickstoff und 12 bis 14% Phosphorsäure ein recht wertvolles Düngemittel.

Entleimtes Knochenmehl. Nach Aufarbeitung des Knochenschrots in den Leimdämpfern werden die entleimten Rückstände entnommen. Die Knochenstücke besitzen noch ihre ursprüngliche Form, haben jedoch vollständig die mechanische Festigkeit verloren und lassen sich leicht zerdrücken. Sie werden auf einer dampfbeheizten Darre oder in einer Trockentrommel mit Rauchgasen getrocknet. Meist werden sie in einer Kugelmühle gemahlen und fein abgesiebt. Das entleimte Knochenmehl ist gleichmäßig gelblich bis weiß und mehlartig. Es enthält 0,5 bis 0,8% Stickstoff und 30 bis 32% Phosphorsäure. Eine Gesamtanalyse ergibt durchschnittlich folgende Zusammensetzung:

Trikalziumphosphat	60 bis 63%
Kalziumkarbonat	6 bis 7%
Mg-, K- und Na-Salze	6 bis 7%
Organische Substanz	10 bis 11%
Sonstige Fremdstoffe	5 bis 6%
Wasser	10 bis 11%

Der Anfall ist ein sehr beträchtlicher, 40 bis 45% des Rohknochengewichts. Es wird im Gartenbau verwendet. Es läßt sich gut zu Superphosphat aufschließen. Trotzdem das Knochenmehl eine der wenigen einheimischen Phosphorsäurequellen ist, stößt der Absatz als Düngemittel zeitweise auf Schwierigkeiten. Heute wird jedoch das entleimte Knochenmehl in zunehmenden Mengen für Futterzwecke verwendet und wird in den Mischfutterfabriken verarbeitet. Für diesen Zweck muß die Mahlung und Reinigung sehr sorgfältig sein.

Sonstige Rohprodukte. Die Verwertung der aus den Rohknochen ausgelesenen Fremdkörper hat an sich mit der Knochenverarbeitung nichts zu tun, jedoch ist es zweckdienlich, auch diese Stoffe möglichst rationell nutzbar zu machen.

Unbeschädigte Hörner werden „ausgeschlaucht", d. h. der Hornschlauch oder Stirnzapfen wird herausgelöst, was bei trocknen Hörnern durch Aufschlagen auf eine harte Kante leicht erreichbar ist, nach Größe sortiert und an Hornwarenfabriken verkauft.

Die **Hornschläuche** (Stirnzapfen) sind ein höchst wertvolles Material für die Leimfabrikation, sie eignen sich auch vorzüglich für die Gelatineherstellung. Sie zeichnen sich durch hohen Stickstoff- und geringen Phosphorsäuregehalt aus, ergeben also eine hohe Glutinausbeute.

Röhrenknochen werden sorgfältig aussortiert, man sägt die beiderseitigen Kugelgelenke ab und schmilzt das freigelegte Mark in einem großen Behälter mit Wasser bei nicht zu hoher Temperatur aus. Die Extraktion ist hier nicht am Platze, da durch die völlige Entfettung die Knochenmasse zu spröde wird. Die Röhrenknochen finden in der Beinwarenindustrie Verwendung.

Hufe und Klauen. Pferdehufe und Rinderklauen ebenso minderwertige Hörner werden meist auf Düngemittel verarbeitet. Man füllt diese in einen Autoklaven und dämpft einige Stunden unter Druck. Dann werden sie auf einer Darre scharf getrocknet und gemahlen. Man erhält daraus das Klauenmehl, das sich durch einen hohen Stickstoffgehalt auszeichnet. Falls die Fußknochen vorher aus den Hufen entfernt worden waren, wird ein in bezug auf Stickstoff besonders hochwertiges Düngemittel erzielt. Ein solches ist auch das durch Vermahlen der gedämpften Hörner erhaltene Hornmehl.

Betriebskontrolle und Ausbeute

Die Analysierung und Bewertung der Erzeugnisse der Glutinleimindustrie ist in Abschnitt XIII beschrieben, daher sollen Untersuchungsmethoden hier nur insoweit Erwähnung finden, als sie zur Betriebskontrolle bei der Knochenverarbeitung notwendig sind.

Rohknochen. Eine chemische Prüfung derselben gibt wenig Aufschluß, da es nicht möglich ist, ein wirklich entsprechendes Durchschnittsmuster zu ziehen.

Extraktion. Festgestellt wird der noch verbleibende Fett- und Wassergehalt in den extrahierten Knochen. Man nimmt ein größeres Muster, zerkleinert grob mit einer sehr kräftigen Knochenmühle und verwendet den erhaltenen Knochengries zur Fettbestimmung im Soxhlet-Apparat und zur Wasserbestimmung. Der Wassergehalt soll normalerweise 4 bis 5%, der Fettgehalt $^1/_2$ bis $^3/_4$% nicht überschreiten.

Entleimung. Um den Grad der Ausnützung der Knochen festzustellen, werden täglich einmal Proben von entleimten Schrot je abwechselnd von einem Dämpfer entnommen. Nach Vortrocknen wird das Material fein gemahlen, eine Durchschnittsprobe von etwa 10 g im Trockenschrank bei 105° vollständig getrocknet und hierin der Stickstoffgehalt nach KJELDAHL bestimmt. In der wasserfreien Substanz soll nicht mehr als 1% Stickstoff enthalten sein.

Leimqualität. Von jedem Leimsud wird die Viskosität im ENGLERschen Viskosimeter bei einer Konzentration von $17^3/_4$% und 40° ermittelt (s. S. 274). Geht die letztere unter das im Durchschnitt erreichte Maß herunter, so ist der Ursache der Unregelmäßigkeit sogleich nachzugehen und Abhilfe zu schaffen. Außerdem wird der Gehalt an Gesamtsäure durch Titration mit $^1/_{10}$ n Natronlauge und Phenolphthalein als Indikator, ebenso der p_H-Wert festgestellt (s. S. 278).

Knochenfett wird von Zeit zu Zeit auf Benzingehalt, ebenso auf Gehalt an Schmutzstoffen, Asche und Wasser geprüft.

Knochenmehl. Sowohl im Rohknochenmehl als auch im entleimten Knochenmehl wird gelegentlich der Gehalt an Stickstoff, Phosphorsäure und Wasser festgestellt.

Die Betriebsmittel wie Kohle, Schmieröl usw. werden in bekannter Weise untersucht. Von jeder neuen Benzinlieferung ermittelt man durch Probefraktionierung die Siedegrenzen.

Gesamtausbeute. Tabelle 45 zeigt die durchschnittliche Ausbeute an extrahiertem Knochenschrot, Scheuermehl, Fett und Rohprodukten aus Rohknochen. In Tabelle 46 ist die Gesamtausbeute verschiedener deutscher Leimfabriken[1] als Jahresdurchschnitt angegeben. Es zeigt sich dabei, daß die Summe der Gewichte von Leim und entleimtem Knochenmehl größer ist, als das Gewicht des Knochenschrots, aus welchem sie hergestellt sind. Dies rührt daher, daß der Wassergehalt des extrahierten Knochenschrots geringer ist, als derjenige der daraus gewonnenen Erzeugnisse.

Tabelle 45. *Ausbeute aus Rohknochen A*[2]

	Nr. 1	2	3	4	5
Knochenschrot	55,0%	59,5%	52,6%	50,3%	54,4%
Knochenfett	9,0	7,7	8,2	10,3	9,6
Scheuermehl	12,0	8,6	13,0	6,9	10,3
Hufe und Hörner	4,0	2,7	8,1	9,0	13,1
Rohrknochen	0,5	0,8	0,2	0,2	0,2
Wasser und Verluste*	19,5	20,7	17,9	23,3	12,4
*als Differenz auf 100	100,0	100,0	100,0	100,0	100,0

Tabelle 46. *Ausbeute aus Rohknochen B*

	Nr. 1	2	3	4	5
Knochenfett	9,0%	8,0%	9—11%	8—9%	8%
Scheuermehl	12,0	10,0	7—8	11	17
Leim	16,0	15,8	15—16	14	13
Entleimtes Mehl	44,0	42,0	40—45	39	41
Hufe und Hörner	4,0	5,0	—	4	—
Rohrknochen	0,5	0,3	—	—	—

Nr. 1, Tab. 45 ist übereinstimmend mit Nr. 1, Tab. 46, d. h. 55 kg Knochenschrot ergeben 16 kg Leim + 44 kg entleimtes Knochenmehl.

Die Leimausbeute aus Rohknochen beträgt 13 bis 16%, im Mittel wird man mit 15% rechnen können. Für den recht niederen Wert von 13% unter Nr. 5 wird von dem betreffenden Werk als Erklärung ein außergewöhnlich hoher Wassergehalt der verarbeiteten Knochen angegeben.

Abb. 87 zeigt schließlich schematisch die gesamte Verarbeitung der Rohknochen auf Fett, Scheuermehl, Leim und entleimtes Knochenmehl.

---

[1] In der Zeit nach dem 1. Weltkrieg.
[2] Nr. 2—5 nach THIELE, L.: Leim und Gelatine, S. 42.

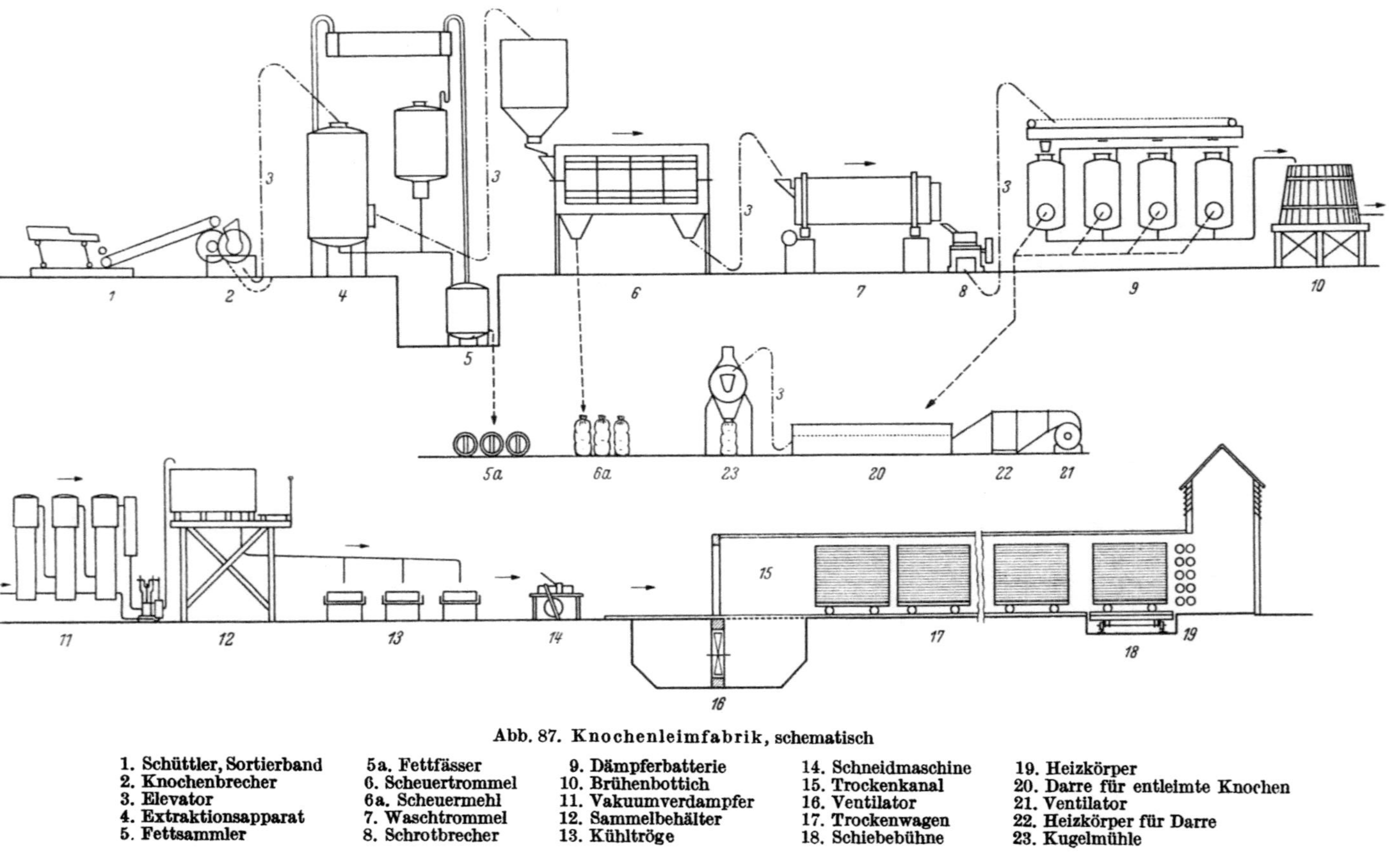

Abb. 87. Knochenleimfabrik, schematisch

1. Schüttler, Sortierband
2. Knochenbrecher
3. Elevator
4. Extraktionsapparat
5. Fettsammler
5a. Fettfässer
6. Scheuertrommel
6a. Scheuermehl
7. Waschtrommel
8. Schrotbrecher
9. Dämpferbatterie
10. Brühenbottich
11. Vakuumverdampfer
12. Sammelbehälter
13. Kühltröge
14. Schneidmaschine
15. Trockenkanal
16. Ventilator
17. Trockenwagen
18. Schiebebühne
19. Heizkörper
20. Darre für entleimte Knochen
21. Ventilator
22. Heizkörper für Darre
23. Kugelmühle

Qualitative und quantitative Leimausbeute aus Knochen. Es wird
vielfach nützlich sein, sich durch Versuche Aufschluß über den Wert
eines Rohstoffes oder über den Effekt einer bestimmten Arbeitsweise zu
verschaffen. Schon die Art der Behandlung der Knochen bei der Extraktion ist von Einfluß auf die Qualität des Endproduktes. Man wird zur
Ausführung solcher Versuche die einzelnen Apparate für Extraktion,
Entleimung, Eindampfen im Vakuum und Trocknung in verkleinertem
Maßstab für die Verarbeitung von etwa 20 bis 100 kg Knochen in einem
Versuchsraum aufstellen. Wenn es sich um Untersuchung von schon
entfettetem Knochenschrot handelt, kann man jedoch durch verhältnismäßig einfache Versuche im Laboratorium annähernd ein Bild über Qualität und Ausbeute von Leim aus Rohstoff irgendwelcher Vorbehandlung
oder Herkunft gewinnen.

Man benutzt beispielsweise einen Autoklaven von etwa 5 l Inhalt von
5 bis 10 atü Betriebsdruck (s. S. 45). Die zu untersuchende Probe wird
in einem Einsatz aus V_2A-Stahl, Kupfer oder Porzellan, am besten eignet
sich ein Porzellanbecher von etwa 1 l, eingefüllt und auf einen niedern
Dreifuß in den Autoklaven eingestellt. Der Autoklav wird mit Wasser
teilweise gefüllt und erhitzt. Der Dampfdruck wird an einem genau an-
zeigenden Manometer abgelesen, gleichzeitig auch die Temperatur am
Thermometer. Beide Ablesungen müssen miteinander in Einklang stehen.
Man kann auch am Autoklaven ein Entnahmerohr anbringen, um bei
Versuchen das Entleimungswasser ohne Öffnen des Deckels einzufüllen
und abzulassen. Zuverlässiger läßt sich jedoch die Leimlösung entnehmen, wenn man jeweils den Deckel des Autoklaven öffnet. Bei einiger
Übung läßt sich diese Arbeitsweise verhältnismäßig schnell durchführen,
da es meist genügen wird, bei den geringen Drucken nur einen Teil der
Verschlußschrauben zu benutzen. Nach Beendigung der Druckperiode
öffnet man den Deckel des Autoklaven, füllt den Knochenbehälter mit
kochendem Wasser, derart, daß der Inhalt völlig bedeckt ist, legt einen
losen Deckel auf den Autoklaven auf und erhitzt das Wasser in demselben
zum Sieden. Ist die Zeit der „Auflöseperiode" beendet, hebt man den
Knochenbecher, der zu diesem Zweck mit einem Bügel versehen ist, heraus und gießt die Leimlösung restlos aus, wobei die Knochen zurückgehalten werden. Der Autoklav wird wieder geschlossen und die nächste
„Druckperiode" beginnt. Es bereitet einige Schwierigkeiten, bei solchen
Versuchen mit der entnommenen Leimbrühe vergleichbare Viskositätsmessungen auszuführen, da meist die Konzentrationen zu niedrig sind.
Man kann so verfahren, daß man die zu messenden Lösungen jeweils auf
eine bestimmte Konzentration, z. B. 3,0% mit der Leimspindel einstellt
und die Auslaufzeit mit einem OSTWALD-Viskosimeter mißt. Dieses OST-
WALD-Viskosimeter ist dann auf ENGLER-Messungen mit $17^3/_4\%$ und
40° C zu eichen, so daß man die OSTWALD-Messungen jeweils leicht auf

13*

ENGLER-Zahlen umrechnen kann. Zuverlässiger, wenn auch umständlicher, ist es, die Versuchslösungen jeweils einzudampfen und zu trocknen und daraus etwa 20 ml einer $17^3/_4\%$igen Lösung herzustellen. Man kann dann die Viskositätsmessung in einem geeichten OSTWALD-Viskosimeter oder im VOGEL-OSSAG-Viskosimeter ausführen.

Das Eindampfen und Trocknen der Muster wird ohnedies erwünscht sein, um die Proben der Versuche aufzubewahren. Um einen Viskositätsabfall zu vermeiden, muß die Lösung im Vakuum bei nicht über 60° eingedampft werden. Man kann jedoch das Eindampfen ohne Schädigung der Viskosität in der offenen Schale bewirken. Zu diesem Zweck setzt man eine geräumige Porzellanschale auf einen Wassertopf. In die Schale führt man einen einfachen Rührer in Form eines gebogenen Glasstabes ein, der in einem Rührerhalter mit einem Kork befestigt ist. Der Rührer wird mit sehr geringer Umdrehungszahl (50 bis 100 U/min) angetrieben. Er bewegt sich in der Oberfläche der Flüssigkeit und wird bei Abnahme der Flüssigkeit tiefer gestellt. Neben dem Rührer taucht ein Thermometer in die Flüssigkeit ein. Bei gleichförmiger Bewegung des Rührers bereitet es keine Schwierigkeit, durch Regulierung der Flamme unter dem Wasserbad die Temperatur der Lösung in der Schale konstant bis auf etwa 1° genau auf einer bestimmten Temperatur, z. B. auf 60°, zu halten. Das Eindampfen wird beschleunigt, wenn man einen kleinen Ventilator neben der Schale aufstellt. Wenn die Lösung genügend konzentriert ist, läßt man sie in dünner Schicht erstarren und trocknet die Gallerte auf einem Drahtnetz an der Luft.

Nachstehend sind in Tabelle 47 einige derartige Entleimungsversuche mit Angabe der Viskosität aufgeführt[1]. Bei diesen Versuchen wurde nur

Tabelle 47. *Entleimung von Knochenschrot*

Nr.	Dampf-druck atü	Dauer Std.	Kör-nung*	Leimlösung Leim-%			Leimausbeute			Viskosität ENGLER-Gr. $17^3/_4\%$, 30° C		
				Abzug 1 %	Abzug 2 %	Abzug 3 %	Abzug 1 % **	Abzug 1+2 %	Abzug 1+2+3 %	Abzug 1 %	Abzug 2 %	Abzug 3 %
1	0,5	$^1/_2$	II	3,8	3,3	3,2	4,9	9,6	13,7	3,58	4,07	4,30
2	1,0	$^1/_2$	II	6,0	6,0	3,0	7,2	15,6	20,8	3,80	3,98	4,10
3	1,5	$^1/_2$	II	6,5	5,5	3,3	11,6	18,6	24,1	3,90	3,98	4,10
4	2,0	$^1/_2$	II	8,0	5,5	3,0	12,0	21,3	26,4	3,68	3,58	3,33
5	2,5	$^1/_2$	II	9,3	6,2	3,0	13,8	22,5	26,7	3,68	3,40	3,18
6	3,0	$^1/_2$	II	11,3	7,2	3,0	15,0	25,9	30,4	3,53	3,12	3,00
7	1,0	1	II	9,5	6,0	3,2	12,3	21,3	25,3	3,92	3,72	3,58
8	2,0	1	II	10,5	4,5	—	18,2	24,2	—	3,53	3,38	—
9	1,0	$^1/_2$	I	3,0	3,0	—	7,1	13,6	—	4,18	4,50	—
10	1,0	$^1/_2$	III	7,8	4,3	4,0	9,6	16,6	21,3	4,25	4,75	4,05
11	2,0	$^1/_2$	III	11,0	4,3	—	19,3	24,8	—	3,88	3,85	—
12	3,0	$^1/_2$	III	12,0	3,0	—	25,6	29,4	—	3,27	3,12	—

*Körnung = Stückgröße, I = 3—5 cm, II = 1,0 cm, III = 0,4 cm. ** % Ausbeute.

[1] Nach eigenen Versuchen des Verfassers.

dreimal Dampfdruck und dreimal Frischwasser gegeben. Die Gesamtausbeute an Leim nach den einzelnen Abzügen wurde mit der Leimspindel festgestellt, von jedem Abzug die Viskosität einzeln mit dem OSTWALD-Viskosimeter bei 3% und 30° C gemessen und auf ENGLER-Grade bei $17^3/_4$% und 30° C umgerechnet.

Bei Versuch 4 nach Tabelle 47 wird in zwei Abzügen schon etwa $^2/_3$ der gesamten Leimausbeute den Knochen entzogen, wobei eine Viskosität von 3,6 E.G. bei $17^3/_4$% und 30° erreicht wird.

Bei den Versuchen 10 bis 12, Körnung III ist außerdem der günstige Einfluß einer weitgehenden Zerkleinerung erkenntlich.

Verbesserung der Knochenleimqualität

Das Kollagen des Knochens liefert bei Überführung in Glutin ebenso hochwertige Erzeugnisse an Gelatine und Leim wie das Hautkollagen. Dies wird ersichtlich bei Herstellung der Knochengelatine (S. 120), wenn die Mineralsubstanz des Knochens durch Mazeration mit Säure herausgelöst und das so erhaltene Ossein nach Äscherung auf Gelatine verarbeitet wird. Auf gleichem Wege könnte natürlich auch ein hochwertiger Knochenleim gewonnen werden. Wegen des Säureaufwands ist jedoch ein solches Verfahren zur Herstellung von Knochenleim heute nicht wirtschaftlich.

Die hohen Temperaturen bei Anwendung des heute üblichen Dämpfverfahrens zur Gewinnung des Knochenleims bewirken einen teilweisen thermischen Abbau des Knochenglutins, wodurch die Qualität des Knochenleims herabgesetzt wird.

Es müssen andere Wege aufgesucht werden, um direkt aus den entfetteten Knochen hochwertigen Leim zu gewinnen. Immer wieder werden Versuche bekannt, um dieses Ziel zu erreichen; verschiedene derartige Verfahren wurden geschützt, z. B. Scheidemandel-Motard-Werke, DRP, Nr. 734798 und 750010 (s. S. 320).

Wasserentfettung

Bei der Gewinnung von Knochenleim ist die Entfettung und Reinigung der Knochen mit organischen Lösungsmitteln nach dem heutigen Arbeitsverfahren die wichtigste vorbereitende Grundlage.

Früher war das Ausschmelzen des Fetts mit Wasser oder Dampf unter Druck gebräuchlich. Bei Einwirkung von Wasser unter Druck wurde gleichzeitig Fett und Leimbrühe gewonnen. Die so erhaltene Leimbrühe trennte sich nur unvollständig vom Fett, so daß ein stark fetthaltiger Leim von geringer Qualität anfiel.

Die Dampfentfettung ist in kleinerem Umfang auch heute noch in Gebrauch, um aus frischen Knochen Speisefett zu gewinnen.

Für diesen Zweck werden meist Autoklaven nach dem System „TRÜSTEDT" benutzt entsprechend der Skizze Abb. 88. Der Autoklav wird mit Kohle, Öl, Gas usw. direkt beheizt, der untere Teil ist mit Wasser gefüllt und dient als Dampferzeuger. Der aus Eisenblech gefertigte Knochenkorb besitzt einen gewölbten Boden und durchbrochene Wandungen, er wird von oben her in den Autoklaven eingesetzt. Er ruht mit dem äußeren Rand des Bodens auf einer Rinne R, die ringsum am inneren Umfang des Autoklaven verläuft. Wenn der Autoklav mit frischen Schlachtknochen beschickt und verschlossen ist, wird er unter Druck gesetzt. Das ausgeschmolzene Fett, Knochenbrühe und Kondenswasser fließen vom Boden des Autoklaven in die Rinne R und von hier in den außenliegenden Fettabscheider F. In diesem, der auch unter dem Druck des Autoklaven steht, trennt sich Fett und Leimbrühe. Das Fett läuft während des Betriebs dauernd bei Hahn K in dünnem Strahl ab. Es ist klar, wasserfrei und von heller Farbe. Der Dampfdruck beträgt 2 bis 3 atü und wird gegen Schluß kurze Zeit auf 5 atü gesteigert.

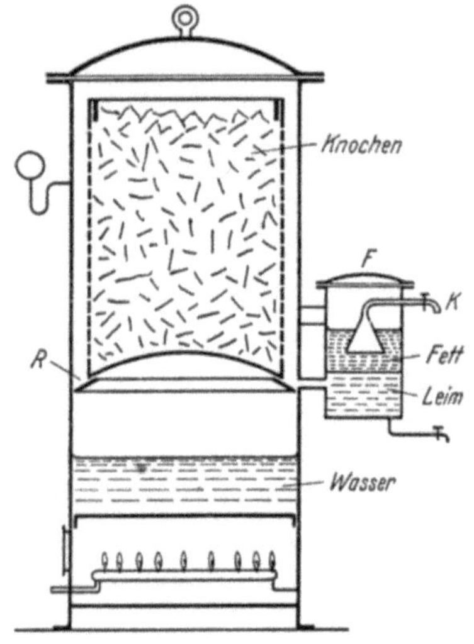

Abb. 88. Autoklav (nach TRÜSTEDT) zur Gewinnung von Speisefett aus Frischknochen

Die Leimbrühe ist infolge des Fettgehalts trüb. In kleinen Betrieben wird sie nicht weiter verwertet.

Sie kann jedoch auch auf Trockenleim weiter verarbeitet werden. Sie besitzt eine verhältnismäßig hohe Konzentration, die etwa 9 bis 15% beträgt, aber gelegentlich bei sehr trocknen Knochen auch noch höher ansteigt. Die während des gesamten Arbeitsganges aufgefangene Leimbrühe weist nicht durchweg gleiche Eigenschaften auf. Anfänglich ist sie verdünnter und enthält mehr Fett, später steigt die Konzentration an, die Farbe ist dunkler und weniger trüb. Die Qualität der letzten Anteile ist geringer als anfänglich. Die Leimbrühe wird möglichst im Vakuum eingedampft und als Tafelleim getrocknet. Die Viskosität ist durchschnittlich 2,2 bis 2,6 Engler bei $17^3/_4\%$ und 30° C. Die Leimbrühe, die bei Gebrauch von verhältnismäßig kleinen Autoklaven anfällt, weist eine etwas höhere Viskosität auf, da bei diesen die Leimbrühe kürzere Zeit dem Dampfdruck ausgesetzt ist. Es ist bemerkenswert, daß bei Verarbeitung von Schweineknochen Viskositäten von 3,5 bis 4,5 Engler erreicht werden.

Der Knochenrückstand enthält:

Fett .... 2 bis 4%
Stickstoff .... 3,2 bis 4,5%
Wasser .... 10 bis 15%

Wenn man diese „Autoklavenknochen" nachträglich noch extrahiert und in normaler Weise entleimt, so ergibt sich eine Leimbrühe von dunkler Farbe und sehr geringer Qualität, die meist nicht mehr gelatiniert. Der Knochenrückstand wird daher auf Futtermittel verarbeitet.

In den Vereinigten Staaten wird ein großer Teil der Knochen ebenfalls ohne Anwendung des Extraktionsverfahrens mit organischen Lösungsmitteln verarbeitet, sondern als „green bone glue" als Rohknochenleim gewonnen. Bei diesem Verfahren geht der Leimherstellung kein besonderer Arbeitsgang zur Entfettung der Knochen voraus. Dieser Rohknochenleim wird gelegentlich auch als „packers bone glue" oder „renderers bone glue" bezeichnet.

Das Vyner-Verfahren

E. M. Vyner hat in Verbindung mit den Cheppy Glue & Chemikal Works Ltd. Kent (England) ein neues Verfahren zur Knochenentfettung ausgearbeitet, welches nach Angabe des Erfinders ohne Anwendung von organischen Lösungsmitteln hochwertige Erzeugnisse bei sehr vollständigen Ausbeuten liefert (1955).

Die zunächst errichtete Versuchsanlage bestätigte die Erwartungen, im Jahr 1955 kam dann eine normale Anlage in Betrieb.

Folgende Angaben sind einer Beschreibung zu entnehmen. „Während des Arbeitsgangs wird nie eine Temperatur erreicht, die auf das Kollagen schädlich wirken könnte, so daß letzteres in hochwertigem Zustand anfällt. Dieser Erfolg wird hauptsächlich durch die sehr kurze Dauer der Behandlung bewirkt; diese kann in $^1/_2$ Stunde beendet werden. Wenn der Rohstoff den langsam laufenden Spezialbrecher erreicht, dann befindet sich das Fett in den Zellen in einem solchen Zustand, daß es durch eine thermo-mechanische Behandlung von den Knochen getrennt werden kann, sobald die Knochen auf die vorgesehene Korngröße gebracht sind. Die Einsparung an Wärmeaufwand und Arbeitskräften ist sehr bedeutend. Die Qualität des gewonnenen Fetts ist die gleiche wie in dem angelieferten Rohstoff."

Das Verfahren ist in den meisten Industriestaaten zum Patent angemeldet.

Die deutsche Anmeldung erfolgte am 18. 4. 57. Die Auslegeschrift 1006559 enthält 31 Patentansprüche, der Hauptanspruch lautet:

„Verfahren zur Behandlung von tierischem Gut zum Entfernen von Fetten, wobei das zu behandelnde Gut zum Entfernen des Fetts in solche Größe zerkleinert, erwärmt und geschleudert wird, so daß es für Zwecke der anschließenden Gelatine und/oder Leimherstellung in einer üblichen Anlage geeignet ist, dadurch gekennzeichnet, daß das kollagen- und fetthaltige tierische Gut in einer langsam laufenden Mühle zu Teilstücken (beispielsweise von 37 bis 50 mm) grob zerkleinert wird, wobei das Gut jedoch nicht zu einer Feinmasse zerfasert wird, sondern auf einer solchen Größe gehalten wird, daß es mit einer Beschleunigung geschleudert werden kann, deren g-Faktor zwischen 550 und 700 liegt; daß das Gut so lange geschleudert wird, daß es sich in 2 Phasen trennt, nämlich in einen kollagenhaltigen festen Rückstand, der im wesentlichen fettfreie Hohlräume oder Zellen hat, und in eine abgeschiedene fetthaltige Flüssigkeit; daß das fetthaltige Gut vor Erreichen der nächsten Schleudergeschwindigkeit auf eine zum Zersprengen der Fettzellen und zum Freigeben des Fetts erforderliche hohe Temperatur (zwischen 60 und 88° C) und mit der erforderlichen Schnelligkeit (z. B. in 5 Minuten) gebracht wird, bis das Fett herausgeschleudert ist und das Fett während der Schleuderstufe in geschmolzenem Zustand gehalten und Temperatur und Zeitdauer der Erwärmung so gewählt werden, daß jeder wesentliche chemische Abbau des Kollagens oder Fetts vermieden wird."

Es ist bemerkenswert, daß bei dem VYNER-Verfahren außer den bei der Knochenentfettung ohne organische Lösungsmittel mehrfach benutzten Verfahrenselementen: Zerkleinerung, Erwärmen, Zentrifugieren keine neuen Effekte angewandt werden. Offenbar wird hier der Erfolg durch systematische Erprobung der günstigsten Versuchsbedingungen erreicht.

Im letzten Krieg war es in Deutschland ein wichtiges Problem, aus frischen Knochen Speisefett zu gewinnen und die Entfettung ohne Anwendung organischer Lösungsmittel so durchzuführen, daß bei einem Restfettgehalt der Knochen von höchstens 3% diese noch zur Leimherstellung geeignet waren. Eine befriedigende Lösung dieser Aufgabe wurde nicht gefunden[1]. Man beschränkte sich auf das „Autoklavenverfahren" (S. 198), welches aus frischen Knochen ein gutes Speisefett lieferte, jedoch das Kollagen in der Restknochenmasse weitgehend zerstörte.

In einigen Betrieben der Fleischverarbeitung, in welchen größere Mengen frischer Knochen anfallen, wird ein Verfahren zur Gewinnung von hochwertigem Fett aus den Knochen benutzt, welches einige Ähnlichkeit mit dem VYNER-Verfahren zeigt.

Die Knochen werden zerkleinert und in einer rotierenden Trommel unter Vakuum mäßig erwärmt. Das Zellengewebe, welches das Fett einschließt, wird dabei mehr oder weniger entwässert, schrumpft zusammen und gibt das Fett frei. Durch Zentrifugieren wird dann die Hauptmenge des Fetts als hochwertiges Speisefett abgetrennt. Die zurückbleibenden

---

[1] Das sog. Schwarzkopfverfahren genügte den Anforderungen nicht (S. 314).

Knochen enthalten das Kollagen in unverändertem Zustand. Jedoch ist der Fettgehalt noch so hoch, daß eine Weiterverarbeitung auf Leim ohne vorherige Fettextraktion nicht möglich ist.

In Deutschland besteht der Rohstoff für die Gewinnung des Knochenleims vorwiegend aus vorgekochten Sammelknochen. Infolge der langen Lagerung, Hitze, Zutritt von Verunreinigungen usw. kann aus diesem Rohstoff von vornherein nur ein verhältnismäßig geringwertiges Fett mit hohem Gehalt an freien Fettsäuren erzielt werden.

Möglicherweise ist in diesem Fall das bisher übliche Extraktionsverfahren zweckmäßiger, da mit diesem zugleich eine gründliche Sterilisierung der Erzeugnisse erzielt wird, die bei diesem Rohstoff sehr erwünscht ist.

VIII. Trocknung von Leim und Gelatine

Bei der Entwässerung des Glutins handelt es sich vorzugsweise um eine thermische Trocknung.

Bei der thermischen Trocknung wird man zwei Teilvorgänge unterscheiden:

a) Die Überführung der Flüssigkeit in den dampfförmigen Zustand,
b) die Abführung des Dampfes.

Die unter a) genannte Änderung des Aggregatzustandes, die nur durch Wärmezufuhr ermöglicht wird, nennen wir Verdunstung oder Verdampfung.

Von *Verdunstung* spricht man, wenn in dem an der Oberfläche der Flüssigkeit angrenzenden Raum der entstehende Dampf nicht ausschließlich vorhanden ist, sondern außer diesem noch ein anderes Gas, d. h. wenn der mit dem Manometer meßbare Gesamtdruck größer ist als der Teildruck des entstehenden Dampfes.

Um *Verdampfung* handelt es sich, wenn im angrenzenden Raum überwiegend nur der entstehende Dampf vorhanden ist, d. h. wenn der Gesamtdruck *gleich* dem Teildruck des Dampfes ist.

Entsprechend unterscheidet man bei der unter b) genannten Abführung des Dampfes die Begriffe Dampfdiffusion und Dampfströmung.

Bei der Dampfdiffusion „zerstreut" sich der entstehende Dampf in ein anderes Gas, das Trägergas, welches bei seiner Bewegung den aufgenommenen Dampf mitnimmt. Treibende Kräfte für die Bewegung des Dampfes innerhalb des Trägergases sind Teildruckunterschiede des Dampfes. Trocknungsvorgänge mit dieser Art der Dampfbewegung bezeichnet man als Verdunstungstrocknung.

Die Grundfragen bei der thermischen Trocknung sind folgende:

1. Wie bringt man die zur Verdunstung oder Verdampfung notwendige Wärme an den Ort dieser Vorgänge? Je nach der Art der Wärmezufuhr

unterscheidet man Konvektionstrocknung (Wärmeübergang vom Trok-
kenmittel an das Gut), Kontakttrocknung (Wärmeleitung durch das Gut)
Strahlungstrocknung und elektrische Trocknung (Hochfrequenztrock-
nung).

2. Wie führt man den entstehenden Dampf vom Ort seiner Entstehung
hinweg? Hier unterscheidet man Lufttrocknung, Vakuumtrocknung und
Heißdampftrocknung.

Die Möglichkeit der Trocknung eines wasserhaltigen Körpers ist gegeben durch den Unterschied des Wasserdampfdrucks innerhalb des
Körpers und in dessen Umgebung. Wesentlich mitbestimmend ist auch
der stoffliche Feinbau und die Beschaffenheit der Oberfläche des
Trocknungsgutes. Gerade bei der Entwässerung von Gelatine und Leim
ist deren Feinbau von besonderer Bedeutung.

Es besteht die Möglichkeit, daß einerseits die Wasserabgabe aus der
erwärmten *flüssigen* Leimlösung oder andererseits aus der *festen* Gallerte
heraus erfolgt. Beide Arten der Trocknung sind in Gebrauch. Jedoch hat
die Entwässerung des Glutins in Gallertzustand heute noch weitaus die
größere Bedeutung, obwohl gerade hier die Wärmeausnützung besonders
ungünstig ist.

Trocknung der Gallerte

Schon die praktische Erfahrung weist darauf hin, daß das Wasser aus
der Gallerte in den verschiedenen Stadien der Entwässerung nicht mit
der gleichen Leichtigkeit abgegeben wird.

Am besten sind diese Verhältnisse aus der Kurve der isothermen Entwässerung ersichtlich[1]. In Abb. 89 sind auf der Abszissenachse die
Trockengehalte der Gallerte, auf der Ordinatenachse die Dampfdrucke
aufgetragen, d. h. jeder einzelne Punkt der Kurve stellt den Grad der
Entwässerung dar, wie er sich bei dem zugehörigen auf der Ordinatenachse angegebenen Wasserdampfdruck einstellt. Die abgestuften Dampfdrucke wurden in bekannter Weise mit Hilfe von Wasser-Schwefelsäure-
gemischen eingestellt[2].

Wir sehen zwei deutlich voneinander abgegrenzte Gebiete der Wasser-
abgabefähigkeit. Von A bis B wird die Hauptmenge des Wassers ohne
Schwierigkeit bei einer nur geringen Herabsetzung des Dampfdrucks,
d. h. an eine Trockenluft, die einen relativ hohen Wassergehalt besitzt,
abgegeben. Dies geht soweit, bis die Gallerte einen Trockengehalt von
etwa 60 bis 70% aufweist. Die Entfernung der restlichen Wassermenge
(BC) erfordert eine starke, immer weitergehende Herabsetzung des
Dampfdrucks. Dieses Verhalten deckt sich mit den Beobachtungen

---

[1] GERIKE, K.: Kolloid-Z. Bd. 17 (1915) S. 78.

[2] Dampfdruckmessungen von REGNAULT, LANDOLT-BÖRNSTEIN: Phsyikal.-
Chem. Tabellen.

P. v. Schröders und von Eggert und Reitstötter (s. S. 40) über die Vorgänge bei der Quellung der Gelatine. In der Praxis ist eine willkürliche Erniedrigung des Dampfdrucks der Trockenluft nicht möglich, die Trocknung wird nur etwa bis Punkt D getrieben. Eine Entwässerung bis auf 15 % Wassergehalt ist jedoch völlig ausreichend, da dann das Trockengut lufttrocken ist.

Trocknungsgeschwindigkeit. Die Geschwindigkeit der Entwässerung hängt einerseits ab von der Verdampfung des Wassers an der Oberfläche des Trocknungskörpers, andererseits von der Schnelligkeit mit welcher das Wasser aus dem Innern des Körpers an die Oberfläche nachwandert. Bei der Trocknung der Glutingallerte ist überwiegend der zweite Faktor maßgebend. Wie schon bei den Quellungsvorgängen erkannt wurde, ist die Geschwindigkeit, mit welcher sich das Wasser innerhalb der Gallerte bewegt, beschränkt; eine eigentliche Porenstruktur liegt nicht vor. Der

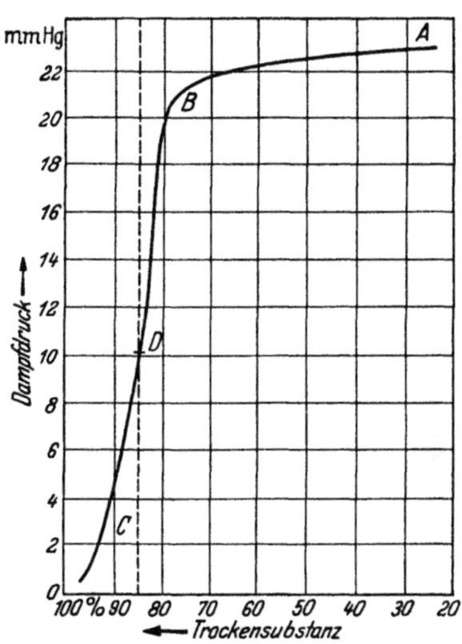

Abb. 89. Verlauf der Wasserabgabe (ABC) der Gelatinegallerte bei abnehmendem Dampfdruck und konstanter Temperatur (nach Gerike)

eigenartige Bau der Gallerte und die Art der Wasserbindung innerhalb der Gallerte lassen nur einen verhältnismäßig langsamen Ausgleich der Wasserverteilung in der Gallerte zu. Je mehr die Trocknung fortschreitet, um so mehr werden die Wasserwege verengt. Außerdem wird zunächst das lose gebundene Wasser entzogen. Nach Kurve Abb. 89 ist der plötzliche Abfall der Trocknungsgeschwindigkeit bei einem bestimmten Restwassergehalt durch die festere Bindung des restlichen Wassers bedingt. Jedoch wird auch, wie bei anderen Trocknungsgütern die dichtere Lagerung der Mizelle bei fortschreitender Trocknung mit die erschwerte Wasserabgabe verursachen, so daß sich bei der Entwässerung der Glutingallerte beide Vorgänge überlagern.

Die Trocknung kann beschleunigt werden durch Unterstützung der Verdampfung und der Wasserbewegung in der Gallerte also

1. durch Temperaturerhöhung der Trockenluft, wodurch deren Wasseraufnahmefähigkeit gesteigert wird,

2. durch lebhafte Bewegung der Luft, wobei die an der Oberfläche des Trocknungsguts mit Wasserdampf angereicherte Luftschicht entfernt wird,

3. durch Abkürzung der Kapillarwege des Wassers im Innern der Gallerte.

Trocknungstemperatur. Die Trocknungsgeschwindigkeit nimmt mit steigender Temperatur zu, da durch die Temperaturerhöhung die Wasseraufnahmefähigkeit der Luft vergrößert wird. Die außerordentliche Zunahme der Wasseraufnahme der Luft bei steigender Temperatur ist aus Tabelle 48 und der Kurve in Abb. 90 ersichtlich.

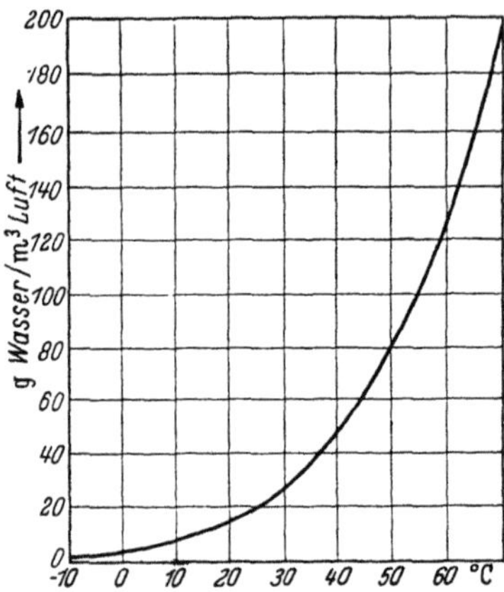
Abb. 90. Wasseraufnahmefähigkeit der Luft (g/m³) bei steigender Temperatur

Tabelle 48. *Wassergehalt der Luft bei verschiedenen Temperaturen bei 760 mm Hg*

Temperatur °C	g Wasser je 1 cbm	Temperatur °C	g Wasser je 1 cbm
0	5	40	51
5	7	45	65
10	9	50	83
15	13	60	130
20	17	70	198
25	23	80	293
30	30	90	424
35	39	100	599

Die Höchsttemperatur bei der Trocknung ist durch den Schmelzpunkt der Gallerte festgelegt. Dieser bewegt sich je nach Qualität und Wassergehalt des zu trocknenden Produkts zwischen 20 und 35° C. Man kann jedoch die Beobachtung machen, daß ein Schmelzen der Gallerte durchaus nicht sogleich eintritt, wenn die Temperatur der Trocknungsluft diese vorher ermittelte Schmelztemperatur erreicht hat. Die Ursache liegt darin, daß die Gallerte infolge Wärmeentziehung durch die Wasserverdampfung selbst eine tiefere Temperatur annimmt. Diese Temperaturerniedrigung hängt vor allem vom Sättigungsgrad der Luft mit Wasserdampf ab, die untere Grenze entspricht dem psychrometrischen Temperaturunterschied eben bei diesem Sättigungsgrad.

Zur Feststellung des Temperatureinflusses wurden folgende Versuche ausgeführt[1]. Runde Gelatinegallertkörper in Form eines niederen Kreiszylinders wurden in einem Luftstrom von konstanter Geschwindigkeit und Temperatur getrocknet und dabei die Gewichtsabnahme dauernd verfolgt. Der Trocknungskörper ruhte auf einer runden Glasplatte, die ihrerseits direkt auf der einen Schale einer analytischen Waage lag, so daß die Wägung im Trocknungsraum selbst vorgenommen werden konnte. Die Trocknungsluft wurde senkrecht von oben zugeführt. Durch automatische Regelung wurde Geschwindigkeit, Temperatur und Wassergehalt der Luft konstant gehalten.

Der Verlauf der Gewichtsabnahme bei der Trocknung einer Gallertplatte von 2 mm Dicke und 10% Trockengehalt bei einer Temperatur

---

[1] SAUER, E. u. J. VEITINGER: nicht veröffentlichte Versuche.

von 24° C und einer Luftgeschwindigkeit von 1,5 Liter/cm² in der
Minute ist in Abb. 91 dargestellt. Es überrascht zunächst, daß die Kurve
im größten Teil ihres Verlaufs einer Geraden nahekommt. Dieser Wasser-

anteil entspricht dem ersten Abschnitt der Entwässerung nach
Abb.89 (AB), also der Abgabe des
Wassers, das bei geringer Herabsetzung des Dampfdrucks entweicht. Wenn man ähnliche Versuche unter sonst gleichen Bedingungen, jedoch bei verschiedener
Temperatur durchführt, dann erhält man eine Schar von Kurven,
die einen unter sich ähnlichen
Verlauf aufweisen, sich aber
durch den Neigungswinkel unterscheiden, den ihr geradliniger
Ast mit der Abszissenachse einschließt. Dieser Winkel kennzeichnet die Abstufung der
Trocknungsgeschwindigkeit.

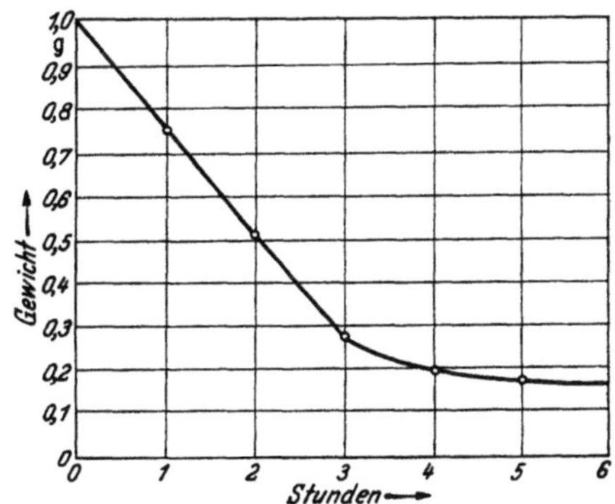

Abb. 91. Zeitlicher Verlauf der Entwässerung einer Gelatinegallerte im Luftstrom von konstanter Temperatur

*Einfluß der Schichtstärke auf
die Trocknungsgeschwindigkeit.*
Es ist zu erwarten, daß dicke
Gallertplatten länger zum Trocknen brauchen werden als dünne,
in beiden Fällen gleiche Konzentration vorausgesetzt. Bei Gelatine kommen höhere Schichtstärken nur bei der sog. technischen Gelatine in Betracht. Bei
der Herstellung von Tafelleim
wurde früher zeitweise sog.
„Dickschnitt“, d. h. Gallertplatten von 25 bis 30 mm Dicke
bevorzugt.

Um den Einfluß der Schichtstärke auf die Trocknungsge-

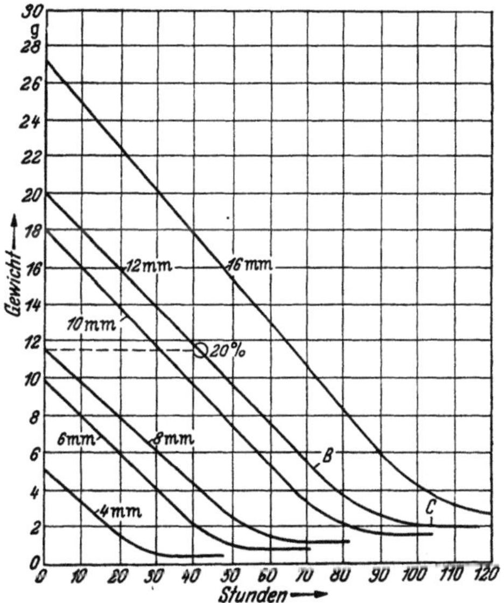

Abb. 92. Trocknungsgeschwindigkeit von 10%iger Gelatinegallerte bei Schichtstärken von 4 bis 16 mm in
Luftstrom von konstanter Temperatur

schwindigkeit kennenzulernen, wurde eine größere Reihe von Trocknungs-
versuchen mit Gallertplatten von zunehmender Höhe und 10% Trockengehalt nach dem schon beschriebenen Verfahren angestellt. Das Ergebnis
einer Versuchsreihe ist in Abb. 92 wiedergegeben. Die Versuche wurden bei
18° C und mit verhältnismäßig geringer Luftgeschwindigkeit ausgeführt,

so daß sich sehr lange Trockenzeiten ergaben. Zunächst ist zu bemerken, daß für alle Schichtstärken die Trockengeschwindigkeit in weitem Ausmaß gleichlaufend ist, kenntlich an dem parallelen Verlauf der Kurven. Erst wenn höhere Konzentrationen erreicht sind, nimmt die Trocknungsgeschwindigkeit stark ab, wie dies früher schon festgestellt wurde. Natürlich dürfen diese Verhältnisse nicht ohne weiteres verallgemeinert werden, es ist zu beachten, daß die Anfangskonzentration in allen Fällen nur 10% betrug, also verhältnismäßig gering war.

Ausführliche experimentelle Untersuchungen über den Verlauf der Trocknung von Gelatinegallerten finden sich nicht in der Literatur. Über sonstige Stoffe mit Porenstruktur, d. h. Stoffe, die nach der Trocknung einen porösen Körper zurücklassen, wurden hauptsächlich von SABURO KAMEI[1] sorgfältige Untersuchungen ausgeführt. KAMEI stellte ganz allgemein fest, daß die Trocknungsgeschwindigkeit solcher Körper durch Kurven mit einem ausgesprochenen Knickpunkt dargestellt werden können. Der Knickpunkt liegt jeweils bei einem bestimmten Wassergehalt des trocknenden Körpers, bei welchem ein Nachströmen von Wasser oder eine Diffusion von Wasserdampf aus dem Porensystem beendet ist. KAMEI hat auch die Trocknung von Seifengelen untersucht und kommt zu dem Schluß, daß Leim- und Gelatinegallerten den gleichen Gesetzen gehorchen. Bei der Trocknung von Seifengelen ergaben sich für die Trocknungsgeschwindigkeit *keine* Kurven mit Knickpunkt, vielmehr zeigten Seifen eine allmähliche Abnahme der Trocknungsgeschwindigkeit.

Als Ergebnis wurde weiter festgestellt, daß die erzielbare Trocknungsgeschwindigkeit der Dicke der Trocknungskörper umgekehrt proportional ist. Die Trocknungszeit wächst mit dem Quadrat der Dicke des Trocknungsguts (KRISCHER)[2].

Im ganzen Verlauf der Trocknung wird nur die in flüssiger Form an die Oberfläche herantransportierte Wassermenge vom Luftstrom aufgenommen. Eine Beschleunigung der Trocknungsgeschwindigkeit durch Erhöhung der Luftgeschwindigkeit ist oberhalb einer bestimmten Grenze nicht möglich. Wie schon erwähnt ist nach KAMEI für Gelatine und Leim das gleiche Verhalten zu erwarten wie für Seife, da in beiden Fällen ein porenfreies Material vorliegt.

Dies kann keineswegs völlig zutreffen, da der Feinbau von Gelatinegallerten ein wesentlich anderer ist als der von wasserhaltigen Seifengelen, wie schon rein äußerlich das durchaus verschiedene mechanische Verhalten der beiden Stoffe im wasserhaltigen und trocknen Zustand er-

---

[1] KAMEI, S.: Untersuchung über die Trocknung fester Stoffe, Bd. I bis III, Kyoto Imperial University 1934, S. 35 und 37; s. auch KRISCHER-KRÖLL: Trocknungstechnik, Bd. I, S. 264, Berlin 1956.
[2] KRISCHER-KRÖLL: wie [1].

kennen läßt. Schon R. ZSIGMONDY[1] stellte fest, daß die Entstehung der Palmitat- und Oleatgele ein Kristallisationsvorgang ist.

Trockenformen des Glutinleims

Wie schon erwähnt, können Trockenprodukte von Leim erzeugt werden entweder durch Trocknen der Gallerte oder durch Trocknen der flüssigen Leimlösung.

1. Bei der Trocknung von Leimgallerte wird das Endprodukt erhalten als:

Tafelleim	Plättchenleim
Flakes	Würfelleim
Perlenleim	Krümelleim
Tropfenleim	

2. Die direkte Trocknung von Leimlösung ergibt:

Flockenleim	Pulverleim

Herstellung von Tafelleim

Die älteste Form des Leims ist der Tafelleim. Von den früheren Leimsiedern wurde die Leimgallerte in Tafeln geschnitten, diese auf ausgespannte Hanfnetze aufgelegt und an der freien Luft getrocknet. Einen Fortschritt bedeutete die Unterbringung der Trocknungshorden in freistehenden Trockenhäusern mit durchbrochenen Wänden und Holzläden, durch welche die Luft Zutritt hatte. Der Trocknungsvorgang war hier stark von den Zufällen der Witterung abhängig (s. Abb. 3).

Zur Herstellung von Tafelleim werden heute ausschließlich Kanaltrockner benutzt. Zur Formung der Tafeln werden die konzentrierten Leimlösungen in Kasten aus verzinktem Eisenblech ausgegossen, die in einem kühlen Raum Aufstellung finden. Besonders bei Knochenleim ist meist noch eine Kühlung durch fließendes Wasser nötig. In langen Trögen aus Blech oder Eisen-

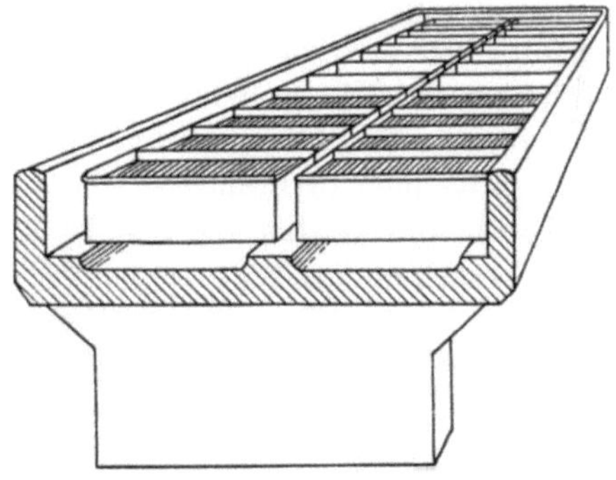

Abb. 93. Kühltrog mit Wasserdrucklauf für Leimgallerte in Blechformen

beton, den Kühltrögen, sind die Leimkasten in einer oder zwei Reihen eingesetzt und werden allseitig vom Kühlwasser umspült (Abb. 93). Der Querschnitt eines Kastens entspricht der Größe von einer, bei Wasserkühlung auch zwei oder vier Leimtafeln. Nach 12 bis 24 Stunden ist die Gallerte hinreichend fest. Man taucht die Kasten kurze Zeit in heißes

[1] ZSIGMONDY, R.: Kolloidchemie, 5. A. Bd. 2. S. 173.

Wasser, stürzt die Blöcke aus und wäscht deren Oberfläche schnell mit heißem Wasser ab. Wenn erforderlich, werden die Blöcke durch eine Schneidvorrichtung mit gespannten Drähten der Länge nach geteilt, so daß man Blöcke mit einem Querschnitt in der Größe einer Leimtafel erhält. Die weitere Aufteilung in Tafeln erfolgt in der Leimschneidmaschine. Die Schneidmaschinen neuerer Konstruktion nehmen den ganzen Leimblock auf (Abb. 94), ein hin- und hergehender Schlitten preßt ihn langsam durch den Messerrahmen; letzterer enthält eine Anzahl schmaler, senkrecht eingespannter Messer, deren gegenseitiger Abstand die Stärke der Tafeln bestimmt. Man schneidet gewöhnlich in 10 bis 30 mm Dicke, beim Trocknen tritt eine Schwindung bis auf etwa ein Drittel dieser Stärke ein.

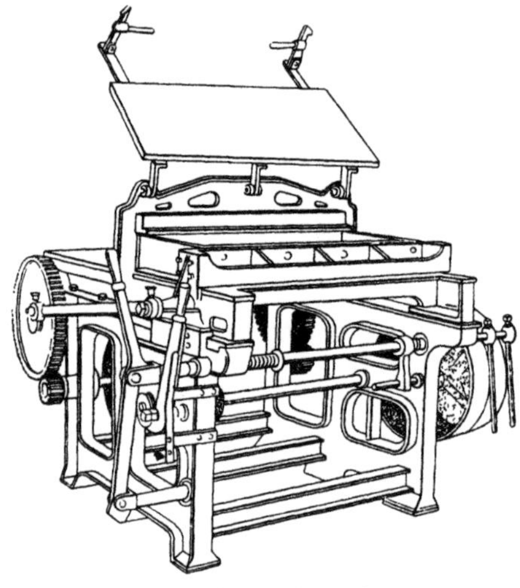

Abb. 94. Leimschneidmaschine

Ein zweites Verfahren zur Formung der Tafeln besteht darin, daß man die Leimbrühe auf vollständig ebene, polierte Glas- oder Metallplatten ausgießt, die von unten her mit Wasser gekühlt werden. Das Erstarren erfolgt hier sehr rasch, da die Gallertschicht nur die Dicke einer Leimtafel besitzt. Die großen quadratischen französischen Leimtafeln werden auf diesem Wege hergestellt. Für große Leistungen kommt dieses Verfahren weniger in Frage.

Die Tafeln werden von Hand auf die Trocknungsnetze aufgelegt, letztere bestehen aus Rahmen von etwa 2 × 1 m Größe. Für deren lange Schenkel benutzt man etwa 8 cm breite hochkant gestellte Latten, für die kurzen 3 cm breite Flacheisen, die an den Enden rechtwinklig umgebogen sind und mit den Latten verschraubt werden (s. Abb. 95). Außer an den beiden Enden wird auch in der Mitte der Rahmen eine derartige Querstütze angebracht. Die Rahmen werden mit Hanfnetzen, verzinktem Eisendraht- oder Aluminiumdrahtgeflecht bespannt. Besonders das Aluminiumdraht-

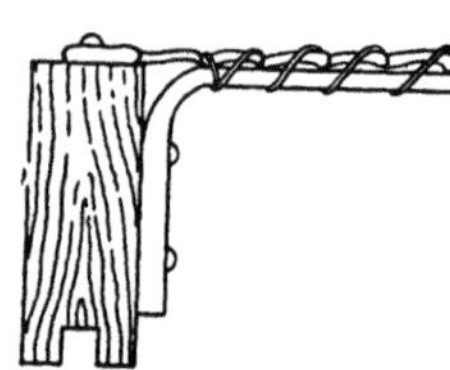

Abb. 95. Trockenhorde für Leimtafeln, Detail im Querschnitt

netz hat sich gut bewährt. Die Drahtgitter werden mit Drahtstiften auf den hölzernen Schenkeln und mit Bindedraht an den eisernen Querstützen befestigt. Diese Form der eisernen Querstützen gewährleistet einen freien Luftdurchgang in der Längsrichtung der Trocknungsnetze.

Zur Erleichterung der Handarbeit beim Auflegen der Leimtafeln können die Netzrahmen auf einem Laufband fortbewegt werden. In USA benutzt man weitgehend maschinelle Einrichtungen zur Beschickung der Trocknungsanlagen (s. S. 212).

Die belegten Netze werden auf niedere Wagen meist in zwei Stößen nebeneinander bis zu einer Höhe von etwa 2 m aufgeschichtet und dann in die Trockenräume gebracht.

Zur rationellen Ausnutzung der Wärme haben sich am besten die Kanaltrockner oder Trockenkanäle bewährt. Ein solcher besteht aus einem 20 bis 30 m langem Gang, dessen Querschnitt möglichst genau der Höhe und Breite der beladenen Leimwagen entspricht. An einem

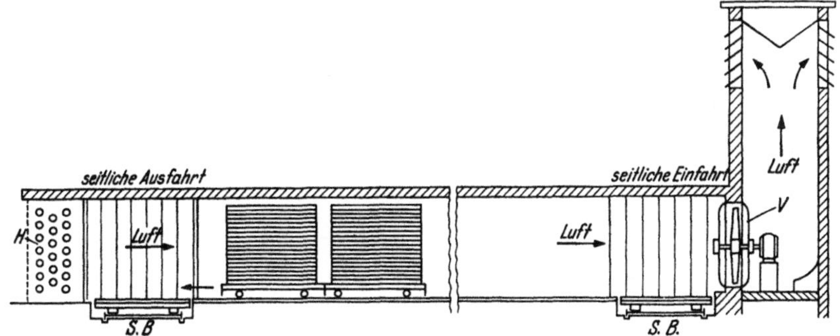

Abb. 96. Trockenkanal für Tafelleim, V Ventilator, H Heizkörper, SB Schiebebühnen, in der Mitte: Leimwagen

Ende ist ein Heizkörper für Dampf, am anderen Ende ein großer Ventilator angeordnet, der einen schwach angewärmten Luftstrom durch den Kanal saugt (Abb. 96).

Die Trocknungswagen laufen auf Schienen und werden gewöhnlich im Gegenstrom zur Luftbewegung durch den Kanal befördert. Der Trocknungsvorgang erfordert eine peinliche Überwachung Die Temperatur soll bei Hautleim 30 bis 35° C, bei Knochenleim 25° C nicht überschreiten, da der Schmelzpunkt der frischen Gallerte etwa bei diesen Temperaturen liegt. Auch die Luftmenge, die vom Ventilator gefördert wird, muß in bestimmtem Verhältnis zum jeweiligen Feuchtigkeitsgehalt der Atmosphäre, zur Länge des Kanals und zur Gewichtsmenge des Trockenguts stehen. Die Trocknung dauert je nach der Dicke und dem Prozentgehalt der Leimtafeln und je nach Wetterlage und Jahreszeit 7 bis 25 Tage. In dem Maße wie ein Hordenwagen mit trockner Ware am Ende des Kanals ausgefahren wird, rückt ein frisch beladener Wagen am Eingang des Kanals nach. Bei einer Trocknungsdauer von z. B. 20 Tagen liegt die 20fache Tageserzeugung an Leim in den Kanälen. Dies läßt erkennen, daß die Trockenanlage einen erheblichen Anteil des gesamten

Raumbedarfs der Fabrikanlage beansprucht und daß zur Lagerung des zu trocknenden Guts in den Kanälen eine sehr hohe Zahl von Trocknungsnetzen erforderlich ist.

Da in der Regel mehrere Trockenkanäle nebeneinander angeordnet sind, so müssen an beiden Enden der Kanäle Schiebebühnen oder Drehscheiben für die Querbewegung der Leimwagen vorhanden sein (Abb. 96 u. 97).

Es empfiehlt sich, Wände und Decke der Kanäle wegen der schlechten Wärmeleitung aus Holz herzustellen, an Holz wird sich die Feuchtigkeit weniger leicht niederschlagen als an Beton oder Mauerwerk.

Der besseren Wärmeausnutzung wegen findet sich gelegentlich die Anordnung, daß der Kanal in zwei Hälften unterteilt ist, die nebeneinander liegen (Abb. 97), derart, daß der Luftstrom zum Eingang zurückströmt.

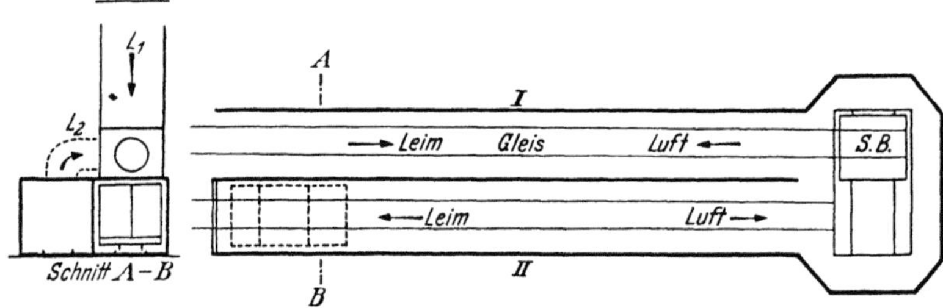

Abb. 97. Trockenkanal als Doppelgang mit Luftrückführung. Von oben und Querschnitt.
SB Schiebebühne

Im Winter, wenn die Außenluft sehr wasserarm ist, kann ein Teil der vorgewärmten Luft wieder in den Kanal zurückgeleitet werden.

Auch bei technisch hochwertiger Ausrüstung der Trocknungskanäle ist die Wärmeausnutzung recht unvollkommen. Die Ursache liegt in der stark gehemmten Wasserabgabe der Leimsubstanz, besonders im weiter vorgeschrittenen Stadium der Trocknung. Die Diffusionsgeschwindigkeit des Wassers vom Innern der Leimtafel nach außen ist an sich schon eine geringe und nimmt mit fortschreitender Trocknung immer mehr ab, da an der Oberfläche eine Trockenhaut von zunehmender Dicke entsteht. Die Trocknung muß daher auf alle Fälle solange fortgesetzt werden, bis die Hauptmenge des Wassers entfernt ist, ohne Rücksicht darauf, daß die Ausnützung der Wasseraufnahmefähigkeit der Luft sehr mangelhaft ist.

Wie aus Tabelle 48, S. 204 ersichtlich, ist die Aufnahmefähigkeit der Luft bei den üblichen Trocknungstemperaturen von 25 bzw. 30° recht gering, sie steigt jedoch bei höheren Temperaturen beträchtlich an. Die Trocknung bei höheren Temperaturen wäre also viel rationeller, man würde in diesem Fall mit wesentlich geringeren Mengen an Trocknungsluft auskommen, die frische Leimgallerte läßt jedoch wie schon erwähnt, nur Temperaturen von 25 bis 30° C zu. Wenn die Trocknung weiter fortgeschritten ist, kann man jedoch mit der Temperatur unbedenklich höher gehen.

In ein und demselben Kanal ist jedoch ein solches Verfahren nicht durchführbar. In Abb. 98 stellt der Abschnitt der Abszissenachse, 0—20 m, die Länge des Trockenkanals dar, Kurve A gibt die zulässigen Höchst-

temperaturen bei fortschreitender Trocknung wieder; die Höchsttemperatur ist etwas willkürlich angenommen, da der stark entwässerte Leim auch bei höheren Temperaturen nicht mehr schmelzen würde. Kurve B zeigt die tatsächlich im Kanal herrschende Temperatur, die sich immer weiter von Kurve A entfernt.

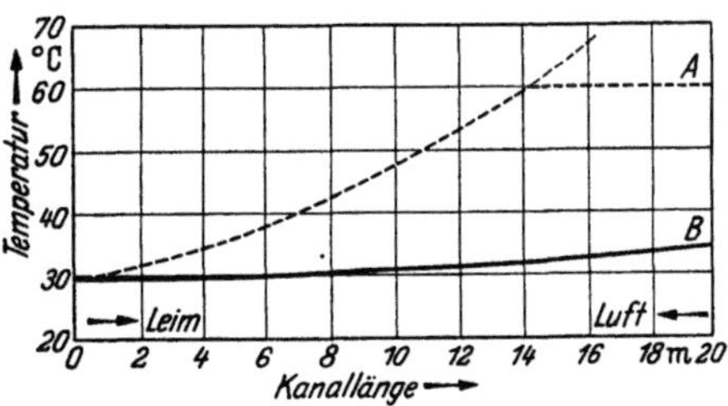

Abb. 98. Tatsächliche Lufttemperatur (B) und zulässige Lufttemperatur (A) im Trockenkanal

Man kann aber die Trocknung des Tafelleims stufenweise, etwa in zwei Abteilungen mit Hilfe von zwei Kanälen durchführen.

In Stufe I wird bei niederer Temperatur in den gewöhnlichen Trockenkanälen soweit entwässert, bis die Tafeln nicht mehr weich, aber noch biegsam sind. Dann folgt die Fertigtrocknung in Stufe II in einem

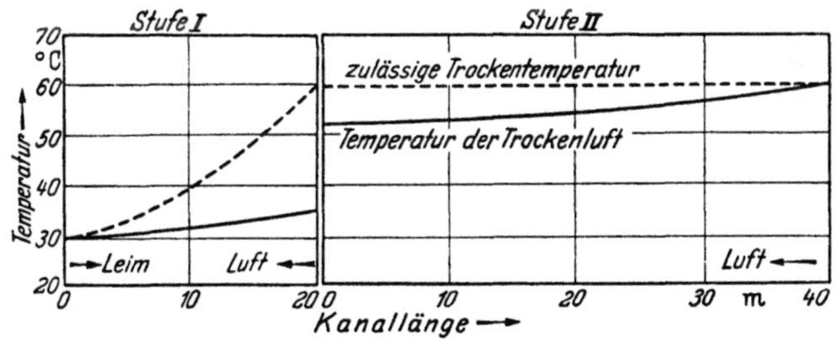

Abb. 99. Trockenkanal in 2 Stufen: Stufe I, niedere Lufttemperatur, Stufe II, hohe Lufttemperatur

Trockenkanal von größerer Länge. Die Anfangstemperatur beträgt hier 40 bis 60° C, die Luftbewegung kann wesentlich langsamer sein, da die Wasserabgabe nur noch sehr träge erfolgt. In Abb. 99 sind die Temperaturverhältnisse bei der Trocknung in zwei Stufen wiedergegeben, die Bezeichnung ist die gleiche wie in Abb. 98. Die bessere Anpassung der Trockenlufttemperatur an die tatsächlich zulässige Trocknungstemperatur ist ohne weiteres ersichtlich. Ein Kanal der Stufe II ist für mehrere Kanäle der Stufe I ausreichend.

Die Herstellung von Tafelleim besitzt bei weitem nicht mehr die Bedeutung wie früher. Wo heute noch solcher hergestellt wird, kommt er meist als gemahlener Leim in den Handel.

Trocknung in Form von Flakes. Bei Übergang der Leimherstellung von der handwerklichen Fertigung zum Fabrikbetrieb mit Dampf- und Kraftanlage wurde unverändert die Herstellung von Tafelleim übernommen. Die Leimtafel bietet bei der künstlichen Trocknung erhebliche Schwierigkeiten. Die Trocknungsdauer ist unverhältnismäßig lang, da die Wasserabgabe zum Schluß nur noch sehr langsam erfolgt, dementsprechend ist die Wärmeausnutzung unvollkommen, außerdem ist viel Handarbeit erforderlich.

Zur Einsparung von Handarbeit wurden zuerst in den Vereinigten Staaten andere Wege der Formung und Trocknung des Leims eingeführt. Die Herstellung der sog. „Flakes", eine Form, die in USA weitverbreitet ist, bedeutete eine erhebliche Vereinfachung und Zeitabkürzung gegenüber der Herstellung von Tafelleim. Zur Herstellung der Flakes ist in USA vielfach der Form- und Auflegeapparat von KIND und LANDESMANN[1] in Gebrauch, der in Abb. 100 schematisch dargestellt ist. (Die Übersetzung „Flocken" für „flakes" ist unzutreffend.)

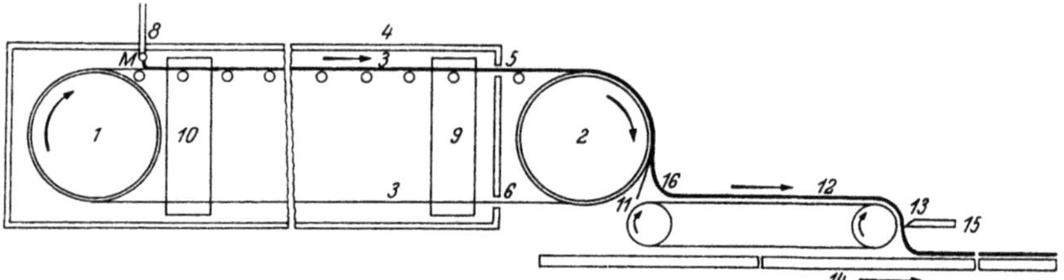

Abb. 100. Kühl- und Auflegapparat zur Herstellung von „Flakes". System KIND und LANDESMANN. (W. WACHTEL in GERNGROSS-GOEBEL, S. 261)

Auf den Walzen 1 und 2 läuft das Kautschukband 3 in der durch die Pfeile bezeichneten Richtung. Die Ränder des Bandes sind wulstartig verstärkt, so daß dieses gewissermaßen eine flache Mulde bildet. Der Hauptteil des Bandes befindet sich in dem gut isolierten Kasten 4, dessen eine Stirnwand die Schlitze 5 und 6 besitzt, durch die das Band hindurchläuft. Quer über dem Bande befindet sich in dem Kasten das gelochte waagerechte Verteilungsrohr M, dem die flüssige Brühe durch das Rohr 8 zuläuft. Diese breitet sich dann auf dem Bande aus, das sie in seiner Bewegung mitnimmt.

Bei 9 befindet sich eine Öffnung am hinteren Ende der Seitenwand des Kastens, durch die von einem Kühler kommende Luft eintritt, die im Gegenstrom zum oberen Strang des Bandes zur Öffnung 10 nächst dem

---

[1] DRP. 280195, 1912, siehe W. WACHTEL: in GERNGROSS-GOEBEL, S. 261.

vorderen Ende des Kastens strömt, durch die sie vermittels eines Gebläses im Kreislauf dem Kühler wieder zugeführt wird.

Beim Hinausrollen über die Walze 2 wird die Gallertplatte 16 durch das Messer 11 von der Walze abgehoben und gleitet dann auf das Förderband 12, auf dem sie nicht mehr haftet.

Dieses Förderband bewegt sich im gleichen Sinne wie das Kautschukband; es fördert die Gallertplatte bis zum Punkt 13, unter dem die Horden 14 in der Richtung des Pfeiles mechanisch vorbeibewegt werden. Das sich selbsttätig bewegende Messer 13 schneidet dann entsprechend der Länge einer Horde die Gallertplatte der Quere nach ab, sobald darunter das Ende einer Horde herankommt. Jede Horde ist dann mit einem unzerteilten Abschnitt der Gallertbahn annähernd von der Größe der Horde belegt. Die Trocknungsnetze werden wie üblich auf Hordenwagen aufgeschichtet und die Gallerte in Kanälen getrocknet.

Das Formen und Auflegen erfordert vom Zeitpunkt des Ausfließens der Leimbrühe bis zum Wegnehmen der belegten Netze etwa 15 Minuten, die Trocknung in den Kanälen wegen der geringen Dicke der Leimschicht nur mehrere Stunden oder höchstens 1 bis 2 Tage. Beim Abnehmen der in einem Stück getrockneten Leimschicht von den Horden zerbricht die Leimbahn in Stücke und wird in einem Brecher weiter auf eine Stückgröße von einigen Zentimetern zerkleinert.

Die Flakes haben für den Verbraucher den Vorteil, daß sie das Aussehen der Leimsubstanz wie bei Tafelleim erkennen lassen und infolge der geringen Dicke nur eine kurze Quelldauer erfordern. Neuerdings werden die Flakes meist gemahlen und kommen als Pulver in den Handel.

Neuere Formen von Kleinstückleim. Die Herstellung der Flakes bedeutete einen Fortschritt in der Richtung einer Vereinfachung der Leimfabrikation, sie ist jedoch noch kein vollautomatisches Formungs- und Trocknungsverfahren, da die Trockenkanäle nicht entbehrlich sind.

Um ein vollautomatisches Verfahren zur Kühlung, Formung und Trocknung zu verwirklichen, war es notwendig, zu neuen Formen des Trockenleims überzugehen. Für diese hat sich die Bezeichnung „Kleinstückleim" eingeführt. Die wichtigsten Formen solcher Kleinstückleime sind: Perlenleim, Tropfenleim, Würfelleim, Plättchenleim, Krümelleim, Flockenleim, wobei eine Anzahl weitere, die keine besondere Bedeutung erlangt haben, weggelassen sind (Abb. S. 218 a—f).

Die Trockenformen, die aus der flüssigen Leimbrühe gewonnen werden, sind später noch zu erwähnen.

Perlenleim. Das erste vollautomatische Verfahren zur Formung und Trocknung von Glutinleim war die Herstellung des Perlenleims der Scheidemandel-Motard-Werke A.G. seit 1924.

D. Sakom und P. Askenasy fanden im Jahr 1914 bei ihren Arbeiten mit Leim, daß eine Leimlösung, in kaltes Benzin eingetropft, darin in

Form kleiner Gallertkugeln langsam zu Boden sinkt. Sammelte man die angereicherten, fischlaichähnlichen Massen auf einem Metallsieb, so konnten diese nach Abtrennung des Benzins bei Innehaltung gewisser Trocknungstemperaturen auf durchsichtige, perlenähnliche Trockenleimgebilde verarbeitet werden.

Die Patentansprüche des DRP. Nr. 296522 von D. SAKOM und P. ASKENASY vom 31. 10. 1914 lauten:

1. Verfahren, gelatinierende Substanzen mehr oder weniger fein zu verteilen, dadurch gekennzeichnet, daß man deren bei entsprechender Abkühlung zur Erstarrung gelangende Lösungen in mit ihnen nicht oder so gut wie nicht mischbare Kühlflüssigkeiten wie Benzol, Trichloräthylen, Tetrachlorkohlenstoff, Benzin, Schwefelkohlenstoff usw. eintreten läßt.

2. Verfahren nach Anspruch 1. dadurch gekennzeichnet, daß man den Flüssigkeiten Öle, Fett oder andere fettartige Substanzen beimengt.

Die Ausführung dieses Verfahrens besteht also im wesentlichen darin, daß Leim- oder Gelatinebrühen aus Sieben und ähnlichen Tropfvorrichtungen in ein flüssiges Medium, z. B. Benzin in Tropfenform einfallen. Man kann Gallertkugeln von verschiedenster Größe, und zwar solche von feinstem Grieß bis zur Größe einer Erbse herstellen. Wichtig ist dabei die Einhaltung einer bestimmten Kühltemperatur, denn es handelt sich darum, das Gelatinieren der durchfallenden Tropfen innerhalb kürzester Frist zu bewirken, bevor sie am Boden des Behälters auftreffen. Die Gallertperlen werden von der Kühlflüssigkeit sorgfältig befreit. Dies wird z. B. durch Anwendung des Zweischichtenverfahrens erreicht, wobei man die Gallertkugeln zuerst in Benzin erstarren und dann durch eine Wasserschicht fallen läßt.

Die Perlen werden aus dem Herstellungsapparat ausgetragen und anschließend auf einer Spezialdarre getrocknet. Es ist wesentlich, daß während der Trocknung ein Zusammenkleben der Perlen verhindert wird.

Die schnelle Herstellung und Trocknung bedingt, daß Zersetzungsvorgänge nicht auftreten.

Beim Trocknen der Gallertkugeln entsteht durch Schwindung ein kleiner flachrunder Körper, der meist einseitig eine kleine Vertiefung besitzt, eben die Leimperle. Die in Größe und Form meist recht einheitlichen Leimperlen besitzen ein sehr gefälliges Aussehen, der Charakter der Glutinsubstanz ist deutlich erkennbar (Abb. S. 218a).

Beim Gebrauch kann keine Überquellung eintreten, weil nur die zur Quellung notwendige Wassermenge abgewogen und zugesetzt wird. Die Quellung selbst ist in wenigen Stunden beendet.

Tropfenleim. Bei den verschiedenen Verfahren zur Herstellung des Tropfenleims läßt man die eingedampfte Leimlösung auf ein gekühltes Metallband oder eine Walze auftropfen, wobei eine einstellbare Zuteilvorrichtung dafür sorgt, daß immer Tropfen annähernd gleicher Größe aufgegeben werden. Die erstarrten Tropfen werden von der Kühlfläche abgehoben und auf einem Transportband der Trocknungsanlage zugeleitet. Diese besteht aus einem Bandtrockner oder aus einer Trockentrommel, wobei die Trocknung in mehreren Stunden beendet ist. Diese Tropfenleime sind eine sehr handliche Kleinstückform von gutem Aussehen (Abb. S. 218f).

Plättchenleim. Das Verfahren wurde von der Fa. F. Seltsam, Forchheim, entwickelt. Die Leimplättchen sind, wie Abb. S. 218b erkennen läßt, tatsächlich das Abbild von Leimtafeln in stark verkleinerter Form.

Die eingedampfte Leimbrühe fließt in schmalen Bahnen auf eine Kühlwalze auf; die Gallertbänder werden in kurze Abschnitte, welche eben die Täfelchen ergeben, zerteilt und diese in geeigneter Weise im Luftstrom getrocknet.

Die Plättchen besitzen die Vorzüge der Kleinstückform, d. h. kurze Trocknungsdauer und schnelle Quellfähigkeit.

Würfelleim. Die Formung und Trocknung der Glutingallerte in Gestalt kleiner Würfel kann ebenfalls als sehr gute Lösung der Leimfertigung betrachtet werden. Ein solches Verfahren ist in mehreren deutschen Leimfabriken sowohl für Hautleim als auch für Knochenleim in Gebrauch. Die Leimlösung wird auf ein Gummitransportband aufgetragen und durch Luftkühlung zum Erstarren gebracht. Das Gallertband wird abgehoben und durch eine mechanische Messervorrichtung längs und quer geteilt, so daß kleine Würfel entstehen. Die Würfel werden auf einem Bandtrockner in mehreren Etagen getrocknet. Zur Zerteilung des teilweise lose aneinander haftenden Trockenguts geht dieses durch eine Schleudermaschine.

Durch die Schwindung beim Trocknen erhalten die Würfel hohe Kanten und eine große Oberfläche, wodurch eine schnelle Quellung erreicht wird.

Krümelleim. Krümelleim kommt dadurch zustande, daß Leimgallerte höherer Konzentration durch einen Fleischwolf getrieben wird[1].

Es entsteht ein stark poröses Material von unregelmäßiger Form, das sich verhältnismäßig leicht trocknen läßt. Die Herstellung von Krümelleim in Verbindung mit einem Bandtrockner ergibt eine einfache Lösung des Trocknungsproblems. Allerdings ist dabei die Herstellung der Gallerte in Blockform erforderlich; wenn ein größerer Vorrat der Gallertkrümel hergestellt wird, kann die Beschickung des Trockners selbsttätig erfolgen (Abb. S. 218e).

Nach dem Verfahren der WEISS-Trocknungsanlagen, Haiger, wird die Herstellung des Krümelleims vollautomatisch durchgeführt. Die eingedampfte Leimbrühe wird auf einem runden Kühltisch auffließen ge-

---

[1] DRP. 434011. AG. für chemische Produkte vorm. H. Scheidemandel, Leim und Gelatine in Körner-, Grieß- oder Pulverform durch unmittelbare Vermahlung von Leimgallerten.

lassen (Abb. 101). Die von unten gekühlte Metallplatte des Tischs dreht sich langsam im Kreise. Nach einer annähernd vollen Umdrehung wird

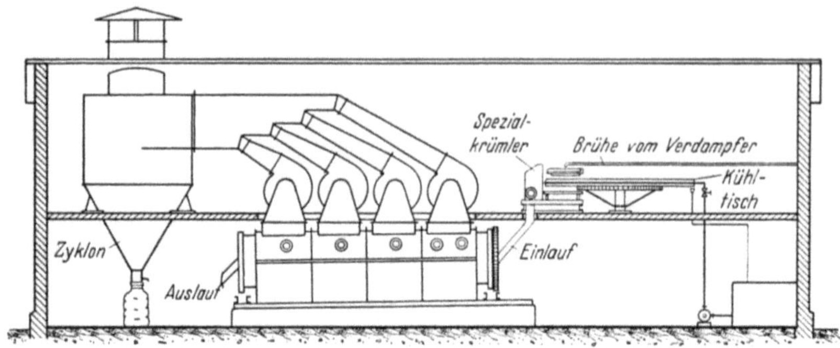

Abb. 101. Vollautomatische Formung und Trocknung von Krümelleim.
WEISS-Trocknungs-Anlagen, Haiger

die erstarrte Gallertschicht von einem Messer abgehoben und der Zerkleinerungsvorrichtung zugeführt. Abb. 102 stellt eine Krümelvorrichtung nach WEISS dar, in welcher das gekühlte Gallertband fortlaufend zerkleinert wird. An Stelle des Kühltischs kann auch besonders für größere Leistungen ein gerades Kühlband benutzt werden. Die Krümelgallerte wird in einer Spezial-Trocknungstrommel entwässert. Das schwierige Problem der kontinuierlichen Trocknung der wasserhaltigen Gallerte in einem Trommeltrockner ist von WEISS durch einen besonderen Rieseleinbau und die Art der Luftführung verwirklicht (Abb. 101, Mitte).

Abb. 102. Gallertband bei Einlauf in Krümler.
WEISS-Trocknungs-Anlagen, Haiger

Das Trocknen des Krümelleims kann auch auf der kreisrunden Darre nach Abb. 103[1] geschehen, bei welcher ein umlaufender Rührer das Trockengut bewegt. Die Herstellung von Gallertblöcken in bekannter Weise, Zerkleinerung im Fleischwolf und Trocknung auf dieser Darre ergibt eine Anordnung von sehr günstigen Anlagekosten bei guter Leistung.

---

[1] H. Streidl, München.

Der Krümelleim besitzt eine große Oberfläche, er nimmt bei der Quellung sehr schnell Wasser auf. Er ist eine der brauchbarsten Kleinformen sowohl für die Herstellung als auch im Gebrauch. Außerdem kann er zu Leimpulver gemahlen werden.

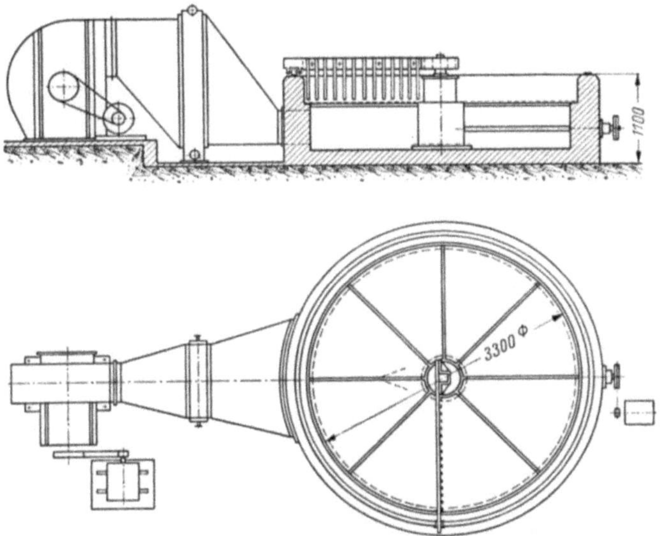

Abb. 103. Runde Darre mit Rührwerk, links Ventilator und Lufterwärmer.
H. Streidl, München

Jedoch findet der Krümelleim gelegentlich noch bei manchen Verbrauchern Ablehnung, da er in Form und Aussehen den Charakter der Leimsubstanz nicht erkennen läßt.

Gemahlener Leim. Hier handelt es sich nicht um eine eigene Form der Fertigung, da dieser Leim durch Mahlen von Tafeln usw. entsteht. Die gelegentlich gebrauchte Bezeichnung „Mahlpulver" ist nicht allgemein zutreffend, die Mahlung wird vielfach nicht bis zur Pulverfeinheit getrieben.

Beim Mahlen von Tafeln, die vorher scharf getrocknet werden, erhält man beispielsweise ein Gemisch verschiedener Körnungen, von mehreren Millimeter Durchmesser bis herab zur Pulverfeinheit. Derartige Produkte kommen in dieser Form in den Handel. Oder das Gemisch wird nach Korngrößen gesichtet in grobes Korn, mittleres Korn und feines Pulver. Das Feinpulver eignet sich zur Herstellung von Spezialleimen.

Auch Flakes, Krümelleim und andere Formen werden vielfach gemahlen. Im Gebrauch sind gemahlene Leime recht angenehm, die Dosierung ist einfach und die Quellung erfolgt schnell.

Tafel neuerer Formen von Glutinleimen

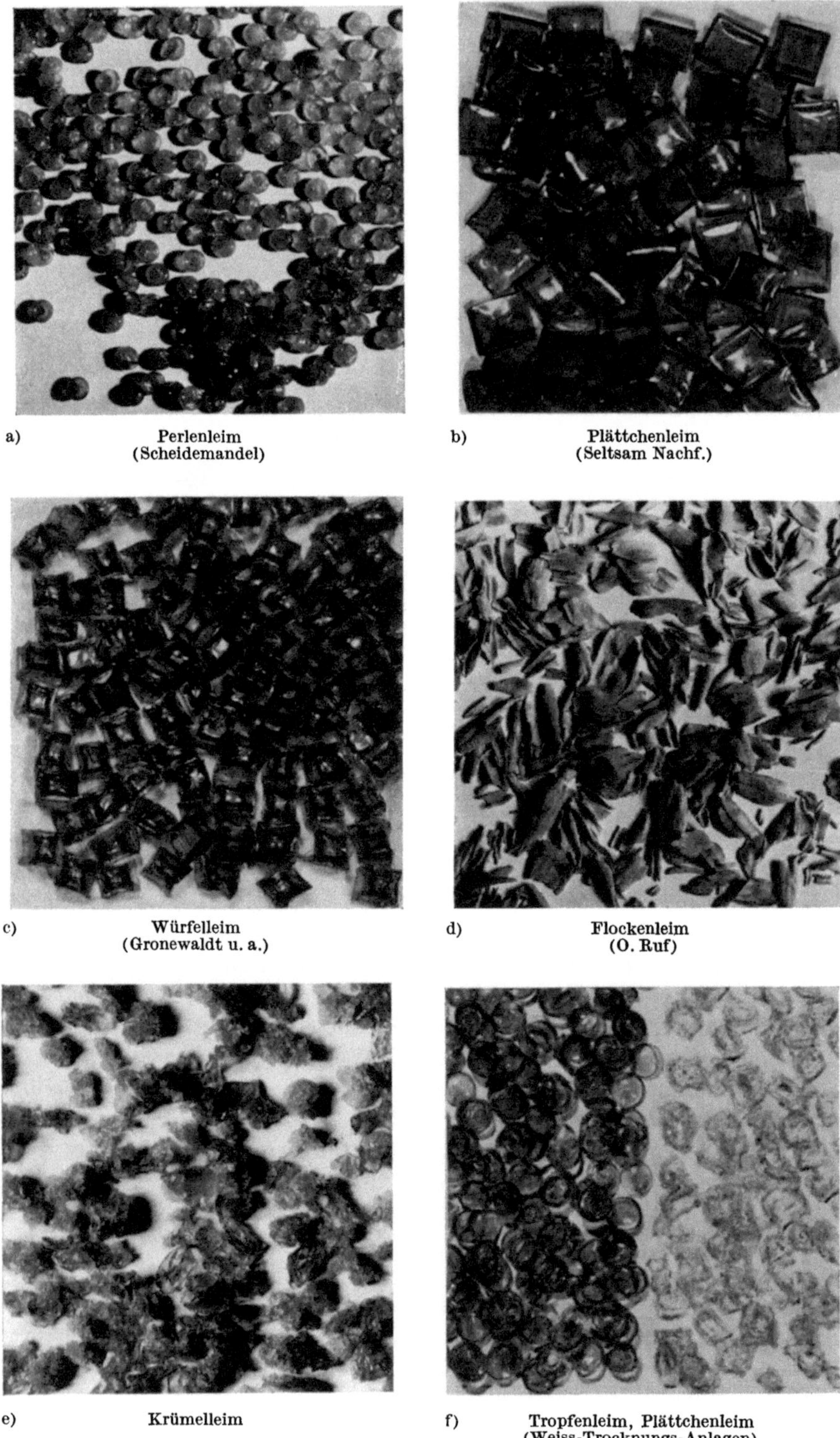

a)   Perlenleim
(Scheidemandel)

b)   Plättchenleim
(Seltsam Nachf.)

c)   Würfelleim
(Gronewaldt u. a.)

d)   Flockenleim
(O. Ruf)

e)   Krümelleim

f)   Tropfenleim, Plättchenleim
(Weiss-Trocknungs-Anlagen)

Trocknung der flüssigen Leimbrühe

Bei dieser Art der Trocknung geht der Weg nicht über die Gallerte, auf den Schmelzpunkt der Gallerte braucht daher keine Rücksicht genommen zu werden. Es besteht die Möglichkeit, höhere Temperaturen anzuwenden, die eine bessere Wärmeausnutzung gestatten. Über geringe stoffliche Unterschiede bei der Trocknung als Gallerte einerseits und als flüssige Leimlösung andererseits s. S. 92.

Walzentrocknung. Die Trocknung von gelösten Stoffen oder Aufschlämmungen auf beheizten Walzen ist für andere Erzeugnisse, auch solche hoher Empfindlichkeit wie z. B. Milch in großem Umfang in Gebrauch. Das Verfahren ist daher technisch zu erheblicher Vollkommenheit entwickelt. Die zu trocknende Flüssigkeit wird in dünner Schicht auf eine von innen beheizte, langsam rotierende Walze aufgetragen und in trocknem Zustand vor Vollendung einer Umdrehung von der Walze abgeschabt. Man unterscheidet Ein- und

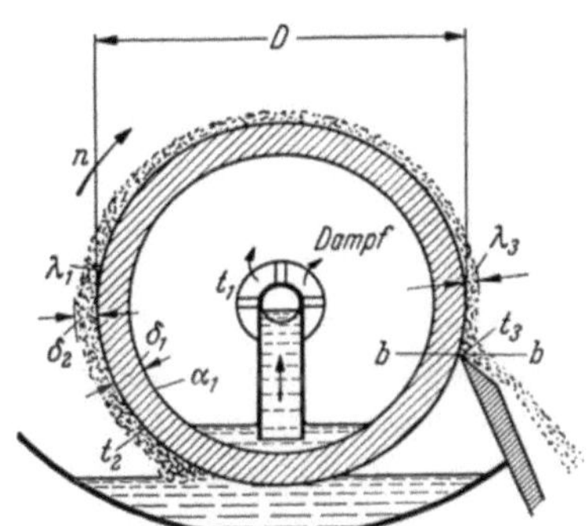

Abb. 104. Querschnitt durch einen Walzentrockner, Innenbeheizung mit Dampf, Leimauftragung durch Eintauchen. E. Passburg und B. Block, Berlin-Dahlem

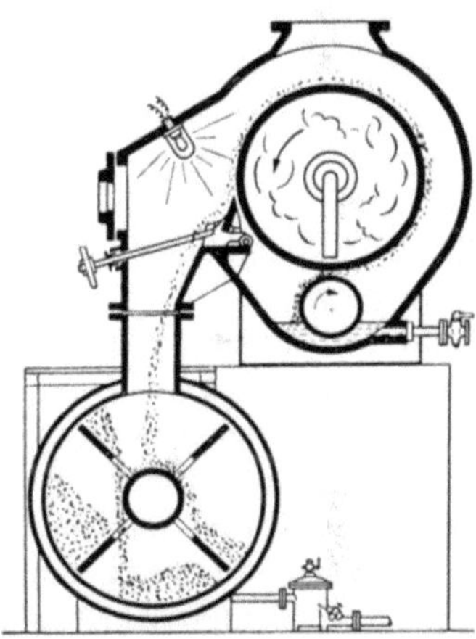

Abb. 105. Querschnitt durch einen Walzentrockner für Vakuumbetrieb, Leimauftragung durch Hilfswalze, unten Nachtrockenraum und Austragvorrichtung. E. Passburg und B. Block, Berlin-Dahlem

Zweiwalzentrockner, Trocknung bei normalem Luftdruck und unter Vakuum. Das Auftragen der Flüssigkeit kann durch Eintauchen der Walze in einen Trog an der tiefsten Stelle ihres Umfangs oder durch besondere Auftragsvorrichtungen erfolgen (Abb. 104 u. 105).

Die Walzentrockner haben bisher zur Entwässerung von Leim wenig Eingang gefunden, da hier die Gefahr besteht, daß das Trockengut durch zu hohe Erhitzung an der Metallfläche Schaden leidet. Auch fand die Form des so hergestellten feinen Leimpulvers früher Ablehnung.

Nach dem Vorbild der Herstellung von Walzenmilchpulver, welches ebenfalls ein hochempfindliches Trocknungsgut darstellt, ist es neuerdings gelungen, Leim auf Walzen ohne Schädigung der Qualität zu trocknen, wobei die Anwendung von Vakuum nicht erforderlich ist. Dies wird erreicht durch sehr dünnen Auftrag der Leimbrühe auf die Walze und ganz kurze Berührungszeit des Trocknungsguts mit der Walzenoberfläche.

Die Einstellung des Verbrauchers gegenüber dem feinkörnigen Leimpulver hat sich neuerdings völlig gewandelt. In größeren Betrieben ist es üblich, das Leimpulver ohne vorherige Quellung in Rührwerkbehälter, die mit Wasser gefüllt sind, unter Erwärmen einzutragen, um möglichst schnell eine gebrauchsfertige Leimlösung herzustellen. Für diesen Zweck werden gerade die feinkörnigen, flockenartigen Leimpulver wegen ihrer leichten Löslichkeit besonders geschätzt.

Die Wärmeausnutzung bei der Trocknung der flüssigen Leimlösung auf Walzen ist jeder Art der Gallerttrocknung weit überlegen, so daß dieses sehr rationelle Trocknungsverfahren heute größte Beachtung verdient.

Für die Trocknungszeit Z gilt:

$$Z = \frac{F_D \cdot Q}{F \cdot U \cdot k}$$

Darin ist:

F_D die Flüssigkeitsmenge in kg, welche aus dem Naßgut auszutrocknen ist.

Q die Wärmemenge in kcal, welche notwendig ist, um die auszutreibende Wassermenge in Dampf zu verwandeln.

F die Oberfläche des zu trocknenden Körpers in m².

U das Wärmegefälle, der Temperaturunterschied zwischen dem Wärme abgebenden Körper und dem Wärme aufnehmenden Körper.

k die Wärmeübergangszahl vom Heizmittel auf das Gut in kcal/m²/Stunde je 1° Temperaturunterschied.

Die Wärmeübergangszahl k ist bei Berührung mit Luft (Trocknung im Luftstrom) wesentlich kleiner als bei Berührung des Trocknungsguts unmittelbar mit einer beheizten Fläche. Sie ist auch stark abhängig von dem Wert λ. λ bedeutet die Anzahl Wärmeeinheiten, die durch 1 m²/Stunde bei einem Temperaturunterschied $U = 1$ durch die Schicht von 1 m des betreffenden Körpers fließen.

Die Wärmeleitungszahl λ ist für:

Kupfer 300 bis 355 kcal/m²/Std./1°/1 m — Messing 55 bis 160 kcal/m²/Std./1°/1 m — Gußeisen 40 kcal/m²/Std./1°/1 m — Schmiedeeisen 50 bis 60 kcal/m²/Std./1°/1 m — Aluminium 175 kcal/m²/Std./1°/1 m — Nickel 50 kcal/m²/Std./1°/1 m — Silber 360 kcal/m²/Std./1°/1 m — Glas 0,3 bis 0,9 kcal/m²/Std./1°/1 m — Ton 0,7 kcal/m²/Std./1°/1 m.

Die hohe Wärmeleitfähigkeit des Kupfers kann im allgemeinen nicht ausgenutzt werden, da sich Kupfer zur Herstellung der Heizungswalzen weniger gut eignet und sehr kostspielig ist.

Die Anwendung von Vakuum-Walzentrocknern erweist sich als besonders günstig, da dann der Temperaturunterschied U weiter vergrößert und eine besonders schonende Trocknung erreicht wird.

Eine besondere Form des Walzentrockners ist der „RUF-Trockner".

Ruf-Trockner[1]. Das besondere bei dieser Art der Trocknung besteht darin, daß die Leimbrühe in einem Rührwerk zunächst zu einem feinblasigen Schaum geschlagen wird (Abb. 106 u. 107, links). Der Schaum

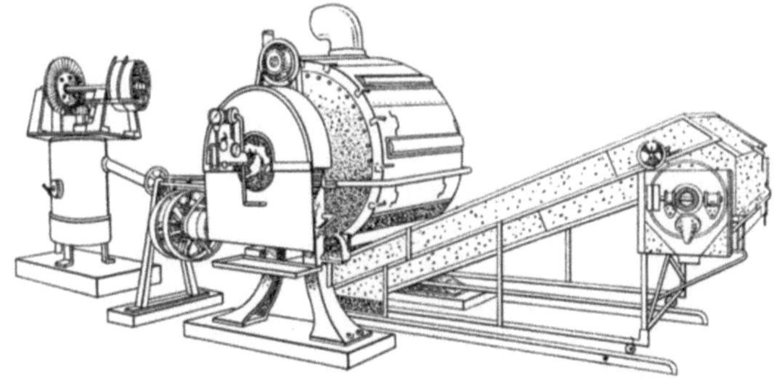

Abb. 106. Walzentrockner (nach RUF). Links Schaumerzeuger, rechts Nachtrockner

wird aus einem Eintauchtrog von der Trockenwalze aufgenommen, nach Dreiviertel Umdrehung derselben als zusammenhängendes Band abgehoben und auf einem kurzen Förderband nachgetrocknet (Abb. 107, rechts). Anschließend wird die dünne, trockne Leimschicht zerkleinert.

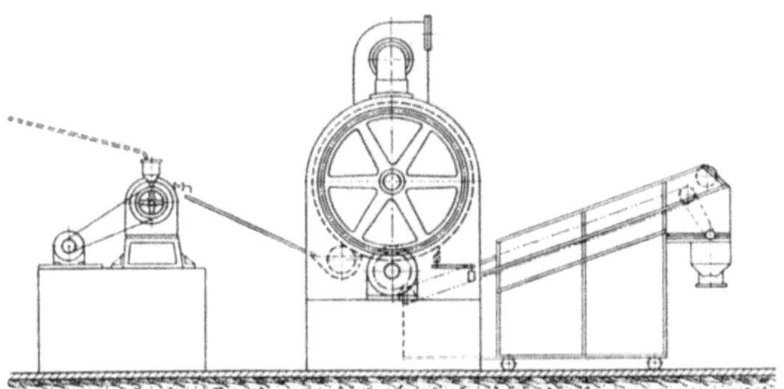

Abb. 107. Walzentrockner (nach RUF). Ausführung H. Streidl, München

Es ergibt sich ein Trockengut in Form dünner Flocken (Tafel S. 218 d) von geringem spezifischem Gewicht. Die Flocken quellen in Wasser schnell auf. Man müßte erwarten, daß durch Berührung der Leimschicht mit der Oberfläche der beheizten Walze ohne Anwendung von Vakuum die Qua-

---

[1] Hersteller: H. Streidl, München.

lität des Leimes Schaden leidet. Mehrfache Untersuchungen zeigten jedoch, daß ein Rückgang der Qualität nicht zu beobachten ist. Die Viskosität vor und nach der Trocknung ist praktisch unverändert. Dadurch, daß die Leimlösung als feiner Schaum auf die Walze aufgetragen wird, kommt tatsächlich nur ein kleiner Teil der Leimsubstanz mit der Metallfläche in Berührung; andererseits vollzieht sich die Wasserverdampfung oder -verdunstung in den feinen Schaumlamellen so schnell, daß dadurch eine Temperaturerniedrigung im Bereich der Schaumschicht hervorgerufen wird.

Der RUF-Trockner ermöglicht ein einfaches vollautomatisches Verfahren zur Formung und Trocknung von Leim für kleinere Leistungen.

Zerstäubungstrocknung. Das Verfahren zur Entwässerung von gelösten Stoffen durch Zerstäubung wurde von G. KRAUSE, München, im Jahr 1915 erstmals verwirklicht und anschließend zu hoher Vollkommenheit entwickelt. Es wird seither in zahlreichen Formen praktisch angewandt. Es hat sich für hochempfindliche Stoffe ausgezeichnet bewährt.

Die Zerstäubung wird im „Trockenturm" durchgeführt (Abb. 108)[1]. Das flüssige Gut wird aus Düsen oder von einer sich sehr rasch drehenden

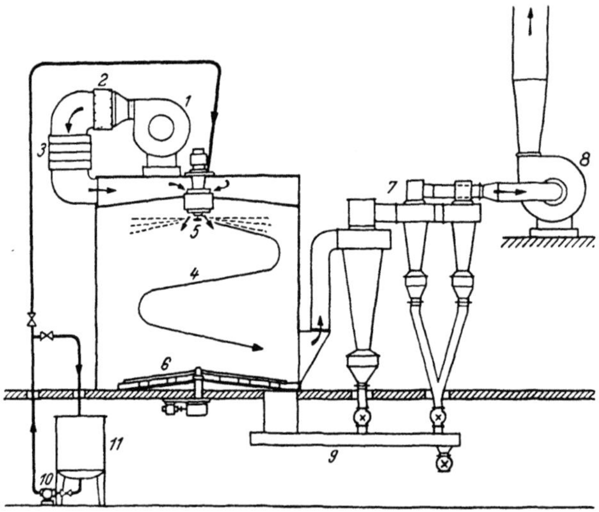

Abb. 108. Zerstäubungstrockner System KRAUSE. *4* Trocknungsturm, *5* Ventilator und Schleuderteller zur Zerstäubung. Ausführung Lurgi, Frankfurt/M.

Scheibe abgeschleudert und dabei in feinste Tröpfchen zerlegt. Die Erhitzung der Luft auf die Betriebstemperatur erfolgt elektrisch, mittels Dampf, Gas- oder Ölfeuerung (2). Der Strom der Trocknungsluft tritt tangential geführt in den Trockenturm ein und wird in kreisender, den

---

[1] KRAUSE-Trockner, Ausführung Lurgi, Frankfurt.

ganzen Turmquerschnitt ausfüllender Bewegung an den Flüssigkeitsnebel herangebracht. Die Zuführung der Trockenluft und die Anordnung der Zerstäubungsvorrichtung ist bei der Ausführung nach Abb. 108 unter der Decke des Turms vorgesehen, hieraus ergibt sich die Trocknung im Gleichstrom. Die Durchdringung des Tröpfchennebels durch die Trockenluft erfolgt gleichmäßig, so daß ein Trockengut von einheitlicher Beschaffenheit erzielt wird. Sehr wesentlich ist, daß die Wasserentziehung in kürzester Zeit vor sich geht. Dies führt zu einer augenblicklichen Abkühlung der Tröpfchen. Leim und Gelatine erleiden bei dieser Trocknung keinerlei Veränderung in ihren stofflichen Eigenschaften. Das trockne Gut fällt als gleichmäßiges Pulver hauptsächlich im Trockenturm aus. Der Rest wird durch Schlauchfilter oder Zyklone (7) aus der abziehenden Luft abgeschieden. Für die Ausbringung des Fertigguts sind Vorrichtungen angeordnet, die das aus dem Turm und vom Abscheider kommende Gut erfassen und den Abfüllstellen zuführen (6 u. 9).

Der Betrieb wird übersichtlich von einer Schalttafel aus geleitet. Zur Bedienung genügt ein einzelner Mann selbst bei großen Leistungen. Jede weitere Handarbeit ist vermieden.

Das bei der Trocknung von Leim oder Gelatine erhaltene feine leichte Pulver besteht aus kleinsten dünnwandigen Hohlkugeln. Das Pulver schwimmt daher auf Wasser, wird jedoch in kurzer Zeit benetzt und ist leicht löslich. Es besitzt ein sehr geringes Schüttgewicht.

Trotz seiner ausgezeichneten Qualität infolge der kurzen Trocknungsdauer hat sich das Zerstäubungsleimpulver wegen seiner mechanischen Eigenschaften nicht eingeführt. Das feine Pulver benötigt infolge der geringen Dichte einen großen Verpackungsraum und läßt für das Auge seinen Charakter als Leim nicht erkennen.

Inzwischen hat sich allerdings, wie schon erwähnt, die Einstellung des Verbrauchers zu der äußeren Form des Leims in mancher Hinsicht geändert, für viele Zwecke wird gerade sehr feinkörniges Leimpulver verwendet, und es besteht durchaus die Möglichkeit, daß das ausgezeichnete Verfahren der Zerstäubungstrocknung auch für Leim Anwendung findet.

IX. Spezialleime

Unter „Spezialleimen" ist hier eine Gruppe meist pulverförmiger Leimmischungen verstanden, deren wirksamer Anteil Glutinleim ist.

Als Bindemittel in der Holzindustrie steht der Glutinleim bezüglich Qualität in Form von Hautleim und Knochenleim mit an erster Stelle. Immerhin haften ihm einige Mängel an, wie langsames Abbinden, längere Quelldauer, starkes Schwinden beim Trocknen usw. Es ist möglich, die Gebrauchseigenschaften des Glutinleimes durch Zusatz anderer

Stoffe zu verbessern; dies führte zur Herstellung sogenannter Spezialleime.

Man könnte Bedenken gegen derartige Produkte insofern haben, als durch den Zusatz von Nichtleimstoffen die Klebkraft möglicherweise herabgesetzt wird. In der Praxis zeigt sich jedoch, daß durch Beimischung selbst erheblicher Mengen von Fremdstoffen die Bindefestigkeit des Leimes keineswegs verringert wird. Auch die Prüfung durch Zerreißversuche bestätigt diese Erfahrungen.

Die Spezialleime benutzen verschiedene anorganische und organische Zuschlagsstoffe, die eine Weiterentwicklung und Verbesserung des Glutinleims bedeuten. Ganz allgemein ist den meisten dieser Leime eine schnelle Gebrauchsfertigkeit eigen. Meist lassen sich die feinpulverigen Leimmischungen direkt in heißes Wasser eintragen, ohne daß ein vorheriges Quellen nötig ist; nach kurzer Wartezeit ist dann der Leim gebrauchsfertig. Durch die Zusätze wird das starke Schwinden beim Trocknen herabgesetzt und damit ein Auftreten von Spannungen vermindert.

Man unterscheidet:

Schnellbinderleime,
Glutinkaltleime,
Heißhärtende Leime und andere.

Schnellbinderleime

Wie schon erwähnt, ist es ein gewisser Nachteil des Glutinleims, daß er längere Zeit zum Abbinden benötigt. Dies bedeutet eine störende Unterbrechung in der Bearbeitung der geleimten Stücke, soweit nicht hydraulische Pressen im Gebrauch sind. Bei den Schnellbindern wird die Abbindezeit ganz erheblich abgekürzt. Von den Herstellern wird angegeben, daß bei Fugenleimen eine Einspannzeit von 15 bis 20 Minuten, bei Furnierleimung etwa 30 Minuten ausreichend ist.

Für eine unabhängige Beurteilung ist es notwendig, auch hier zu prüfen, ob diese Verbesserung nicht auf Kosten der Bindefestigkeit erreicht wird. Aus diesem Grunde wurden mit einer Anzahl solcher Erzeugnisse Probeleimungen und Zerreißversuche vorgenommen[1]. Zur Ausführung der Festigkeitsprüfung wurden hirnholzgeleimte Prüfkörper aus Rotbuche hergestellt (s. S. 260). Obwohl im praktischen Gebrauch die Verleimung parallel zur Faser vorherrschend ist, kann der Höchstwert der Bindefestigkeit nur bei Hirnholzleimung festgestellt werden, da nur in dieser Richtung die Festigkeit des Holzes ausreichend ist. Die Bindefestigkeit für Leim beträgt bei Hirnholzleimung etwa 100 bis 250 kg/cm². Die verschiedenen Hölzer selbst, vor allem Tanne und Fichte, zeigen Festigkeiten von 50 bis 70 kg/cm² parallel zur Holzfaser.

---

[1] Nach eigenen Versuchen des Verfassers.

Die hohe Bindefestigkeit des Leimes kann also allgemein gar nicht voll ausgenutzt werden.

Von den im Handel befindlichen Schnellbindern wurden einige Fabrikate beliebig ausgewählt und die Bindefestigkeit bei Hirnholzleimung ermittelt. Die nachstehenden Zahlenwerte sind Durchschnittszahlen von je acht Einzelversuchen, vergleichsweise ist noch die Festigkeit für je einen reinen Hautleim und einen reinen Knochenleim guter Qualität beigefügt (Hirnholzleimung S. 260).

Tabelle 49

Leimart	Bindefestigkeit
Schnellbinder H	256 kg/cm²
Schnellbinder J	249 kg/cm²
Schnellbinder K	247 kg/cm²
Schnellbinder M	206 kg/cm²
Reiner Hautleim, 40% ..	262 kg/cm²
Reiner Knochenleim, 45%	259 kg/cm²

Zunächst ist festzustellen, daß diese Festigkeitswerte bei Hirnholzleimung erheblich höher liegen als sie früher z. B. von R. RUDELOFF[1] für Glutinleime gefunden wurden. Dies beruht auf einer Verbesserung des Prüfverfahrens und vor allem auf einer Anwendung kleiner Prüfkörper.

Ganz eindeutig ist nun die Feststellung, daß die untersuchten Spezialleime in keiner Weise bezüglich ihrer Bindefestigkeit hinter den reinen Glutinleimen zurückstehen. Der mehr oder weniger hohe Zusatz an Nichtleimstoffen wirkt nicht vermindernd auf die Klebkraft. Voraussetzung hierfür ist, daß der Gehalt an Reinleim in der Zusammensetzung der Spezialleime einen tragbaren Mindestgehalt nicht unterschreitet.

Wie ist nun dieser Effekt zu erklären? Der Verleimungsvorgang verlangt, daß zwischen die zu verleimenden Holzflächen eine gleichmäßige Leimschicht von verhältnismäßig geringer Dicke eingeführt wird. Es muß dafür Sorge getragen werden, daß die Hauptmenge der aufgetragenen Leimlösung in der Leimfuge festgelegt wird und nicht in größere Tiefe eindringt und vom Holz aufgesaugt wird. Bei den Spezialleimen enthält die Leimlösung einen erheblichen Anteil von feinpulverigen Zuschlagsstoffen. Beim Auftragen der Leimbrühe werden von der Holzfaser diese feinteiligen Stoffe durch Adsorption herangezogen und in den Poren des Holzes abgelagert. Letztere werden dadurch abgedichtet, ein weiteres Nachdringen der Leimlösung wird verhindert. Man erzielt daher bei Anwesenheit derartiger feinteiliger Zuschlagsstoffe mit einer weit geringeren Menge an Reinleim die gleiche Haftwirkung wie ohne diese.

Gerade durch die Herstellung von Mischungen, wie sie in den Spezialleimen vorliegen, kommt der volle Wert des Glutinleimes besser zur Geltung. Die gemeinsame Verwendung der Reinleime und geeigneter Ergänzungsstoffe ergibt Bindemittel von wertvollen Eigenschaften.

---

[1] RUDELOFF, R.: siehe Fußnote S. 262.

Die sogenannten Schnellbinder bestehen in der Hauptsache aus etwa
70% Leimpulver, 30% Kreide und einigen anderen Zusätzen in geringerer Menge.

Glutinkaltleime

Der Wunsch, über einen stets gebrauchsfertigen Leim von verhältnismäßig guter Klebkraft zu verfügen, führte zur Herstellung kaltflüssiger
Glutinleime.

Es kommt dabei darauf an, einer stark konzentrierten Leimgallerte die
Gelatinierfähigkeit zu nehmen, um ein derartiges Erzeugnis zu gewinnen.

Eine Verflüssigung kann durch einen teilweisen Abbau des Glutins
durch Erhitzen herbeigeführt werden. Man erhält dabei jedoch Produkte,
die nur noch einen geringen Wert als Klebstoffe besitzen. Die Verflüssigung beruht hier auf der durch den thermischen Abbau verursachten
Desaggregierung der Mizelle des Glutins.

Weit bessere Ergebnisse erzielt man durch Zusatz bestimmter chemischer Stoffe in verhältnismäßig hoher Konzentration. Bei dieser Art der
Verflüssigung handelt es sich nicht wie oben um einen irreversiblen Abbau. Wenn man nämlich die Zusatzstoffe durch Dialyse entfernt, so erhält man die ziemlich unveränderte Leimgallerte zurück. Sehr leicht erreicht man dies, wenn man einen derartigen flüssigen Leim in geringer
Schichthöhe in einem Becherglas mit kaltem Wasser überschichtet, das
Wasser nach längerem Stehenlassen wechselt und nach mehrmaligem
Wechsel schließlich abgießt. Es bleibt dann an Stelle des flüssigen Leims
eine feste Gallerte im Glas zurück (s. auch S. 307).

Der Zusatz der verflüssigenden Stoffe bewirkt hier anscheinend eine
Änderung in der Art der Wasserbindung, ein Abbau der Glutinsubstanz
in geringem Umfang wird damit auch verbunden sein.

Die Zahl der für diesen Zweck vorgeschlagenen Stoffe sowohl anorganischer als auch organischer Natur ist außerordentlich groß. Es handelt sich
dabei nicht um die Wirkung einer bestimmten chemischen Stoffklasse,
vielmehr sind hier Säuren, Salze und Nichtelektrolyte organischer Herkunft vertreten.

Es sollen hier nur einige wirklich brauchbare Stoffe dieser Art aufgeführt werden.

Von Säuren wurden vielfach angewandt Salpetersäure und Essigsäure.
Gut brauchbar ist die schon lange für diesen Zweck bekannte Essigsäure,
die einen sehr schön klaren, klebkräftigen Leim ergibt, welcher sich für
solche Zwecke eignet, wo eine vorübergehende Säurewirkung nicht scha-
det. Beim Trocknen verflüchtigt sich die Essigsäure. Eine geeignete
Mischung ist

Leim .... 40 Teile,
Wasser .... 50 Teile,
Essigsäure, konz...... 10 Teile.

Auch Ameisensäure hat sich bewährt und wurde vom Luftfahrzeugbau SCHÜTTE-LANZ[1] benutzt.

Einen neutralen Leim von hoher Klebkraft liefert das alpha-naphthalinsulfosaure Natron. Es wurde erstmals von F. SUPF[2] verwendet. Der Kaltleim „Beticol" der Scheidemandel-Motard-Werke enthält diesen Zusatz, es ist ein Klebstoff von vielseitiger Anwendungsfähigkeit. Dieses in Wasser leicht lösliche Salz ist heute unter dem Namen „Alpha-Salz" Handelsprodukt und wird in der Leimindustrie viel benutzt. Die mit seiner Hilfe hergestellten Kaltleime benötigen im flüssigen Zustand kein besonderes Konservierungsmittel.

Beispiel: Leim .... 38 Teile,
Alpha-Salz .... 12 Teile,
Wasser .... 50 Teile.

Zur Herstellung von Trockenpräparaten kann man einfach feines Leimpulver mit der entsprechenden Menge von Alpha-Salz mischen. Bei Gebrauch setzt man kaltes Wasser zu, beim Aufquellen des Leims tritt zugleich Verflüssigung ein.

Gut brauchbar ist auch Thioharnstoff, ebenso Chloralhydrat. Dagegen ergibt Kalziumchlorid, das mehrfach empfohlen wurde, einen minderwertigen flüssigen Leim. Leime von geringerer Viskosität und Gallertfestigkeit lassen sich leichter verflüssigen als hochviskose. Die Menge der zuzusetzenden Stoffe hängt von der Konzentration und der Viskosität der betreffenden Leimlösung ab. Man kann daher die Beobachtung machen, daß kaltflüssige Leime bei Verdünnung mit Wasser zur Gallerte erstarren.

Heißhärtende Glutinleime

Der Gebrauch der Kunstharzleime hat den Verbraucher mit einer früher ungewohnten Arbeitsweise vertraut gemacht, bei welcher der Leim in zwei getrennten Anteilen geliefert wird, die erst kurz vor Gebrauch gemischt werden. Anteil I ist der eigentliche Leim, Anteil II ein sogenannter „Härter".

Mit Glutinleimen in Verbindung mit einem Härter lassen sich ebenfalls neue verbesserte Effekte erzielen. Es ist möglich, durch besondere Behandlung dem Glutinleim die Eigenschaft zu erteilen, daß er in der Hitze schnell abbindet und eine gewisse Naßfestigkeit erreicht. Dazu ist notwendig:

a) den Leim mit möglichst wenig Wasser anzusetzen, damit nachher keine längere Trockenzeit nötig ist,

---

[1] DRP. 325246 (1921).
[2] SUPF, F.: DRP. 212346 (1909).

b) ein Härtungsmittel zuzufügen, das in der Hitze schnell und sicher das Abbinden bewirkt,

c) das Gelatinieren ganz oder teilweise zu unterdrücken, damit der Leim bei etwa 40° noch flüssig ist und bei dieser Temperatur verarbeitet werden kann, ohne daß vorzeitig Härtung eintritt.

Es ist bekannt, Glutinleime durch Zusatz von Formaldehyd in flüssigem oder gasförmigem Zustand zu härten. Die Härtung verläuft so schnell, daß nach Zusatz von Formaldehyd zu Leim die Leimlösung nur noch wenige Minuten gebrauchsfähig ist und dann fest wird. Es gibt jedoch *feste* Stoffe, die ebenfalls Formaldehyd enthalten und diesen erst beim Erhitzen abspalten. Zu ihnen gehört Paraformaldehyd und Hexamethylentetramin.

Wenn man zu einer etwa 40%igen Leimlösung z. B. 5% Paraformaldehyd zusetzt und langsam unter Umrühren erwärmt, so wird die Leimlösung bei 70° zähflüssig und schließlich fest. Beim schnellen Erwärmen auf 90° verläuft das Festwerden plötzlich und die Leimlösung wird unter starkem Aufschäumen gummiartig fest. Es ist jedoch nicht möglich, solche Gemische von Leim und Paraformaldehyd für den praktischen Gebrauch zu verwenden. Bei der gewöhnlichen Gebrauchstemperatur des Hautleimes von 70 bis 80° C tritt die Härtung schon in 10 bis 20 Minuten ein, so daß ein solches Gemisch nur ganz kurze Zeit gebrauchsfähig bleibt.

Es ist jedoch notwendig, daß der Leim wenigstens während eines Arbeitstages oder zum mindesten einen halben Tag lang gebrauchsfähig ist. Das wird erreicht, wenn man den Leim daran hindert, daß er beim Abkühlen erstarrt, also seine Gelatinierfähigkeit unterdrückt, so daß er bei verhältnismäßig niederen Temperaturen verarbeitet werden kann. Man bewirkt das durch Zusetzen bestimmter chemischer Stoffe. Ein sehr brauchbares Verflüssigungsmittel ist das alphanaphthalinsulfosaure Natron (Alpha-Salz). Der Zusatz des Verflüssigungsmittels hat auch den Vorteil, daß zum Anrühren des Leimes verhältnismäßig wenig Wasser benötigt wird. Ganz allgemein wird solchen Leimmischungen noch ein anorganisches Streckmittel in Form von Kreide oder Lenzin (ungebrannter Gips) zugefügt.

Sehr wesentlich kommt es auf die Mengenverhältnisse der einzelnen Bestandteile an. Sie müssen zueinander in bestimmter Beziehung stehen, es darf keinesfalls die Gewichtsmenge eines einzelnen Bestandteiles geändert werden, da sonst die Gesamtwirkung gestört wird. Sehr wichtig ist auch der richtige Wasserzusatz, der Leim soll bei 40° ziemlich dickflüssig sein. Der fertige Leim selbst wird in Form von zwei getrennten Anteilen in den Handel gebracht.

Anteil I besteht aus Leim, Verflüssigungsmittel und Streckmittel, die drei Bestandteile werden pulverförmig miteinander gemischt. Anteil II ist das Härtungsmittel.

Die beiden Anteile werden erst kurz vor Gebrauch miteinander gemischt. Nach dem Auflösen des Leims und Zusatz des Härters achte man darauf, daß die Arbeitstemperatur 40° C nicht überschreitet. Man kann z. B. fünffache Tischlerplatten, bestehend aus Mittellage und beiderseits mit Blindfurnier und Edelfurnier, in einem Arbeitsgang heiß pressen. Die Preßdauer bei einer Temperatur von 90° beträgt je nach Art der Furniere etwa 10 Minuten. Nach dieser Zeit kann die Platte ohne Abkühlen aus der Presse entnommen und kurze Zeit nach dem Erkalten weiterverarbeitet werden.

Die Heißhärtung des Glutinleims bedeutet eine wesentliche Zeit- und Wärmeersparnis. Auch ist die Leimung bis zu einem gewissen Grade wasserbeständig.

Die Heißhärtung ist eine wichtige Fortentwicklung der Glutinleime.

Das Verfahren wurde von der Fa. Ed. Geistlich Söhne AG., Wolhusen (Schweiz), etwa um 1934 ausgearbeitet und das Erzeugnis unter dem Namen „Tucol" in den Handel gebracht. Das deutsche Patent 661 126 wurde 1940 erteilt.

X. Lederleim

Wie schon eingangs festgestellt, versteht man heute unter „Lederleim" nur ein aus gegerbten Lederabfällen gewonnenes Erzeugnis. Diese Abfälle sind ein Rohstoff, welchem die Leimindustrie heute mehr und mehr Beachtung zuwendet.

Die Gerbverfahren, welche gegenwärtig in größtem Umfang in Anwendung sind und daher die Hauptmenge der Abfälle liefern, sind einerseits die vegetabilische Gerbung und andererseits die Chromgerbung.

Das vegetabilisch gegerbte Leder weist einen sehr hohen Gewichtsanteil an Gerbstoff bis zu 50% im fertigen Produkt auf, während dieses Verhältnis bei Chromleder nur wenige Prozent beträgt, so daß die Hauptmenge der Trockensubstanz des Chromleders aus Kollagen besteht. Jedenfalls sind gerade die Chromlederabfälle heute der am besten für die Aufarbeitung auf Leim geeignete gegerbte Rohstoff, besonders auch deshalb, weil die Herstellung des Chromleders wegen seiner vorzüglichen Eigenschaften noch dauernd an Umfang zunimmt.

Bei der Zurichtung des Chromleders entstehen Abfälle überwiegend als „Chromfalzspäne", ein Material meist in Form feiner Späne von grünlicher Farbe, untermischt mit Feinmaterial von geringerer Korngröße. Meist besitzen die Späne einen hohen Wassergehalt.

Das Ziel bei der Aufarbeitung der Chromlederabfälle ist, einen weitgehend chromfreien Leim herzustellen und dabei die Kollagensubstanz so wenig als möglich zu schädigen.

Um geeignete Wege zur Entfernung des Chroms aus der gegerbten Haut ausfindig zu machen, ist ein Einblick in die Vorgänge bei der Chromgerbung und die Art der Bindung des Chroms im Kollagenmizell unerläßlich. Daher ist nachstehend die Praxis und Theorie der Chromgerbung kurz behandelt.

Chromgerbung

Als erster führte FRIEDRICH KNAPP, Braunschweig, klassische Untersuchungen über die Mineralgerbung aus, doch beschäftigte er sich hauptsächlich mit der Eisengerbung.

Das Verfahren der Chromgerbung nahm seinen Ausgang von dem amerikanischen Patent 291 784 von A. SCHULTZ, New York, im Jahr 1884.

Bei der Chromgerbung werden basische Chromsalze von der Haut gebunden. Man unterscheidet das Einbadverfahren und das Zweibadverfahren. SCHULTZ benutzte das letztere. Die vorbereiteten Blösen werden mit einer Lösung von Kaliumbichromat und Salzsäure getränkt, darnach werden die Chromate in einem 2. Bad mit einer Lösung von Natriumthiosulfat unter Zusatz von Salzsäure reduziert, wobei Salze des dreiwertigen Chroms entstehen, welche die Gerbung bewirken.

Für das Einbadverfahren dient nach DENNIS (1893) eine mit Soda basisch gemachte Lösung von Chromallaun oder Chromchlorid. Man setzt zum Alaun so viel Soda, daß sich der Niederschlag eben noch löst. Der Gehalt an Säure ist wichtig, stark basische Salze werden von der Haut zu schnell gebunden, ein Zusatz von Kochsalz wirkt günstig. Man behandelt die geschwellten Blößen planmäßig zunächst mit schwächeren säurereichen Brühen, dann mit stärkeren und basischeren im Walkfaß oder in der Haspel. Dicke Häute nehmen etwa 3 %, leichte Schafsblößen $1^1/_2 \%$ Cr_2O_3 als basisches Salz auf. Der Überschuß an Säure und Salz wird durch Auswaschen entfernt.

Das neuere Einbadverfahren hat infolge seiner einfacheren Ausführung das Zweibadverfahren mehr und mehr ersetzt.

Nach GERNGROSS[1] lassen sich nach dem Zweibadverfahren erzeugte Chromleder nur sehr schwer für die Leimbereitung verwerten. Die, wenn auch nicht als gerbend auf der Hautfaser niedergeschlagenen Substanzen zeigen recht unangenehme Erscheinungen im Entgerbungsprozeß, wobei die Schwefelprodukte insbesondere nachteilig und die Lösung des Problems erschwerend in Erscheinung treten. Für die Gewinnung des Lederleims ist es daher als ein glücklicher Umstand zu bezeichnen, daß die Einbadverfahren die Oberhand gewonnen haben und daß wesentlich nur noch mit Abfällen dieser Art gerechnet zu werden braucht. Leicht zu erkennen ist, welche Art Gerbung vorliegt. Verkocht man Zweibadspäne alkalisch, so tritt bald ein unangenehmer Schwefelgeruch auf, auch

---

[1] GERNGROSS, O.: in GERNGROSS-GOEBEL, S. 215.

scheidet sich feiner Schwefel ab und die Brühe sieht schmutzig trübe aus. Einbadspäne, so behandelt, geben geruchfreie blanke Leimlösungen.

Die Chromgerbung stellt ohne Zweifel bis jetzt die vollkommenste Gerbungsart dar, wenn man das entstandene Produkt nach seiner Wasser- und Heißwasserbeständigkeit, seiner Widerstandsfähigkeit gegen Fäulniserreger sowie nach seiner allgemeinen Dauerhaftigkeit beurteilt.

Die Hautproteine wie die Chromsalze ermöglichen alle chemischen Bindungsarten. Nach den vorliegenden Forschungen scheinen je nach den Einzelverhältnissen Elektro-, Koordinations- und Kovalenzkräfte inbegriffen zu sein.

Die grundlegenden Untersuchungen von STIASNY[1] und seinen Schülern über die Chemie der wichtigsten bei der Chromgerbung verwendeten Chromsalze lieferten die Voraussetzung, um mit einiger Sicherheit theoretische Betrachtungen über die Vorgänge der Chromgerbung aufstellen zu können. Bei den Chromsalzen ist die Neigung zur Bildung von Komplexen besonders ausgeprägt. Dieses Bestreben äußert sich nicht nur bei Reaktionen mit anderen Verbindungen, wie den Proteinen, sondern auch in der Eigenschaft der Chromsalze, sich durch Selbstkomplexbildung in aggregierte mehrkernige, völlig beständige Chromkomplexe zu verwandeln.

Vom Gesichtspunkt der Elektronenkonfiguration aus sind diese stark komplexbildenden Kationen der Schwermetalle, z. B. Chrom, Eisen, Kobalt, Nickel, wie auch die vieler anderer Metalle, durch das Vorhandensein unvollständiger, äußerer Elektronenschalen charakterisiert. Um die notwendigen Stabilitätsbedingungen in der Elektronenkonfiguration aufzubauen, wird daher eine Komplettierung dieser Schale durch Einbeziehen der Elektronen anderer Verbindungen angestrebt.

STIASNY[2] lenkte die Aufmerksamkeit besonders darauf, daß die pflanzlichen wie auch die mineralischen Gerbstoffe eine gemeinsame Gruppe besitzen, nämlich die *Hydroxylgruppe*. Bei der Chromgerbung wird in voller Analogie mit der pflanzlichen Gerbung der Gerbvorgang als Bildung von Molekülverbindungen aus Hautsubstanz und Chromsalzen aufgefaßt. Auch hier ist das Wasserstoffatom der Hydroxylgruppe als der Sitz der Valenzwirkung anzusehen. In der Haut bilden die Imino- oder Ketogruppen der Peptidbindung die Valenzstellen. Nach dieser Ansicht sind hydroxylhaltige oder hydroxylschaffende Gruppen für die Gerbwirkung unerläßlich.

Als zweite Bedingung für das Gerbvermögen ist nach STIASNY eine gewisse Molekülgröße notwendig. Die in der Haut gebundenen basischen Chromsalze sind hochmolekulare Verbindungen semikolloider Natur, da

---

[1] STIASNY, E.: Gerbereichemie, Dresden 1931.
[2] STIASNY, E.: Collegium 1936, S. 3.

durch die „Verolungen" eine Aggregierung der Komplexe zustande
kommt. (Mit „Olgruppe" bezeichnet man die kovalentig und koordinativ
an *zwei* verschiedene Chromatome angelagerte Hydroxogruppe.)

Eine zu weitgehende Vereinfachung des Gerbproblems, wie in der
WILSONschen[1] Hypothese, die eine Bindung des Chroms an saure Pro-
teingruppen unter Bildung von einfachen Salzen, den sogenannten Chrom-
kollagenaten, annimmt, ist nicht imstande, die Fragen, die sich in Zusammenhang mit den veränderten Eigenschaften der gegerbten Haut
einstellen, zu beantworten.

Aus den reaktionskinetischen Ergebnissen bei der Fixierung der
Chromsalze durch die Hautsubstanz, wie auch aus der Abhängigkeit der
Chromaufnahme von der Art der Hautvorbehandlung geht mit Wahrscheinlichkeit hervor, daß *zwei* ganz verschiedenartige Reaktionen bei
dieser Gerbung zu unterscheiden sind.

Die Bindungsverhältnisse der Chromsalze müssen so aufgefaßt werden,
daß die *erste* Reaktionsstufe, die für die besonderen Eigenschaften des
Chromleders maßgebend zu sein scheint, durch eine Affinitätsbetätigung
der Ionen und kovalentigen Gruppen der Proteine, vorzugsweise der
Carboxyl- und Aminogruppen, entsteht. Die zweite Stufe der Chromaufnahme muß durch Koordinationskräfte, die wahrscheinlich an den
Peptidgruppen lokalisiert sind, zustande kommen. So werden verschiedenartige reaktive Gruppen in der Hautsubstanz für die Chromaufnahme
verantwortlich gemacht.

Nach den Diffusionsmessungen von RIESS und BARTH enthalten Lösungen von Chromsulfaten und Chromchloriden mäßiger Basizität nur
2 bis 3 Chromatome im Komplex. Diese mehrkernigen Chromkomplexe
diffundieren in das Hautfasergewebe und in das Molekülgitter der Hautfaser, wo mehrere Chromatome im aggregierten Komplex mit mehreren
Proteinketten reagieren. Dabei werden die Karboxylionen der Ketten
durch Ionenvalenz an die Chromatome gebunden und die nach der Abspaltung der Wassergruppen freigesetzten Koordinationsstellen von den
Aminogruppen der Hautsubstanz besetzt. Durch diesen Einbau der
Chromaggregate im Hautsubstanzgitter wirken die Chromkomplexe als
Brücken zwischen zwei oder mehreren verschieden naheliegenden Polypeptidketten. Eine ausreichende räumliche Ausdehnung des Aggregats
ist notwendig, um die Einbeziehung der entfernteren Gruppen, besonders der Aminogruppen, denen keine so großen Valenzkräfte wie den
Karboxylionen zur Verfügung stehen, zu ermöglichen. Durch diese Vernähung verschiedener Proteinketten wird eine allgemeine Verfestigung
der Mizellar- und Fibrillenstruktur und damit eine erhebliche Stabilität
der Struktur überhaupt erzielt.

---

[1] WILSON, J. A.: JALCA Bd. 12 (1917) S. 108.

Diese Gerbwirkung, die sich aus der Vernähung der Feinstruktur der Hautsubstanz erklärt, ist besonders charakterisiert durch:

1. Aufhebung der Faserverklebung der nassen Haut beim Trocknen,
2. hohe Resistenz des Chromleders gegen Säure- und Alkaliwirkung,
3. erhöhten Widerstand gegen heißes Wasser,
4. Unverdaulichkeit des Chromleders durch Trypsin und Fäulniserreger.

Die genannten Eigenschaften des Chromleders sind von prinzipieller Bedeutung für die allgemeine Theorie des Gerbvorgangs, der in dieser Gerbart seine bis jetzt höchste Vervollkommnung erreicht hat.

Das Widerstandsvermögen von Chromleder gegen kochendes Wasser ist von vielen Faktoren abhängig[1]. Die erste Bedingung ist ein bestimmter Chromgehalt, der natürlich je nach der Natur des Chromsalzes und der Haut in weiten Grenzen schwankt. Erforderlich ist ein gewisser Grad von Vernähung der einzelnen Ketten durch die Chromkomplexbrücken. Die notwendige Chrommenge wird durch die Anzahl dieser Brücken, die Größe des Komplexes, seine Ladung pro Chromatom und die Natur der komplexbildenden Gruppen, sowie auch durch die Vorgeschichte der Haut und ihren Zustand beim Beginn der Gerbung bestimmt.

Als zweite Bedingung zur Erreichung heißwasserbeständigen Chromleders ist zu beachten, daß eine bestimmte Azidität der Chrom-Kollagenverbindung nicht überschritten werden darf. Beispielsweise würde in einer Chromlösung mit einem p_H-Wert von etwa 2,5 wohl die Anzahl der von der Haut gebundenen Chromkomplexe ausreichen, um die nötigen Vernähungsmöglichkeiten durch kovalentige Chromfixierung zu sichern, aber die Peptidketten können keine Brücken bilden, da die Aminogruppen in geladenem Zustand nicht koordinationsfähig sind[2]. Durch ein Abstumpfen der Säure der Brühe oder eine milde Neutralisation des Leders werden die NH_3-Gruppen entionisiert. Dies ermöglicht eine Vernähung der Peptidketten durch den Chromkomplex. Bei dieser Erhöhung des p_H-Werts von Brühe oder Leder werden auch weitere Aggregatveränderungen der Chromsalze in der Lösung oder auf der Hautfaser eingeleitet, die eine steigende Strukturverstärkung bewirken.

Als dritter sehr wichtiger Faktor ist die Konstitution der gerbenden Chromkomplexe zu nennen. Wenn auch die erste und zweite Bedingung erfüllt ist, so ist damit noch nicht eine zufriedenstellende Kochfestigkeit des so gegerbten Leders garantiert.

Das mit basischem Chrom*chlorid* gegerbte Leder veranschaulicht diesen Punkt sehr gut. Ein solches Leder, dessen Chromgehalt im Falle einer Gerbung mit Chromsulfat vollkommen ausreichend wäre und aus dem die proteingebundene Säure durch zweckmäßige Neutralisation entfernt

[1] Gustavson, K. H.: JISLTC Bd. 21 (1937) S. 4.
[2] Gustavson, K. H.: JALCA Bd. 26 (1931) S. 635.

wurde, zeigt durchaus unvollkommene Wasserbeständigkeit. Durch eine nachfolgende Behandlung dieses Leders mit einer mäßig starken Natriumsulfatlösung, eine halbmolare Lösung genügt, kann das Leder kochgar gemacht werden. Derartige Beispiele, welche den Einfluß der Neutralsalzbehandlung auf die Heißwasserbeständigkeit von Chromleder veranschaulichen, zeigen den innigen Zusammenhang zwischen der chemischen Konstitution der Chromsalze und ihrer Gerbwirkung.

Als weiterer, den Grad der Kochbeständigkeit des Leders bestimmender Faktor, ist die Beschaffenheit der Haut zu nennen, d. h. die Natur ihrer ionogenen Gruppen, ihr Quellungsgrad und ihr molekularer Aufbau. Die Chromaufnahme der Haut aus Lösungen basischer Chromsulfate und -chloride wird durch die Dauer und die Natur der Äscherung und der Alkalibehandlung der Haut mehr oder weniger beeinflußt. Durch zu weitgehenden Abbau und Zerstörung der Hautfasergewebe und der Mizellarketten bei lang dauernder Äscherung wird die Heißwasserbeständigkeit sowie auch die Chromaufnahme vermindert. Diese Veränderungen sind irreversibel und können durch die nachfolgende Verarbeitung der Haut nicht oder nur unbedeutend beeinflußt werden.

„Die sogenannte echte Gerbwirkung ist mit einer Versteifung der Strukturelemente der Haut durch eine Vernähung der einzelnen Peptidketten mit Hilfe der Chromkomplexe, die ein und dasselbe Komplexaggregat an verschiedene Proteinketten binden, befriedigend erklärt" (K. H. Gustavson).

Die Fabrikation des Lederleims

Wie aus der Literatur, besonders aus den Patentschriften des In- und Auslands hervorgeht, haben sich zahlreiche Forscher mit der Aufgabe beschäftigt, die Chromlederabfälle auf Leim zu verarbeiten.

Die wichtigsten Arbeiten knüpfen sich an die Namen Weiss (Hilchenbach), Ellenberger und Schrecker, Delta-Werke (Worms), Prager, Stiepel u. a. Durch geeignete chemische Behandlung der Späne ist es durchaus möglich, die Chromsalze wieder vollständig aus der Ledersubstanz zu entfernen. Wenn diese Einwirkung in schonender Weise vollzogen wird, ergibt sich ein Produkt, aus welchem hochwertiger Leim hergestellt werden kann. Es bereitet jedoch ganz erhebliche Schwierigkeiten, diesen Entgerbungsprozeß technisch durchzuführen; besonders das Auswaschen und die Beseitigung der letzten Chromspuren stößt auf größte Hindernisse.

Die Entgerbung des Chromleders

Zur Entgerbung müssen einerseits die Chromsalze dem Leder entzogen werden, andererseits der Zustand der Löslichkeit der Hautsubstanz in heißem Wasser wieder hergestellt werden. Es ist notwendig, die basischen

Chromsalze wieder in lösliche Verbindungen überzuführen, alsdann ist es möglich, diese aus der Hautsubstanz auszuwaschen und letztere in ihren ursprünglichen Zustand zurückzuversetzen. Die basischen Chromsalze können entweder durch Säure in wasserlösliche normale Chromsalze überführt werden oder man erhält durch Oxydation in alkalischer Lösung leichtlösliche Alkalichromate, beide lassen sich unter günstigen Umständen mit Wasser aus der Haut weitgehend entfernen, so daß wieder die ursprüngliche Kollagensubstanz vorliegt.

Die zahlreichen zur Aufarbeitung der Chromlederabfälle vorgeschlagenen Verfahren können entsprechend der Arbeitsweise in folgende Gruppen eingeteilt werden.

1. Entziehung der Chromsalze durch Säuren oder saure Salze ohne oder mit Anwendung von Wärme.

2. Abwechselnde Behandlung mit Alkalien und Säuren, auch unter Zusatz von Neutralsalzen.

3. Umwandlung der Chromsalze in leichtlösliche Alkalichromate durch Oxydation in alkalischer Lösung.

4. Entgerben und Ausfällen der Chromsalze durch schwache Alkalien und Verarbeitung auf Leimlösung in einem Arbeitsgang.

Im einzelnen verlaufen jedoch diese Vorgänge bei der Entgerbung durchaus nicht glatt; die einzelnen Säuren zeigen erhebliche Unterschiede, ebenso ist die Wahl der Konzentration der Säure und der Temperatur von Bedeutung. Ganz erheblich ist auch der Einfluß einer Vorbehandlung mit Alkali. Der Zusatz von Basen, der bei den einzelnen Verfahren teils in Form von Alkalihydroxyden, Alkalikarbonaten oder Erdalkalien erfolgt, verursacht eine Schwellung und Lockerung der gegerbten Hautsubstanz und damit ein erleichtertes Herausdiffundieren der löslichen Chromsalze. Jedenfalls zeigen die Versuche, daß bei vorheriger Alkalibehandlung eine wesentlich vollständigere Entgerbung selbst bei verhältnismäßig geringen Säurekonzentrationen erreicht wird, als lediglich bei Säurebehandlung.

Die Oxydationsverfahren finden anscheinend weniger Beachtung, offenbar aus wirtschaftlichen Gründen, da die erforderlichen Chemikalien höhere Kosten verursachen als die Säurebehandlung. Da jedoch hier das Chrom in Form der wertvollen Chromate evtl. wiedergewonnen werden kann, würde auch ein größerer Kostenaufwand gerechtfertigt sein, vorausgesetzt, daß dabei ein hochwertiger Leim gewonnen werden kann.

Die Verfahren zur Aufarbeitung der Chromlederabfälle, die in den auf S. 315 aufgeführten Patentschriften beschrieben sind, beziehen sich zum Teil auf Arbeitsweisen, die von vornherein nicht die Gewinnung eines brauchbaren Leims erwarten lassen. Außerdem ist nicht ersichtlich, bis zu welchem Grad die Chromverbindungen dem Rohstoff entzogen werden können.

Sauer und Eschmann[1] suchten zu ermitteln, welcher Entgerbungseffekt mit den unter 1 bis 3 aufgeführten Verfahren bestenfalls erreicht werden kann. Nachstehend sind einige dieser Versuchsreihen aufgeführt. Als Ausgangsmaterial dienten Chromfalzspäne in lufttrocknem Zustand, von welchen Proben von je 5 g in geschlossenen Kolben mit den betr. Reagenslösungen behandelt wurden. Die Kolben waren in einem Gestell in einen Thermostaten eingehängt, in welchem sie mechanisch bewegt werden konnten.

1. Einwirkung von Säuren. Vorzugsweise wird Schwefelsäure empfohlen. Die nachstehenden Versuche beziehen sich auf die Anwendung dieser Säure.

Je 5 g der Lederabfälle wurden mit 250 ml Schwefelsäure von 0,5 bis 10% bei 20° bzw. 30° unter Schütteln behandelt. Die Einwirkung dauerte 4 bis 25 Stunden. Bei längerer Einwirkung änderte sich das erreichte Gleichgewicht nicht mehr. Die Menge des entzogenen Cr_2O_3 ist in Prozent der Gesamtmenge angegeben.

Tabelle 50. *Einwirkung von Schwefelsäure auf Chromlederspäne*

Konzentration der H_2SO_4 %	a) bei 20° Entzogenes Cr_2O_3		b) bei 30° Entzogenes Cr_2O_3	
	nach Stunden	%	nach Stunden	%
0,5	4	8,6	4	21,9
0,5	8	16,7	8	32,2
0,5	21	29,2	12	35,4
0,5	25	31,6	24	38,7
1,0	4	15,0	4	27,2
1,0	8	26,2	8	36,6
1,0	21	35,5	12	39,0
1,0	25	35,4	24	39,5
2,5	4	25,7	4	35,3
2,5	8	31,8	8	43,1
2,5	21	42,6	12	43,1
2,5	25	41,4	24	40,3
5,0	4	28,8	4	39,0
5,0	8	37,1	8	44,4
5,0	21	44,8	12	48,2
5,0	25	45,2	24	51,8
10,0	4	32,1	4	45,9
10,0	8	40,2	8	51,8
10,0	21	44,9	12	53,7
10,0	25	45,2	24	53,7

Selbst bei hohen Säurekonzentrationen wird eine recht unvollständige Entchromung erzielt.

Bei Erneuerung der zugesetzten Säure wird der Effekt gesteigert. Jedoch konnte auch bei diesen Versuchen eine vollständige Entgerbung längst nicht erreicht werden.

---

[1] Sauer, E. u. W. Eschmann: Kolloid-Z. Bd. 54 (1931) S. 326.

2. Abwechselnde Einwirkung von Alkalien und Säuren; Schwefelsäure und Natronlauge. Übereinstimmend wird von solchen Verfahren, bei welchen zunächst ein Alkali, dann eine Säure auf die Lederspäne einwirkt, ein besserer Entgerbungseffekt festgestellt, als mit Säure allein.

Je 5 g Lederabfälle wurden mit 200 ml Natronlauge von 0,25%, 0,5% bzw. 1,0% zusammengebracht und über Nacht stehen gelassen. Die stark gequollene Masse wurde auf ein Koliertuch gespült und durch Ausdrücken und Nachwaschen von der alkalischen Lösung befreit. Nach dem Auswaschen wurden die Proben in die Kolben zurückgebracht und der Einwirkung von Schwefelsäure verschiedener Konzentration wie oben ausgesetzt. Die Dauer der Einwirkung der Schwefelsäure betrug 13 bzw. 21 Stunden bei 20°, teils ruhend, teils unter Schütteln.

Die Ergebnisse einiger dieser Versuche finden sich in Tabelle 51. Bei Versuch d) wurde die Dauer der Laugeeinwirkung von 24 auf 45 Stunden verlängert.

Tabelle 51. *5 g Chromlederspäne mit Natronlauge vorbehandelt, dann H_2SO_4*

H_2SO_4 %	Entzogene Menge Cr_2O_3			
	a) NaOH 0,25% 24 Stunden % Cr_2O_3	b) NaOH 0,5% 24 Stunden % Cr_2O_3	c) NaOH 1,0% 24 Stunden % Cr_2O_3	d) NaOH 0,5% 45 Stunden % Cr_2O_3
0,25	42,9	48,8	—	64,8
0,5	64,4	73,4	80,2	79,8
1,0	73,9	81,0	82,3	81,9
2,5	80,3	—	—	89,4
5,0	81,4	84,0	81,2	93,7
10,0	—	—	86,6	—

Die Vorbehandlung mit Alkali ergibt erheblich verbesserte Effekte gegenüber einer alleinigen Säureeinwirkung, ohne daß dabei extrem hohe Konzentrationen oder nachteilige Temperaturen angewendet werden müssen. Mit einer Schwefelsäure von 0,5% läßt sich eine Entziehung der Chromsalze bis 80% erreichen. Jedenfalls läßt sich dieses Ergebnis noch verbessern, wenn man durch eingehende Versuche die günstigsten Bedingungen von Konzentration der Lauge und Säure, sowie der Temperatur und Zeitdauer ermittelt.

Bei dieser Gruppe von Entgerbungsverfahren wird teilweise ein Zusatz von Neutralsalzen zum Alkali angewandt, wie dies in DRP. 613 904 (S. 317) vorgeschlagen ist. Diese Vorschrift wurde unter Zusatz von *Kaliumnitrat* zum Alkali in Laboratoriumsversuchen nachgearbeitet. Man erhielt dabei ein farbloses Kollagen und beim Versieden desselben eine helle praktisch chromfreie Leimbrühe. Der getrocknete und wiederaufgelöste Leim zeigte eine Viskosität von 7,2 Englergraden bei $17^3/_4$% und 40° C. Der Zusatz von bestimmten Salzen zum Alkali wirkt anscheinend dadurch günstig, daß er ein stärkeres Aufquellen der Lederspäne verhindert und deshalb ein leichteres Auswaschen ermöglicht.

3. Oxydation der Chromsalze. Für diesen Zweck eignet sich besonders gut ein Gemisch von Wasserstoffsuperoxyd und Natronlauge. Man erhält bei einer Konzentration der Lauge von 0,25% und des H_2O_2 von 0,1% einen Entgerbungseffekt bis zu 83%. Gleichzeitig wird hier der Rohstoff stark gebleicht und das Chrom in Form von löslichen Chromaten wiedergewonnen. Auf die hohen Chemikalienkosten wurde schon eingangs hingewiesen.

Nur wenige der zahlreichen patentierten Verfahren auf S. 317 liefern brauchbare Ergebnisse und einen praktisch chromfreien Leim. Aus wirtschaftlichen Gründen haben vor allem die unter Gruppe 4. erwähnten Verfahren praktische Bedeutung erlangt, da hier kein größerer Aufwand an Chemikalien erforderlich und eine verhältnismäßig einfache Arbeitsweise anwendbar ist.

Diejenigen Betriebe, die Chromlederabfälle in größerem Umfang aufarbeiten, benutzen anscheinend überwiegend das Magnesitverfahren (DRP. 457725, ELLENBERGER und SCHRECKER).

Magnesiumhydroxyd ($Mg(OH)_2$) ist eine sehr schwache Base, es besitzt eine sehr geringe Löslichkeit in Wasser, sie beträgt 0,0087 g/Liter. Es erteilt jedoch dem Wasser eine deutlich alkalische Reaktion und vermag starke Säuren völlig zu neutralisieren.

Das Magnesitverfahren wird beispielsweise in der Form ausgeführt, daß man Chromfalzspäne und eine entsprechende Menge von Magnesiumhydroxyd oder -oxyd in siedendes Wasser einträgt, derart, daß dauernd eine schwach alkalische Reaktion aufrecht erhalten wird. Man kocht einige Stunden weiter und zieht dann die erste Brühe ab. Es folgt dann eine 2. und 3. Verkochung.

Auffallend ist, daß die Leimausbeute nur etwa 50% beträgt, während der Restanteil als feiner zerkochter Rückstand verbleibt[1].

Wie in den verschiedenen Betrieben das Verfahren im einzelnen durchgeführt wird und welche besonderen Hilfsmittel und Arbeitsbedingungen angewandt werden, ist natürlich nicht bekannt.

Man erhält auf diesem Wege einen sehr hellen, völlig chromfreien Leim, der als Tafelleim oder in den sonstigen bekannten Formen getrocknet werden kann. Diese Leime besitzen eine mittlere Viskosität und Gallertfestigkeit. An sich ist das Kollagen des Chromleders ein hochwertiger Rohstoff, jedoch wird durch die schwach alkalische Verkochung ein teilweiser Abbau bewirkt. Andere Herstellungsverfahren insbesondere die

Tabelle 52. *Lederleime*

Bezeichnung	Gallert-festigkeit BLOOM-Gr.	BLOOM-Viskosität Millip.
B 1	220	53
Wa	177	50
We	392	130
Ko	185	55
Ka	189	56
N 6	198	49

---

[1] STIEPEL-GERNGROSS: in GERNGROSS-GOEBEL, S. 232.

Entgerbung nach dem Alkali-Säureverfahren, z. B. nach DRP. 613904 (NACHTIGALL) liefern hochwertige Leime bei besserer Ausbeute, jedoch wiegen diese Vorzüge meist nicht die höheren Kosten des Chemikalienaufwands und der umständlicheren Arbeitsweise gegenüber dem Magnesitverfahren auf, so daß dieses überwiegend in Gebrauch ist.

Einige Analysen solcher Leime deutscher Herkunft aus neuester Zeit sind in Tabelle 52 aufgeführt.

Bei 5 von diesen Leimen bewegen sich die Werte für Gallertfestigkeit und Viskosität in einem mittleren Bereich, so daß man annehmen kann, daß diese nach dem Magnesitverfahren hergestellt wurden. Leim We erreicht wesentlich höhere Werte, jedenfalls wurde bei dessen Herstellung Entchromung und Versieden getrennt durchgeführt.

XI. Fischleim

Fischleim wird aus den Abfällen wie Häuten, Gräten, Flossen, Köpfen von Seefischen, und zwar hauptsächlich Kabeljau, Seelachs, Dorsch, Schellfisch usw. gewonnen.

Fischleim liegt immer in flüssiger Form vor und dient daher zu dementsprechenden Verwendungszwecken.

Die Gewinnung des Fischleims geschieht meistens so, daß man die Abfälle, die bei der Fischverwertung gesammelt werden und bei denen eine Sortierung stofflich oder nach Fischgattungen nicht möglich ist, zunächst durch Waschen mit Wasser von Salz und Verunreinigungen befreit und dann in offenen Pfannen mit Doppelboden verkocht.

Der sogenannte Gipserleim wird hergestellt aus Fischabfällen, die mit Natronlauge verkocht werden. Dieser Absud wird dann als sogenannter Fischleim den Gipsern verkauft, um das Abbinden des Gipses bis zu etwa $1\frac{1}{2}$ Stunden zu verzögern.

Neuerdings wird jedoch auch ein hochwertiger Fischleim hergestellt[1]. Durch die verbesserte Verarbeitung der Seefische fällt ein einheitliches, nach Fischarten getrennten Rohmaterial an, welches ohne Schädigung der Qualität zu den Verarbeitungsstätten befördert werden kann.

Dabei wird folgende Arbeitsweise angewandt: Als Rohstoff dient die Haut von Magerfischen, insbesondere Kabeljau und Seelachs. Diese Haut wird bei der Herstellung von Fischfilets gewonnen und entweder im gesalzenen oder frischen Zustand an die Fabrik geliefert. Hauptaufkaufgebiete sind Bremerhaven und Island. Aus Island wird nur gesalzene Haut bezogen. Diese Fischhaut wird in einer Spezialwaschanlage etwa 6 bis 8 Stunden unter ständigem Zutritt von Frischwasser gewaschen, wobei Verunreinigungen beseitigt, anhaftende Fleischteilchen abge-

---

[1] Nach Mitteilung der Firma Specht-Fey, Hamburg.

scheuert und die für den Kochprozeß nötige gründliche Erweichung erzielt wird. Nach dem Waschen wird die Fischhaut in Holzbehälter gefüllt, die etwa 3 bis 4 Tonnen Rohstoff aufnehmen können. Unter Zusatz von bestimmten Säuren wird diese Fischhaut nun mit Dampf gekocht. Der Kochprozeß dauert etwa 4 bis 6 Stunden. Nach dieser Zeit läßt man den Absud noch einige Zeit ruhig stehen, damit er sich vorerst grob abklärt. Die dann abgezogene Brühe hat einen Leimgehalt von 8 bis 10%. Der Kochprozeß wird noch zwei- bis dreimal wiederholt, wobei der Leimgehalt der Brühe jeweils geringer wird. Die Leimbrühe wird filtriert und alsdann im Vakuumverdampfer eingedickt. Schließlich wird der Leim in einem Endverdampfer auf einen Gehalt von 60% gebracht, dieser Gehalt nach SPINDELUNG entspricht einem Trockengehalt von 46 bis 50%.

Der so gewonnene Extrakt aus Fischhaut wird auf Holzfässer abgefüllt und den verschiedensten Verwendungszwecken zugeführt. Die zerkochten Hautrückstände werden dann an Fischmehlfabriken zur Weiterverarbeitung auf hochwertiges Fischfutter geliefert, da gerade die von den Fischfutterfabriken so geschätzten Mineralien und Spurenelemente in hervorragendem Maße in der Fischhaut enthalten sind.

Man benutzt diesen Fischleim fast ausschließlich im industriellen Sektor, und zwar als Zugabe für Flotationsbäder, bei der Gewinnung von Metallfarben, als Textilhilfsmittel, z. B. für Schlichtebäder, als Schaummittel für Leicht- und Porenbeton, als Zusatz zu Knochenleim, bei der Herstellung von Kleberrollen, um eine bessere Klebkraft und ein schnelleres Anziehen zu gewährleisten, für Kuvertfabriken, für bestimmte Buntpapierverklebungen usw. Als reiner Klebstoff wird er nur bei der Verlegung von Mosaikböden benutzt, da dort seine schnelle Wasserlöslichkeit besonders geschätzt wird. Durch Zugabe von Härtern kann man den Fischleim auch wasserunlöslich machen, wodurch weitere Verwendungszwecke eröffnet werden.

Prüfungsmethoden zur Bewertung der Fischleime und eine Normung der Eigenschaften sind noch nicht festgelegt. Eine Bestimmung der Bindefestigkeit nach den üblichen Verfahren kann nicht als Wertmaßstab herangezogen werden, da die Fischleime in der Regel nicht zur Holzverleimung dienen.

Hauesnblase

Diese ist auch zur Gattung der Fischleime zu rechnen. Sie ist die innere Haut der Schwimmblase des Störs, des Hausens und des Sterlet, deren Fang im Kaspischen und Schwarzen Meer und ihren Zuflüssen betrieben wird (s. S. 12).

Beim Einlegen in kaltes Wasser quillt Hausenblase stark auf, jedoch bei weitem nicht in dem Ausmaß wie Gelatine. Man muß berücksichtigen, daß Hausenblase kein Glutin, sondern Kollagen ist. Um sie in Glutin überzuführen, ist mindestens ein kurzes Erhitzen in Wasser nötig. Wenn Hausenblase auf diese Weise in Lösung gebracht und dann wieder getrocknet worden ist, so verhält sie sich vollständig wie Gelatine. Sie ergibt eine Gallerte von hoher Festigkeit und entsprechender Viskosität und stellt einen Leim von sehr guter Bindefestigkeit dar. Da Hausenblase höher im Preis als Gelatine ist, so wird gelegentlich versucht, sie zu fälschen.

Die russische Art der Präparation ist die folgende: Man legt die Fischblasen mehrere Tage in Wasser ein, wobei letzteres öfters gewechselt wird, um Reste von Blut und Fett zu entfernen. Nach Beendigung des Auswaschens werden die Blasen der Länge nach aufgeschnitten und zum Trocknen an Sonne und Wind auf Bretter ausgebreitet. Dabei liegt die Innenseite, welche das reine Material darstellt, nach oben und wird nach teilweisem Trocknen von der äußeren, wenig wertvollen Schicht getrennt. Nach sorgfältigem Trocknen wird das Material nach Güte sortiert. Je nach Form des Endprodukts unterscheidet man Blätter-, Bücher-, Faden- und Ringelhausenblase. Die besten weißen Sorten sind die russischen von Astrachan, als wertvollste gilt die Saljansky-Hausenblase, die in Blätterform gehandelt wird.

In neuerer Zeit wird auch in anderen Ländern Hausenblase von verschiedenen Fischarten gewonnen. In Brasilien und Venezuela werden die Blasen verschiedener Welsarten verarbeitet. Island liefert Hausenblase vom Kabeljau, ebenso Norwegen und Kanada.

Erhebliche Mengen werden auch in USA gewonnen, wobei die großen Arten des Dorschs die Fischblasen liefern. Die Art der Verarbeitung ist hier eine andere als in Rußland, da maschinelle Hilfsmittel verwendet werden. Die Blasen werden zu langen dünnen Bändern ausgewalzt und zu Rollen aufgewickelt[1].

Hausenblase dient zum Klären von Flüssigkeiten, als Hilfsmittel in der Appretur und als hochwertiger Klebstoff und Kitt.

XII. Kaseinkaltleime[2]

Kasein gehört zu der Gruppe organischer Verbindungen, die man als Proteine bezeichnet. Es wird durch Säurefällung und anschließende Trocknung aus Magermilch hergestellt. Seine Eigenschaft mit alkalihaltigem Wasser — ohne Anwendung von Wärme — eine mehr oder weniger viskose Lösung von guter Klebkraft zu bilden, ermöglicht auf sehr einfache Weise die Herstellung von Kaseinkaltleimen.

---

[1] Beschreibung und Abbildungen siehe R. H. BOGUE, S. 351.
[2] Von Dr. K. HAGENMÜLLER, Ludwigsburg.

Während früher diese Leime in der holzverarbeitenden Industrie, vor allem bei der Herstellung von Sperrholz, wegen ihrer Billigkeit, ihrer guten Wasserbeständigkeit und einfachen Handhabung in großem Umfang verwendet wurden, dominieren heute auf dem Gebiet der Holzverleimung die Kunstharzleime. Die Wasserfestigkeit einiger dieser Leime übertrifft diejenige der Kaseinleime. Man kann daher den Kaseinleimen jetzt eine Mittelstellung zwischen den Glutinleimen und den Kunstharzleimen zuweisen, d. h. sie sind für alle Zwecke gut brauchbar, wo eine mittlere Wasserbeständigkeit der Verleimung verlangt wird.

In der papierverarbeitenden Industrie haben die Kaseinkaltleime nichts an ihrer Bedeutung für die Herstellung von Papierhülsen, von Kunstdruck- und Buntpapier verloren. Während man bei der Holzverleimung mit etwa 20%igen Kaseinlösungen arbeitet, werden für die oben genannten Zwecke etwa 10%ige Kaseinlösungen verwendet, die durch Behandlung mit Formaldehyd wasserfest gemacht werden.

In der lederverarbeitenden Industrie werden Kaseinlösungen in Mischung mit Pigmenten hauptsächlich zur Herstellung von Lederdeckfarben verwendet.

In den drei genannten Anwendungsbereichen werden Kaseinkaltleime in verschiedener Form hergestellt. Während die holzverarbeitende Industrie pulverförmige Kaseinkaltleime bevorzugt, d. h. fertig gemischte Leimpulver, denen vor Gebrauch lediglich Wasser zugesetzt werden muß, arbeiten die Hersteller von Papierhülsen ausschließlich mit naß gemischten Leimen, d. h. diese Leime werden aus gemahlenem Kasein, Wasser und den vorschriftsmäßigen Chemikalien am Ort der Verarbeitung hergestellt. Die Hersteller von Kunstdruck- und Buntpapier sowie Lederdeckfarben verwenden alkalische Kaseinlösungen in Mischung mit Füllstoffen und Pigmenten zur Oberflächenbehandlung von Papier und Leder. Die Auflösung des Kaseins erfolgt wie bei den naß gemischten Kaseinkaltleimen.

Es werden zwei Arten von Kasein unterschieden: Säurekasein und Labkasein. Säurekasein wird entweder durch natürliche Säuerung (Milchsäure) oder durch künstlichen Säurezusatz (Salzsäure, Schwefelsäure) aus Magermilch abgeschieden. Zur Herstellung von Kaseinleimen wird zur Zeit fast ausschließlich Milchsäurekasein verwendet. Labkasein wird durch Zusatz von Lab aus Magermilch hergestellt. Es unterscheidet sich deutlich in seinen Eigenschaften von Säurekasein.

Die Herstellung von Kaseinkaltleimen beruht auf der Löslichkeit der Säurekaseine in Wasser, in dem Hydroxyde der Alkalien oder Erdalkalien gelöst sind. Je nach der Art des zugefügten alkalischen Mittels erhält man Kaseinleime mit reversibler und irreversibler Gelbildung.

1. Kaseinleime mit reversibler Gelbildung

Die Hydroxyde der Alkalien (Natronlauge, Kalilauge, Ammoniak) liefern Kaseinleime mit reversibler Gelbildung. Durch Veränderung des Verhältnisses zwischen Kasein und Wasser bzw. zwischen Kasein und Alkali bei gleichem Wassergehalt kann man jeden gewünschten Flüssigkeitsgrad zwischen dünner Lösung und dicker, fast breiartiger Form erreichen. Leime von etwa gleicher Konsistenz erhält man nach einer der folgenden Vorschriften[1]:

Tabelle 53

a) Kasein	100 g	b) Kasein	100 g
Wasser	300 g	Wasser	600 g
Natriumhydroxyd	8 g	Natriumhydroxyd	4 g

c) Kasein	100 g
Wasser	600 g
Ammoniak, 28—29%	13 ccm

Gemäß Formel a) läßt man also das Kasein zunächst in Wasser quellen und fügt das Natriumhydroxyd später hinzu. Zweckmäßig verfährt man so, daß man das Natriumhydroxyd mit einem kleinen Anteil der angegebenen 300 g Wasser auflöst und die Lösung dann der Kaseinquellung zufügt.

Versuche über Quellen und Lösen von Kasein wurden von H. BRINTZINGER und H. WOLFF[2] durchgeführt. Die Quellung von Kasein in 0,1 bis 1%igen Ammoniaklösungen erreicht schon nach 6 Minuten das Maximum mit dem etwa 7 bis 8fachen Betrag der Quellung in Wasser, die außerdem erst nach etwa 90 Minuten ihren maximalen Wert erreicht.

Noch stärker ist der Einfluß von sehr verdünnter 0,02 bis 0,1%iger Natronlauge auf die Quellung von Kasein. Ganz anders aber wirkt sich Natronlauge, die konzentrierter als 0,1% ist, auf die Quellung von Kasein aus. In dieser quillt die Oberfläche des Kaseins rasch zu einer schmierigen Masse auf, die aber den Zutritt des Quellungsmittels ins Innere verhindert. So wie Gelatine, die in gequollenem Zustand sich in heißem Wasser leicht löst, in eine schmierige, sich nicht mehr lösende Masse übergeht, wenn sie ungequollen in kochendes Wasser gebracht wird, verhält sich also das Kasein gegenüber seinem Lösungsmittel Natronlauge. In Wasser oder sehr verdünnter Lauge vorgequollenes Kasein löst sich leicht in etwas konzentrierterer Natronlauge; es löst sich aber nicht mehr vollständig, sondern bildet schmierige Klumpen, wenn es nicht vorgequollen in konzentriertere Natronlauge gebracht wird.

Die Quellzeit des Kaseins hängt außerdem vom Mahlungsgrad ab. Obwohl mehlfeine Sorten rascher quellen, wird bei der Herstellung von Kaseinleimen grießförmig gemahlenes Kasein bevorzugt, weil dieses

---

[1] SUTERMEISTER, E. und E. BRÜHL: Das Kasein, Berlin 1932, S. 157.
[2] BRINTZINGER, H. u. H. WOLFF: Kolloid-Z. Bd. 118 (1950) S. 26.

weniger leicht zur Klumpenbildung beim Anrühren neigt. Auch ist bei grießförmig gemahlenem Kasein die Qualitätsbeurteilung durch Sinnenprüfung leichter möglich als bei mehlfeinem Kasein.

Tabelle 54 gibt eine Übersicht der handelsüblichen Mahlungsgrade für Milchsäurekasein.

Tabelle 54. *Handelsübliche Mahlungsgrade für Milchsäurekasein*

| Bezeichnung des Mahlungsgrades | Bei Durchgang durch Siebgewebe nach DIN 1171 | | | Maschen-bezeichnung |
	Gewebe Nr.	Lichte Maschenweite, mm	Maschen je cm²	
grobgrießig	6	1,0	36	20er Masche
grießförmig	10	0,6	100	30er Masche
feingrießig	20	0,3	400	60er Masche
mehlfein	30	0,2	900	80er Masche

Bei Verwendung oben genannter Siebe kommt man zu folgender Einstufung der Korngrößen:

Tabelle 55. *Handelsübliche Korngrößen für Milchsäurekasein*

Bezeichnung des Mahlungsgrades	Korngröße	Maschen-Bezeichnung
grobgrießig	über 0,6—1,0 mm	20er Masche
grießförmig	über 0,3—0,6 mm	30er Masche
feingrießig	über 0,2—0,3 mm	60er Masche
mehlfein	unter 0,2 mm	80er Masche

In der Praxis rechnet man, je nach Mahlungsgrad und Korngröße des Kaseins, mit Quellzeiten zwischen 10 und 90 Minuten. Nach Zusatz des Alkalis rührt man so lange, bis völlige Lösung eingetreten ist. Bei Formel a) genügen hierzu weniger als 10 Minuten. Bei Formel b) und c) ist aber $^1/_2$ bis 1 Stunde erforderlich. Wenn man die Mischung schwach anwärmt oder wenn man das Kasein in warmem Wasser quellen läßt, kann auch hier die Lösung in wenigen Minuten erfolgen.

Wo Erwärmung unzweckmäßig ist, kann man einen Leim nach folgender Formel schnell herstellen:

<pre>
d) Kasein.................... 100 g
   Wasser .... 600 g
   Natriumhydroxyd .... 8 g (0,2 Grammäquivalente)
   Ammoniumchlorid .... 10,7 g (0,2 Grammäquivalente)
</pre>

Nachdem das Kasein in Wasser gequollen ist, wird es durch Zugabe von Natriumhydroxyd schnell gelöst. Aber die Lösung ist sehr dünn und wird durch Zugabe von Ammoniumchlorid zur entsprechenden Dicke gebracht, so daß man die Mischung als Leim verwenden kann. Das Ammoniumchlorid setzt sich sofort mit Natriumhydroxyd um, unter Bildung von Ammoniak und Natriumchlorid.

Alle diese Formeln haben den Nachteil, daß sie nur als naß gemischte Leime Anwendung finden können. Natriumhydroxyd ist so hygroskopisch, daß es praktisch unmöglich ist, einen Leim, indem es einen Bestandteil bildet, ohne Verschlechterung aufzubewahren. Man kann aber das Alkali auf verhältnismäßig einfache Weise indirekt einführen, indem man das Kasein mit allen erforderlichen Bestandteilen, außer Wasser, mischt. Dann hat man ein trockenes, leicht zu handhabendes und unzersetzt aufzubewahrendes Pulver, dem man nur das Wasser zuzugeben braucht, um den Leim herzustellen. Man braucht nur in Formel a) oder b) das Natriumhydroxyd durch chemisch äquivalente Mengen von Kalziumhydroxyd und einer Substanz, die in Lösung mit diesem unter Bildung von Natriumhydroxyd reagiert, zu ersetzen. Hierzu kann man jedes beliebige Natriumsalz verwenden, vorausgesetzt, daß seine Säure mit Kalzium ein verhältnismäßig unlösliches Salz bildet, daß es ferner nicht hygroskopisch ist und weder mit dem Kalk noch mit dem Kasein reagiert, solange die Mischung trocken bleibt. Eine derartige Leimformel kann wie folgt ausgedrückt werden:

e) Kasein.................... 100 g
Kalziumhydroxyd .... 7,4 g (0,2 Grammäquivalente)
Natriumsalz .... 0,2 Grammäquivalente

Als Natriumsalze können z. B. verwendet werden: Natriumkarbonat, Natriumoxalat, Natriumtartrat, Natriumzitrat, Natriumsalizylat, Natriumphosphat, Natriumfluorid, Natriumsulfit usw. Um einen Kaltleim herzustellen, braucht man dem trockenen Pulver nur auf jede 100 g Kasein 300 g Wasser zuzugeben.

Eine andere Methode, Natriumhydroxyd in einen pulverförmigen Kaseinleim einzuführen, besteht darin, daß man Natriumsalze verwendet, die in trockenem Zustand beständig sind, aber bei Auflösung in Wasser hydrolysieren. Das Kasein reagiert mit dem freigewordenen Natriumhydroxyd unter Bildung von Natriumkaseinat, worauf weitere Hydrolyse erfolgt. Das Gleichgewicht wird erreicht, wenn sich Natriumhydroxyd zwischen dem Kasein und der schwachen Säure so verteilt, daß beide mit einer Lösung von demselben p_H im Gleichgewicht sind. Es wird um so mehr Natriumkaseinat gebildet, je höher der Zusatz an Salz und je niedriger die Dissoziationskonstante der schwachen Säure ist. Als solche Zusatzmittel hat man empfohlen: Borax, Soda, Trinatriumphosphat, Natriumfluorid und die Natriumsalze zahlreicher schwacher organischer Säuren. Die zur Kaseinlösung erforderlichen Mengen schwanken natürlich innerhalb sehr weiter Grenzen. Derartige Leime entsprechen der folgenden Formel:

f) Kasein.................... 100 g
Wasser .... 600 g
Hydrolysierbares Salz ...... x g

x bedeutet die Mindestmenge hydrolysierbaren Salzes, die notwendig ist, um Kasein in Lösung zu bringen. Nachstehende Zusammenstellung gibt den Betrag von x für verschiedene Salze je 100 g Kasein.

Borax, $Na_2B_4O_7 \cdot 10H_2O$ .... $x = 14{,}7$ g
Natriumphosphat, $Na_3PO_4 \cdot 12H_2O$ .... $x = 12{,}3$ g
Natriumkarbonat, Na_2CO_3 .... $x = 16{,}0$ g
Natriumfluorid, NaF .... $x = 64{,}0$ g

Bei Natriumfluorid ist Erwärmen notwendig, um das Kasein vollständig aufzulösen.

Kaseinleime, die zum Typus der reversiblen Gele gehören, bleiben nach dem Ansetzen noch verhältnismäßig lang arbeitsfähig. Dauernd kann man sie allerdings nicht im flüssigen Zustand aufbewahren, da sie zwei Zersetzungseinflüssen unterliegen: der Hydrolyse und der Einwirkung von Bakterien. Letzteren kann man durch Zugabe von antiseptischen Stoffen wie Betanaphthol oder Thymol begegnen. Aber bezüglich der Hydrolyse hat man größere Schwierigkeiten. Je stärker alkalisch die Leimlösung ist, desto schneller schreitet die Hydrolyse fort. Sie führt schließlich zu dünnflüssigen, nicht mehr klebkräftigen Abbauprodukten des Kaseins.

2. Kaseinleime mit irreversibler Gelbildung

Um Kaseingele irreversibel zu machen, sind hauptsächlich zwei Wege bekannt:

a) die Behandlung mit Formaldehyd,
b) die Umwandlung des Alkalikaseinats in das Kaseinat eines Schwermetalls oder eines Erdalkalimetalls, speziell in das Kalziumkaseinat.

Kalziumkaseinat bildet die Basis aller wasserbeständigen Kaseinleime, wie sie bei der Holzverleimung verwendet werden. Würde man diesen Leimen, die etwa 20%ige, alkalische Kaseinlösungen darstellen, Formaldehyd zusetzen, so würde der Leim nach kurzer Zeit infolge Gallertbildung unbrauchbar werden.

In der papierverarbeitenden Industrie, hauptsächlich bei der Herstellung von Papierhülsen, ist jedoch ein Zusatz von Formaldehyd zu Kaseinleimen üblich. Es handelt sich hier um dünnflüssige, etwa 10%ige Kaseinlösungen und um sehr geringe Zusätze stark verdünnter Formaldehydlösungen. Aber auch hier beobachtet man ein allmähliches Dickwerden des Leimes und schließlich gallertartige Abbindung.

Die Maximalmenge Alkali, die unter Bildung von Kaseinaten mit Kasein reagiert, wird im allgemeinen mit 0,185 Grammäquivalenten je 100 g Kasein angegeben. Von Kalziumhydroxyd sind dies 6,7 g je 100 g Kasein. Wenn man aber einen Leim erzeugen will, der genügend wasserbeständig ist, muß man ein Mehrfaches an Kalziumhydroxyd hinzufügen, da höchste Wasserbeständigkeit nicht nur die Umwandlung des

Natriumkaseinats in Kalziumkaseinat, sondern auch die Adsorption beträchtlicher Mengen Kalziumverbindungen verlangt. Von Formel 1e ausgehend, erhält man gute, wasserbeständige Kaseinleime, indem man den Gehalt an Kalziumhydroxyd wesentlich höher wählt als gerade für die Reaktion mit dem Natriumsalz notwendig wäre. Hierdurch fällt gleichzeitig die Lebensdauer des Leimes bis auf etwa 2 Stunden. Um dem entgegenzuwirken, muß man den Leim ein wenig alkalischer machen, indem man nicht nur mehr Kalk, sondern auch etwas mehr Natriumsalz zugibt. Die nachstehende Mischung ist brauchbar:

c) Kasein.................... 100 g
Kalziumhydroxyd .... 30 g (0,81 Grammäquivalente)
Natriumsalz .... 0,275 Grammäquivalente

Die drei Bestandteile können zusammen gemischt werden. Man braucht dann zur Herstellung eines kräftigen, wasserbeständigen Leimes nur etwa 300 Teile Wasser auf 100 Teile Kasein zuzugeben. Der Leim ist etwa 6 bis 7 Stunden nach dem Anrühren gebrauchsfähig und bindet dann gallertartig ab. Die Zeit, während der ein Kaseinleim gebrauchsfähig ist, hängt stark vom Wasserzusatz ab. Dickflüssige Leime gelieren rascher als dünnflüssige Leime. In Formel c) kann die relative Menge Kalziumhydroxyd in weiten Grenzen geändert werden, ohne daß man die Lebensdauer wesentlich beeinträchtigt. Man kann von 17 g (0,46 Grammäquivalente) bis auf 50 g gehen. Geht man mit der Kalkmenge wesentlich unter die niedere Grenze, so bleibt der Leim sehr viel länger gebrauchsfähig. Da 0,275 Grammäquivalente Kalziumhydroxyd bei der Reaktion mit Natriumsalz gebraucht werden, sind von der erwähnten Mindestmenge nur 0,185 Grammäquivalente für die Reaktion mit Kasein übrig. Das ist die Menge, die man im allgemeinen für erforderlich hält, um mit 100 g Kasein ein gesättigtes Kaseinat zu bilden. Daß für die Gelierung längere Zeit erforderlich ist, wenn man die Menge Kalziumhydroxyd niedriger wählt, kann dadurch erklärt werden, daß nur ein Teil des Kaseins in das gelbildende Kalziumkaseinat umgewandelt wird. Wenn man den Kalkgehalt unterhalb 17 g je 100 g Kasein wählt, verliert der Kaltleim gewöhnlich das weiße, trübe Aussehen, welches für Kalziumkaseinataufschwemmungen (z. B. auch bei Milch) charakteristisch ist und nimmt mehr die klare, gelbe Farbe der Natriumkaseinatlösungen an. Die Zeit der Gebrauchsfähigkeit und der Kalkgehalt oberhalb der Mindestgrenze von 17 g je 100 g Kasein sind voneinander unabhängig, da die beschränkte Löslichkeit von Kalziumhydroxyd in Wasser eine konstante Menge in Lösung hält, unabhängig von dem in der festen Phase enthaltenen Überschuß. Die Zeit, während der ein Kaseinleim gemäß Mischung 2 c gebrauchsfähig bleibt, wird durch Veränderung in der Menge Natriumsalz wesentlich beeinflußt. Je mehr freies Natriumhydroxyd in der Lösung enthalten ist, um so stärker ist die Hydrolyse, d. h. der Zerfall des

Kaseins in niedrigviskose Spaltprodukte. Durch Vergrößern der Alkalimenge über 0,3 Grammäquivalente Natriumhydroxyd je 100 g Kasein und 300 g Wasser bildet sich überhaupt kein Gel mehr. Das Phosphat- und Oxalat-Ion scheint die Hydrolyse zu begünstigen. Wenn man die entsprechenden Natriumsalze verwendet, tritt auch bei einem Zusatz von etwas unter 0,3 Grammäquivalenten je 100 g Kasein keine Gelbildung ein.

Man kann auch Kaseinleime herstellen, die nur aus Kasein, Kalk und Wasser bestehen. Das Kasein muß ziemlich fein gemahlen sein. Man läßt es in Wasser quellen, bevor man den Kalk zugibt. Die Lösung erfolgt dann ziemlich schnell. Derartige Leime müssen aber sofort aufgearbeitet werden, da sie schon nach $^1/_2$ bis $^3/_4$ Stunde gallertartig abbinden.

3. Einfluß des Rohstoffes Kasein auf die Leimeigenschaften

a) Milchsäurekasein

Die Zusammensetzung in bezug auf Eiweiß-, Wasser-, Asche-, Fett- und Säuregehalt ist von großem Einfluß auf Ausgiebigkeit, Viskosität, Abbindung und Bindefestigkeit der Kaseinleime.

In den „Lieferbedingungen und Prüfverfahren für Milchsäurekasein (als Rohstoff für technische Zwecke)" die 1932 vom ehemaligen Reichsausschuß für Lieferbedingungen unter Nr. 093 B herausgegeben wurden, sind folgende Werte festgelegt worden:

Tabelle 56. *Milchsäurekasein*

Gehalt des Kaseins an:	Bezogen auf handelsübliches Kasein	Bezogen auf wasserfreies Kasein
Eiweiß, mindestens	78%	86,7%
Wasser, höchstens	12%	—
Asche, höchstens	4%	4,4%
Fett, höchstens	3%	3,3%
Azidität von 1 g Kasein höchstens	12,5 ccm n/10 – Natronlauge	13,9 ccm n/10 – Natronlauge

b) Salzsäurekasein

Aschegehalt und Viskosität stehen in einem Zusammenhang derart, daß bei gleichem Wasserzusatz die Viskosität mit zunehmendem Aschegehalt steigt. Der Aschegehalt wird hauptsächlich beeinflußt vom p_H-Wert im Augenblick der Ausfällung des Kaseins und von dem mehr oder weniger sorgfältigen Auswaschen. Gutes Kasein hat einen Aschegehalt unter 2,5%. Es ergibt niedrigviskose Lösungen.

c) Buttermilchkasein

Die bisher beschriebenen Kaseine werden aus Magermilch, die etwa 0,02% Fett enthält, hergestellt. In Anbetracht der hervorragenden Verwertungsmöglichkeit von Magermilch als Eiweißfutter in der Landwirtschaft ist es jedoch erwünscht, auch andere Milchprodukte, z. B. Buttermilch, auf ihre Eignung zur Herstellung von Kasein zu prüfen. Untersuchungen über Buttermilchkasein und seine Verwendungsmöglichkeit in der Kaltleimindustrie wurden von SAUER und HAGENMÜLLER durchgeführt[1].

Buttermilchkasein ist im Gegensatz zu Magermilchkasein fetthaltiger. Unter dem Mikroskop betrachtet, erscheinen die einzelnen Teilchen weiß — undurchsichtig, während Magermilchkasein klare, durchsichtige Kristalle aufweist.

Buttermilchkasein hat einen Fettgehalt von 7 bis 8%. Der Fettgehalt ist daher etwa viermal so hoch wie im Magermilchkasein.

Es herrscht in Fachkreisen die Meinung, daß Fett die Bindefestigkeit von Leimen nachteilig beeinflusse. Der Fettgehalt in Buttermilchkasein setzt sich aber nicht nur aus Neutralfett zusammen, sondern ist durch einen Anteil von Fettsäure gekennzeichnet, der in oben genannten Untersuchungen mit 1 bis 2% ermittelt wurde. Bei der alkalischen Behandlung des Kaseins wird dieser Anteil verseift. Der geringe Seifengehalt bewirkt, daß das gleichzeitig vorhandene Neutralfett leicht emulgiert wird und sich gleichmäßig verteilt. Schon ein sehr geringer Seifengehalt setzt die Oberflächenspannung ganz erheblich herab und unterstützt die Emulsionsbildung. Durch eine große Zahl von Untersuchungen und vergleichenden Messungen an deutschem, argentinischem und französischem Kasein konnte ein nachteiliger Einfluß des Fettgehaltes auf die Bindefestigkeit von Buttermilchkaseinleimen *nicht* festgestellt werden.

4. Lieferbedingungen und Prüfverfahren für pulverförmige Kasein-Kaltleime RAL 093 C. 2

Der ehemalige Reichsausschuß für Lieferbedingungen (RAL) hat im Juli 1931 die Lieferbedingungen und Prüfverfahren für Kasein-Kaltleime unter der Nummer RAL 093 C erstmalig veröffentlicht. Sie waren unter Vermittlung des RAL von Vertretern der Erzeuger-, Handels- und Verbraucherorganisationen einschließlich der Behörden und Wissenschaft in Gemeinschaftsarbeit aufgestellt worden. Weiterentwickelte Eigenschaftsfestlegungen und Prüfverfahren machten eine Überarbeitung notwendig. Um Verwechslungen mit der früheren Fassung zu vermeiden, ist jetzt der Eintragungsnummer die Zahl „2", d. h. 2. Ausgabe, hinzugefügt worden. Durch unterschriftliche Anerkennung wurden die revidierten Lieferbedingungen und Prüfverfahren am 30. September 1952 von den Verbänden der Industrie, des Großhandels, des Einzelhandels, der Verarbeiter und Verbraucher, sowie verschiedener Prüf- und Forschungsanstalten angenommen.

---

[1] SAUER, E. u. K. HAGENMÜLLER: Kolloid-Z. Bd. 83 (1938) S. 210

a) Begriffsbestimmung

Pulverförmiger Kaseinkaltleim ist gemahlenes, feinpulvriges oder grießförmiges Milchsäurekasein, das in geeignetem Verhältnis mit feinpulvrigem gelöschtem Marmorkalk Ca(OH)$_2$ sowie sonstigen zweckdienlichen Bestandteilen (Metalloxyden, Hydroxyden, anorganischen Salzen, Konservierungsmitteln und Zusätzen organisch-chemischer Natur, wie Ölen, Harzen u. dgl.) gemischt ist. Diese Leimpulver werden unmittelbar vor Gebrauch mit bestimmten Mengen Wasser sorgfältig verrührt.

b) Eigenschaften

Kaseinkaltleim muß trocken, feinpulvrig oder grießförmig sein. Er darf nicht weniger als 50% handelsübliches Kasein mit höchstens 12% Wasser enthalten. Der Wassergehalt des Kaseinkaltleimpulvers darf 16% bei 65% rel. Luftfeuchtigkeit nicht überschreiten. Bei sachgemäßem Verrühren des Kaltleimpulvers mit der vorgeschriebenen Menge Wasser muß nach der angegebenen Zeit — mindestens aber innerhalb $^1/_2$ bis $^3/_4$ Stunde — eine gut streichbare, gleichmäßig cremeartige Masse, frei von Knollen, entstehen. Die vom Hersteller angegebene Mindestzeit ist maßgebend für die Anfertigung der Leimproben. Ausgenommen sind Sonderleime (Spezial-Kaseinkaltleime), bei deren Lieferung besondere Vorschriften anzugeben sind. Die Kaseinkaltleimlösung muß bei 20 ± 2°C etwa 6 bis 8 Stunden nach dem Anrühren gebrauchsfähig bleiben. Für Sonderleime gelten die in der jeweiligen Gebrauchsanweisung gegebenen Bestimmungen.

c) Prüfverfahren

Die Bindefestigkeit von Schäftverbindungen im Zugversuch wird nach DIN 53253 (S. 255) ermittelt. Anwendungsbereich, Holzauswahl, Probenform und Abmessungen, Verleimung, Lagerung vor der Prüfung und Zahl der Proben sind in DIN 53253 genau beschrieben.

Folgende Mindestwerte müssen erreicht werden:

Trockenfestigkeit .... 55 kg/cm²
Kurzwasserfestigkeit .... 20 kg/cm²
Wiedertrockenfestigkeit .... 50 kg/cm² bzw. 90% der
Trockenfestigkeit

Beispiel: Bestimmung der Bindefestigkeit eines handelsüblichen, pulverförmigen Kaseinleims nach DIN 53253

Mischungsverhältnis .... 1 Gew.-Teil Leimpulver : 1,5 Gew.-Teil Wasser
Standzeit vor der Verleimung: 1 Stunde
Offene Zeit .... 10 bis 17 Minuten
Preßdruck .... 8 kg/cm²
Preßzeit .... 16 Stunden
Preßtemperatur .... 21° C
Prüfkörper .... geschäftete Kieferkernholzproben nach DIN 53253

Trockenfestigkeit .... 70,9 kg/cm², Kleinstwert
83,5 kg/cm², Mittelwert aus 5 Proben
98,4 kg/cm², Höchstwert
Kurzwasserfestigkeit: .... 25,5 kg/cm², Kleinstwert
31,7 kg/cm², Mittelwert aus 5 Proben
41,4 kg/cm², Höchstwert
Wiedertrockenfestigkeit ...... 81,7 kg/cm², Kleinstwert
91,8 kg/cm², Mittelwert aus 5 Proben
103,0 kg/cm², Höchstwert

Nach DIN 53253 versteht man unter:

Trockenfestigkeit: Bindefestigkeit nach 7 tägiger Lagerung der Proben bei normalem Raumklima.

Kurzwasserfestigkeit: Bindefestigkeit nach 7 tägiger Lagerung der Proben bei normalem Raumklima und anschließender 24 stündiger Wasserlagerung bei 20 ± 2° C.

Wiedertrockenfestigkeit: Bindefestigkeit nach 7 tägiger Lagerung der Proben bei normalem Raumklima, anschließender 24 stündiger Wasserlagerung bei 20 ± 2° C und anschließender 7 tägiger Lagerung bei normalem Raumklima.

Als „normales Raumklima" ist der Zustand in einem geschlossenen Raum mit bewegter Luft von 20 ± 2° C und 65 ± 5% rel. Luftfeuchtigkeit festgelegt.

Die Bindefestigkeit von Langholzverleimungen im Zugversuch wird nach DIN 53254 und DIN 53255 (S. 257) ermittelt. Folgende Mindestwerte müssen erreicht werden:

Trockenfestigkeit................. 80 kg/cm²
Kurzwasserfestigkeit .... 6 kg/cm² [1]
Wiedertrockenfestigkeit .... 60 kg/cm²

Bei Anwendung von Langholzproben nach DIN 53254 kann man folgende Trockenfestigkeitswerte bei guten Kaseinleimen erwarten:

Buche auf Buche   = 100 bis 125 kg/cm²
Kiefer auf Kiefer   = 65 bis 75 kg/cm²

d) Bestimmung des Kaseingehaltes in pulverförmigen Kaseinkaltleimen (nach Hagenmüller-Fischer)

Es werden 10 g Kaseinleim abgewogen und in einen tarierten Scheidetrichter eingebracht. Dieser wird zur Hälfte mit Tetrachlorkohlenstoff gefüllt. Die Mischung bleibt nach Umrühren 1 Stunde stehen. Die mineralischen Bestandteile setzen sich ab. Sie werden mit dem Trennungsmittel abgelassen und der Scheidetrichter nochmals zur Hälfte mit Tetrachlorkohlenstoff gefüllt. Nachdem die noch vorhandenen mineralischen Bestandteile abgelassen worden sind, wird der Scheidetrichter mit dem Kasein in einen Trockenschrank gebracht und bei 105° C bis zur Gewichtskonstanz getrocknet.

Das gefundene Gewicht ergibt, multipliziert mit 10 den Prozentgehalt des Kaseinleims an wasserfreiem Kasein, multipliziert mit 11 den Prozent-

---

[1] Für Langholzverleimungen im Segelflugzeugbau sind 8 kg/cm² vorgeschrieben.

gehalt des Kaseinleims an handelsüblichem Kasein. Hierbei wird der Wassergehalt des handelsüblichen Kaseins mit 10% angenommen, wie er dem Durchschnitt der Handelsware entspricht.

5. Modifizierte Kaseinleime

Ein Nachteil der bisher beschriebenen, mit Alkali- bzw. Erdalkalihydroxyden hergestellten Kaseinleime ist ihre starke Alkalität. Sie verursacht Verfärbungen bei gerbstofffreichen Hölzern, insbesondere Eiche. Diese Leime können daher zum Furnieren nicht verwendet werden. Zusätze von Oxalsäure oder Salizylsäure haben sich nicht bewährt, da die resultierenden schwach alkalischen Kaseinleime nach dieser Behandlung nur noch geringe Bindefestigkeit besitzen. Man hat ferner versucht, Kasein in Harnstoff zu quellen und mit kleinen Mengen Alkali zu lösen[1].

Vollkommen alkalifreie Leime erhält man aus Kasein mit einer Korngröße unter 0,2 mm, Harnstoff und Kalziumkarbonat. Derartige Mischungen, deren p_H-Wert im sauren Bereich liegt, können mit Formalin, Paraformaldehyd und Hexamethylentetramin in höheren Konzentrationen behandelt werden als alkalische Kaseinleime. Ferner sind Mischungen mit kaltflüssigen Glutinleimen und Kunstharzleimen auf der Basis von Harnstoff-Formaldehyd-Kondensationsprodukten möglich[2].

XIII. Untersuchung der Glutinleime

A. Prüfung der Bindefestigkeit

Das durch Leimbindung bewirkte Zusammenhaften zweier Körper wird heute einheitlich als „Bindefestigkeit" bezeichnet, während bisher meist Ausdrücke wie Bindekraft, Fugenfestigkeit, Klebkraft in Gebrauch waren. Die Bindefestigkeit von Holzleimen wird durch Probeleimung von Holzkörpern mit anschließendem Zerreißversuch ermittelt.

Vom Fachnormenausschuß „Materialprüfung"[3] wurden Normblätter für die „Prüfung von Holzleimen" herausgegeben. Diese beziehen sich hauptsächlich auf die Bestimmung der Bindefestigkeit sämtlicher Arten von Holzleimen.

Außerdem wurde ein besonderes Normblatt ausschließlich für die Prüfung der Glutinleime geschaffen, welches zunächst im Entwurf vorliegt. Die Normblätter sind bezeichnet als:

---

[1] VOGEL, C.: DRP. 645619, 1931.

[2] KAFO Kasein-Forschungs-Gesellschaft m. b. H., Darmstadt, DRP. 925787, 1952.

[3] Fachnormenausschuß Materialprüfung, Geschäftsstelle Dortmund-Aplerbeck, Marsbruchstr. 186. — Bezugsquelle für DIN-Blätter: Beuth-Vertrieb G. m. b. H., Köln, Friesenplatz 16.

Prüfung von Holzleimen

DIN 53251 Bestimmung der Bindefestigkeit, Allgemeines.

DIN 53252 Kenndaten des Verleimvorgangs.

DIN 53253 Bestimmung der Bindefestigkeit von Schäftverleimungen im Zugversuch.

DIN 53254 Bestimmung der Bindefestigkeit von Langholzverleimungen im Zugversuch.

DIN 53255 Bestimmung der Bindefestigkeit von Sperrholzverleimungen.

DIN-Entwurf, Nov. 1952. Bestimmung der Bindefestigkeit von Hirnholzverleimungen im Zugversuch.

DIN 53260 (Entwurf, April 1957) Prüfung von Glutinleimen.

Weitere Normblätter sind in Vorbereitung.

Prüfung der Bindefestigkeit von Holzleimen

Zunächst sind Auszüge der wichtigen Normen DIN 53251 und 53253 bis 53255 wiedergegeben, da diese Normen auch auf Glutinleime anzuwenden sind.

DIN 53251, Bestimmung der Bindefestigkeit, Allgemeines[1]

1. Begriffe

1.1 Holzleime.

Holzleime sind Stoffe zur flächenfesten Verbindung von Holzteilen.

1.2 Langholzverleimung.

Unter Langholzverleimung wird eine Verbindung parallel zur Faserrichtung verlaufender Schnittflächen (s. Abb. 109)[2] verstanden. Bei Langholzverleimungen sind die an den Fugenflächen freiliegenden Holzfasern vorwiegend der Länge nach durch den Leim miteinander verbunden.

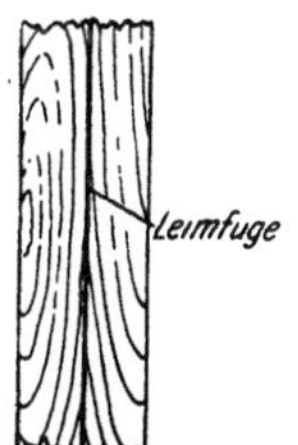

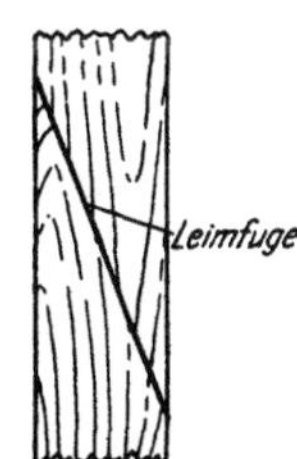

Abb. 109. Langholzverleimung   Abb. 110. Hirnholzverleimung   Abb. 111. Schäftverleimung

1.3 Hirnholzverleimung.

Als Hirnholzverleimung wird eine Verbindung rechtwinklig zur Faserrichtung verlaufender Schnittflächen (s. Abb. 110) bezeichnet.

1.4 Schäftverleimung.

Als Schäftverleimung wird eine Verbindung schräg zur Faserrichtung verlaufender Schnittflächen von Hölzern (s. Abb. 111) bezeichnet. Die an den Schnitt-

---

[1] Die Normblattangaben werden mit Genehmigung des Deutschen Normenausschusses wiedergegeben. Maßgebend ist die jeweils neueste Ausgabe des Normblattes im Normformat A 4, das bei der Beuth-Vertrieb GmbH, Berlin W 15 und Köln erhältlich ist.

[2] Die Numerierung der Abbildungen stimmt nicht mit der in den Normblättern überein.

flächen anstehenden Fasern sind bei der Schäftverleimung je nach dem Schäft-
winkel zum kleineren oder zum größeren Teil der Länge nach, zum anderen Teil
ähnlich wie bei der Hirnholzverleimung verbunden.

1.5 Dünne Leimschichten.

Dünne Leimschichten entstehen bei gutem Passen der verbundenen Teile unter
hinreichendem Preßdruck während der Leimabbindung. Die Dicke dünner Leimschichten zwischen den verbundenen Hölzern darf nirgends größer als 0,1 mm sein.

1.6 Dicke Leimschichten.

Dicke Leimschichten sind solche mit mehr, in der Praxis häufig wesentlich mehr
als 0,1 mm Dicke.

1.7 Bindefestigkeit.

Bei Langholz- und Schäftverleimungen ist die Bindefestigkeit die mittlere
Schubfestigkeit τ_B, bei Hirnholzverleimungen die mittlere Zugfestigkeit σ_B in den
Leimfugen unter Annahme gleichmäßiger Verteilung der Beanspruchungen über
die Leimfugen. Die Verteilung der Schubfestigkeit über die Länge der Leim-
verbindungen wird bei den Festigkeitsprüfungen nicht berücksichtigt; sie hängt
in hohem Maße von der Gestalt der Leimverbindung und besonders von deren
Länge ab. Aus diesem Grunde nimmt die nach obiger Annahme ermittelte Bindefestigkeit (mittlere Schubfestigkeit) bei gleicher Güte der Leimung mit zunehmender Länge der Leimungen merkbar ab.

Je nach den Lagerbedingungen der Proben vor der Prüfung werden folgende
Bindefestigkeiten unterschieden (gekürzt).

2. Lagerungsbedingungen der Proben

a) Bindefestigkeit nach Lagerung in trockener Luft, abgekürzt *Trockenfestigkeit*.
Wenn nichts besonderes vermerkt ist, wird unter Bindefestigkeit immer die
Trockenfestigkeit verstanden.

b) Bindefestigkeit nach Lagerung in feuchter Luft, abgekürzt *Feuchtfestigkeit*.
Der Sättigungszustand der Verleimung wird dabei im allgemeinen nicht erreicht.

c) Bindefestigkeit nach Lagerung in feuchtwarmer Luft; abgekürzt *Feuchtwarm-
festigkeit*.

d) Bindefestigkeit nach „langzeitiger" Lagerung in Wasser, abgekürzt *Wasserfestigkeit*. Unter „langzeitiger" Lagerung im Sinne dieser Norm versteht man im
allgemeinen eine Lagerung von mehreren Tagen. Die Lagerdauer wird in den jeweiligen Normen festgelegt (z. B. s. DIN 53253, 53254, 53255).

e) Bindefestigkeit nach „kurzzeitiger" Lagerung in Wasser, abgekürzt *Kurzwasserfestigkeit*. Unter „kurzzeitiger" Lagerung im Sinne dieser Norm versteht
man im allgemeinen eine Lagerung bis zu 24 Stunden. Die Lagerdauer wird in den
jeweiligen Normen festgelegt (z. B. s. DIN 53253, DIN 53254, DIN 53255).

f) Bindefestigkeit nach Lagerung in heißem Wasser, abgekürzt *Heißwasser-
festigkeit*.

g) Bindefestigkeit nach Kochen in Wasser, abgekürzt *Kochfestigkeit*.

h) Bindefestigkeit nach Schimmeleinwirkung, abgekürzt *Schimmelfestigkeit*.

i) Bindefestigkeit nach Lagerung in trockener Luft, anschließend an voraus-
gegangene Lagerung in feuchter Luft, in Wasser usw. (s. zu b bis h) abgekürzt
Wiedertrockenfestigkeit.

Für die Bestimmung der Wiedertrockenfestigkeit werden die Proben nach Lagerung in feuchter Luft oder Wasser vor der Prüfung nochmals im Normklima gelagert. Im Kurzzeichen wird dem Index noch das Wort „trocken" hinzugefügt.
also bekommt z. B. die Wiedertrockenfestigkeit bei Lagerung in feuchter Luft und
anschließender „Wiedertrocknung" das Kurzzeichen „τ_{BF}-trocken" oder bei Hirnholzverleimung „σ_{BF}-trocken".

3. Dauer der Lagerung

Die Dauer der Lagerung für die verschiedenen Proben ist in den betreffenden Normen angegeben. Sie wurde mit Ausnahme der Lagerung für die Ermittlung der Feucht- und der Kurzwasserfestigkeit so bemessen, daß mit großer Wahrscheinlichkeit ein der jeweiligen Behandlung entsprechender Feuchtigkeits-Beharrungszustand in der Probe erreicht wird. Da diese Lagerzeiten von Form und Größe der Proben abhängen, sind sie für die verschiedenen Proben verschieden lang festgelegt.

4. Wahl der Prüfverfahren

Das anzuwendende Prüfverfahren sowie Art und Form der Probe richten sich nach dem Verwendungszweck des zu prüfenden Leimes.

4.1 Für die Prüfung von Leimen für Baukonstruktionen, für Flugzeuge, für Land- und Wasserfahrzeuge sind, insbesondere zur Beurteilung der Beständigkeit dieser Leime gegen Feuchtigkeits- und Wassereinwirkung, Langholzproben nach DIN 53254 anzuwenden. Die Langholzproben eignen sich besonders zur Feststellung verschiedener Einflüsse auf die Bindefestigkeit, weil sie gute Vergleichsmöglichkeiten bieten. Außerdem ist die Beurteilung des Verhaltens von Leimen in dicken Schichten möglich.

4.2 Für die Prüfung von Möbelleimen genügt die Schäftprobe nach DIN 53253, sofern nicht in manchen Fällen auch hierfür die Langholzprobe nach DIN 53254 bessere Aufschlüsse gibt.

4.3 Für die Prüfung von Sperrholzleimen zur Herstellung von Furnier- und Tischlerplatten sind Proben nach DIN 53255 anzuwenden. Diese Proben sind auch zur Beurteilung von Verleimungen von fabrikmäßig hergestellten halbfertigen Erzeugnissen geeignet.

4.4 Für die Prüfung der elastisch-plastischen Eigenschaften von Holzleimen, insbesondere von Glutinleimen, werden Hirnholzproben nach DIN-Vorschlag (Nov. 1952) s. S. 260 verwendet.

5. Prüfbericht

Die Prüfergebnisse sind unter Hinweis auf die jeweilige Norm nach folgendem Schema anzugeben:

Bindefestigkeit auf 1 kg/cm² gerundet, und zwar Größtwert, Kleinstwert und Mittelwert, Probenanzahl, Holzart, Probenform und gegebenenfalls dicke oder dünne Leimschicht.

DIN 53253, Bestimmung der Bindefestigkeit von Schäftverleimungen im Zugversuch

1. Anwendungsbereich

Die Prüfung eignet sich:

a) zur Beurteilung der Brauchbarkeit und Güte von Leimen für Holzverbindungen,

b) zur grundsätzlichen Beurteilung von Einflüssen auf die Bindefestigkeit, die besonders aus verschiedener Lagerung und Behandlung der Proben nach der Verleimung herrühren können.

2. Begriffe (s. DIN 53251).

3. Holzauswahl

Werden keine anderen Vereinbarungen getroffen, so ist für die Herstellung der Proben zu verwenden: entweder geradfasriges Kiefern-Kernholz mit stehenden Jahresringen (Winkel zwischen Jahrringflächen und Breitseiten der Proben 60 bis 90°), größten Jahrringbreiten von 3 mm und einem Feuchtigkeitsgehalt von

12 ± 1 % oder Buchen-Schichtholz nach DIN 4076 aus sieben Lagen mit rund 7 % Feuchtigkeitsgehalt.

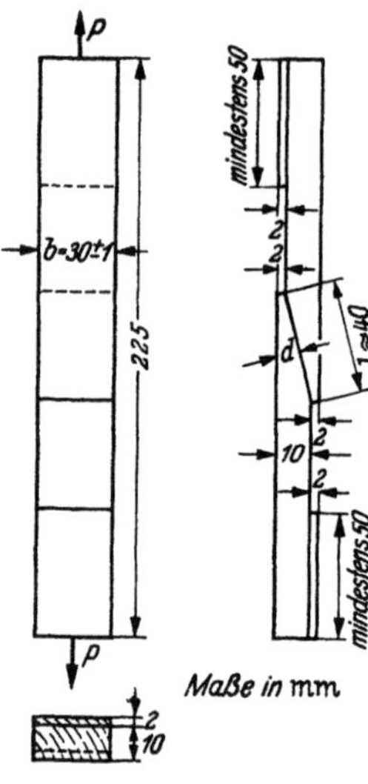

Abb. 112. Abmessungen der Schäftverleimung (DIN 53253)

4. Probenform und Abmessungen (Abb. 112)

Die Proben werden aus 30 ± 1 mm breiten Stäben von 10 mm Dicke, deren Enden im Neigungsverhältnis 1 : 5 geschäftet sind, hergestellt. Die Spitzen der Schäftung sind weggeschnitten, so daß Stirnflächen mit 2 mm kleinstem Seitenmaß entstehen. Die Größe der Leimfläche soll etwa 30 × 40 mm betragen.

5. Verleimung

Für eine eingehende Beurteilung der zu erwartenden Prüferergebnisse ist die Kenntnis der Kenndaten des Verleimungsvorganges nach DIN 53252 erforderlich. Damit unerwünschte Verschiebungen der zu verleimenden Stücke vermieden werden, werden die geschäfteten Probenhälften mit Hilfe einer geeigneten Preßvorrichtung verleimt. Aus der Leimfuge seitlich ausgetretene Leimwülste sind zu entfernen. Die beiden Holzplättchen an den Probenenden, deren Dicke zur Vermeidung exzentrischer Krafteinleitung 2 mm betragen muß, sind durch wasserfeste Leimung zu befestigen.

6. Lagerung vor der Prüfung und Zahl der Proben

Zu ermittelnde Bindefestigkeit	Mindestzahl der Proben	Dauer der Lagerung
B	5	7 Tage in Normklima
BF	5	7 Tage in Normklima 28 Tage in feuchter Luft
BF-trocken ...	5	7 Tage in Normklima 28 Tage in feuchter Luft 7 Tage in Normklima
BKW	5	7 Tage in Normklima 1 Tag unter Wasser
BKW-trocken .	5	7 Tage in Normklima 1 Tag unter Wasser 7 Tage in Normklima
BW	5	7 Tage in Normklima 7 Tage unter Wasser
BW-trocken ..	5	7 Tage in Normklima 7 Tage unter Wasser 7 Tage in Normklima

Die Lagerbedingungen sind in DIN 53251 festgelegt.

7. Versuchsdurchführung

8. Versuchsauswertung

9. Prüfbericht

(Einzelheiten sind aus dem Original ersichtlich.)

DIN 53254, Bestimmung der Bindefestigkeit von Langholzverleimungen im Zugversuch

1. Anwendungsbereich

Die Prüfung eignet sich

a) zur Beurteilung der Brauchbarkeit und Güte von Leimen, vorwiegend für Langholzverleimungen;

b) zur vergleichsweisen Beurteilung von Einflüssen auf die Bindefestigkeit, die aus der Wahl der Verleimungsbedingungen herrühren können;

c) zur vergleichsweisen Beurteilung von Einflüssen auf die Bindefestigkeit, die aus verschiedener Lagerung und Behandlung der Proben nach der Verleimung herrühren können;

d) zur Beurteilung der Bindefestigkeit von Leimungen mit dünnen oder mit dickeren Leimschichten.

2. Begriffe (s. DIN 53251)

3. Prüfung von dünnen Leimschichten

3.1 Holzauswahl und Verleimung der Prüfplatten.

Die Prüfplatten werden aus 5 mm dicken gehobelten geradfasrigen Buchenbrettabschnitten von 125 mm Breite mit stehenden Jahresringen hergestellt. Das Holz soll einen Feuchtigkeitsgehalt von $12 \pm 1\%$ haben. Die Länge soll ein Vielfaches von 150 mm, z. B. 600 mm, und der Winkel zwischen Jahrringflächen und den zu verleimenden Flächen 60 bis 90° betragen.

Je zwei solcher Buchenbrettabschnitte werden in gleichlaufender Faserrichtung und unter gleichmäßig verteiltem Preßdruck miteinander verleimt, so daß 10 mm dicke verleimte Platten entstehen.

Die zu verleimenden Holzflächen sind vor der Leimung in Faserrichtung mit Schleifpapier Nr. 60 leicht aufzurauhen; der dabei entstehende Staub ist sorgfältig zu entfernen. Aufgerauhte Leimflächen dürfen nicht berührt oder beschmutzt werden. Sofern die Oberfläche anders behandelt wird, ist dies ausdrücklich anzugeben.

3.2 Probenahme und Probenform.

Aus den Prüfplatten werden fünf Stäbe von 20 mm Breite in Länge der Platten geschnitten und mit 1 bis 5 (s. Abb. 113) bezeichnet. Nach durchlaufender Bezeichnung sind diese Stäbe in etwa 150 mm lange Proben aufzuteilen. In Längsmitte erhalten diese Proben zwei Einschnitte nach Abb. 114, die

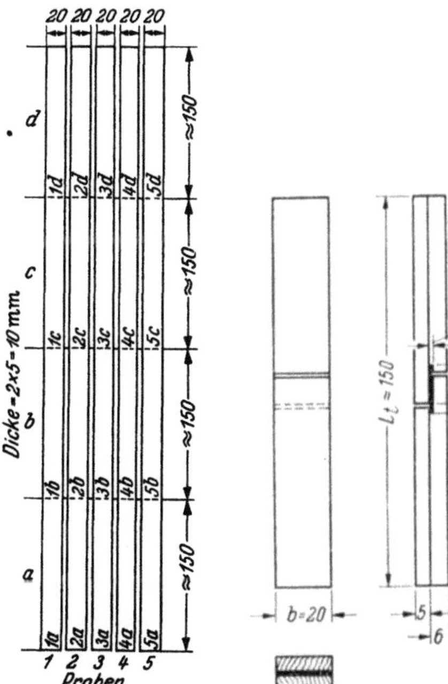

Abb. 113. Langholzverleimung, Einteilung der Proben (DIN 53254)

Abb. 114. Langholzverleimung, Einzelprobe

eine Prüffläche der Leimverbindung von $l = 10$ mm Länge begrenzen. Es ist sorgfältig darauf zu achten, daß die Einschnitte bis zur Leimfuge reichen, sie dürfen jedoch keineswegs über die Fuge hinausgehen, d. h. nicht in das verbundene Holzstück eingreifen.

3.3 Lagerung vor der Prüfung und Zahl der Proben.

3.4 Versuchsdurchführung.

3.5 Versuchsauswertung.

3.6 Prüfbericht.

(Einzelheiten sind aus dem Original ersichtlich)

Im Prüfbericht sind unter Hinweis auf diese Norm anzugeben: alle notwendigen Kenndaten des Verleimungsvorganges nach DIN 53252. Die Zeitdauer zwischen dem Ende der Pressung und der Aufteilung der Prüfplatten, die Mittelwerte sowie die kleinsten und größten Einzelwerte der verschiedenen Bindefestigkeiten in kg/cm² auf 1 kg/cm² gerundet nach dem in DIN 53251 angegebenem Schema, der Anteil des Holzbruches nach folgenden Schema:

0	= kein Holzbruch
0 bis $^1/_4$	= Bruch geht bis zu 25 % der geleimten Fläche durch das Holz
$^1/_4$ bis $^1/_2$	= Bruch geht bis zu 50 % der geleimten Fläche durch das Holz
$^1/_2$ bis $^3/_4$	= Bruch geht bis zu 75 % der geleimten Fläche durch das Holz
$^3/_4$ bis 1	= Bruch geht über 75 % der geleimten Fläche durch das Holz
1	= Bruch geht über die ganze geleimte Fläche durch das Holz

4. Prüfung von dicken Leimschichten

4.1 Holzauswahl und Verleimung der Prüfplatten

Die Prüfplatten werden aus je einem 5 mm dicken und einem 6 mm dicken gehobelten, geradfaserigen Buchenbrettabschnitt von 130 mm Breite mit stehenden Jahrringen hergestellt. Das Holz soll einen Feuchtigkeitsgehalt von 12 ± 1 % haben. Die Länge soll ein Vielfaches von 150 mm, z. B. 600 mm, und der Winkel zwischen Jahrringflächen und den zu verleimenden Flächen 60 bis 90° betragen.

Der 6 mm Brettabschnitt wird wie in Abb. 115 ersichtlich mit 1 mm tiefen Einfräsungen von 12 mm Breite versehen. Der Leim ist auf den eingefrästen Brettabschnitt aufzutragen und gut in die Einfräsungen einzustreichen, damit diese ausreichend gefüllt sind (möglichst mit Überhöhung). Durch die Verleimung von 6 mm dicken eingefrästen Abschnitten mit 5 mm dicken Abschnitten ohne Einfräsung entstehen 11 mm dicke verleimte Prüfplatten für die Entnahme von Proben.

4.2 Probenahme und Probenform

4.3 bis 4.6 wie 3.3 bis 3.6

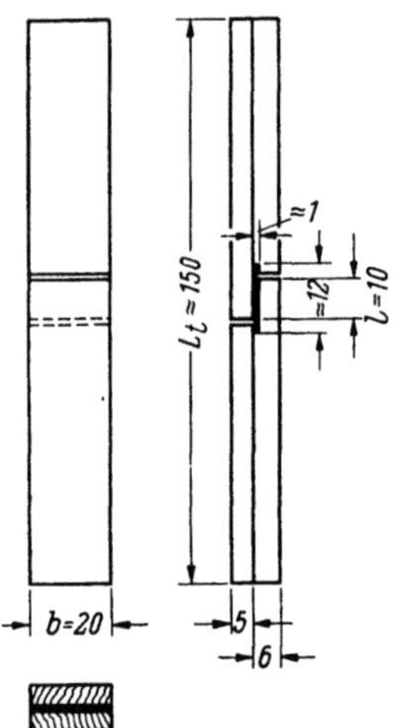

Abb. 115. Langholzverleimung, dicke Leimschicht

DIN 53255. Prüfung von Holzleimen. Bestimmung der Bindefestigkeit von Sperrholzverleimungen (Furnier- und Tischlerplatten) im Zugversuch

1. Zweck und Anwendungsbereich

Der Versuch dient zur Bestimmung der Festigkeit von *Sperrholzverleimungen*. Dabei wird eine Probe aus verleimten Halbzeugen (Furnier- und Tischlerplatten) einer zügig gesteigerten Zug-Scherbelastung bis zum Bruch unterworfen.

Die Prüfung eignet sich

a) zur Beurteilung der Verleimungen von Sperrholz (Furnier- und Tischlerplatten). Sie kann auch zur Prüfung von Lagenholzleimen dienen.

b) zur vergleichsweisen Beurteilung des Einflusses der Zahl der verleimten Furniere auf die Bindefestigkeit,

c) zur Beurteilung von Einflüssen auf die Bindefestigkeit, die aus verschiedener Lagerung der Proben nach der Verleimung herrühren können,

d) zur Untersuchung von Abbindevorgängen,

e) für Betriebsüberwachungen.

2. Begriffe. Siehe DIN 53251.

3. Probenahme

Aus mindestens 3 verschiedenen Platten gleichen Aufbaues und gleicher Verleimung sind Abschnitte von etwa 400 mm × 500 zu entnehmen. Mindestens ein Abschnitt ist aus dem Plattenrand und mindestens einer aus der Plattenmitte zu entnehmen. Aus jedem der drei Abschnitte sind verschiedene Proben je nach Plattenart und Zahl der verleimten Furniere herzustellen.

Zur Prüfung von Lagenholzleimen sind dreifach verleimte Furnierplatten aus 1,3 bis 1,6 mm dicken einwandfreien Buchen-Schälfurnieren herzustellen.

4. Lagerung vor der Prüfung und Anzahl der Proben

Die Lagerbedingungen sind in DIN 53251 festgelegt.

5. Furnierplatten

5.1 Probenform und Probenabmessungen
5.11 Dreifach verleimte Furnierplatten. Aus den nach Abschnitt 3 entnommenen Plattenabschnitten werden Streifen von 100 mm Breite quer zur Faserrichtung der Außenfurniere geschnitten und beiderseits mit 3 mm breiten Einschnitten versehen. Die Einschnitte müssen von jeder Seite das mittlere Furnier durchtrennen. Ihr Abstand = Länge l der Scherfläche richtet sich nach der Furnierdicke a.

Als *einfache Zug-Scherprobe* (s. Abb. 116) werden von den vorbereiteten Streifen 25 mm breite Proben abgetrennt.

Als *doppelte Zug-Scherprobe* (s. Abb. 117) werden zwei einfache Zug-Scherproben spiegelbildlich miteinander verleimt.

6. Tischlerplatten

6.1 Probenform und Probenabmessungen
Aus den nach Abschnitt 3 entnommenen Plattenabschnitten werden T-förmige Proben entsprechend Abb. 118 so herausgeschnitten, daß die zu prüfenden Leimflächen 10 mm Länge und 20 mm Breite haben. Dabei darf die Mittellage keine Stoßfuge innerhalb

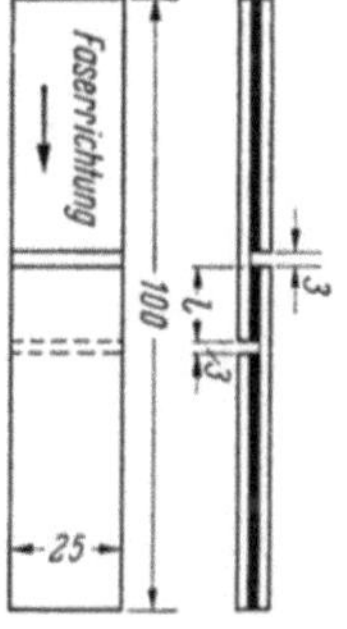
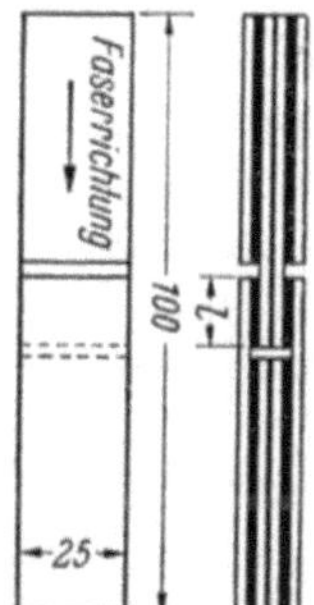

Abb. 116. Probe einer dreifachen Furnierplatte (DIN 53255)

Abb. 117. Doppelprobe aus 2 dreifachen Furnierplatten

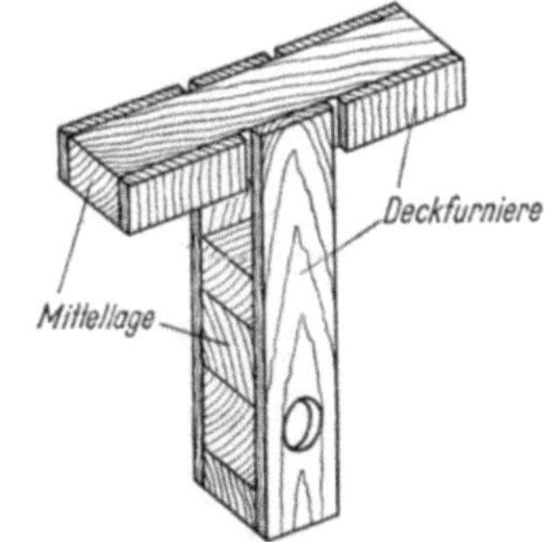

Abb. 118. Form der Probe für Tischlerplatten

der Prüffläche der Probe haben. Am Kopfsteg werden die Deckfurniere der Proben neben den zu prüfenden Leimflächen durch etwa 3 mm breite Einschnitte getrennt

17*

und im Kopfsteg die Mittellage bis zu der Prüffläche hin so entfernt, daß hierbei Verletzungen der Prüffläche vermieden werden. Der Mittelsteg der T-förmigen Probe ist mit einer Bohrung von 8,5 mm Durchmesser zu versehen.

6.2 Probenanzahl und Lagerung der Proben vor der Prüfung

Siehe Abschnitt 4.

6.3 Versuchsdurchführung

Für die Durchführung des Versuches ist eine Vorrichtung nach Abb. 119 erforderlich. Nach Einbau der Probe wird die Vorrichtung in eine Zugprüfmaschine, die eine Genauigkeit der Kraftanzeige von mindestens 1 kg besitzt, eingespannt. Die Prüfmaschine ist entsprechend der zu erwartenden Höchstkraft auszuwählen.

7. Lagenholzleime

Für die Prüfung von Lagenholzleimen sind dreifach verleimte Furnierplatten zu verwenden. Sie sind in gleicher Weise wie dreifach verleimte Furnierplatten zu prüfen.

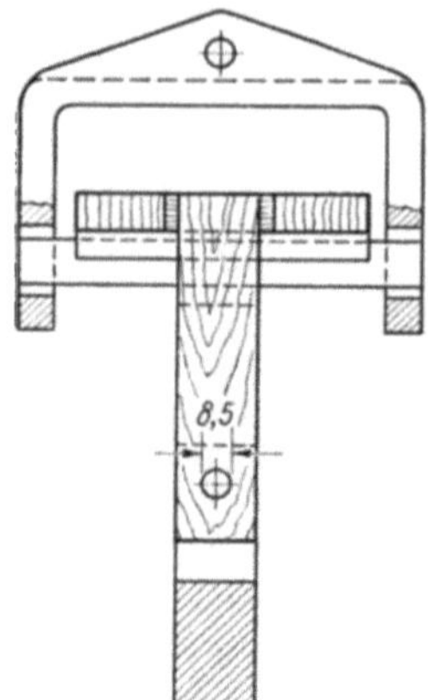

Abb. 119. Einspannvorrichtung für Proben von Tischlerplatten

DIN (Vorschlag November 1952) **Prüfung von Holzleimen. Bindefestigkeit von Hirnholzverleimungen im Zugversuch**

1. Wesen und Zweck der Prüfung

Hirnholzverleimte Proben werden zur Feststellung der Bindefestigkeit einer zügig gesteigerten Zugbelastung bis zur Grenze der Tragfähigkeit (Bruch) unterworfen.

2. Anwendungsbereich

Die Prüfung eignet sich: (nähere Angaben sind noch einzusetzen).

3. Begriffe. Siehe DIN 53251.

4. Holzauswahl

Werden keine anderen Vereinbarungen getroffen, so wird geradfaseriges Weißbuchenholz, Rotbuchenholz oder Ahornholz verwendet.

5. Probenahme, Probenform und Probenherstellung

Die Proben werden aus 85 mm langen Stäben mit quadratischem Querschnitt von 10 mm Kantenlänge hergestellt.

Die Stäbe werden entsprechend Abb. 120 mit zwei Bohrungen zum Durchstecken von Stiften für den Eingriff der Zugvorrichtung versehen. Genau in der Mitte der beiden Endflächen wird je eine kleine Vertiefung (Anbohrung) A für den Eingriff der Dorne D_1 und D_2 der Einspannpressen angebracht.

Die Stäbe werden mit einer feinen Gehrungssäge halbiert, die Schnittflächen werden nicht weiter bearbeitet. Zur Vermeidung von Spannungen durch ungleiches Schwinden der Holzfaser werden die zusammengehörigen Hälften in ihrer ursprünglichen Lage wieder miteinander verleimt und zu diesem Zweck vorher entsprechend bezeichnet.

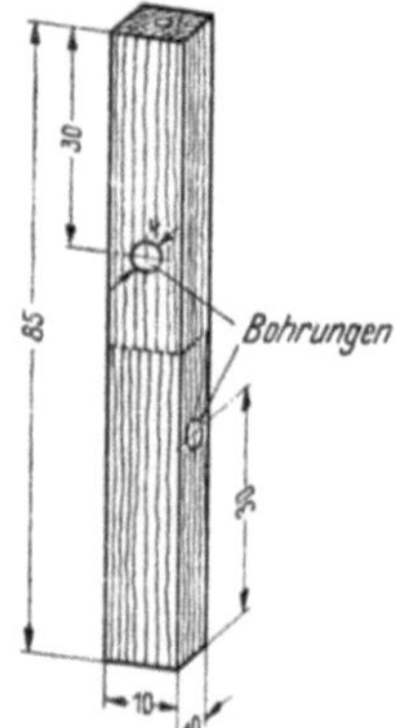

Abb. 120. Probe für Hirnholzleimung

6. Verleimung

Für eine eingehende Beurteilung der zu erwartenden Prüfergebnisse ist die Kenntnis der Kenndaten des Verleimungsvorgangs nach DIN 53252 erforderlich.

Der Leim wird auf die Schnittflächen aufgetragen, je zwei Hälften gegeneinander gepreßt und die Proben in die Spannpressen nach Abb. 121 eingespannt. Die Proben werden 24 Stunden in den Pressen belassen; nach Entnahme werden überstehende Leimschichten mit Schmirgelpapier entfernt.

7. Vorbehandlung der Proben

Sämtliche Proben sind zunächst 7 Tage in normalem Raumklima nach DIN 53251 zu lagern, dann wird die Trockenfestigkeit von mindestens 8 Proben ermittelt.

(Es ist noch zu entscheiden, welche Art von Wasserfestigkeit usw. hier evtl. vorzuschlagen ist.)

8. Durchführung

Die Proben werden in einer Zugprüfmaschine mit einer Genauigkeit der Kraftanzeige von mindestens 1 kg geprüft. Die beim Versuch zu erwartende Höchstkraft muß gleich oder größer sein als 10% des benutzten Meßbereichs oder 4% der Maschinenhöchstlast bei Prüfmaschinen mit mehreren Belastungsstufen. Die Proben können nicht mit Spannbacken gefaßt werden, da das Holz bei der geringen Breite der Proben dem Backendruck nicht standhält. Sie werden in gabelförmigen Haltern mit durchgesteckten Stiften nach Abb. 122 festgehalten.

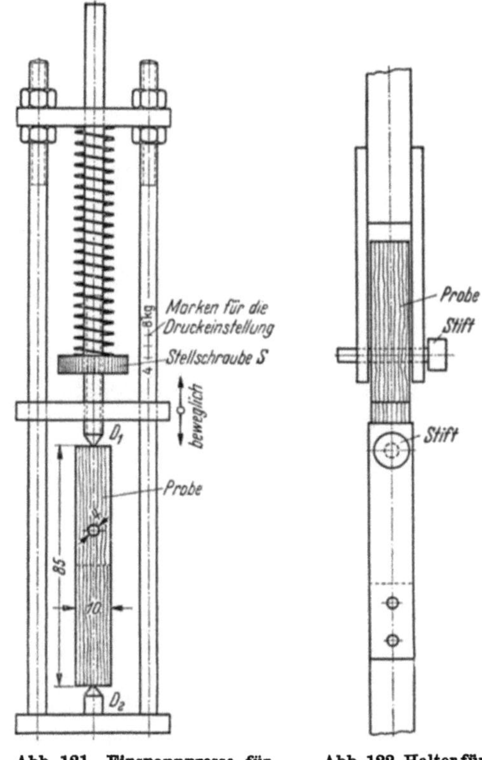

Abb. 121. Einspannpresse für hirnholzgeleimte Proben

Abb. 122. Halter für die Zerreißprüfung hirnholzgeleimter Proben

9. Auswertung

Die Bindefestigkeit τ_B wird nach folgender Formel berechnet:

$$\tau_B = \frac{P_{\max}}{F} \text{ kg/cm}^2$$

Hierin bedeuten:

$P_{\max}$ = Höchstkraft in kg,
F = geleimte Prüffläche in cm².

Die geleimte Prüffläche ist nach dem Bruch der Probe auszumessen. Holzbruch ist im allgemeinen nicht zu erwarten. Proben, bei denen der Bruch im Holz eintrat, sind nicht auszuwerten.

10. Prüfbericht

Im Prüfbericht sind unter Hinweis auf diese Norm anzugeben: Alle notwendigen Kenndaten des Verleimungsvorgangs nach DIN 53252. Die Mittelwerte sowie die kleinsten und größten Einzelwerte der verschiedenen Bindefestigkeiten in kg/cm² auf 1 kg/cm² gerundet nach dem in DIN 53251 angegebenen Schema.

Nähere Erläuterungen zum Verfahren der Hirnholzleimung

Wie schon unter DIN 53251 erwähnt, wird unter Hirnholzleimung eine Verbindung zweier Holzkörper verstanden, deren Schnittflächen *senkrecht* zur Holzfaser stehen.

Praktisch wird bei der Holzverarbeitung jedoch weit überwiegend eine Leimung *parallel* zur Faser angewandt. Aus diesem Grund wird auch zur Prüfung von Holzleimen dieses Verfahren entsprechend DIN 53254 empfohlen.

Bei der verhältnismäßig geringen Festigkeit der meistgebrauchten Hölzer parallel zur Faser ist bei dieser Art der Prüfung sehr häufig mit Holzbruch zu rechnen.

Bei Hirnholzleimung tritt im allgemeinen Holzbruch *nicht* ein. Die Annahme, daß bei Hirnholzleimung die Leimhaftung schwächer sei als bei Verleimung parallel zur Faser, ist durchaus unzutreffend. Vielmehr werden bei Hirnholzleimung überraschend hohe Bindefestigkeiten erzielt.

Aus diesem Grunde ist eine Zerreißprobe mit hirnholzgeleimten Prüfkörpern für bestimmte Zwecke durchaus am Platz. Gerade für hochwertige Leime kommt eine Leimung senkrecht zur Faser in Frage, da nur so die hohe Bindefestigkeit solcher Leime ermittelt werden kann. M. Rudeloff[1], welcher überhaupt die ersten systematischen Untersuchungen über die Prüfung der Bindefestigkeit von Leimen ausführte, benutzte die Hirnholzleimung. Er bezeichnete die Bindefestigkeit als „Fugenfestigkeit".

Obiger Normentwurf „Bindefestigkeit von Hirnholzverleimungen" gründet sich auf eine Untersuchung von Sauer und Willach[2], dieser sind nachstehende Ausführungen entnommen.

Bei allen Verfahren zur Feststellung der Bindefestigkeit von Leimen ist die Streuung der Einzelwerte sehr groß. Sehr erheblich ist der Einfluß des Wassergehaltes von Leim, Holz und Außenluft auf das Ergebnis. Auch wenn die Prüfhölzer auf einen bestimmten Wassergehalt gebracht sind, ist damit zu rechnen, daß bei wäßrigen Leimlösungen das Holz wieder Wasser aus der Leimlösung aufnimmt, wodurch der Wassergehalt geändert wird. Die Zerreißprüfung darf erst vorgenommen werden, wenn

---

[1] Rudeloff, M.: Mitt. aus dem Kgl. Materialprüfungsamt zu Lichterfelde Bd. 36 (1918) S. 2 und Mitt. aus dem Materialprüfungsamt zu Berlin-Lichterfelde Bd. 37 (1919) S. 33.

[2] Sauer, E. u. E. Willach: Kolloid-Z. Bd. 84 (1938) Hft. 1.

der Wassergehalt in Holz und Leimfuge sich auf einen konstanten Wert eingestellt hat. Gesättigte Lösungen verschiedener anorganischer Salze, die noch festen Bodenkörper enthalten, können dazu dienen, um in einem geschlossenem Raum einen konstanten Wasserdampfdruck einzustellen[1]. Eine Anzahl geeigneter Salze sind in Tabelle 57, Spalte 4 aufgeführt, in Spalte 2 ist der prozentuale Wasserdampf-Sättigungsgrad angegeben, der sich im Luftraum über der betreffenden gesättigten Salzlösung einstellt.

Tabelle 57. *Bindefestigkeit von Glutinleimen bei verschiedener Luftfeuchtigkeit*

1. Temperatur	2. Luftfeuchtigkeit	3. Lagerung	4. Trockenmittel	5. Bindefestigkeit
20°	75% Sättigung	10 Tage	Kochsalz	132 kg/cm² *
20°	65% ,,	10 ,,	Ammonnitrat	141 ,,
20°	·55% ,,	10 ,,	Kalziumnitrat	147 ,,
20°	45% ,,	10 ,,	Pottasche	148 ,,
20°	35% ,,	10 ,,	Chlorkalzium	164 ,,

* Mittelwert von je 10 Einzelwerten.

Tabelle 57 zeigt die Veränderung der Bindefestigkeit bei verschiedenen Sättigungsgraden der Luft mit Wasser. Bei geleimten Prüfhölzern von $85 \times 10 \times 10$ mm stellt sich ein konstantes Gewicht nach etwa 8 Tagen ein. Bei Hölzern vom Querschnitt 25×50 mm, wie sie früher vom Verfasser benutzt wurden, erfordert die Einstellung des Gleichgewichts 3 bis 4 Monate. Dies läßt den Vorzug der Prüfkörper von kleinen Dimensionen erkennen.

Bei Bewegung der Luft und der Salzlösung wird das Gleichgewicht wesentlich schneller erreicht. Aus diesem Grunde wurde für diese Versuche als Klimaraum ein Behälter nach Abb. 123 benutzt. Ein kleiner Propeller b bewegt die Salzlösung S, ein größerer F bewirkt eine Umwälzung der Luft, wodurch diese sowohl mit den oben gelagerten Holzkörpern A als auch mit der dauernd erneuerten Oberfläche der Salzlösung in innige Berührung kommt. Der äußere Behälter dient als Thermostat. Als Salzlösung wurde Kalziumnitrat (55% relative Luftfeuchtigkeit) verwendet. Der gesättigten Lösung wurde noch

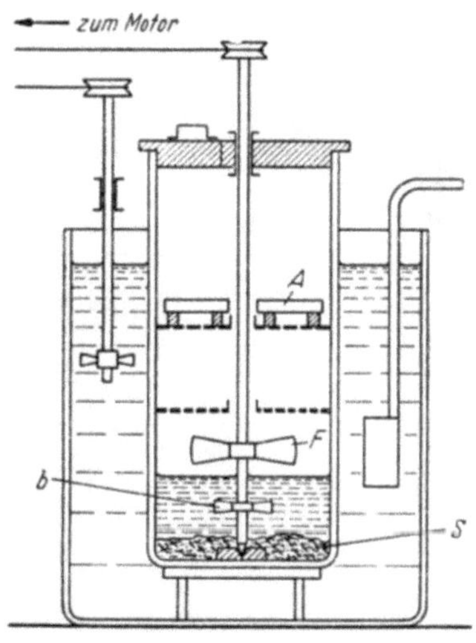

Abb. 123. Klimaraum für geleimte Prüfhölzer

---

[1] OBERMÜLLER u. GÖRTZ: Hoppe-Seyler's Z. physiol. Chem. Bd. 109 (1924) S. 145.

ein reichlicher Überschuß des festen Salzes als Bodenkörper zugesetzt. Die Temperatur wurde konstant auf 20° gehalten.

Der Einfluß verschiedener Luftfeuchtigkeit auf die Bindefestigkeit ist aus Tabelle 57 ersichtlich. Als Klimaraum wurden für diese Versuchsreihen Glasbehälter mit Deckel (Exsikkatoren) gebraucht, die jeweils mit der betreffenden Salzlösung beschickt waren. Die geleimten Hölzer wurden in den Behältern auf einem Drahtnetz über der Salzlösung 25 Tage gelagert. Die Zahlen lassen erkennen, daß mit abnehmender Feuchtigkeit die Bindefestigkeit stetig zunimmt.

Bezüglich der Dauer der Belastung beim Trocknen ergibt sich, daß zwischen 6 und 12 Stunden die Werte noch erheblich ansteigen, daß jedoch nach 12 Stunden bei Hölzern der Ausmaße $85 \times 10 \times 10$ mm keine Zunahme der Festigkeit mehr zu beobachten ist.

Bei Verwendung verschiedener Holzarten konnten bei Leimung mit einer 35%igen Lösung eines hochwertigen Hautleimes folgende Zahlen gefunden werden:

$$\begin{array}{ll}
\text{Rotbuche} \ldots\ldots\ldots\ldots\ldots & 158 \text{ kg/cm}^2 \\
\text{Weißbuche} \ldots\ldots\ldots\ldots & 174 \text{ kg/cm}^2 \\
\text{Ahorn} \ldots\ldots\ldots\ldots\ldots & 146 \text{ kg/cm}^2
\end{array}$$

Ahorn wird bei Versuchen in USA viel gebraucht.

Es ist bekannt, daß bei zunehmender Konzentration der Leimlösung höhere Werte der Bindefestigkeit gefunden werden. In Tabelle 58 sind Versuche für Hautleim- und Knochenleim bei Konzentrationen von 20 bis 50 bzw. 30 bis 50% der Leimlösung für die Leimung der Prüfkörper wiedergegeben (Abb. 124).

Tabelle 58
Einfluß der Leimkonzentration auf die Bindefestigkeit

Konz. der Leimlösung %	Hautleim		Knochenleim	
	normal kg/cm²	vorgetränkt kg/cm²	normal kg/cm²	vorgetränkt kg/cm²
20	49,0	81,0	—	—
25	136,0	140,0	—	—
30	140,0	173,0	80,0	125,0
35	156,6	220,0	123,0	175,2
40	166,6	253,0	145,0	198,2
45	184,0	212,6	160,0	220,0
50	147,0	166,6	156,0	221,2

Bei einer zweiten Versuchsreihe wurden die Leimflächen mit Leimlösung vorgetränkt.

Die Vortränkung hat den Zweck, Ungleichmäßigkeiten in der Struktur der Hirnholzflächen, wie sie durch verschieden starke Jahresringe des Holzes, durch ungleichmäßigen Schnitt und anderes hervorgerufen werden, auszugleichen. Die Schnittflächen der Prüfkörper wurden nach der Trennung mittels der Gehrungssäge in der Hautleimreihe mit einer etwa

70° C heißen 5%igen Hautleimlösung bestrichen, bis ein Einziehen in die Poren der Holzflächen nicht mehr feststellbar war. Sodann wurden die Prüfkörper bei konstantem Feuchtigkeitsgehalt der Luft von 55% wieder getrocknet und dann normal weiterverarbeitet. Bei der Knochenleimreihe wurde genau so verfahren, nur daß hierbei eine 8%ige Leimlösung zur Vortränkung benutzt wurde.

Die Fugenfestigkeit bei normaler Verleimung steigt mit zunehmender Konzentration innerhalb eines bestimmten Konzentrationsbereichs annähernd geradlinig an. Dieser Bereich liegt bei Hautleim zwischen 25 und 45%, bei Knochenleim zwischen 35 und 45%. Unterhalb und oberhalb dieser Werte ist ein starkes Absinken der Festigkeit zu verzeichnen. Offenkundig treten Unregelmäßigkeiten zutage, die auf ungeeignete Ausbildung der Leimschicht zurückzuführen sind. Bei niederen Konzentrationen dringt die Leimlösung infolge zu geringer Viskosität stark in die Poren des Holzes

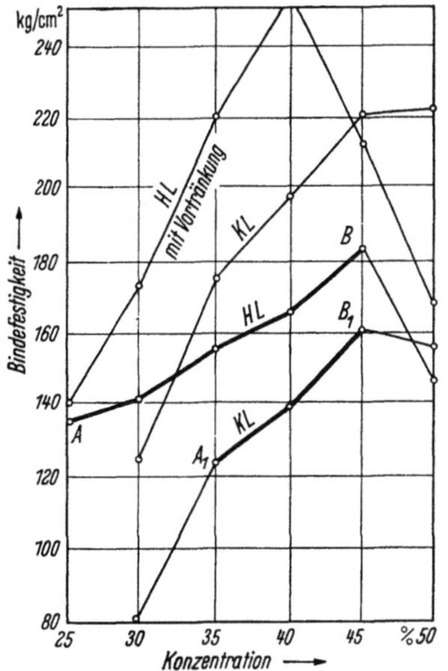

Abb. 124. Abhängigkeit der Bindefestigkeit von der Konzentration der Leimlösung. Obere Kurven: Bindefestigkeit von Hautleim und Knochenleim bei Vortränkung der Holzflächen mit Leimlösung

ein; die Leimschicht erleidet beim Trocknen Unterbrechungen. Bei sehr hoher Konzentration wird die notwendige enge Annäherung der beiden Holzkörper behindert. Die Leimverbindung erreicht dann nicht mehr ihre volle Festigkeit.

Untersuchungen über den Zusammenhang zwischen Konzentration und Bindefestigkeit wurden schon früher mehrfach ausgeführt, so von M. RUDELOFF[1] und von E. SAUER[2]. Die früheren Befunde stimmen mit den vorliegenden qualitativ gut überein, jedoch sind die Festigkeitszahlen der neuen Methode bedeutend höher als die früher ermittelten.

Durch die Holztränkung mit Leimlösung wird eine weitere Steigerung der Bindefestigkeit sowohl für Hautleim als auch für Knochenleim erreicht. Sinngemäß fallen die Störungen infolge Porosität des Holzes hier weg, da die Poren geschlossen sind. Für Hautleime wurde die bemerkenswerte Höchstfestigkeit von 253 kg/cm² gefunden.

Trotz Ausschaltung verschiedener Fehlerquellen bei der Hirnholzleimung nach dem Verfahren von E. SAUER und E. WILLACH gegenüber

[1] RUDELOFF, M.: zit. S. 202.
[2] SAUER, E.: Kolloid-Z. Bd. 33 (1923) S. 40.

früheren Versuchen dieser Art ist die Streuung der Einzelwerte noch erheblich. In dem Normentwurf ist vorgeschrieben, daß der Durchschnitt von wenigstens 8 Einzelwerten genommen werden soll. Die Streuung der Einzelwerte um einen bestimmten häufigsten Mittelwert ist noch besser erkennbar bei einer größeren Zahl von Einzelwerten der gleichen Prüfung. Nachstehend sind die Zahlen von 55 Einzelwerten bei Prüfung der Bindefestigkeit eines Hautleimes mittlerer Qualität aufgeführt. Die Zahlen, ansteigend von 5 : 5 kg/cm², sind in Zehnergruppen zusammengefaßt. Das Zahlenbild läßt deutlich die Verteilung der Einzelwerte um den häufigsten Wert 180 bis 185 kg/cm² erkennen, der Mittelwert ist 192 kg/cm².

140	140	145 kg/cm²						
150	155							
160	160	160	160	160				
170	170	170	170	170	175	175		
180	185	185	185	185	185	185	185	185
190	190	195	195	195	195	195		
200	205	205	205	205	205			
210	215	215	215	215	215			
220	225	225	225					
230	235	235	235					
240	240							

Über das Verhalten der Bindung von Holzleimen bei Dauerbeanspruchung

Die Bindefestigkeit, die bei den Zerreißversuchen festgestellt wird, kann keineswegs den wirklichen Gebrauchswert eines Leimes restlos erfassen. Bei geleimten Holzgegenständen ist für bestimmte Verwendungszwecke damit zu rechnen, daß auf die Leimfuge eine starke mechanische Beanspruchung durch dauernden Wechsel zwischen Zug- und Druckbelastung, Biegung, Scherung, Torsion usw. ausgeübt wird. Um ein Bild von dem Einfluß derartiger Einwirkungen zu gewinnen, muß man die Leimfuge einer Dauerbeanspruchung aussetzen. Schnell wechselnder Zug, Druck, Biegung usw. müssen über einen längeren Zeitraum auf die Leimfuge einwirken. Ein solches Verfahren kann auch dazu dienen, festzustellen, ob eine vorzeitige Alterung eines Leims bei längerer mechanischer Beanspruchung eintritt oder ob eine solche Behandlung mit der Zeit eine Änderung in der Struktur des Leimmoleküls auslöst, die einen Rückgang der Bindefestigkeit im Gefolge hat.

Von E. SAUER und W. BUBSER[1] wurden einige Verfahren geprüft, um eine mechanische Dauerbeanspruchung zu verwirklichen, einerseits durch Einwirkung von schnellem Zug- und Druckwechsel auf die Leim-

---

[1] SAUER, E.: Holztechnik (1955) Heft 2.

fuge bei verschiedener Belastung und andererseits durch schnelle Schwingungen, die auf den Prüfkörper und die Leimfuge übertragen wurden.

Verfahren der Dauerbeanspruchung. Schließlich erwies sich ein Verfahren mit rotierenden Prüfstäben als besonders geeignet. Es besteht darin, daß man den stabförmigen Prüfkörper am Ende einer waagerechten, rotierenden Welle in Richtung der Welle befestigt und am freien Ende in geeigneter Weise mit Gewichten belastet. Durch diese Belastung wird die obere Hälfte der Prüfstäbe bzw. der Leimfuge dauernd auf Zug, die untere Hälfte auf Druck beansprucht. Durch die Umdrehung findet ein fortgesetzter Wechsel der zug- und druckbelasteten Teile statt, so daß die Leimfuge intensiv beansprucht wird. Die maschinelle Vorrichtung ist aus den Abb. 125 u. 126 ersichtlich. An den Enden einer kurzen, doppelt gelagerten Welle ist je ein Bohrkopf B befestigt, der

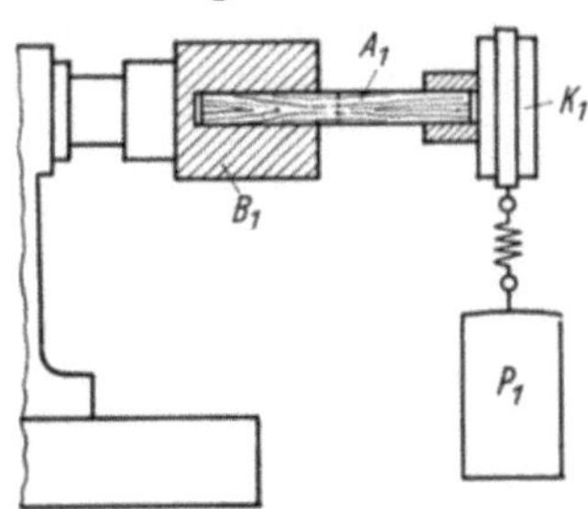

Abb. 125. Apparat zur Prüfung der Dauerbeständigkeit der Leimbindung mit rotierenden Prüfhölzern A

als Einspannvorrichtung für die Prüfkörper A dient. Durch das Backenfutter des Bohrkopfs wird es ermöglicht, die Hölzer in zentrierter Lage gut festzuhalten. Am freien Ende des Prüfkörpers ist ein kleines Kugellager K aufgeschoben, an welchem die Belastungsgewichte P angehängt werden. Der Prüfkörper selbst wirkt als Hebelarm, die Länge des Hebels von der Leimfuge bis zur Mitte des Kugellagers beträgt 48 mm. Zwischen Gewicht und Kugellager wird eine kurze Spiralfeder eingeschaltet, um eine stoßweise Belastung infolge geringer Abweichungen bei der Zentrierung auszugleichen. Der Antrieb erfolgt durch einen Elektromotor; ein automatischer Ausschalter bringt den Motor bei Bruch des Prüfkörpers zum Stillstand. Die umlaufende Welle steht mit einem Tourenzähler in Verbindung[1]. Für die Versuche waren nur Prüfkörper mit Hirnholzleimung geeignet.

Abb. 126. Wie Abb. 125, mit zwei eingespannten, rotierenden Prüfhölzern, Ansicht

---

[1] Herrn Dipl.-Ing. F. ALLENDORF, Stuttgart, sei für die wertvolle Beratung bei diesen Versuchen bestens gedankt.

Die Zerreißprobe darf erst vorgenommen werden, wenn der Wassergehalt in Holz und Leimfuge sich auf einen konstanten Wert eingestellt hat. Aus diesem Grund wurden sämtliche geleimten Hölzer vor dem Zerreißversuch bzw. der Dauerbeanspruchung sieben Tage lang in einem Klimaraum gelagert, in welchem die relative Luftfeuchtigkeit konstant auf 55% und die Temperatur auf 20° C gehalten wurde (s. S. 263).

Wenn man nun derart geleimte Prüfkörper bei verschiedener Belastung P am Hebelarm der Dauerbeanspruchung unterwirft, so zeigt sich, daß bei einer bestimmten Mindestbelastung selbst bei sehr langer Einwirkung (z. B. 3 Millionen Umdrehungen) kein Bruch der Leimfuge mehr eintritt. Diese so ermittelte Mindestbelastung, die für eine bestimmte Leimart oder Leimsorte charakteristisch ist, kann als Maßstab für die Dauerstandfestigkeit des untersuchten Leims dienen. Eine solche Versuchsfolge für einen Glutinleim ist in Tabelle 59 wiedergegeben. Die Belastungsgrenze ist hier $P = 1{,}0$ kg.

Tabelle 59

Nr.	Belastung am Hebel P	Zahl der Lastwechsel bis zum Bruch	Bemerkung
1.	1,0 kg	3 000 000	kein Bruch
2.	1,5 kg	1 500 000	(Umlaufzahl
3.	1,7 kg	815 000	600/Min.)
4.	1,9 kg	432 000	
5.	2,1 kg	320 000	
6.	2,3 kg	47 000	

Die zulässigen Belastungsgewichte sind verhältnismäßig nieder; dies läßt erkennen, daß die hier ausgeübte Behandlungsweise eine intensive Beanspruchung der Leimfuge darstellt.

Die Ermittlung der Grenzwerte nach dem geschilderten Verfahren ist äußerst zeitraubend. Für die vorliegenden Versuche wurde eine andere Kennzeichnung der Dauerstandfestigkeit gewählt, wie sie nachstehend beschrieben ist.

Art der Versuchsausführung. Man belastet die Proben mit einem Gewicht am Hebelarm, bei welchem auch bei einer hohen Zahl von Lastwechseln kein Bruch mehr eintritt. Anschließend wird die Bindefestigkeit der vorbeanspruchten Proben ermittelt (Gruppe II). Von einer weiteren Gruppe von Prüfkörpern wird *ohne* vorherige Beanspruchung die Bindefestigkeit ebenfalls festgestellt (Gruppe I). Der Rückgang der Bindefestigkeit nach der Dauerbiegeprobe wird in Prozent der Anfangsfestigkeit von Gruppe I angegeben. Er ergibt einen anschaulichen Maßstab für die Vergleichung der Dauerfestigkeit verschiedener Leime.

Glutinleime. Glutinleime zeigen eine Viskosität, die meist zwischen 1,5 und 10,0 Englergraden liegt, wobei jedoch in einzelnen Fällen auch höhere Werte erreicht werden. Je nach der Viskosität liegt der Höchstwert der Bindefestigkeit der Glutinleime bei einer bestimmten Konzentration der Leimlösung, mit welcher die Verleimung vorgenommen wird; die günstigste Konzentration ist etwa 35 bis 45%. Die bei den Versuchen angewandte Konzentration war teils 35 teils 45%.

Glutinleim A.

Viskosität: 2,8 Englergrade, Leimlösung: 45%.

Preßdruck: 5 kg/cm², Dauer: 24 Stunden, Temperatur 20°.

Gruppe I. Lagerung: 7 + 4 Tage im Klimaraum.

Bindefestigkeit (12 Proben): 165 bis 200 kg/cm².

Mittelwert: 182 kg/cm².

Gruppe II. Lagerung: 7 Tage im Klimaraum.

Dauerbeanspruchung: 3 Mill. Umdrehungen, = 4 Tage (600 U/min).

Belastung am Hebelarm: 0,9 kg.

Bindefestigkeit (12 Proben): 155 bis 190 kg/cm².

Mittelwert: 166 kg/cm².

Rückgang der Bindefestigkeit durch die Dauerbeanspruchung: 8,8%.

Eine Anzahl weiterer Glutinleime wurde genau unter den gleichen Versuchsbedingungen vorbehandelt und der Dauerbeanspruchung unterworfen. Die Versuchsergebnisse finden sich in Tabelle 60.

Tabelle 60. *Dauerstandfestigkeit*

Nr.	Marke	Viskosität Engler	Gruppe I*		Gruppe II		Rückgang der Bindefestigkeit
			Zahl der Proben	Bindefestigkeit Mittelw. kg/cm²	Zahl der Proben	Bindefestigkeit Mittelw. kg/cm²	
1.	A.	2,8	12	182	12	166	8,8%
2.	B.	3,2	12	190	12	172	9,5%
3.	El.	3,2	12	146	12	135	7,5%
4.	H. 79.	4,0	12	158	12	153	3,2%
5.	C.	4,5	12	194	12	190	2,0%
6.	LSB.	5,0	12	182	12	182	0 %
7.	R. L.	5,1	12	160	12	148	7,5%
8.	G. S.	5,4	12	180	12	178	1,1%
9.	H. V.	6,1	12	180	12	177	1,7%
10.	N. F.	8,0	12	202	12	199	1,5%
11.	S. B.	8,2	12	193	12	191	1,0%
12.	D. W.	9,4	12	169	12	167	1,2%
13.	E. 11.	10,0	25	175	12	176	0 %

* Gruppe   I = Bindefestigkeit nach normaler Lagerung
  Gruppe II = Bindefestigkeit nach Dauerbeanspruchung

Es fällt bei Prüfung dieser Hautleime auf, daß die normale Bindefestigkeit (Gruppe I) von den niedersten bis zu den höchsten Viskositäten (2,8 bis 10,0 Englergrade) kaum Unterschiede zeigt. Dies rührt daher, daß bei der Verleimung eine Konzentration der Leimlösung von 45% benutzt wurde. Bei dieser für Hautleime sehr hohen Konzentration hört die Differenzierung der Bindefestigkeit für zunehmende Viskosität auf, sie geht sogar oberhalb einer Viskosität von 9 Engler wieder zurück, eine Erscheinung, die erfahrungsgemäß bekannt ist.

Diese Messungen lassen erkennen, daß der Rückgang der Bindefestigkeit der Glutinleime bei der Dauerbeanspruchung recht gering ist. Er beträgt im Durchschnitt nur 3,5%. Wenn man nur die Leime mit einer Viskosität über 4,0 Engler berücksichtigt, also Nr. 5 bis 13, so ist der mittlere Rückgang nur 1,8%.

Bei dieser Prüfung zeigen also die Glutinleime mittlerer und höherer Viskosität eine ausgezeichnete Dauerbeständigkeit.

Heißhärtende Glutinleime. Auch die Glutinleime können mit Härtern verarbeitet werden, derart, daß die Leimfuge in wenigen Minuten abbindet und die geleimten Werkstücke noch heiß aus der Presse genommen werden können (s. S. 227). Die in Tabelle 61 aufgeführten Leime sind Handelserzeugnisse. Die Verarbeitung wurde jeweils nach der beigegebenen Gebrauchsvorschrift vorgenommen. Die hirnholzgeleimten Prüfkörper können natürlich nicht in einer heizbaren Plattenpresse eingespannt werden. Vielmehr wurden die Hölzer mit den Federpressen nach Abb. 121 in einem Wärmeschrank 40 Minuten auf der vorgeschriebenen Temperatur, meist 90 bis 150°, gehalten, dann vor dem Zerreißversuch 7 Tage im Klimaraum gelagert. Für jede Versuchsreihe wurden 12 Prüfkörper hergestellt.

Tabelle 61. *Dauerstandfestigkeit. Heißhärtende Glutinleime*

Nr. Marke	Gruppe I Bindefestigkeit Mittelwert kg/cm²	Gruppe II Bindefestigkeit Mittelwert kg/cm²	Rückgang der Bindefestigkeit
1. H. H.........	142	135	5,0%
2. H. Sch. I. ...	117	109	6,8%
3. H. Sch. II. ...	86	80	7,0%
4. H. R. I.	81	76	6,2%
5. H. R. II.	162	148	8,6%

In einzelnen Fällen ist die Bindefestigkeit dieser Leime geringer als die der reinen Glutinleime; dies rührt wohl daher, daß diese Leime für Spezialzwecke bestimmt sind und ihnen aus diesem Grund größere Mengen von Chemikalien und von anderen Nichtleimstoffen zugesetzt werden.

Im allgemeinen ist die Bindefestigkeit durchaus hochwertig, auch die Dauerstandfestigkeit ist durchweg gut.

Kunstharzleime. Kunstharzleime sind so vielfältiger chemischer Herkunft, daß allgemeingültige Aussagen über diese Leime nicht gegeben werden können, jede Gruppe ist vielmehr einzeln zu behandeln. Die Einteilung erfolgt nach denselben Richtlinien wie bei den Kunstharzen.

Zahlreiche dieser Leime werden in Verbindung mit einem Härter verarbeitet. Die Prüfung auf Dauerstandfestigkeit benutzt nach dem hier angewandten Verfahren hirnholzgeleimte Prüfkörper. Es zeigt sich nun, daß einzelne Kunstharzleime sich nicht für Hirnholzleimung eignen. Die auf Hirnholz geleimten Prüfkörper zeigen nur eine geringe Bindefestigkeit. Dieses Verhalten spricht keineswegs gegen die Qualität solcher Leime, doch konnte bei ihnen die Prüfung auf Dauerstandfestigkeit nach dem hier benutzten Verfahren nicht durchgeführt werden. Bei der Heißleimung liegen die Verhältnisse ähnlich wie bei den heißhärtenden Glutinleimen. Die Hirnholzkörper können natürlich nicht in eine Plattenpresse für dünne Holzlagen eingespannt werden. Zur Wärmeeinwirkung werden die in die kleinen Federpressen eingespannten Hölzer in einem Wärmeraum auf die vorgeschriebene Temperatur gebracht. Diese Behandlungsweise erfüllt durchaus den gewünschten Zweck, wie die hohe Bindefestigkeit einzelner mit Heißhärtung verarbeiteter Leime zeigt. Die untersuchten, nachstehend aufgeführten Kunstharzleime sind Handelserzeugnisse, die Behandlung erfolgte jeweils nach der beigefügten Gebrauchsvorschrift. Gewählt wurden für die Untersuchung Leime aus den Gruppen:

a) Formaldehyd-Harnstoff-Harze,
b) Formaldehyd-Phenol-Harze,
c) Polyvinylazetat-Leime.

Tabelle 62. *Kunstharzleime*
Rückgang der Festigkeit bei Dauerbeanspruchung

Nr.	Art des Leims	Marke und Art der Anwendung (Pressung: Druck, Dauer und Temperatur)	Gruppe I Bindefestigkeit nach normaler Lagerung	Gruppe II Bindefestigkeit nach Dauerbeanspruchung	Rückgang: $\frac{I-II}{I}$ %
1.	Formaldehyd-harnstoff	KW mit rot. Härter 5 kg/cm², 24 h, 20°C	190 kg/cm²	141 kg/cm²	26
2.	Formaldehyd-harnstoff	Wiederholung	188 kg/cm²	146 kg/cm²	22
3.	Formaldehyd-Phenol	DT mit Härter 5 kg, 20 h, 20° C	173 kg/cm²	161 kg/cm²	6,9
4.	Formaldehyd-Phenol	Wiederholung	167 kg/cm²	153 kg/cm²	8,4
5.	Formaldehyd-Phenol	BK 280 mit Härter 5 kg, 24 h, 20° C	206 kg/cm²	146 kg/cm²	29
6.	Formaldehyd-Phenol	HD ohne Härter 5 kg, ³/₄ h, **150°** C	290 kg/cm²	281 kg/cm²	3,1
7.	Formaldehyd-resorcin	Ae.C. } eignet sich nicht für Hirnholz-leimung	—	—	—
8.	Formaldehyd-resorcin	Ca.	—	—	—
9.	Polyvinyl-acetat	MLH flüssig ohne Härter 5 kg, 24 h, 20° C	119 kg/cm²	102 kg/cm²	15

Zusammenfassung

1. **Glutinleime** zeigen bei dieser Behandlung ein sehr günstiges Verhalten. Die Bindung dieser Leime besitzt eine ausgezeichnete, zähelasti-

sche Dauerbeständigkeit. Dies gilt besonders für die Leime mittlerer und höherer Viskosität, die einen hohen Gehalt nichtabgebauter Glutinsubstanz aufweisen. Die Feststellungen über die gute Dauerbeständigkeit decken sich mit der Erfahrung, daß die Glutinleimbindung dem Einfluß von Jahrhunderten standgehalten hat. Auch die heißhärtenden Glutinleime ergeben eine gute Beständigkeit.

2. **Kunstharzleime.** Bei Formaldehyd-Harnstoffleimen zeigt die Hirnholzleimung hohe Bindefestigkeit. Bei Dauerbeanspruchung ist ein merklicher Rückgang der Festigkeit festzustellen. Formaldehyd-Phenolleime verhalten sich nicht einheitlich. Ein Leim dieser Gruppe, der ohne Härter mit Heißpressung verarbeitet wird, besitzt eine ungewöhnlich hohe Bindefestigkeit, die bis über 300 kg/cm² ansteigt. Auch bei Dauerbelastung geht diese Festigkeit kaum zurück. Bei anderen Leimen dieser Gruppe nimmt die an sich recht gute Bindefestigkeit stärker ab. *Polyvinlazetatleime* werden gebrauchsfertig geliefert, sie können ohne Härter kalt verarbeitet werden, sind lange in gebrauchsfähigem Zustand haltbar und erfreuen sich wegen dieser Eigenschaften steigender Beliebtheit. Bezüglich der Bindefestigkeit und Dauerbeständigkeit zeigten sie weniger günstige Versuchswerte als die anderen untersuchten Holzleime.

B. Physikalische und chemische Untersuchung der Glutinleime

Für die Glutinleime ist ein besonderes Normblatt vorgesehen. Der Entwurf hierzu ist nachstehend im Wortlaut wiedergegeben.

DIN 53260 „Prüfung von Glutinleimen" (Entwurf)

1. Begriff.

Glutinleime sind Leime, die aus tierischen Rohstoffen als Hauptbestandteil hergestellt werden. Je nach ihrer Grundlage werden sie als Hautleim (hergestellt aus Rohhautabfällen), Lederleim (hergestellt aus entgerbten Lederabfällen) oder Knochenleim (hergestellt aus entfetteten Knochen) bezeichnet. Glutinleime quellen in kaltem Wasser auf und lassen sich anschließend durch Erwärmen über 40° C lösen.

Glutinleime werden hauptsächlich in Kleinstückform (z. B. Perlen-, Tropfen-, Krümel-, Plättchen-, Würfel- und Flockenleim) oder in gemahlenem Zustand als Leimpulver verschiedener Korngröße geliefert. Tafelleim wird kaum noch hergestellt.

Neben reinen Glutinleimen werden für besondere Zwecke auch gestreckte und modifizierte Glutinleime mit chemischen Zusätzen geliefert. Diese Norm gilt nur für reine Glutinleime.

2. Zweck und Anwendung.

Die Norm dient der Messung physikalischer Kennzahlen, die gemeinsam eine Beurteilung der Güte von Glutinleimen gestatten. Im Vordergrund stehen die Prüfung der Viskosität und der Gallertfestigkeit.

Es besteht eine annähernde, jedoch nicht unmittelbar proportionale Beziehung zwischen Viskosität, Gallertfestigkeit und Bindefestigkeit. Diese Beziehung ist für Leime verschiedener Art und Herkunft nicht übereinstimmend.

Viskosität und Gallertfestigkeit zeigen feinere Abstufungen gewisser Güteeigenschaften der Glutinleime an als die Bindefestigkeit. Diese Kennzahlen lassen sich bei Glutinleimen weit einfacher und zuverlässiger ermitteln als die Bindefestigkeit, weshalb ihre Prüfung bevorzugt wird.

Da Glutinleime auch in vielen besonderen Anwendungsgebieten benutzt werden, werden zur weiteren Kennzeichnung der Güteeigenschaften in Ergänzung zu den physikalischen Kennzahlen nach Bedarf noch eine Anzahl allgemeiner Untersuchungen angewandt.

Geprüft werden:

a) Bindefestigkeit[1], Viskosität, Gallertfestigkeit;

b) Wassergehalt, Aschegehalt, Fettgehalt, Säuregehalt, p_H-Wert, wasserunlösliche Fremdstoffe, Schaumvermögen und Schaumbeständigkeit, Beständigkeit gegen Zersetzung.

3. Probenahme.

Handelt es sich um Lieferungen, so ist eine Probemenge so zu entnehmen, daß sie der durchschnittlichen Beschaffenheit der Lieferung entspricht. Aus dieser Probemenge werden die Proben für die verschiedenen Untersuchungen hergestellt.

4. Prüfverfahren.

4.1 Bestimmung der Bindefestigkeit

Die Bindefestigkeit ist nach DIN 53251 bis DIN 53255 ,,Prüfung von Holzleimen'' zu prüfen. Die Glutinleimlösungen zur Herstellung von Probekörpern sind in drei Konzentrationen und zwar 35, 40 und 45 Gewichts-% in Wasser zu verwenden.

4.2 Bestimmung der Viskosität

Begriff. Viskosität (Zähigkeit) ist die Eigenschaft einer Flüssigkeit, der gegenseitigen Verschiebung zweier benachbarter Schichten einen Widerstand (innere Reibung) entgegenzusetzen. Sie ist eine Kennzahl, mit der die gleichbleibende Beschaffenheit und Verarbeitbarkeit für Abnahme- und Betriebszwecke einfach beurteilt werden kann.

Viskositätsmessung nach Bloom. Die Messung der Viskosität nach BLOOM bei einer Konzentration der Leimlösung von 12,5% und einer Temperatur von 60° C hat sich international eingeführt und wird daher grundsätzlich empfohlen.

---

[1] Im allgemeinen werden Untersuchungen der Bindefestigkeit nicht ausgeführt, weil erfahrungsgemäß bei Glutinleimen die erforderliche Bindefestigkeit vorhanden ist, wenn sie nicht eine außergewöhnlich niedrige Viskosität haben.

Die Viskosität wird daneben auch nach dem älteren Verfahren von J. Fels bei $17^3/_4\%$ und 40° C mit dem Engler-Viskosimeter bestimmt (meist als Engler-Viskosität bezeichnet).

Die amerikanische Standardmethode zur Untersuchung von Glutinleimen umfaßt die Messung der Viskosität und der Gallertfestigkeit nach dem Verfahren von Bloom. Beide Verfahren werden nacheinander mit derselben Leimlösung ausgeführt. Als Viskosimeter dient die Bloom-Pipette. Diese ist eine Glaspipette von 100 ml Inhalt, die unten in eine Kapillare ausläuft und von einem elektrisch beheizten Wasserbad umgeben ist (s. Abb. 127). Zur Viskositätsmessung wird eine Leimlösung von 12,5% durch Abwägen von 15,00 g Leim + 105,0 g dest. Wasser hergestellt. Die Messung erfolgt bei $60 \pm 0,2°$ C. Die Auslaufzeit in Sekunden wird mit dem zugehörigen Eichfaktor multipliziert. Man erhält so die Viskosität in Millipoise. Im einzelnen verfahre man nach der dem Bloom-Viskosimeter beigegebenen Gebrauchsanweisung.

Zur Messung der Viskosität nach Bloom können auch andere Viskosimeter dienen, vorausgesetzt, daß die Untersuchung bei gleicher Konzentration und gleicher Temperatur vorgenommen wird. Sehr geeignet sind z. B. die Viskosimeter nach Höppler, nach Vogel-Ossag und nach Ubbelohde, welche auf Poise bzw. Stokes geeicht sind und einfacher zu bedienen sind als die Bloom-Pipette (Dichte der Leimlösung von 12,5% $s = 1,02$).

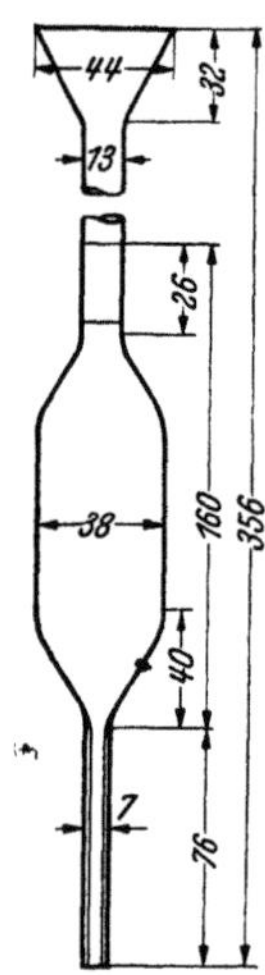

Abb. 127. Bloom-Pipette zur Viskositätsmessung. (Der zugehörige Thermostat ist nicht abgebildet)

Engler-Viskosität. Die Leimlösung von $17^3/_4\%$ wird 20 Minuten auf 40° C gehalten, dann in das Viskosimeter bis zur Höhe der Spitzenmarken eingefüllt und die Auslaufzeit von 200 ml Leimlösung gemessen (s. S. 288).

Die gemessene Auslaufzeit in Sekunden dividiert durch die Auslaufzeit der gleichen Menge Wasser von 20° ist die Viskosität des Leims in Englergraden.

4.3 Bestimmung der Gallertfestigkeit

Begriff. Das Verfahren zur Messung der Gallertfestigkeit nach Bloom[1] hat international Annahme gefunden.

Nach diesem dient als Maß für die Gallertfestigkeit die Kraft, die erforderlich ist, um einen Stempel von 12,7 mm Durchmesser und ebener Unterfläche in eine Gallerte von 12,5% Trockengehalt des zu prüfenden Leims 4,00 mm tief einzudrücken.

---

[1] Beukelaer, F. L. de, J. R. Powell u. E. F. Bahlmann: J. Ind. Engng. Chem. Bd. 16 (1924) S. 311. — Standardisierte Messung der Gallertfestigkeit von Leimen von D. Fysh: Adhesives and Resins Bd. 1 (1953) S. 153.

Ansetzen der Proben. Für die Messung der Gallertfestigkeit wird nach der BLOOMschen Vorschrift jeweils die gleiche Leimlösung benutzt, die zur Viskositätsmessung gedient hat. Es entsteht jedoch kein nachweislicher Fehler, wenn für die Messung der Gallertfestigkeit eigene Proben verwendet werden. Mindestens 3 Proben von 15 ± 0,01 g des Leims werden in BLOOM-Testgläser eingewogen und je 105 ± 0,1 g destilliertes Wasser zugesetzt. Die Quellung und Auflösung des Leims wird nach besonderer Vorschrift vorgenommen.

Prüfgerät. Gelometer nach Bloom. Der Druckstempel des Gelometers besteht aus Ebonit. Er ist am unteren Ende einer Führungsstange befestigt, deren oberes Ende mit der Unterfläche einer Waagschale starr verbunden ist (s. Abb. 128). Die Waagschale mit Druckstempel ist an einer dünnen Spiralfeder aufgehängt und wird von dieser in Schwebe gehalten. Auf die Waagschale wird ein leichter Becher aufgesetzt, welcher das zur Belastung zulaufende Schrot aufnimmt. Der Schrotzulauf wird durch eine elektromagnetisch betätigte Sperrvorrichtung automatisch gestoppt, wenn die Eindrucktiefe von 4,00 mm erreicht ist.

Durchführung der Prüfung. Die mit Gummistopfen verschlossenen Probegläser mit der Leimlösung werden in einem geeigneten Thermostaten 16 bis 18 Stunden auf 10° ± 0,1° gehalten. Unmittelbar anschließend wird die Belastungsprobe vorgenommen. Das Gewicht des Schrotbechers + Gewicht des Schrots wird festgestellt. Dieses ergibt das Maß der Gallertfestigkeit in „Bloom-grams".

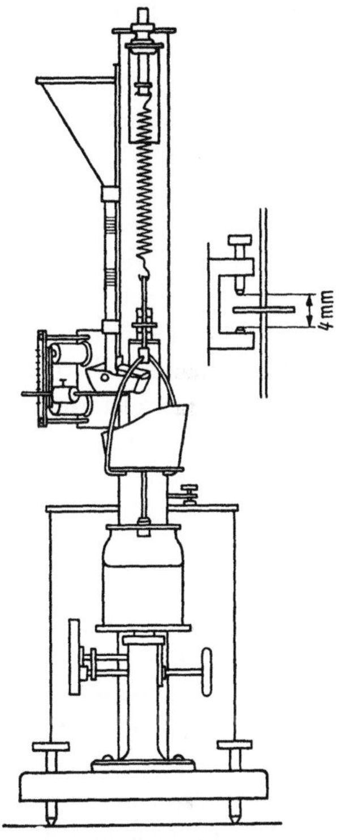

Abb. 128. Apparat zur Bestimmung der Gallertfestigkeit (nach BLOOM). Rechts: 4 mm-Kontakt

Bei der Bestimmung der Gallertfestigkeit nach BLOOM können nur dann richtige Meßwerte erhalten werden, wenn ein BLOOM-Gelometer von anerkannter Herkunft[1] benutzt wird und wenn sämtliche Vorschriften der ausführlichen Arbeitsanweisung genauestens eingehalten werden.

4.4 Bestimmung des Wassergehalts

Das Verfahren zur Bestimmung des Wassergehaltes richtet sich nach der Form, in der die Probe vorliegt. Eine unmittelbare Trocknung ist nur bei feinstem Leimpulver möglich. Bei anderen Formen muß dem Trocknen ein Lösen in Wasser vorausgehen.

---

[1] Siehe S. 293, Fußnote [3].

Durchführung. Leimpulver (feinkörnig) oder Leimflocken. Eine Probe von 2 g ± 0,1 mg Leimpulver wird in ein breites Wägeglas gebracht und bei 105 bis 110° C bis zur Gewichtskonstanz getrocknet, wozu mindestens 10 Stunden erforderlich sind. Nach Entnahme aus dem Trockenschrank müssen die Proben vor dem Wägen jeweils im Exsikkator über konz. Schwefelsäure auf Raumtemperatur abgekühlt werden.

Tafelleim. Probestücke werden zerkleinert, gut durchgemischt und nach dem Grundsatz der Häufung und Teilung eine Durchschnittsprobe von etwa 50 g Gewicht entnommen. Die Probe ist auf 1 mg in einen Kurzhals-Rundkolben, weithalsig, 200 DIN 12355 einzuwiegen, nachdem der Kolben, bedeckt mit einem Uhrglas, vorher austariert worden ist.

Die Probe wird mit etwa der doppelten Gewichtsmenge dest. Wassers übergossen und zum vollständigen Ausquellen (etwa 1 bis 2 Tage lang) abgestellt. Die Probe wird dann bei 75° C ± 5° auf dem Wasserbad erwärmt, bis sie sich restlos gelöst hat. Anschließend wird der Kolben mit Inhalt einige Stunden lang bei Raumtemperatur sich selbst überlassen, bis sich eine feste Gallerte gebildet hat.

Der Kolben mit Inhalt wird äußerlich gut abgetrocknet und im Innern vorhandene Wassertropfen mit Filtrierpapier vorsichtig entfernt und schließlich wieder bei Raumtemperatur gewogen.

Nun entnimmt man der Probe mit Hilfe eines scharfen Messers je etwa 2,5 g (bis auf 1 mg genau gewogen) und gibt sie in vorher gewogene Trockengefäße mit Deckel aus dünnwandigem Aluminium von etwa 10 cm Durchmesser; Glasgefäße sind nicht geeignet, weil die trocknende Leimschicht am Glas äußerst fest haftet. Der Boden der Trockengefäße muß eben sein, weil eine vollständige Trocknung nur bei einer Leimschichtdicke von nicht mehr als 0,1 mm erreicht wird. Die Trockengefäße werden im Trockenschrank bei 105 bis 110° C bis zur Gewichtskonstanz getrocknet, nach Entnahme aus dem Trockenschrank sofort mit dem Deckel geschlossen und in einem Exsikkator über Schwefelsäure abgekühlt und gewogen. Der Gewichtsverlust gegenüber der Einwaage entspricht dem Wassergehalt; er wird auf die ursprünglich eingewogene Probe berechnet und in Prozent angegeben.

Kleinstückleim. Proben von Kleinstückleim und grobem Leimpulver werden in die Trockengefäße unmittelbar eingewogen, und zwar jeweils etwa 1,5 g auf 1 mg. Die Proben werden in einer ausreichenden Menge von destilliertem Wasser gequollen und aufgelöst. Die Trockengefäße werden wie vorher beschrieben im Trockenschrank getrocknet und der Wassergehalt aus dem Gewichtsverlust errechnet.

Bestimmung des Wassergehaltes durch Destillation. Das Verfahren ist nur für feines Leimpulver und Leimflocken geeignet, da bei Zerkleinerung von grobstückigem Leim nachweislich Wasserverlust eintritt.

Etwa 50 g Leim — möglichst in Pulverform — werden in einem Langhals-Rundkolben, enghalsig, 500 NS DIN 12346 auf 1 mg eingewogen. Die Probe wird dann mit 100 ml Xylol übergossen und in einem geschlossenen Gerät (s. DIN 51582) nach dem Xylol-Verfahren auf dem Sand- und Luftbad in einem Meßzylinder als Vorlage destilliert bis alles Wasser aus der Probe vertrieben ist (Dauer etwa 1 Stunde). Nach völligem Erkalten des Destillats und Absetzen der Schichten wird die Wassermenge abgelesen und mit 2 multipliziert. Man erhält so den Wassergehalt der Probe in Prozent.

4.5 Bestimmung des Aschegehalts

2 bis 3 g der Probe werden auf 0,1 mg in einen Porzellan- oder Platintiegel eingewogen und auf mäßige Rotglut erhitzt. Glühen über dem Gebläse ist zu vermeiden, weil der Rückstand Alkalisalze enthalten kann, die bei zu hoher Temperatur zersetzt werden können. Der Tiegel mit der Probe wird zunächst auf sehr kleiner Flamme solange erhitzt, bis die Probe unter starkem Aufblähen völlig verkohlt ist. Nach Abkühlen wird der poröse Rückstand mit einem abgerundeten Glasstab sorgfältig unter Vermeiden von Verlusten zu Pulver zerkleinert. Dann erhitzt man über dem Bunsenbrenner bis zur völligen Veraschung. Schmilzt der Glührückstand und schließt dadurch Kohleteilchen ein, zieht man ihn mit heißem Wasser aus, um die geschmolzenen Alkalisalze zu entfernen. Die Lösung wird abfiltriert, das Filter im Tiegel mitsamt dem Rückstand verascht und die Lösung im gleichen Tiegel auf dem Wasserbad eingedampft. Der Gesamtrückstand wird dann bis zur Gewichtskonstanz schwach geglüht und nach dem Abkühlen im Exsikkator gewogen.

4.6 Bestimmung des Säuregehaltes

Gesamtsäuregehalt. Mit ausgekochtem destilliertem Wasser wird eine 1%ige Lösung der Probe hergestellt. Je 100 ml entsprechend 1 g werden mit n/10 Natronlauge unter Zusatz von 1 ml Phenolphthalein (1%ig) als Indikator auf eben beginnende Rosafärbung titriert. Zum besseren Erkennen des Farbumschlags wird eine Vergleichslösung des gleichen Leims benutzt. Aus dem Verbrauch an n/10 Natronlauge ist der Gehalt an Gesamtsäure als Schwefeldioxyd (SO_2) zu berechnen.

Gehalt an freier schwefliger Säure. 2 g ± 0,1 mg der Probe werden mit 100 ml kaltem, destilliertem Wasser übergossen. Nach völliger Durchquellung wird auf einem Wasserbad etwa bei 50° C bis zur völligen Lösung der Probe erwärmt. Die erkaltete Lösung wird mit n/10 Jodlösung titriert, wobei Stärkelösung als Indikator benutzt wird.

1 ml n/10 Jodlösung entspricht 0,0032 g Schwefeldioxyd (SO_2).

Das Verfahren gibt genaue Ergebnisse, vorausgesetzt, daß kein anderer Stoff anwesend ist, der mit Jod reagiert. Eine in jedem Fall zuverlässige Bestimmung der schwefligen Säure wird mit Hilfe des Destillationsverfahrens erreicht. Die schweflige Säure wird nach Ansäuern der Leimlösung mit Phosphorsäure in einem Wasserdampf- und Kohlendioxydstrom abdestilliert, in n/10 Jodlösung aufgefangen und als Bariumsulfat gewichtsanalytisch bestimmt. Man erhält in diesem Fall die Summe von freier und gebundener schwefliger Säure.

4.7 Bestimmung des p_H-Wertes

Der p_H-Wert der Probe wird elektrometrisch in einer 1%igen Lösung gemessen. Die p_H-Wert-Bestimmung kann auch mit Hilfe von Indikatoren nach folgenden Verfahren ausgeführt werden:

Nach Michaelis. Eine 1%ige Lösung der Probe in ausgekochtem destilliertem Wasser wird auf saure oder alkalische Reaktion mit 1%iger Phenolphthaleinlösung geprüft. Die geeignete Indikatorenlösung wird nach der gegebenen Vorschrift zugesetzt und mit der zugehörigen Dauerfarbreihe verglichen. Die Genauigkeit der p_H-Wert-Messung nach diesem Verfahren ist etwa $\pm$ 0,2 Einheit.

Nach Hellige. Die Arbeitsweise ist die gleiche wie nach MICHAELIS. Verwendet wird der Komparator nach HELLIGE.

4.8 Bestimmung des Fettgehaltes

Die Bestimmung des Fettgehaltes durch Extraktion mit Äther kann nicht empfohlen werden, weil dabei geringe Mengen an Nichtfettstoffen in den Ätherauszug geraten können. Es ist deshalb das Ausschüttelverfahren nach GROSSFELD[1] anzuwenden.

20 g $\pm$ 1 mg der Probe werden in einem Langhals-Rundkolben NS 500 DIN 12346 mit 12 ml konzentrierter Salzsäure plus 80 ml Wasser übergossen, einige Stückchen Bimsstein zugegeben und solange auf dem Wasserbad mit aufgesetztem Rückflußkühler erhitzt, bis die Probe völlig aufgeschlossen ist. Hierzu sind im allgemeinen 30 bis 60 Minuten erforderlich. Nach Erkalten der Lösung werden mit einer Bürette 100 ml Trichloräthylen zugegeben und das Gemisch wird dann mit einem sehr gut wirkenden Rückflußkühler 20 Minuten lang zum Sieden erhitzt. Kolben mit Lösung und Kühler werden auf weniger als 20° C, z. B. durch Einstellen in Eiswasser, abgekühlt und dann die Lösung in einen Scheidetrichter überführt. Nach dem Trennen der Schichten wird die untere Schicht (Trichloräthylen) unter sorgfältiger Vermeidung von Verdunstungsverlusten abgelassen. Es ist zweckmäßig, die Lösung, die das Fett enthält, durch ein Faltenfilter in einen ERLENMEYER-Kolben, enghalsig, 200 DIN 12380 ablaufen zu lassen, der dann sofort mit einem Korkstopfen verschlossen wird.

Jetzt werden 25 ml, entsprechend 5 g der Einwaage, des klaren Filtrates aus einer Bürette in eine tarierte Porzellanschale überführt und dann auf dem Wasserbad bis zur Vertreibung des Trichloräthylen erhitzt. Der zurückbleibende Fettrückstand wird im Trockenschrank bei 105° C 1 Stunde lang getrocknet und nach Erkalten im Exsikkator zurückgewogen.

---

[1] GROSSFELD, J.: Anleitung zur Untersuchung der Lebensmittel 1927, S. 332.

4.9 Gehalt an unlöslichen Fremdstoffen

Da neben den unverbrennbaren Bestandteilen auch organische Fremdstoffe, die beim Glühen zerstört und flüchtig werden, vorliegen können, ist die Bestimmung des Gesamtgehaltes an unlöslichen Fremdstoffen erforderlich:

10 g ± 1 mg werden in destilliertem Wasser gelöst und die Lösung in einem Schüttelzylinder mit heißem destilliertem Wasser auf 500 ml aufgefüllt. Man läßt 24 Stunden lang absitzen, dekantiert und sammelt den Rückstand auf einem Filtertiegel oder einem gewogenen Filter, trocknet im Trockenschrank bei 105 bis 110° C bis zur Gewichtskonstanz und wägt nach Abkühlen im Exsikkator. Der Rückstand wird nach üblichen analytischen Verfahren untersucht.

4.10 Schaumvermögen und Schaumbeständigkeit

Von einer 10%igen Leimlösung in destilliertem Wasser werden 40 ml in einem Schüttelzylinder von 150 ml Inhalt und 30 mm innerem Durchmesser mit Teilung von 0 bis 150 ml überführt und die Lösung durch Einstellen des Schüttelzylinders in ein hohes Wasserbad auf 60° C erwärmt.

Nach Entnahme aus dem Wasserbad wird der Schüttelzylinder gleichmäßig 30 Sekunden lang bei etwa 60 Auf- und Abbewegungen geschüttelt und dann wieder in das Wasserbad gestellt. Jetzt wird nach 1, 3 und 5 Minuten die Schaumhöhe in ml abgelesen. Diese Zahlen sind ein Maß für das Schaumvermögen und für die Schaumbeständigkeit.

4.11 Beständigkeit gegen Zersetzung

Mehrere hohe Bechergläser 250 DIN 12331 werden etwa bis zu $^1/_4$ ihrer Höhe mit einer 40%igen Lösung der Leimprobe gefüllt, mit Uhrgläsern bedeckt und in einem Brutschrank bei 37° C eingestellt. Mindestens 3 Tage lang wird zweimal täglich (im Abstand von 12 zu 12 Stunden) überprüft, ob sich Geruch und Aussehen der Lösung geändert haben. Bei beginnender Zersetzung macht sich eine Trübung und unangenehmer Geruch bemerkbar. Die Lösung darf an der Oberfläche nicht antrocknen, Kondenswasser an der Innenwand der Bechergläser ist zu entfernen.

5. Verfahren zur Unterscheidung der verschiedenen Glutinleimarten

Ein wissenschaftlich zuverlässiges Verfahren zur Unterscheidung der verschiedenen Arten von Glutinleimen nach ihrem Ausgangsstoff, also Hautleim, Knochenleim und Lederleim, ist noch nicht bekannt. Ein chemischer Unterschied der Glutinsubstanz einerseits von Hautleim, andererseits von Knochenleim konnte bis jetzt nicht nachgewiesen werden. Die Unterscheidungsverfahren beziehen sich auf Kennzeichen, die hauptsächlich durch die verschiedene Art des Herstellverfahrens von Hautleim, Knochenleim und Lederleim bedingt sind. Sie geben immerhin brauchbare Hinweise zur Unterscheidung der drei Glutinleimarten, vorausgesetzt, daß diese nach den üblichen Fabrikationsverfahren hergestellt worden sind.

Außerdem sind übliche Haut-, Leder- und Knochenleime durch eine gewisse Viskositätsabstufung gekennzeichnet, derart, daß die bei 40° C gemessene ENGLER-Viskosität bei Knochen- und Lederleim im allgemeinen niedriger liegt als bei Hautleimen.

Erläuterungen zu DIN 53260 (Entwurf) „Prüfung von Glutinleimen"

Weitere Prüfverfahren für Glutinleime und Gelatine

Bindefestigkeit (DIN-Entwurf 4.1).

Für hochwertige Leime ist besonders die Hirnholzleimung geeignet, da bei Leimung parallel zur Faser (DIN 53255) überwiegend Holzbruch eintritt. Die Leimfuge besitzt eine größere Festigkeit als die verschiedenen Holzarten parallel zur Faser.

Wassergehalt (4.4).

Die vollständige Entwässerung verläuft sehr schwierig. Aus diesem Grunde ist eine direkte Trocknung nur bei sehr feinkörnigen Leimpulvern und bei dünnen Leimflocken möglich.

Nach früheren Angaben wird bei der Trocknung z. B. bei 110° ein höherer Wassergehalt gefunden als bei 105°. Dies ist nicht zutreffend. Nach Untersuchungen von SAUER und DILLENIUS[1] wird bei allen Temperaturen von 100 bis 120° C der gleiche konstante Endwert erreicht, wenn die Trockendauer genügend lang ist.

Eine Trocknung von Leimtafeln erfordert eine weitgehende Zerkleinerung der Tafeln. Eine mechanische Zerkleinerung der Leimtafeln ist jedoch ohne erheblichen Wasserverlust nicht durchführbar.

Um von solchen unvermeidlichen Fehlerquellen unabhängig zu sein, wurde von verschiedenen Seiten der Vorschlag gemacht, aus einer größeren Durchschnittsprobe des zu untersuchenden Leims eine Lösung herzustellen und eine genau abgemessene Teilmenge dieser Flüssigkeit zur Bestimmung des Trockengehalts zu verwenden.

Dieses Verfahren wurde für den DIN-Vorschlag „Glutinleime" angenommen und dabei die Arbeitsweise von E. GOEBEL[2] zugrunde gelegt.

Die folgenden Versuche von SAUER und DILLENIUS zeigen den Einfluß der Trockendauer, der Schichtdicke und der Temperatur auf den Verlauf der Entwässerung. Dabei wurde die Leimsubstanz abgewogen, zu einem bestimmten Volumen in Wasser gelöst und Teilmengen der Lösung getrocknet.

---

[1] SAUER, E. u. H. DILLENIUS: Z. angew. Chem. Bd. 42 (1929) S. 552.
[2] GOEBEL, E.: in „GERNGROSS-GOEBEL", S. 351 und Farben-Ztg. Bd. 35 (1929) S. 47.

Einfluß der Trockendauer auf die Entwässerung

Versuchsreihe 1

Gelatinepulver I und II, je 25,0 g zu 500 ml gelöst, entnommen 25 ml = 1,25 g Ausgangsmaterial.

Tabelle 63
Wasserverlust in % bei 110° nach 7 bis 8 Stunden

Zeit	Gelatine I Gewichtsverlust		Gelatine II Gewichtsverlust	
Stunden	a) %	b) %	a) %	b) %
7	14,80	14,78	14,25	14,00
9	15,12	15,10	14,50	14,46
12	15,20	15,19	14,62	14,60
15	15,32	15,30	14,75	14,76
18	15,32	15,30	14,75	14,76
45	15,32	15,30		

Als Ergebnis ist festzustellen, daß bei einer Trocknungstemperatur von 110° C nach 9 Stunden noch ein geringer Gewichtsverlust festzustellen ist. Nach 15 Stunden bleibt das Gewicht konstant und unverändert, auch wenn die Erwärmung bis zu 45 Stunden fortgesetzt wird.

Einfluß der Schichtdicke auf die Trocknung

Versuchsreihe 2

Gelatinepulver III, Trocknungstemperatur 110°, Dauer 15 Stunden. Teilmenge 0,20 bis 1,00 g entsprechend einer Schichtdicke der Trockensubstanz von 0,036 bis 0,180 mm.

Der Einfluß der Dicke der Trockenschicht auf den Grad der Entwässerung ist deutlich sichtbar. Ein konstantes Endgewicht wird nur erreicht, wenn die Leimschicht eine Höhe von weniger als 0,1 mm besitzt. Setzt man die Schichtstärke noch weiter herab, so erhöht sich der Wasserverlust nicht mehr.

Tabelle 64. *Wasserverlust in % bei 110° bei verschiedener Schichtstärke*

Teilmenge trocken	Schicht- stärke	Gewichtsabnahme nach 15 Stunden bei 110°	
g	mm	a) %	b) %
1,000	0,180	14,15	14,12
0,900	0,162	14,23	14,22
0,800	0,144	14,30	14,29
0,700	0,126	14,60	14,61
0,600	0,108	14,80	14,80
0,500	0,090	15,00	14,99
0,400	0,072	15,00	14,99
0,300	0,054	15,01	15,00
0,200	0,036	15,01	15,00

Einfluß der Temperatur auf den Grad der Entwässerung

Versuchsreihe 3

Leimflocken, Gelatinepulver, in Wasser gelöst, Temperatur 110, 120 und 150° C. Schichtdicke 0,090 mm, Trocknungsdauer 6 bis 16 Stunden.

Tabelle 65. *Entwässerung bei 110 bis 150° C*

| Temperatur | Zeit | Flockenleim Gewichtsverlust | | Gelatine Gewichtsverlust | |
	Stunden	a) %	b) %	a) %	b) %
110° C	15	13,37	13,40	—	—
120° C	6	12,70	12,71	14,90	14,85
	8	12,80	12,75	15,31	14,96
	10	13,00	12,92	15,60	15,52
	12	13,41	13,32	15,66	15,62
	14	13,41	13,40	15,66	15,68
	16	13,41	13,40	—	—
150° C	6	12,90	12,80	15,4	15,38
	8	13,41	13,41	15,72	15,70
	10	13,60	13,60	15,80	15,81
	12	13,60	13,60	15,80	15,81

Obige Versuchsreihen lassen erkennen, daß eine Temperatursteigerung auf 120° die Wasserabgabe kaum erhöht.

Für die Bestimmung des Wassergehalts ist aus diesen Versuchen zu entnehmen, daß die Einhaltung einer ganz bestimmten Temperatur keineswegs notwendig ist. Es wird vielmehr innerhalb eines Temperaturbereichs von etwa 105 bis 120° C auf alle Fälle ein konstanter Endwert erreicht, wenn die Trocknung genügend lang ausgedehnt wird. Hierzu sind etwa 12 bis 15 Stunden erforderlich, eine weitere Gewichtsabnahme erfolgt dann nicht mehr, auch wenn die Dauer der Erhitzung auf 45 Stunden ausgedehnt wird. Es ist darauf zu achten, daß die getrocknete Schicht nicht stärker als 0,1 mm ist.

Der Wassergehalt ist bei Tafelleim-Dickschnitt unmittelbar nach beendeter Trocknung 18% und höher. Die Kleinstückleime weisen einen geringeren Wassergehalt auf. Bei längerer Aufbewahrung in Lagerräumen kann mit etwa 15%, bei Lagerung in zeitweise beheizten Arbeitsräumen mit etwa 13% Wassergehalt gerechnet werden. Ein derartiger Wassergehalt von 13 bis 15% kann als normal betrachtet werden. Leimpulver ist häufig wasserärmer, da der zur Mahlung bestimmte Leim schärfer getrocknet wird.

Aschegehalt (4.5).

Die Aschegehalte betragen nach BOGUE[1] 1,9 bis 4,8%, nach THIELE[2] für Hautleim 1,0 bis 4,1%, für Knochenleim 1,2 bis 5,1%, doch werden Aschegehalte von über 4% nur ausnahmsweise angetroffen. Der mittlere Aschegehalt ist:

THIELE: Hautleim 2,15%, Knochenleim 2,46% (Tabelle 74, S. 306).
SAUER: Hautleim 2,3 %, Knochenleim 2,5 % (Tabelle 73, S. 306).

In Tabelle 66 sind Einzeluntersuchungen einer Anzahl von Leimaschen wiedergegeben.

---

[1] BOGUE, R. H.: S. 435. — [2] THIELE, L.: Leim und Gelatine, S. 139.

Tabelle 66. *Leimaschen nach R. H. Bogue*[1]

	Gelatine %	Hochwertiger Hautleim %	Geringer Hautleim %	Knochenleim %
Wassergehalt	16,02	—	—	13,40
Organische Substanz ..	81,53	—	—	81,75
Aschegehalt	2,45	1,93	4,46	4,85
SiO_2	1,8	—	—	3,1
$Fe_2O_3 + Al_2O_3$	0,3	—	—	1,4
CaO	51,1	49,5	41,3	52,6
K_2O, Na_2O	5,6	—	—	3,1
SO_3	24,8	25,9	8,0	12,5
P_2O_3	2,4	2,2	—	14,4
Cl	6,1	8,1	27,2	6,2
CO_2	8,1	—	—	6,7

Ein bemerkenswerter Unterschied zwischen der Asche von Hautleim und Knochenleim ist nur der höhere Gehalt an Phosphorsäure bei Knochenleim.

Viskosität (4.2)

Die Viskosität auch Zähflüssigkeit oder innere Reibung genannt, ist der Widerstand, der bei Verschiebung zweier benachbarter Schichten einer Flüssigkeit gegeneinander auftritt (s. S. 76).

Nach dem C.G.S.-System ist die Einheit der Viskosität, das Poise (s. unten), definiert als die Kraft, die man aufwenden muß, um innerhalb einer Flüssigkeit eine Fläche von 1 cm² gegen eine zweite gleicher Größe im Abstand von 1 cm und parallel zu ihr zu verschieben, derart, daß die Differenz der Geschwindigkeit der beiden 1 cm/sec. beträgt.

Die Viskosität ist eine physikalische Eigenschaft, die bei Lösungen der Glutinsubstanz ausgeprägt hervortritt. Die Messung derselben ist von besonderer Bedeutung, da selbst geringe Änderungen im Zustand des Glutins, die chemisch nicht feststellbar sind, die Viskosität stark beeinflussen.

Die Viskositätsmessung dient einerseits als Hilfsmittel zur Betriebskontrolle, andererseits als Methode zur Qualitätsbewertung der Glutinleime.

Zur Messung der Viskosität benutzt man Rotations-, Kapillar- und Kugelfallviskosimeter. Die Zahl der in Gebrauch befindlichen Viskosimeter ist sehr groß. UMSTÄTTER[2] zählt allein 23 „absolute" Kapillarviskosimeter auf, wobei einige wichtige Industrieviskosimeter noch nicht berücksichtigt sind.

Das Prinzip des Kapillarviskosimeters besteht darin, daß man die Zeit bestimmt, die ein abgemessenes Quantum der zu prüfenden Flüssigkeit

---

[1] BOGUE, R. H.: S. 435.
[2] UMSTÄTTER, H.: Einführung in die Viskosimetrie, Springer-Verlag 1952, S. 82.

zum Durchströmen einer Kapillare benötigt. Die Kapillarmethode gründet sich auf das POISEUILLEsche Gesetz, welches besagt:

$$\text{Viskosität } \eta = \frac{\pi}{8} \cdot \frac{s \cdot h \cdot R^4 \cdot t}{l \cdot V} \qquad \text{(I)} \qquad \left[\frac{\pi}{8} \cdot \frac{h \cdot R^4}{l \cdot V}\right] = K \qquad \text{(II)}$$

wo R der Radius und l die Länge der Kapillare, s die Dichte, h die Fallhöhe, D das Volumen und t die Auslaufzeit der Flüssigkeit ist. Bei einem bestimmten Meßinstrument sind die Werte R, L, V, h unveränderlich und können als Konstante K zusammengefaßt werden (II). Man erhält dann die einfache Gleichung (III):

$$\eta = K \cdot s \cdot t \qquad \text{(III)}.$$

Zur Feststellung der Viskosität braucht man nur die Auslaufzeit t und die Dichte s zu ermitteln. Der Wert K wird für jedes Meßinstrument durch Prüfung mit einer Eichflüssigkeit bekannter Viskosität festgestellt.

Man unterscheidet

η = dynamische Viskosität, absolute Viskosität; die Einheit ist das Poise (nach POISEUILLE) bzw. das Centipoise und das Millipoise und

V_k oder v = kinematische Viskosität, die Einheit ist das Stokes bzw. Centistokes.

Zwischen beiden besteht die Beziehung $v = \dfrac{\eta}{s}$, wo s die Dichte der Flüssigkeit ist.

Die Viskosität ist außerordentlich stark von der Temperatur abhängig, bei steigender Temperatur geht sie zurück. Durch geeignete Wärmebehälter, die das Viskosimeter umgeben, muß für genaue Einhaltung der konstanten Meßtemperatur gesorgt werden. Bei jeder Viskositätsmessung ist auch die Meßtemperatur anzugeben. Über Thermostaten s. S. 288.

Die Viskosimeter. Die meisten der zahlreichen Kapillarviskosimeter benutzen eine Glaskapillare. Die für Leim vorzugsweise gebrauchten Viskosimeter dieser Art sind:

1. Das OSTWALD-Viskosimeter, 2. das UBBELOHDE-Viskosimeter, 3. das VOGEL-OSSAG-Viskosimeter, 4. das BLOOM-Viskosimeter.

Das *Ostwald-Viskosimeter* ist ein höchst einfaches Instrument. Es besteht aus einem U-Rohr, dessen einer Schenkel als eigentliches Meßgefäß oben eine kugelförmige Erweiterung trägt. An diese ist die Kapillare angesetzt. Bei Gebrauch füllt man mit einer Pipette ein abgemessenes Flüssigkeitsquantum ein, saugt die Flüssigkeit mit Hilfe eines am engen Schenkel angesetzten Gummischlauchs bis über die obere Strichmarke hoch und mißt mit einer Stoppuhr die Durchlaufzeit von der oberen bis zur unteren Marke. Abb. 129 zeigt die Maße für ein OSTWALD-Viskosimeter, wie es zur Messung von Leimlösungen geeignet ist.

British Standard No. 647 empfiehlt ein geeichtes OSTWALD-Viskosimeter zur Messung der Viskosität von Leimlösungen (12,5% und 60° C).

Das *Ubbelohde-Viskosimeter* ist dem OSTWALDschen ähnlich, es ist durch das sogenannte „hängende Niveau" gekennzeichnet.

Bei Gebrauch (Abb. 130) wird durch das Rohr 1 das Gefäß B so weit mit Flüssigkeit gefüllt, daß deren Oberfläche zwischen den Marken x und y liegt. Saugt man an einem auf Rohr 2 aufgesetzten Schlauch, während man Rohr 3 durch Aufdrücken des Fingers dicht schließt, so füllen sich nacheinander das Gefäß C, die Kapillare 4 und die Hohlkugeln A und D. Öffnet man die Rohre 2 und 3, so tritt durch das Rohr 3 in das Gefäß C Luft, *trennt* sofort die Flüssigkeit in zwei Teile und bringt sie in die in Abb. 130 dargestellte Lage. Auf diese Weise bildet sich am unteren Ende der Kapillare 4 an der Hohlkugelfläche das *hängende* Niveau aus. Gleichzeitig beginnt die Flüssigkeit aus dem Gefäß A durch die Kapillare abzufließen. Sie füllt aber das Gefäß C nicht wieder aus, sondern fließt in dünner Schicht an der senkrechten Wand von C ab und vereinigt sich mit der Flüssigkeit in g und B.

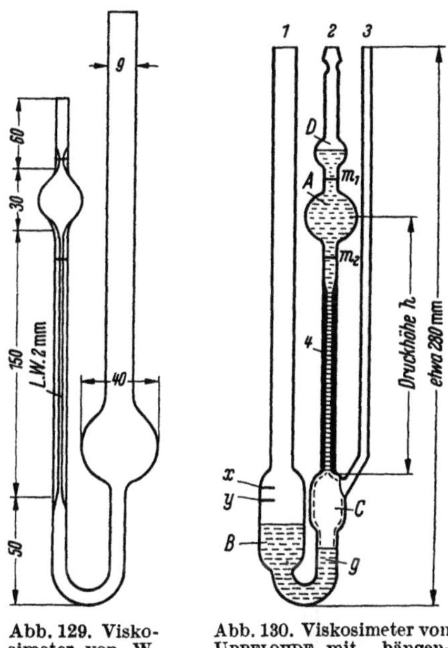

Abb. 129. Viskosimeter von W. OSTWALD

Abb. 130. Viskosimeter von UBBELOHDE mit „hängendem Niveau"

Ein Satz von 3 Kapillaren ist für einen weiten Viskositätsbereich ausreichend. Es ist eine Meßgenauigkeit von 0,1% Fehler erreichbar[1].

Das *Vogel-Ossag-Viskosimeter* ist ebenfalls aus dem OSTWALDschen entwickelt. Es besitzt jedoch als Auffanggefäß einen Metallbehälter, bei welchem die Glaskapillaren ausgewechselt werden können. Ein VOGEL-OSSAG-Viskosimeter, welches an einem Umlaufthermostaten angeschlossen werden kann, zeigt Abb. 131. Durch diese Anordnung wird eine erhebliche Vereinfachung der Messungen erreicht.

Der Vorzug der Viskosimeter von OSTWALD, UBBELOHDE und VOGEL besteht darin, daß nur etwa 15 bis 25 ml Flüssigkeit benötigt werden; die Temperatur stellt sich daher auch sehr schnell ein. Das Meßgefäß und das Auffanggefäß sind zu einem Ganzen vereinigt und gemeinsam

---

[1] Das UBBELOHDE-Viskosimeter wird von dem Jenaer Glaswerk Schott u. Gen., Mainz, hergestellt.

innerhalb des Thermostaten untergebracht, so daß man Kontroll- und Reihenmessungen schnell nacheinander ausführen kann.

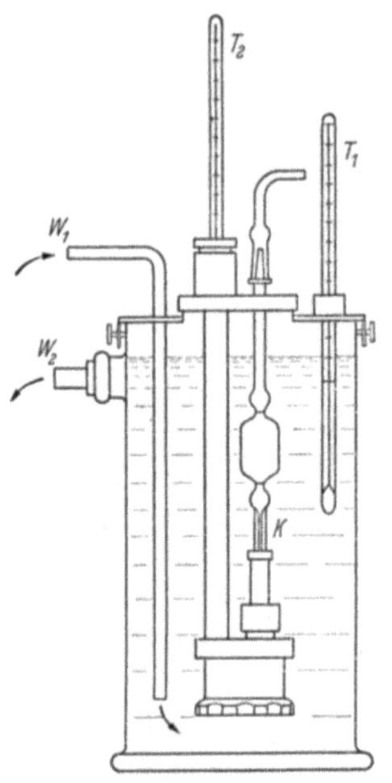

Abb. 131. Viskosimeter von VOGEL-OSSAG, Glaskapillare mit Messingbehälter

Das *Bloom-Viskosimeter* ist eine Pipette von 100 ml Inhalt mit angesetzter Kapillare nach Abb. 127. Gegenüber den vorgenannten Kapillarviskosimetern besitzt es den Nachteil, daß es ein getrenntes Auffanggefäß besitzt, in welchem außerhalb des Thermostaten die ablaufende Flüssigkeit aufgefangen wird. Bei Wiederholung der Messungen, muß die zu untersuchende Leimlösung jeweils wieder auf die Meßtemperatur gebracht werden. Über BLOOM-Viskosität s. auch S. 290.

Diesen Viskosimetern ist gemeinsam, daß die Kapillaren geeicht werden müssen. Die Eichung wird in der Regel mit Eichölen vorgenommen. Gelegentlich wird auch reinstes Wasser zur Eichung benutzt, dessen Viskosität bei 20,0° C $\eta = 1{,}0019$ cP (Centipoise) ist. Man erhält auf diesem Wege die Eichkonstante K.

Die kinematische Viskosität ist dann $\nu = K \cdot t$, wo t die Auslaufzeit in Sekunden ist.

Bei Messung der absoluten Viskosität mit diesen Kapillarviskosimetern geht die Dichte der zu messenden Flüssigkeit entsprechend der POISEUILLEschen Gleichung (S. 284) in die Gleichung ein: $\eta = s \cdot K \cdot t$, wo s die Dichte der Flüssigkeit und t die Auslaufzeit in Sekunden ist.

Das BLOOM-Viskosimeter ist zur Bestimmung der BLOOM-Viskosität bestimmt (Leimlösung 12,5% bei 60° C, S. 274). Die Dichte der Leimlösung von 12,5% ist $s = 1{,}02$.

Auch die anderen Kapillarviskosimeter können zur Bestimmung der BLOOM-Viskosität benutzt werden, da sie auf Centipoise bzw. Millipoise geeicht sind.

Will man die ENGLER-Viskosität (Leimlösung $17^3/_4\%$ bei 40° C, S. 274) mit diesen Viskosimetern messen, so stellt man die kinematische Viskosität fest ($\nu = K \cdot t$ Centi-Stokes) und sucht nach der Tabelle von UBBELOHDE[1] die zugehörige ENGLER-Viskosität auf.

Das Engler-Viskosimeter. Dieses wurde von dem bekannten Erdölforscher K. ENGLER (1842 bis 1925) für die Untersuchung von Schmierölen konstruiert und hat auch sonst vielfache Anwendung in der Technik gefunden.

---

[1] UBBELOHDE, L.: Zur Viskosimetrie. 2. Aufl. 1936, Verlag S. Hirzel.

Es besteht ganz aus Metall (Abb. 132). An den flachen Flüssigkeitsbehälter V ist die kurze Kapillare K angesetzt. Der äußere Behälter A dient als Temperaturbad. Die Kapillare wird durch einen Holzstift H von oben geschlossen. Bei der Messung läßt man durch Hochziehen des Stifts die Flüssigkeit in einen untergestellten Meßkolben von 200 bzw. 100 ml Inhalt abfließen. Die einzelnen Abmessungen des ENGLER-Apparats sind genormt[1]. Durch Division der Auslaufzeit der zu prüfen-

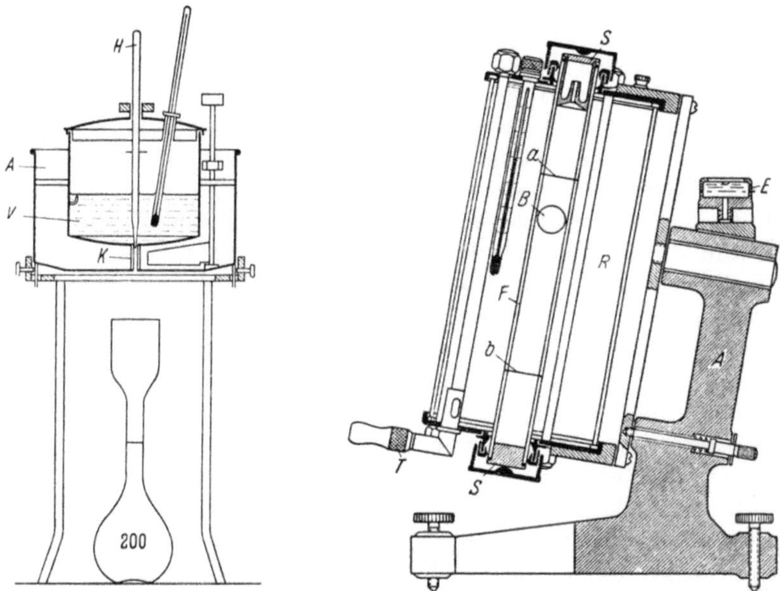

Abb. 132. Viskosimeter (nach ENGLER)   Abb. 133. Kugelfall-Viskosimeter (nach HÖPPLER)

den Flüssigkeit durch die Auslaufzeit von Wasser bei 20° C in Sekunden erhält man Zahlenwerte, die als ENGLER-Grade bezeichnet werden.

Nach einer Formel von VOGEL[2] können die ENGLER-Grade E auch auf absolute oder kinematische Viskosität umgerechnet werden.

$$\text{Viskosität } \eta = E \cdot 7{,}6^{\left(1-\frac{1}{E}\right)} \cdot s \text{ Centipoise}.$$

Einfacher ist die Umrechnung mit Hilfe der Tabelle von UBBELOHDE[3].

Viskosimeter von Höppler. Dieses gehört zur Gruppe der Kugelfallviskosimeter und ergibt Meßwerte in Centipoise, es hat neuerdings eine große Verbreitung gefunden (Abb. 133). Mit den 6 geeichten Kugeln kann ein Meßbereich von 1 bis 10000000 Centipoise erfaßt werden. In

---

[1] Das ENGLER-Viskosimeter kann von der Physikal.-Techn. Bundesanstalt Braunschweig geeicht werden.

[2] Z. angew. Chem. Bd. 35 (1922) S. 561.

[3] UBBELOHDE, L.: zit. S. 286.

Verbindung mit dem HÖPPLER-Thermostaten ist es ein Meßinstrument, das hohen Anforderungen genügt.

Thermostaten. Als Hilfsmittel zur Einhaltung einer konstanten Temperatur bei der Viskositätsmessung dienen im einfachsten Fall mit Wasser gefüllte Behälter, bei welchen die Temperatur behelfsmäßig geregelt wird. Heute werden weitgehend Thermostaten mit automatisch-elektrischer Temperaturregelung benutzt, besonders wenn Viskositätsmessungen in größerer Zahl auszuführen sind. Sehr brauchbar ist z. B. der HÖPPLER-Thermostat mit Umlaufpumpe. Bei diesem wird ein Wasserstrom von konstanter Temperatur durch den geschlossenen Außenbehälter des HÖPPLER-Viskosimeters geleitet, wodurch die Meßtemperatur auf 0,1 bis 0,02° C genau vollkommen konstant gehalten wird. Man kann jedoch derartige Umlaufthermostaten auch für Viskosimeter mit *offenem* Wasserbehälter benutzen, man muß nur dafür sorgen, daß für den Rücklauf des Wassers eine genügend weite Leitung verwendet wird, die das Wasser in den tiefergestellten Thermostaten zurückführt.

Englerviskosität. Die Viskositätsmessung als Verfahren zur Bewertung der Qualität von Glutinleimen wurde erstmals von J. FELS[1] angewendet. Man bezeichnet das von FELS vorgeschlagene Verfahren meist unrichtig als „ENGLER-Viskosität", da zur Messung das ENGLER-Viskosimeter benutzt wird. FELS verwandte Leimlösungen von 15% bei einer Temperatur von 35° C. Im 1. Weltkrieg erfolgte die Bewertung der Leime nach Viskosität erstmals allgemein. Nach amtlicher Anordnung wurde die Viskosität bei einer Konzentration von $17^3/_4$% der Leimlösung und einer Temperatur von 30° C für Knochenleim sowie 40° C für Hautleim gemessen. Die Einstellung der Konzentration sollte mit der Leimspindel von SUHR ausgeführt werden. Diese Spindelung nach SUHR verursachte vielfach Unsicherheiten (s. S. 298). Aus diesem Grund wird nach der neuen Normung für die Untersuchung von Glutinleimen (s. S. 274) die Konzentration der Leimlösung durch *Abwägen* der Leimsubstanz und des Wassers eingestellt. Die Meßtemperatur ist heute für alle Leime einheitlich 40° C. Nach Vorschrift wird die Leimlösung vor der Messung 20 Minuten auf 40° gehalten. Diese Wartezeit ist notwendig; die Viskosität ist stark von der Temperatur abhängig; wird die Temperatur geändert, so stellt sich die der neuen Temperatur zugehörige Viskosität verhältnismäßig langsam ein. Bei 40° benötigt diese Einstellung erfahrungsgemäß 10 bis 20 Minuten.

Bei höheren Viskositäten, etwa von 8 ENGLER-Graden aufwärts, wird die Messung mit dem ENGLER-Viskosimeter unsicher. Man erhält sehr lange Auslaufzeiten, schließlich fließt die Leimlösung nicht mehr in zusammenhängendem Strahl aus der Kapillare, sondern fällt in Tropfen ab. In solchen Fällen wird zweckmäßig die ENGLER-Viskosität nicht mit dem

---

[1] FELS, J.: Chemiker-Ztg. Bd. 21 (1897) S. 56 u. 70.

ENGLER-Viskosimeter selbst, sondern mit anderen Viskosimetern, die auf absolute oder kinematische Viskosität geeicht sind, gemessen. Die gefundenen Werte werden mit der erwähnten Tabelle von UBBELOHDE in ENGLER-Grade umgerechnet. Für diesen Zweck sind die oben beschriebenen Viskosimeter von HÖPPLER, VOGEL und UBBELOHDE sehr brauchbar. In den Bereichen, wo mit dem ENGLER-Viskosimeter zuverlässige Werte erhalten werden, ist die Übereinstimmung mit den genannten anderen Viskosimetern durchaus befriedigend.

Bei hochviskosen Leimen ist nicht nur die fehlerhafte Anzeige des ENGLER-Viskosimeters störend, solche Leime sind vielmehr auch dem Abbau durch verschiedene Einflüsse leichter unterworfen als diejenigen von mittlerer und geringer Viskosität, so daß die Viskositätsmessung in diesen Bereichen überhaupt mit einer gewissen Unsicherheit behaftet ist.

Einfluß des Wassergehalts, Zuverlässigkeit der Viskositätsmessung. Da bei Änderung des Wassergehalts des festen Leims auch der Leimgehalt der herzustellenden Leimlösung entsprechend zu- oder abnimmt, so muß dafür Sorge getragen werden, daß der Wassergehalt der zu untersuchenden Proben sich nicht ändert. Die Leimproben für Viskositätsmessungen sowohl nach ENGLER als auch nach BLOOM müssen wasserdicht verschlossen, am besten in Glasflaschen aufbewahrt und verschickt werden. Auf diese Verhältnisse wird bei Messung der Gallertfestigkeit noch näher eingegangen (s. S. 294).

Wenn Viskositätsmessungen derselben Proben von verschiedenen Untersuchern ausgeführt werden, so zeigen sich immer wieder erhebliche Unterschiede der Ergebnisse. Bei sorgfältiger Arbeitsweise kann erwartet werden, daß bei Leimen bis zu etwa 8 ENGLER-Graden diese Differenzen weniger als 1,0 E.G. betragen. Die Vorschriften für Temperaturen und Zeiten bei Vorbereitung der Proben sind genau einzuhalten, die Kapillare ist peinlich sauber zu halten und der Wasserwert von Zeit zu Zeit nachzuprüfen. Es sind nur geeichte Thermometer[1] zu verwenden, die gewöhnlichen Thermometer zeigen leicht Fehler von 1 bis 2°.

Güteskala nach Engler-Viskosität. Früher finden wir gelegentlich den Versuch, eine abgestufte Gütebewertung nach ENGLER-Graden für Glutinleime aufzustellen[2]. Diese erfolgte getrennt nach Knochenleim und Hautleim, da die Viskosität früher für beide Leimarten bei verschiedenen Temperaturen gemessen wurde. Zum Beispiel:

Hautleim: unter 3,0 E.G.: geringe Qualität
3,0 bis 4,0 E.G.: mäßig gute Qualität
4,0 bis 6,0 E.G.: gute Qualität
6,0 bis 8,0 E.G.: sehr gute Qualität
über 8,0 E.G.: Sonderqualität,

---

[1] Eichung durch die Physikalisch-Technische Bundesanstalt Braunschweig.
[2] BERL-LUNGE: Chemisch-Technische Untersuchungsmethoden, Ergänzungswerk, III. Teil. SAUER, E.: Leime und Gelatine, S. 315.

Doch kann die Viskosität nicht allein als Maßstab für die Bewertung dienen. Viele Leime von verhältnismäßig niederer Viskosität zeigen eine sehr gute Bindefestigkeit, für zahlreiche Verwendungszwecke sind Leime von mittlerer Viskosität am besten geeignet.

Bloomviskosität. Während bei der ENGLER-Viskosität die Einstellung $17^3/_4\%$ und $40°$ C ist, wird nach BLOOM die Viskosität bei $12,5\%$ und $60°$ C gemessen. Das BLOOM-Viskosimeter ist ein Kapillarviskosimeter in Form einer Pipette[1]. In Abb. 127 sind die Maße angegeben; der äußere Glasbehälter mit Heizvorrichtung ist auf der Abbildung weggelassen. Die Viskosität wird nicht in empirischen Einheiten wie beim ENGLER-Viskosimeter, sondern in absolutem Maß, also Poise bzw. Millipoise, angegeben.

Bei der Meßtemperatur von $60°$ C findet schon ein geringer Wärmeabbau der Glutinleime statt, besonders wenn es sich um hochviskose Leime handelt. Unnötige Wartezeiten sind daher zu vermeiden.

Verhältnis Bloom-Viskosität zu Engler-Viskosität

Die BLOOM-Viskosität steht in einem bestimmten Verhältnis zur ENGLER-Viskosität. Dieses Verhältnis ist jedoch nicht für alle Glutinleime unveränderlich das gleiche. Die Ursache für diese Unregelmäßigkeit ist jedenfalls in der sogenannten Strukturviskosität der Leime zu suchen (s. S. 76). Letztere besitzt nicht für alle Leimarten das gleiche Ausmaß. Die nachstehende Vergleichungstabelle 67 hat daher nur eine annähernde Gültigkeit. Für jeden einzelnen Leim ist nötigenfalls die Messung beider Viskositäten auszuführen.

Um vergleichbare Zahlen beider Meßverfahren zu erhalten, wurde von einer Anzahl von Glutinleimen sowohl die ENGLER-Viskosität als auch die BLOOM-Viskosität bestimmt. Tabelle 67 enthält 11 Leime, die durch systematische Mischung aus 2 Leimsorten hergestellt wurden, wobei Leim I eine niedere, Leim II eine hohe Viskosität aufweist.

Tabelle 67. *Engler- und Blomviskosität (Sauer)*

Nr.	Mischung		ENGLER-viskosität E. G.	BLOOM-viskosität Millip.
	Leim I	Leim II		
1.	100%	0%	2,08	36,4
2.	90	10	2,34	41,5
3.	80	20	2,69	47,0
4.	70	30	3,16	54,6
5.	60	40	3,45	60,0
6.	50	50	4,13	69,4
7.	40	60	4,60	76,5
8.	30	70	5,39	88,0
9.	20	80	6,02	97,4
10.	10	90	7,08	111,0
11.	0	100	8,40	125,0

Trägt man die Zahlen dieser Messung in ein Koordinatensystem ein (Abb. 134), so ergibt sich, daß die Zahlen von Tabelle 67 annähernd auf

---

[1] Die BLOOM-Pipette ist nicht genormt, sie kann jedoch auch von der PTR, Braunschweig geeicht werden.

einer Geraden liegen (K.I.). Von einer größeren Zahl von Leimen *verschiedener* Herkunft wurden ebenfalls die BLOOM- und die ENGLER-Viskositäten ermittelt. Man sollte annehmen, daß

Tabelle 68
Engler- und Bloomviskosität
(1949)

2,00 E.G.	35 Millipoise
3,00	48
4,00	61
5,00	74
6,00	87
7,00	100
8,00	113
9,00	126
10,00	138
11,00	150
12,00	161

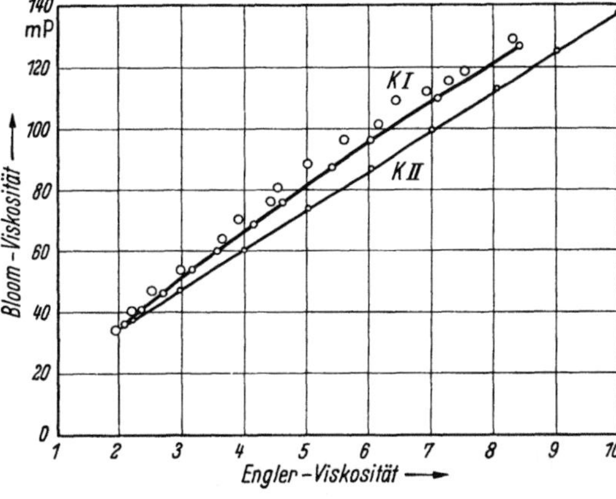

Abb. 134. Vergleichungskurven für BLOOM-Viskosität und ENGLER-Viskosität

sich diese Werte ebenfalls auf der Geraden K.I. einordnen lassen. Dies trifft jedoch nur unvollkommen zu, eine Anzahl der Punkte liegt außerhalb dieser Geraden.

Tabelle 68 ist eine Vergleichstabelle, die 1949 vom D. Fachverband, Leime und Klebstoffe, mitgeteilt wurde. Die Zahlen sind ebenfalls in Abb. 134 eingetragen und ergeben die Kurve K II. K II stimmt mit K I nicht überein. Die Punkte von K II liegen genau auf einer Geraden, so daß sie wohl zum Teil durch Interpolation festgelegt wurden. Tabelle 69 ist eine ausführlichere Umrechnungstabelle, die aus Tabelle 67 errechnet wurde.

Die BLOOM-Messung hat den Vorzug, daß

Tabelle 69
Ausführliche Tabelle Bloom- und Englerviskosität
(umgerechnet nach Tabelle 67)

ENGLER-viskosität E. G.	BLOOM-viskosität Millipoise	ENGLER-viskosität E. G.	BLOOM-viskosität Millipoise
2,0	35	5,6	91
2	39	8	94
4	43	6,0	97
6	46	2	101
8	49	4	102
3,0	53	6	105
2	56	8	107
4	59	7,0	110
6	62	2	112
8	65	4	114
4,0	68	6	116
2	71	8	119
4	74	8,0	121
6	77	2	123
8	79	4	125
5,0	82	6	127
2	85	8	130
4	88	9,0	132

der Anstieg der Viskosität über den gesamten Meßbereich gleichförmiger ist als bei der ENGLER-Viskosität. Dies ist am besten aus

Abb. 135 ersichtlich, in welcher der Verlauf der Viskosität für die „Mischungsleime" 1 bis 11 der Tabelle 67 wiedergegeben ist, und zwar sowohl die ENGLER- als auch die BLOOM-Viskosität. Um eine Möglichkeit der Vergleichung beider Meßmethoden zu erhalten, ist sowohl die ENGLER- als auch die BLOOM-Viskosität in Centipoise umgerechnet. Die BLOOM-Viskosität umfaßt von Leim 1 bis Leim 11 89 Millipoise = 8,9 Centipoise, die ENGLER-Viskosität für den gleichen Abstand 6,3 E.G. = 50,9 Centipoise.

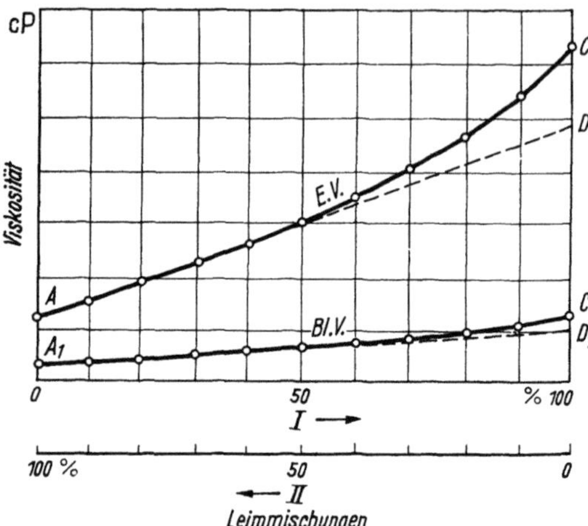

Abb. 135. BLOOM-Viskosität und ENGLER-Viskosität von 11 Leimmischungen je in Centipoise ausgedrückt

Dies ergibt zwar für die ENGLER-Viskosität eine stärker hervortretende Abstufung über den gesamten Meßbereich. Jedoch ist aus der Kurve EV offenbar ersichtlich, daß bei der ENGLER-Viskosität im Bereich der höheren Viskosität ein unverhältnismäßig starker Anstieg der Viskosität erfolgt (DC bzw. D_1C_1).

British Standard. Nach den englischen Normen (B. S. 647, 1938) wurde ursprünglich nicht die Viskosität nach BLOOM übernommen, vielmehr wurde die Viskosität bei 12,5% und 40° C gemessen. In einem Nachtrag (Amendment 2. Dez. 1945) wird jedoch wie bei BLOOM die Temperatur auf 60° festgesetzt.

„Ein British-Standard-U-Rohr-Viskosimeter wird empfohlen (B. S. 188, 1940). Andere Viskosimeter können benutzt werden, wenn sie genau nach dem CGS-System genormt sind.

Die Ergebnisse werden ausgedrückt als Viskosität in Centistokes bei einer Konzentration von 12,5 Gewichtsprozent und einer Temperatur von 60° C."

Das British-Standard-Viskosimeter ist ein geeichtes OSTWALD-Viskosimeter nach Abb. 129.

Viskositätsmessung zur Betriebskontrolle

Als einfaches Hilfsmittel für die Betriebskontrolle ist die Viskositätsmessung durch keine andere physikalische oder chemische Methode zu ersetzen. Während bei der Untersuchung von Handelserzeugnissen die Einstellung der Konzentration zweckmäßig durch Abwägen des trockenen Leims erfolgt, kann natürlich im Betrieb nach wie vor die Leimspindel benutzt werden. Es ist gelegentlich auch günstig, nicht eine Konzentration von $17^3/_4\%$ der Leimlösung, sondern schwächere Grade, z. B. 10% einzustellen, da anfänglich die Leimbrühen schwächer sind. Für schnelle Messungen wird besser ein Instrument mit Glaskapillare, z. B. ein geeichtes OSTWALD-Viskosimeter benutzt. Wenn es sich um vergleichende Messungen handelt, so kann dafür auch ein ungeeichtes Viskosimeter dienen, da es genügt, die Auslaufsekunden festzustellen und zu vergleichen.

Gallertfestigkeit (4.3)

Von der amerikanischen „National Association of Glue Manufacturers" wurde der „BLOOM-Test" als Verfahren zur Bestimmung der Gallertfestigkeit angenommen[1]. Dieses Verfahren hat allgemeine Anerkennung gefunden und wurde daher auch in das deutsche Normblatt Nr. 53 260 (Entwurf) „Glutinleime" aufgenommen. Die verschiedenen früher vorgeschlagenen Methoden zur Prüfung der Gallertfestigkeit besitzen heute keine Bedeutung mehr. Der BLOOM-Test ist eine Konventionsmethode, d. h. er ergibt nur dann richtige Werte, wenn er mit dem BLOOM-Apparat, dessen einzelne Abmessungen genau festgelegt sind, ausgeführt wird, unter sorgfältiger Beachtung der vorgeschriebenen Arbeitsweise (Abb. 128, S. 275).

Nähere Angaben über den Gebrauch des BLOOM-Gelometers finden sich hauptsächlich in der englischen Literatur[2]. Eine sehr eingehende Untersuchung wurde von der „British Gelatine and Glue Research Association" (BGGRA) durchgeführt, wobei die verschiedenen Fehlermöglichkeiten festgestellt und entsprechende Hinweise gegeben wurden. Von der BGGRA wurde ein einfaches Hilfsgerät entwickelt, bezeichnet als „Dummy-BLOOM", um das BLOOM-Gelometer nachzuprüfen. Diese Vorrichtung besteht aus einem Streifen von dünnem Federstahl, der auf zwei feststehenden Schneiden aufgelegt wird. Die Schneiden sind auf einem waagrechten Träger befestigt, der letztere ruht auf einem runden Sockel. Das Gerät wird mit dem Sockel auf den Tisch des Gelometers gestellt und mit dem Stempel des Gelometers wie eine Gallertprobe belastet. Die Gewichtsbelastung des Stahlstreifens bei 4 mm Durchbiegung bleibt ein konstanter Wert, diese Zahl wird von dem zu prüfenden Gelometer angezeigt, wenn es in allen Teilen ordnungsgemäß arbeitet. Bei dem Dummy-BLOOM, Typ III[3] werden 4 geeichte Stahlstreifen mitgeliefert, deren Kennzahlen nahe den Werten 70, 100, 200 und 300 Bloom-

---

[1] DE BEUKELAER, F. L., J. R. POWELL u. E. F. BAHLMANN: Ind. Engng. Chem. Bd. 16 (1924) S. 310 — BLOOM, O. T.: U. S. Patent 1 540 979 (7. 6. 1925).

[2] Standardisierte Messung der Gallertfestigkeit von tierischen Leimen von FISH, D.: Adhesives and Resins Bd. 1 (1953) S. 153 u. a.

[3] Dieses Gerät sowie das BLOOM-Gelometer wird geliefert von Griffin & George, Ealing Road, Alperton, Wembley, Middlesex (England).

grams liegen. Bei Gebrauch des BLOOM-Gelometers ist auf die folgenden Einzelheiten besonders zu achten.

Die Gallertgläser sollen bei einem Inhalt von 150 ml eine Höhe von 88 mm, einen äußeren Durchmesser von 66 mm und einen inneren Durchmesser von 59 mm aufweisen. Gläser mit mehr als 1 mm Abweichung des inneren Durchmessers sind zu verwerfen. Der Boden der Gläser soll eben, nicht nach außen gewölbt sein.

Der Stempel des Gelometers muß das vorgeschriebene Profil besitzen. Sein Durchmesser muß 12,70 mm betragen und der untere Rand muß mit einem Radius von $^{1}/_{64}$'' *abgerundet* sein.

Es ist sicherzustellen, daß der Wassergehalt der zu untersuchenden Muster unverändert bleibt; wo eine Änderung nicht zu vermeiden ist, sind entsprechende Berichtigungen zu machen. In einem geheizten Laboratoriumsraum wird sich ein Wassergehalt des lufttrocknen Leims von etwa 13% einstellen, in Lagerräumen wird der Wassergehalt etwa 15% sein.

Nachstehend sind die BLOOM-Grams für 2 Leimmuster je bei 15 und 13% Wassergehalt angegeben.

	Wassergehalt	Leimlösung 12,5% (% wasserfreier Leim)	BLOOM-grams
Leim I	15%	10,62%	100 Bl.gr.
	13%	10,86%	104 Bl.gr.
Leim II	15%	10,62%	200 Bl.gr.
	13%	10,86%	209 Bl.gr.

Dieser Unterschied des Wassergehalts bedingt einen Fehler des BLOOM-Tests von etwa 4%.

Es ist nicht notwendig, jedes Gallertglas mit einem Thermometer zu versehen, wie gelegentlich vorgeschlagen wird. In einem Wasserbad von 65° erreichen die Gallertproben erfahrungsgemäß in 15 Minuten eine Temperatur von 57 bis 58°.

Im Inneren der Gallerte wird im Kühlbad die Temperatur von 10° in etwa einer Stunde erreicht. Es ist eine Kühlzeit von 16 bis 18 Stunden vorgeschrieben. Die Verlängerung dieser Zeit um eine Stunde erhöht den BLOOM-Wert um 1 bis 1,5 g. Nach Möglichkeit ist eine Kühlzeit von 17 Stunden einzuhalten. Unterschiede in der Kühltemperatur bedingen einen noch größeren Fehler. Bei einer Kühltemperatur von 11° statt 10° beträgt der Abfall etwa 2%. Es ist wichtig, daß im Kühlbad die Gläser auf einer genau waagrechten Fläche stehen, damit die Gallerte beim Erstarren eine horizontale Oberfläche erhält und der Stempel bei der späteren Prüfung eben aufsitzt.

Um einen Maßstab für die Genauigkeit der BLOOM-Messung zu erhalten, führt man von jedem einzelnen Muster 3 bis 10 Messungen aus. Man stellt sowohl den Streubereich als auch den Mittelwert einer Meßreihe fest. Der Streubereich ist der Unterschied zwischen dem höchsten und

dem niedersten Wert einer Reihe. Der zulässige Streubereich ist für
BLOOM-Werte

$$\text{unter } 100 \text{ g}: \quad 6 \text{ bis } 8 \text{ BLOOM-Grams}$$
$$\text{von } 100 \text{ bis } 300 \text{ g}: \quad 5 \text{ bis } 6 \quad\quad ,,$$
$$\text{über } 300 \text{ g}: 8 \text{ bis } 10 \quad\quad ,,$$

Will man für den Mittelwert eine Abweichung von höchstens 2 g vom
theoretischen Wert erreichen, so sind 3 bis 4 Messungen nötig, will man
eine Abweichung von höchstens 1 g anstreben, so sind mindestens
10 Einzelmessungen auszuführen.

Kühlbad. Die Klimatisierung der Gallertproben bedarf besonderer
Sorgfalt. Da eine Temperatur von 10° ± 0,1° C während 16 bis 18 Stunden vorgeschrieben ist, so
ist in der warmen Jahreszeit
eine zusätzliche Kühlung
nötig. Wegen der langen
Dauer werden die Versuche
im allgemeinen über Nacht
in Gang sein. Es wird em-
pfohlen, ein Wasserbad mit
Temperaturregelung und
elektrischer Heizung in
einem Raum von einer Tem-
peratur von 2 bis 3° C aufzustellen. Das läßt sich in
der kalten Jahreszeit leicht
verwirklichen, im Sommer
wird vielfach ein gekühlter
Raum nicht zur Verfügung
stehen. Man benutzt als
Thermostaten z. B. einen
größeren Topf mit durchlö-
chertem Einsatzboden, der
eine größere Zahl von Prüf-
gläsern aufnehmen kann.
Der Topf ist bis zur halben
Höhe der Prüfgläser mit
Wasser gefüllt. Wände und
Boden sind mit Filz iso-

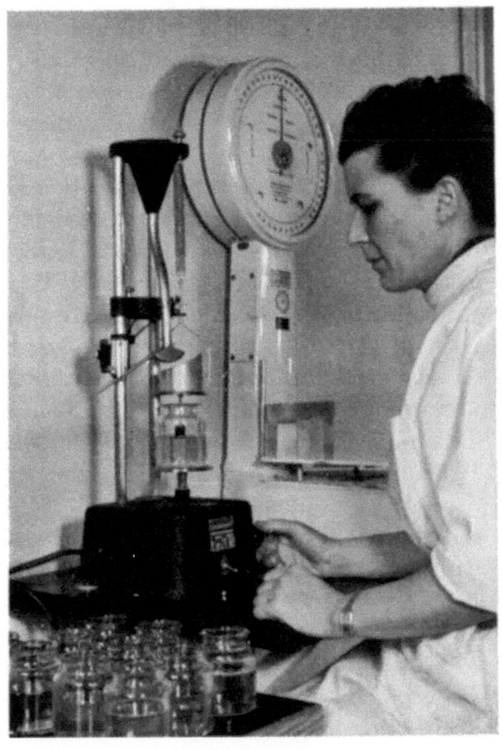

Abb. 136. Messung der Gallertfestigkeit von Gelatinegallerten mit dem BLOOM-Gelometer. Deutsche Gelatinefabriken, Göppingen

liert. Der Behälter ist mit einem elektrischen Heizkörper, einem verstell-
baren Reglerthermometer und einem elektrischen Rührer ausgerüstet.
Außerdem wird ein geeichtes Thermometer, welches 10° ± 0,1° C abzu-
lesen gestattet, eingeführt. In der warmen Jahreszeit wird als Kälte-
speicher ein größerer mit Eiswasser gefüllter Behälter benutzt. Man läßt

dauernd das Eiswasser dem Kühlbad in ausreichender Menge zufließen und sorgt dafür, daß dessen Menge im Vorratsbehälter für einen Arbeitsgang ausreicht. Man kann auch einen genau auf 10,0° geregelten Kühlschrank benutzen, doch ist die Temperaturübertragung durch Wasser zuverlässiger als durch gekühlte Luft.

Entsprechend der Vorschrift der amerikanischen National Association of Glue Manufacturers ist von jedem Muster zunächst die BLOOM-Viskosität und dann mit der gleichen Lösung die Gallertfestigkeit zu bestimmen. Es ist jedoch nicht notwendig, diese Reihenfolge einzuhalten, wenn nur die Gallertfestigkeit gewünscht wird. Nach DE BEUKELAER und Mitarbeiter[1] ist der Wert der Gallertfestigkeit derselbe, ob man vorher die Viskositätsmessung ausführt oder nicht (Abb. 136).

Die BGGRA stellt ihren Mitgliedern Standardmuster von Leim und Gelatine zur Verfügung, mit deren Hilfe die BLOOM-Messungen kontrolliert werden können. Sie weist noch darauf hin, daß „eine beträchtliche Praxis notwendig ist, ehe genaue Messungen erwartet werden können".

Säuregehalt (4.6)

Man bestimmt bei saurer Reaktion die Gesamtsäure in der S. 277 beschriebenen Art und Weise und titriert dann die freie schweflige Säure mit Jodlösung. Die Gesamtsäure, berechnet als SO_2, wird in der Regel etwas höher sein als die freie schweflige Säure, da im Gang der Herstellung ein Teil des zugesetzten Schwefeldioxyds in Schwefelsäure übergeht. Besteht die Möglichkeit, daß gebundene schweflige Säure vorhanden ist, so muß diese in Freiheit gesetzt und abdestilliert werden.

Man gibt 25 ml einer 10%igen Leimlösung in einen mit Gaszu- und -ableitungsrohr versehenen ERLENMEYER-Kolben, verdünnt noch mit Wasser und fügt 5 ml 2 n Phosphorsäure zu. Dann leitet man einen Strom von Kohlendioxyd durch die Flüssigkeit; der Gasstrom wird mit Permanganat und Schwefelsäure gewaschen. Das Gasentbindungsrohr wird unter Zwischenschaltung eines Kühlers mit einer „VOLLHARDschen Ente" verbunden und letztere mit $^1/_{10}$ n Jodlösung beschickt. Durch Erhitzen des Kolbens wird etwa die Hälfte seines Inhalts in die Vorlage abdestilliert, das Destillat in ein Becherglas übergeführt, durch Erhitzen das überschüssige Jod vertrieben und die entstandene Schwefelsäure mit Bariumchlorid gefällt.

Knochenleime enthalten meist 0,7 bis 1,5% Gesamtsäure, in einzelnen Fällen auch mehr. Etwa $^3/_4$ davon besteht gewöhnlich aus Schwefeldioxyd. Neuerdings werden auch neutrale Knochenleime hergestellt.

p_H-Wert (4.7).

Die elektrometrische Messung des p_H-Wertes ist keineswegs der Messung mit Indikatoren vorzuziehen. Die Einstellung eines konstanten Potentials ist bei Glutinlösungen erschwert.

---

[1] zit. S. 293.

Im Betrieb hat sich die Messung mit Indikatorpapieren sehr eingeführt, die in geeigneten Abstufungen geliefert werden, z. B. von E. Merck, de Haen, außerdem die Lyphanpapiere. Bei Messungen mit Indikatorpapieren braucht auf die Konzentration der Lösung keine Rücksicht genommen zu werden, die Genauigkeit beträgt etwa 0,3 Einheiten.

Die meist sauer reagierenden Knochenleime haben p_H-Werte von 4,5 bis 6,5; die neutralen oder schwach alkalischen Hautleime 6,8 bis 8,0. Während man bei der Untersuchung von Hautleimen sich mit einer Angabe des p_H-Wertes begnügen kann, empfiehlt sich bei Knochenleimen auch die direkte Titration des Säuregehalts, wie oben angegeben.

Fettgehalt (4.8)

Die Norm empfiehlt das Verfahren nach GROSSFELD. Früher wurde meist das Verfahren von FAHRION[1] benutzt, bei welchem der Leim durch alkoholische Natronlauge abgebaut wird. Das Verfahren ist gegenüber dem GROSSFELDschen wesentlich zeitraubender.

Bei Bestimmung des Fettgehalts durch Extraktion verfährt man nach E. GOEBEL[2]. Man löst 20 g Leim in der doppelten Menge von Wasser in einer Porzellanschale auf, setzt konzentrierte Salzsäure zu und erhitzt zum Sieden. Dann vermischt man mit ausgeglühtem Seesand, trocknet den Inhalt der Schale bei 110°, pulverisiert das Leim-Sandgemisch in einem Mörser, füllt es in eine Extraktionshülse und extrahiert diese im Soxhletapparat.

Selbst ein Fettgehalt von mehreren Prozent setzt die Bindefestigkeit bei Holzleim kaum herab.

Schaumvermögen (4.10)

Starke Schaumentwicklung ist meist ein Zeichen mangelhafter Qualität, verursacht durch Anwesenheit von Abbauprodukten oder durch beginnende Zersetzung. Für manche Verwendungszwecke wird ausdrücklich ein möglichst schaumarmer Leim verlangt. Sogenannte schaumfreie Leime enthalten einen Zusatz von Fett oder Schaumverhütungsmitteln (s. S. 82).

Früher wurden zur Schaummessung meist Schüttelzylinder von 100 ml Inhalt benutzt. Bei Leimen für bestimmte Verwendungszwecke, für welche ein hohes Schaumvermögen erwünscht ist, reicht jedoch der Raum im 100 ml-Zylinder nicht aus. Die Norm schreibt daher 150 ml-Zylinder vor.

Normal sollte ein Schaumvolumen von 40 ml nach 3 Minuten nicht überschritten werden.

Beständigkeit gegen Zersetzung (4.11)

Normale Leime sollen, dreimal 24 Stunden bei 37° C bebrütet, noch keine Zersetzungserscheinungen zeigen.

---

[1] FAHRION, W.: Chemiker-Ztg. Bd. 23 (1899) S. 452.
[2] GOEBEL, E.: in GERNGROSS-GOEBEL, S. 394.

Bestimmung der Konzentration von Leimlösungen

Die Konzentration von Leimlösungen, besonders im Fabrikationsbetrieb, wird mit der „Leimspindel" (Areometer) gemessen. Man findet auf diese Weise einfach und schnell mit genügender Genauigkeit den Prozentgehalt von Leimlösungen. Der Gehalt wird bei der Leimspindel nach Suhr nicht in wasserfreiem Leim angezeigt, sondern in „handelsüblichem Leim", d. h. Leim mit 15% Wasser- und 1,5% Aschegehalt also 16,5% Fremdstoffen. Die Leimspindeln sind bei 75° C geeicht, sie besitzen ein eingebautes Korrekturthermometer, mit dessen Hilfe Messungen, die bei anderer Temperatur ausgeführt wurden, auf die Eichtemperatur umgerechnet werden können. Leider zeigen die meisten Leim-Areometer fehlerhaft an, da anscheinend eine geeignete Eichgrundlage fehlt. Wirklich zuverlässige Angaben für die Dichte (spez. Gewicht) von Leimlösungen bei bestimmten Prozentgehalten zur Eichung der Leimspindeln sind nicht vorhanden. L. Thiele[1] gibt eine solche Tabelle für Dichten von Leim- und Gelatinelösungen an, doch ist nicht ersichtlich, für welchen Gehalt an Fremdstoffen diese berechnet ist (s. Tabelle 70).

Tabelle 70

Dichte (spezifisches Gewicht) von Leim- und Gelatinelösungen nach Thiele

Prozent Leim	Dichte bei 75° C	°Be	Prozent Leim	Dichte bei 75° C	°Be
7	1,001	0,14	31	1,068	9,2
8	1,003	0,42	32	1,071	9,6
9	1,006	0,84	33	1,074	10,0
10	1,009	1,3	34	1,077	10,3
11	1,012	1,7	35	1,079	10,6
12	1,015	2,1	36	1,082	11,0
13	1,018	2,5	37	1,085	11,3
14	1,021	2,9	38	1,088	11,7
15	1,023	3,3	39	1,091	12,1
16	1,026	3,7	40	1,093	12,3
17	1,029	4,1			
18	1,032	4,5	41	1,096	12,7
19	1,035	4,9	42	1,099	13,0
20	1,037	5,2	43	1,102	13,4
			44	1,105	13,8
21	1,040	5,6	45	1,107	14,0
22	1,043	6,0	46	1,110	14,3
23	1,046	6,4	47	1,113	14,7
24	1,049	6,8	48	1,116	15,1
25	1,051	7,0	49	1,119	15,4
26	1,054	7,4	50	1,121	15,6
27	1,057	7,8			
28	1,060	8,2			
29	1,063	8,6			
30	1,065	8,9			

[1] Thiele, L.: Leim und Gelatine, 2. Aufl. 1922, S. 182.

Bei Messungen mit der Leimspindel ist darauf zu achten, daß der obere aus der Flüssigkeit herausragende Teil der Spindel völlig trocken und frei von Leimresten ist.

Refraktometrische Messung der Konzentration[1]

Mit dieser optischen Methode lassen sich schnell und einfach die Konzentrationen von Leim- und Gelatinelösungen messen. Der Brechungsindex ist bei Gelatine- und Leimlösungen proportional der Konzentration und unabhängig vom Grade des Abbaues und von der Anwesenheit von Elektrolyten. Nach WALPOLE[2] ist der Brechungsindex einer aschefreien 1%igen Gelatinelösung bei 17,5° C 0,001824. Die Konzentrationsbestimmung bedient sich der ROBERTschen Formel:

$$a = \frac{n - n'}{c} \text{ (I)} \quad c = \frac{n - n'}{a} \text{ (II)},$$

wo c der Prozentgehalt der Lösung an Gelatine oder Leim, n der Brechungsindex der Lösung, n' der des Lösungsmittels ist und a die spezifische Refraktion bedeutet, d. h. die Änderung des Brechungsindex des Lösungsmittels durch Auflösen von 1 g Substanz in 100 ml Lösungsmittel. Geeignete Instrumente für die Messung sind das Eintauchrefraktometer von Zeiss, das Pulfrich-Refraktometer und andere.

Schmelzpunkt der Gallerte

Von einem Schmelzpunkt der Leimgallerte in physikalischem Sinn wie bei kristallisierten Substanzen kann an sich nicht gesprochen werden. Jedoch läßt sich unter geeigneten Versuchsbedingungen die Temperatur, bei welcher eine feste Leimgallerte in den flüssigen Zustand übergeht, bis auf etwa 0,2° genau bestimmen. Die Übereinstimmung setzt voraus, daß immer genau die gleiche Arbeitsvorschrift eingehalten wird. Neben der Viskosität und Gallertfestigkeit findet der Schmelzpunkt zur Bewertung des Leimes heute nur eine geringere Betrachtung.

Viel in Gebrauch zur Bestimmung des Schmelzpunkts ist das Fusiometer von CAMBON (s. S. 114).

Als sehr brauchbar haben sich auch das Verfahren von HEINRICHS[3] erwiesen.

Glasröhrchen von 80 mm Länge, 4 bis 5 mm lichter Weite und geringer Wandstärke werden soweit in die zu prüfende Leim- oder Gelatinelösung eingetaucht, daß sich die Röhrchen 5 mm hoch mit der Lösung füllen. Man läßt die Lösung erstarren, wobei eine bestimmte Temperatur und Kühlzeit eingehalten werden muß. Dann wird das Röhrchen, am besten

---

[1] FREI, W.: Kolloid-Z. Bd. 6 (1910) S. 192.

[2] WALPOLE, C.: Kolloid-Z. Bd. 13 (1913) S. 244. — HART, H. C.: Ind. Engng. Chem. Bd. 20 (1928) S. 870.

[3] GERNGROSS, O.: Z. f. angew. Ch. Bd. 42 (1929), S. 971.

an einem Thermometer befestigt (Abb. 137), bis über die Mitte in ein
Wasserbad eingetaucht und dieses sehr langsam erwärmt. Man liest an
dem Thermometer, welches in $^1/_{10}$ Grade eingeteilt ist, diejenige Temperatur ab, bei welcher der Gelpfropf vom hydrostatischen Druck nach
oben getrieben wird. Diese Schmelztemperatur kann auf 0,2° genau
ermittelt werden. Der Gelpfropf weist oben vom Einfüllen her einen
konkaven Meniskus auf. Etwa 1° unterhalb des Schmelzpunkts beginnt

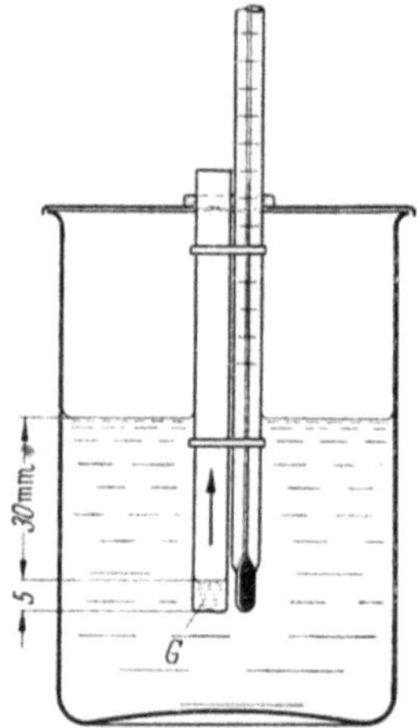

Abb. 137. Bestimmung des Schmelzpunktes von
Leimgallerten (nach HEINRICHS)

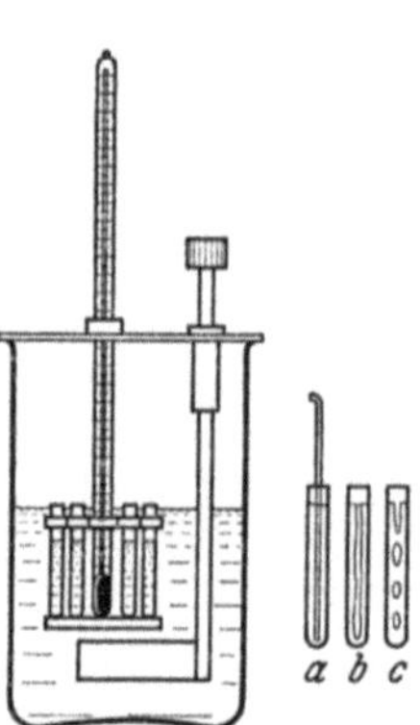

Abb. 138. Bestimmung des Schmelzpunktes von
Leimgallerten (nach E. SAUER)

der Meniskus sich zu verflachen, dies ist eine Auswirkung des hydrostatischen Drucks auf das stark erweichte Gel.

Nach E. SAUER[1] kann man die Schmelztemperatur der Gallerte nach
der in der organischen Chemie üblichen Schmelzpunktmethode ermitteln.
Man läßt 10 g Leim mit 20 ml Wasser in einem Kölbchen quellen, erwärmt 10 Minuten auf 65° und füllt die Lösung in dünnwandige gläserne
Schmelzpunktröhrchen von etwa 3 bis 4 mm lichter Weite ein (Abb. 138);
hierzu bedient man sich einer dünn ausgezogenen Glasröhre oder Kapil-
larpipette. In jedes der Schmelzpunktröhrchen führt man ein Draht-
stäbchen von etwa 1 mm Dicke ein und läßt dann die Gallerte bei einer
Temperatur von 12° 1 Stunde lang stehen. Man zieht nun die Draht-
stäbchen aus der Gallerte heraus, ohne die Röhrchen mit der Hand zu
berühren, wobei ein scharf begrenzter Luftkanal in der Gallerte entsteht
und befestigt in bekannter Weise mit einem kleinen Gummiring die
Röhrchen neben· der Quecksilberkugel eines Thermometers. Oder man
benutzt dazu die einfache in Abb. 138 gezeigte Vorrichtung. Das Thermometer wird in einem Becherglas mit Wasser erwärmt (1° je Minute), bei

---

[1] LIESEGANG, R. E.: Kolloidchem. Technologie S. 408.

Erreichung der Schmelztemperatur trennt sich der Luftkanal plötzlich in einige Luftblasen (Abb. 138 c). Dieser Temperaturgrad kann bei langsamen Erwärmen bis auf 0,2° genau festgestellt werden.

Das Verfahren der Schmelzpunktbestimmung kann besonders dann gute Dienste leisten, wenn nur äußerst geringe Mengen des Leimes zur Verfügung stehen. Während zur Viskositätsbestimmung nach ENGLER etwa 50 g, im VOGEL-OSSAG-Viskosimeter mindestens 3 g erforderlich sind, kann man eine Schmelzpunktbestimmung nötigenfalls noch mit wenigen Milligramm der Leimsubstanz ausführen. Allerdings besteht keine direkte Beziehung zwischen Schmelzpunkt und Viskosität. Immerhin werden Leimsorten von höherem Schmelzpunkt auch für gewöhnlich eine höhere Viskosität aufweisen.

Die Bestimmung des Schmelzpunkts ist nicht in dem Entwurf des Normblatts „Glutinleime" enthalten. Sie wird im British Standard 647 (1938) aufgeführt.

Benutzt wird dabei der Apparat von CAMBON (S. 114). Dabei wird eine Leimlösung der gleichen Konzentration wie für die Gallertfestigkeit nach BLOOM hergestellt (12,5%), in den Becher des CAMBON-Apparats eingefüllt und wie beim BLOOM-Test 16 Stunden bei 10,0° C gekühlt. Man hängt den Becher vollständig in ein Becherglas mit Wasser und erwärmt letzteres langsam derart, daß die Temperatur des Wassers um $^1/_4$° C je Minute zunimmt.

Quellungsversuche

Früher spielte die Prüfung auf Quellfähigkeit besonders bei Tafelleimen eine wichtige Rolle bei der Beurteilung der Güte des Leimes. Es wurde jedoch erkannt, daß aus dem Verhalten beim Quellen keine zuverlässigen Schlüsse gezogen werden können. Die Annahme, daß etwa derjenige Leim als der beste zu betrachten sei, dessen Tafeln bei der Quellung innerhalb einer bestimmten Zeit die größte Wassermenge aufnehmen, ist durchaus verfehlt. Die Quellungsgeschwindigkeit je Gewichtseinheit geht mit zunehmender Dicke der Leimtafel schnell zurück. Außerdem sind im Leim enthaltene Elektrolyte, ebenso der p_H-Wert stark von Einfluß (über Quellungsversuche s. S. 94).

Ausgiebigkeit

Die Qualität des Leimes umfaßt nicht nur die Bindefestigkeit, sondern auch die Ausgiebigkeit. Tatsächlich bringen die indirekten Prüfungsmethoden, wie die Messung der Viskosität, der Gallertfestigkeit, des Schmelzpunktes hauptsächlich die Ausgiebigkeit zum Ausdruck. Dies gilt auch bis zu einem gewissen Grad für die Zerreißprobe. Es ist nämlich innerhalb gewisser Grenzen möglich, mit einem geringwertigen Leim von hoher Konzentration die gleiche Bindefestigkeit zu erzielen, wie mit einem hochwertigen Leim bei geringerer Konzentration. Wenn diese Konzentration in einem Fall 50%, im anderen Fall 30% beträgt, so wird also mit 50 kg des geringwertigen Leimes der gleiche Klebeffekt erzielt wie mit 30 kg des hochwertigen, der letztere würde also eine größere Ausgiebigkeit besitzen und es wäre damit also ein Maß für die Ausgiebigkeit gegeben.

Praktisch ist es jedoch bisher nicht gelungen, ein zuverlässiges Verfahren zur Ermittlung der Ausgiebigkeit zu finden. Im Betrieb stellt man fest, wieviel Quadratmeter Holzfläche mit 1 kg des Leimes beleimt werden können. Doch ist ein solches Verfahren etwas willkürlich, da natürlich von der Art des Auftragens von der Konzentration der Leimlösung und der Beschaffenheit der Holzfläche die je 1 m² aufgetragene Menge des Leimes stark abhängig ist. Man rechnet, daß mit 1 kg Glutinleim 6 bis 12 m² Furnierfläche einseitig beleimt werden können. Bei heißabbindenden Glutinleimen wird eine Ausgiebigkeit bis 1 : 20 erreicht.

Chemische Prüfungen

Glutingehalt. Der wirksame Anteil von Leim und Gelatine ist das Glutin. Die technisch hergestellten Erzeugnisse bestehen aus Glutin und einem mehr oder weniger großen Anteil von dessen Abbauprodukten sowie Fremdstoffen. Es liegt daher der Gedanke nahe, Gelatine und Leim nach ihrem Gehalt an Reinglutin zu bewerten. Weitaus die meisten Versuche, das Glutin quantitativ zu bestimmen, gründen sich auf die Fällung mit Tannin.

Das erste Verfahren, die wirksame Leimsubstanz auf diesem Wege quantitativ zu erfassen, rührt von GRÄGER[1] her. Er fällte die stark verdünnte Leimlösung mit einer wässerigen Lösung von Tannin und wog den abfiltrierten und getrockneten Niederschlag von Leimtannat. Dieses Verfahren, ebenso wie eine Reihe weiterer Versuche auf ähnlicher Grundlage, erwiesen sich als ungeeignet, da Tannin mit Glutin keine stöchiometrisch konstante Verbindung eingeht. Vielmehr handelt es sich um eine Bindung des Tannins durch Adsorption, welche je nach den Konzentrationsverhältnissen der Komponenten Fällungen von verschiedener Zusammensetzung liefert, also keine konstanten Prozentwerte an Glutin ergibt.

Gesamtstickstoff. Der Stickstoffgehalt von Gelatine und Leim ist ein annähernd konstanter Wert. Man benutzt diese Tatsache, um aus dem Stickstoffgehalt durch Multiplikation mit einem „Stickstoffaktor" den Gehalt von Rohstoffen, leimhaltigen Gemischen usw. an Leimsubstanz zu berechnen. Die Stickstoffangaben in der Literatur beziehen sich teils auf reine Glutinsubstanz frei von Wasser und Aschegehalt, teils auf nur wasserfreie Produkte, teils auf Erzeugnisse mit handelsüblichem Wasser- und Aschegehalt.

---

[1] GRÄGER, N.: Dinglers Polytechn. J. Bd. 126, S. 124.

Der Stickstoffgehalt wasserfreier Gelatine beträgt nach verschiedenen Analysen übereinstimmend 17,5 bis 18,0% (Tabelle 71).

Tabelle 71. *Stickstoffgehalt wasserfreier Gelatine*

CHITTENDEN: J. Physiol. Bd. 12 (1891) S. 33 .... 18,0%
PAAL: Ber. Bd. 25 (1892) S. 1202 .... 18,1%
VAN NAME: J. exp. Med. Bd. 2 (1897) S. 117 .... 17,8%
SADIKOFF: Z. physiol. Chem. Bd. 37 (1903) S. 397 .... 17,5%
HALLA: Z. angew. Chem. Bd. 20 (1907) S. 24.......... 17,6%
BOGUE: Chem. metallurg. Engng. Bd. 23 (1921) S. 105 . 17,5%
SMITH: J. Amer. chem. Soc. Bd. 43 (1921) S. 1350 .... 17,5%

Legt man Gelatine von handelsüblichem Wassergehalt zugrund, so kommt man bei einem mittleren Wassergehalt von 14% durch Umrechnung auf einen Stickstoffgehalt von 15,0 bis 15,5%.

Man erhält aus diesen Zahlen die folgenden Umrechnungsfaktoren:

Tabelle 72. *Stickstoffaktor*

Material	Wasser-gehalt	Stickstoffgehalt		N-Faktor
		Bereich	Mittel	
Gelatine, wasserfrei	0%	17,5—18,0%	17,75%	5,62
Gelatine, handelsüblich ..	14%	15,0—15,5%	15,25%	6,55

Bei Multiplikation des gefundenen Stickstoffgehalts mit dem Faktor 5,62 erhält man den Gehalt der untersuchten Substanz an wasserfreiem Leim oder Gelatine, bei Verwendung des Faktors 6,55 ergibt sich der Gehalt an Leim oder Gelatine von handelsüblichem Wassergehalt.

In der Literatur wird gelegentlich der Stickstoffaktor 6,25 angegeben.

Zur quantitativen Stickstoffbestimmung wird ganz allgemein das Verfahren nach KJELDAHL[1] auch in Form des „Mikrokjeldahl" benutzt. Die qualitative Stickstoffprobe, wie sie in der organischen Chemie üblich ist, wird wie folgt ausgeführt:

Man bringt in ein trockenes Reagensglas eine kleine Menge (etwa 0,05 g) von der gut getrockneten und gepulverten Substanz und wirft darauf ein etwa erbsengroßes Stück metallisches Kalium, das kurz vorher sorgfältig mit dem Messer blank und frei von Krusten geschnitten wurde. Man erhitzt alsdann sofort über freier Flamme zunächst sehr vorsichtig unter Drehen des Glases, so daß die Zersetzungsdämpfe der zu prüfenden organischen Substanz möglichst innig mit dem geschmolzenen Kalium in Berührung kommen. Zuletzt glüht man bis zur Deformation des Rohres und taucht das noch einigermaßen heiße Rohr in ein 10 ml Wasser enthaltendes kleines Becherglas. Dabei ist äußerste Vorsicht notwendig, da Spritzen der sehr alkalischen Flüssigkeit und Feuer-

---

[1] Das Verfahren ist in allen Lehrbüchern der quantitativen Analyse beschrieben.

erscheinung auftritt. Die wässerige Lösung wird filtriert, mit 6 bis 10 Tropfen einer Ferro- und einer Ferrisulfatlösung versetzt, dabei muß die Lösung noch stark alkalisch bleiben. Sie wird zum Sieden erhitzt, alsdann unter der Wasserleitung abgekühlt, und mit Salzsäure angesäuert. Bei Gegenwart von Eiweiß oder anderer stickstoffhaltiger Substanz entsteht eine tiefblaue Lösung, die beim Stehen blaue Flocken absetzt. Spuren von stickstoffhaltiger Substanz liefern schwachgrüne Färbungen.

Im einfachsten Falle gibt der Geruch beim Verbrennen einen Hinweis auf Anwesenheit von Eiweißstoffen.

Formaldehyd. Formaldehyd wird gelegentlich den Rohstoffen zur Konservierung zugesetzt. Auch gelingt es, durch sehr geringen Zusatz von Formaldehyd zum Leim dessen Viskosität zu erhöhen. Es besteht jedoch die Gefahr, daß der Leim bei längerer Lagerung unlöslich wird.

Zum Nachweis von Formaldehyd[1] in Leimleder wird die Probe fein zerhackt, mit der gleichen Menge 20%iger Phosphorsäure versetzt und etwa die Hälfte der Mischung abdestilliert. Etwa 30 ml des Destillates mischt man mit 0,1 g Pepton (WITTE) und zu 10 ml dieser Lösung gibt man einen Tropfen 5%iger Eisenchloridlösung und unterschichtet vorsichtig mit 10 ml konzentrierter Schwefelsäure. Bei Anwesenheit von Formaldehyd entsteht an der Berührungsstelle ein violettblauer Ring, der allmählich stärker wird. Sehr geringe Mengen von Formaldehyd bewirken beim Durchschütteln eine rötlich-violette Färbung.

Leim wird geprüft, indem man etwa 10 g in Wasser löst, mit Schwefelsäure ansäuert und etwa die Hälfte der Lösung in Wasserdampfstrom abdestilliert. Mit fuchsinschwefeliger Säure erhält man eine blau- bis rotviolette Färbung. Zum Nachweis kann auch ein Tropfen verdünnte Phenollösung, alsdann konzentrierte Schwefelsäure zugefügt werden.

Leider versagt der Nachweis von Formaldehyd in Leim in vielen Fällen.

Eisen. In den meisten Leimen ist etwas Eisen enthalten, besonders in den sauren Knochenleimen. Zum qualitativen Nachweis wird die Leimlösung stark verdünnt, mit Salzsäure angesäuert und im Reagenzglas Ferrozyankalium zugesetzt. Es entsteht Berlinerblau, doch ist die Färbung mehr grünlich. Da das Eisen auch in der zweiwertigen Form anwesend sein kann, führt man die Reaktion auch mit Ferrizyankalium aus.

Bei einem sehr geringen Eisengehalt setzt man der Leim- oder Gelatinelösung konzentrierte Salzsäure zu, fügt reichlich festes Kaliumrhodanid zu und schüttelt mit Äther aus. Die rote Eisen-Rhodanidfärbung geht in den Äther über.

---

[1] GRASSER, G.: Handbuch für gerbereichem. Laboratorien, 2. Aufl., S. 217, Leipzig 1922.

Zur quantitativen Bestimmung verascht man 5 g Leim in der Weise, daß der feingepulverte Leim mit der doppelten Menge Kalisalpeter innig gemischt in einen geräumigen Porzellan- oder Quarztiegel mit Deckel eingefüllt wird. Man erwärmt gleichmäßig, bis das Gemisch anfängt zu verbrennen, die Reaktionswärme genügt, um die Verbrennung aufrechtzuerhalten. Man löst die Schmelze in Wasser, filtriert, setzt dem Filtrat etwas Ammoniak zu, filtriert nunmehr das Eisenoxyd ab und wäscht sorgfältig aus, bis alles Nitrat entfernt ist. Man spült den Niederschlag vom Filter, löst in heißer verdünnter Schwefelsäure, reduziert mit Zink und titriert mit $^1/_{10}$ n-Kaliumpermanganat. Oder man löst mit Salzsäure, fällt mit geringem Überschuß von Ammoniak und bestimmt das Eisen gewichtsanalytisch.

Falls öfter Eisenbestimmungen vorzunehmen sind, kann man diese kolorimetrisch durchführen.

Arbeitsweise: man erhitzt 2 bis 5 g Leim im Porzellan- oder Platintiegel zunächst über kleiner Flamme, bis die Masse völlig verkohlt ist, läßt abkühlen und verreibt die Kohle mit einem kleinen Pistill zu Pulver. Dann erhitzt man mit starker Flamme, bis die Gesamtmasse annähernd verascht ist. Kleine Reste von Kohle stören nicht. Man zieht den Rückstand mit starker Salzsäure aus und filtriert die Lösung in ein Becherglas. Man erhitzt die verdünnte Lösung zum Sieden unter Zusatz von zwei Tropfen Wasserstoffsuperoxyd und fällt mit geringem Überschuß von Ammoniak das Eisen als Hydroxyd aus. Den Niederschlag löst man auf dem Filter in 10%iger Salzsäure, füllt das Filtrat auf 50 ml auf und setzt 1 ml 10%ige Ammoniumrhodanidlösung zu. Als Vergleichslösung löst man 0,5 g dünnen Eisendraht in Salzsäure unter Zusatz von etwas Wasserstoffsuperoxyd, verdampft die Hauptmenge der Säure und füllt mit Wasser auf 1 l auf. 1 ml enthält 0,5 mg Eisen. Man benutzt zur Kolorimetrierung einfache Zylinder von 20 mm Durchmesser und 15 cm Höhe, die von 5 : 5 ml eingeteilt sind. Zur Herstellung der Vergleichslösungen werden geeignete Mengen der Eisenlösung in die Zylinder gebracht, mit 10%iger Salzsäure auf 50 ml aufgefüllt und 1 ml Rhodanidlösung zugegeben.

Bei Untersuchung einer größeren Anzahl von Leimen wurden Eisengehalte von 0,04 bis 0,12% Eisen gefunden (Prüfung auf weitere Metalle siehe bei „Untersuchung der Gelatine", S. 308).

Eine Anzahl Leimuntersuchungen sind in den nachstehenden Tabellen zusammengestellt. Da es sich um ältere Analysen handelt, lagen die untersuchten Muster überwiegend als Tafelleime vor. Der Wassergehalt ist für Tafelleime verhältnismäßig nieder, doch entspricht er durchaus dem Durchschnitt der heutigen Kleinstück- und Pulverleime, für welche je nach Art der Lagerung ein Wassergehalt von 13 bis 15% angenommen wird.

Tabelle 73. *Analysen von Knochen- und Hautleimen*[1]

Nr. und Sorte	Wasser %	Asche %	Säure % SO_2	Alkali % CaO	Fett %	Schaum (nach 3 Min.) ccm	Beständigkeit
K 1	13,2	2,68	0,83	0	0,50	35	gut
K 2	13,4	2,03	0,87	0	0,43	40	sehr gut
K 3	12,6	2,75	1,02	0	0,42	30	gut
H 4	13,6	1,52	0	0,13	0,29	33	gut
H 5	13,8	2,66	0,21	0	0,42	23	sehr gut
H 6	14,3	4,08	0	0,14	0,25	30	gut
H 7	15,8	1,56	0	0,04	—	40	gut
H 8	14,7	4,94	0	0,08	0,16	40	mittel
H 9	16,6	1,77	0	0,08	0,37	25	sehr gut
H 10	14,8	1,43	0	0,02	0,44	2	mittelgut
H 11	14,4	1,86	0	0,08	0,18	10	mittelgut
H 12	13,8	1,45	0,09	0	0,46	15	sehr gut

Tabelle 74. *Wasser, Asche und Fett in Haut- und Knochenleim*[2]

	Hautleim: Zahl der Proben	Min. %	Max. %	Mittel. %	Knochenleim: Zahl der Proben	Min. %	Max. %	Mittel. %
Wasser	15	13,4	18,1	15,7	25	11,5	17,7	13,4
Asche	16	1,0	4,1	2,15	26	1,16	5,01	2,46
Fett	21	0,001	0,09	0,037	5	0,047	0,22	0,113

Untersuchung von Spezialleimen

Solche werden meist in Pulverform in den Handel gebracht, gewöhnlich mit einem erheblichen Gehalt anorganischer Streckmittel, so daß das äußere Bild den Kaseinleimen ähnlich ist; doch können sie von diesen schon durch den Geruch unterschieden werden, auch ist meist die gelbliche Farbe des Leimpulvers sichtbar.

Der Gang der Untersuchung wird sehr erleichtert dadurch, daß gewöhnlich eine Trennung des anorganischen Anteils vom Leimpulver auf mechanischem Wege mit Hilfe von schweren organischen Flüssigkeiten, wie Chloroform oder Tetra-Chlorkohlenstoff möglich ist; das Leimpulver schwimmt auf Chloroform, während die anorganischen Zusätze zu Boden sinken. Man verfährt dabei wie bei Kaseinleim (S. 251). Der anorganische Anteil wird mit den üblichen Hilfsmitteln der Analyse näher untersucht. Man prüfe auch auf andere organische Stoffe wie Stärke, Mehl, Dextrin, Holzmehl usw. und versäume nicht, das Mikroskop zu Hilfe zu nehmen.

Zur Ermittlung wasserlöslicher Stoffe behandelt man pulverförmige Gemische mit kaltem dest. Wasser, filtriert, dampft das Filtrat auf dem Wasserbad zur Trockne und untersucht den Rückstand.

---

[1] SAUER, E. in LIESEGANG, R. E.: Kolloidchemische Technologie, S. 412.
[2] THIELE, L.: Leim und Gelatine, S. 139.

Bei Untersuchung kaltflüssiger Leime leistet die Dialyse wertvolle Hilfe. Ein besonderer Dialysator ist meist nicht erforderlich. Man bringt von dem kaltflüssigen Leim eine etwa $^1/_2$ cm hohe Schicht in ein breites Becherglas oder besser in eine Glasschale mit senkrechter Wandung, überschichtet etwa 3 bis 5 cm hoch mit dest. Wasser und läßt das Glas über Nacht möglichst bei einer Temperatur nicht über 10° ruhig stehen. Dann gießt man das Wasser vorsichtig ab und wiederholt das Aufschichten von Wasser noch zweimal. Die wässerige Lösung dampft man zur Trockne und untersucht den Rückstand. Falls der Leimrest in der Glasschale erstarrt ist, sich also vorwiegend als Glutinleim erweist, zerteilt man die Gallerte in kleine Stücke und läßt sie noch 1 bis 2 Tage in kaltem, öfters gewechselten Wasser liegen, um den Rest der löslichen Stoffe zu entfernen. Man trocknet dann die Gallerte und kann evtl. den Stickstoff nach KJELDAHL darin bestimmen und den Gehalt an Glutinleim aus dem Stickstoffgehalt berechnen (s. S. 303).

Heißhärtende Glutinleime (s. S. 227) liegen in der Regel in zwei Komponenten vor, dem Leimanteil und dem Härter. Der pulverförmige Leimanteil kann wie oben auf seinen Gehalt an reinem Leim und sonstige Zusätze geprüft werden. Außer Leim werden organische Stoffe in Form von Säuren, auch Verflüssigungsmittel zugefügt, daneben eine größere Menge anorganischer Streckmittel. Man prüft die Qualität des abgetrennten Leimanteils.

Wesentlich ist bei diesen Spezialleimen die Ermittlung der Bindefestigkeit. Man stellt Prüfkörper mit Langholz- und Hirnholzleimung her, wobei die Verarbeitungsvorschrift für den betreffenden Leim genau einzuhalten ist. Falls Heißpressen erforderlich ist, dann können bei Hirnholzleimung die Federdruckpressen mit den eingespannten Hölzern im Wärmeschrank auf die vorgeschriebene Temperatur erwärmt werden.

Über die Untersuchung der Kaseinleime siehe diese.

Untersuchung von Gelatine

Die Untersuchung der Gelatine schließt sich eng an die der Glutinleime an. Sie weist jedoch einige Besonderheiten auf, die sich auf die Prüfung der Speisegelatine beziehen. Über Untersuchung der Fotogelatine s. S. 125.

Gallertfestigkeit und Viskosität nach Bloom. Diese Untersuchungen werden statt mit einer 12,5 %igen Lösung wie bei Glutinleimen mit einer solchen von $6^2/_3$ % ausgeführt.

Wasser-, Asche-, Fett-, Säuregehalt, p_H-Wert. Die Prüfung erfolgt wie bei Glutinleimen.

Die Feststellung von *Geruch, Geschmack und Klarheit* wird einfach durch Sinnenprobe vorgenommen.

Metalle. Gelegentlich ist eine Untersuchung auf geringe Mengen von Metallen wie Arsen, Kupfer, Blei und Zink erforderlich.

Arsen. Geringe Mengen von Arsen können mit den im Fabrikationsprozeß gebrauchten Chemikalien in die Erzeugnisse gelangen. Zum Nachweis wird das Arsen in der Regel in Arsenwasserstoff übergeführt. Ein sehr empfindlicher qualitativer Nachweis kann mit dem Apparat nach MARSH[1] geführt werden. Die quantitative Bestimmung der geringen Arsenmengen erfolgt kolorimetrisch nach dem Verfahren von HEFTI oder nach SANGER und BLACK. Das letztere wird gelegentlich fälschlich als Methode von GUTZEIT bezeichnet.

Zunächst muß die Glutinsubstanz zerstört werden. BOGUE[2] empfiehlt folgendes Verfahren. 10 g Leim oder Gelatine werden in eine Porzellanschale gegeben, 10 bis 15 ml konzentrierte Salpetersäure zugefügt, mit einem Uhrglas bedeckt und so lange erwärmt, bis die heftige Reaktion beendet ist. Nach Abkühlen setzt man etwa 10 ml konzentrierte Schwefelsäure zu und erhitzt auf dem Drahtnetz, bis die Flüssigkeit braun oder schwarz wird. Dann gibt man weitere Zusätze von je 5 ml Salpetersäure, erhitzt nach jeder Zugabe, bis die Flüssigkeit farblos oder gelb wird und Dämpfe von Schwefelsäure entwickelt werden. Die Flüssigkeit wird weiter bis auf etwa 5 ml eingedampft, bis alle Salpetersäure entfernt ist. Nach Abkühlen wird mit 10 bis 15 ml Wasser verdünnt und nochmals eingedampft, bis Dämpfe von Schwefelsäure auftreten. Die Restflüssigkeit wird nach Erkalten mit Wasser verdünnt und in einem Maßkolben auf 50 oder 100 ml aufgefüllt.

a) Zur Prüfung nach SANGER und BLACK[3] wird der Apparat nach Abb. 139 benutzt. Eine Weithalsflasche K von etwa 50 ml Inhalt dient als Gasentwickler. Glasrohr A enthält ein zusammengerolltes, mit 5%iger Bleiazetatlösung getränktes Stück Filtrierpapier. B ist etwas kürzer und enthält einen mit 1%iger Bleiazetatlösung befeuchteten Wattebausch. Das Rohr C ist innen nur 2 bis 3 mm weit und enthält einen Streifen von trockenem Quecksilberchloridpapier, das zum Nachweis des Arsens dient. Zur Herstellung des Quecksilberchloridpapiers läßt man 2 mm breite und 12 cm lange Streifen von dickem Zeichenpapier eine Stunde lang in 5%iger alkoholischer Quecksilberchloridlösung liegen und

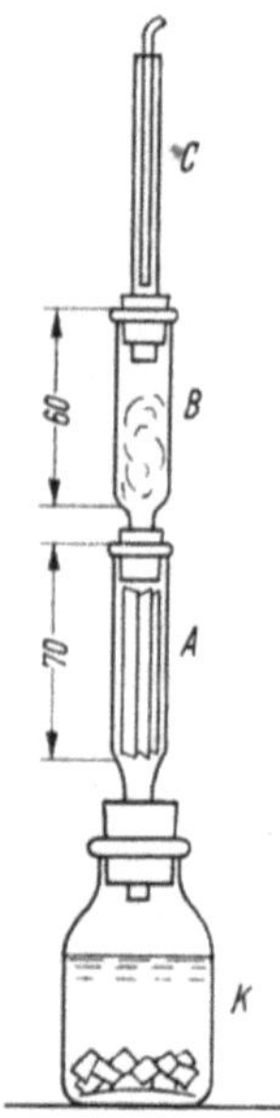

Abb. 139. Bestimmung des Arsengehalts in Gelatine (nach SANGER und BLACK)

[1] Sämtliche Verfahren des As-Nachweises sind in TREADWELL, F. P.: Lehrbuch der analytischen Chemie, eingehend beschrieben.

[2] BOGUE, R. H.: S. 453.

[3] SANGER u. BLACK: J. Soc. Chem. Bd. 26 (1907) S. 1115.

trocknet sie in waagerechter Lage. Die Enden der trockenen Streifen werden abgeschnitten.

20 ml der wie oben vorbereiteten Lösung werden in Kolben K eingefüllt und 20 ml verdünnte Schwefelsäure 1 : 2 zugefügt, außerdem 4 ml einer 20%igen Jodkaliumlösung. K wird auf etwa 90° im Wasserbad erwärmt, drei Tropfen einer Zinnchlorürlösung zugefügt (40 g Zinnchlorür mit konzentr. Salzsäure zu 100 ml gelöst) und 10 Minuten erwärmt. Der Kolben wird dann in Eiswasser abgekühlt, etwa 15 g arsenfreies Zink in kleinen Stücken zugefügt und der Stopfen mit A, B und C aufgesetzt. Der Kolben verbleibt noch 15 Minuten in Eiswasser, man läßt die Gasentwicklung dann noch 1 Stunde weitergehen, die Reaktion ist dann beendet. Der Quecksilberchloridstreifen ist je nach der Arsenmenge von unten beginnend mehr oder weniger weit dunkel gefärbt. Der Streifen wird mit auf gleiche Weise hergestelltem Teststreifen verglichen, die bekannte Mengen von Arsen enthalten. Man löst 1 g Arsentrioxyd in 25 ml Natronhydroxydlösung von 20%, neutralisiert mit verdünnter Schwefelsäure, fügt noch 10 ml konzentrierte Schwefelsäure zu und verdünnt auf 1 l. 1 ml der Lösung enthält 1 mg Arsentrioxyd. Erst kurz vor Gebrauch stellt man eine weiter verdünnte Lösung her, die 0,001 mg Arsentrioxyd in 1 ml enthält und benutzt diese zur Anfertigung der Vergleichsfärbungen: 0,001, 0,002, 0,005, 0,010 mg usw. Die Vergleichsfärbungen sind höchstens wenige Tage haltbar und müssen jeweils neu hergestellt werden.

b) Nach HEFTI[1] benutzt man ebenfalls Quecksilberchlorid zum Nachweis des Arsens, die einfache Vorrichtung ist aus Abb. 140 ersichtlich. Die wie oben vorbereitete Lösung zur Prüfung auf Arsen bringt man in die Zuteilpipette T. In den 100 bis 150 ml fassenden Kolben K gibt man 8 bis 10 g granuliertes Zink, einige Tropfen Kupfersulfatlösung und 20 ml verdünnte Schwefelsäure 1 : 7. Nach 10 Minuten ist die Luft aus dem Kolben verdrängt, nun bedeckt man die Düse D mit einem Stückchen Quecksilberchloridpapier, beschwert dieses mit einer aufgeschlif-

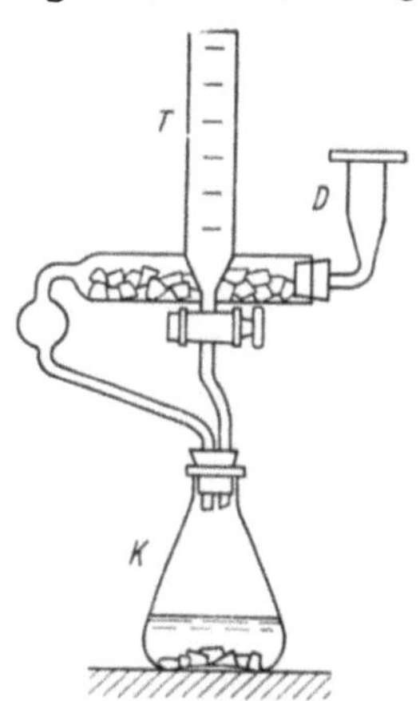

Abb. 140. Bestimmung des Arsengehalts in Gelatine (nach HEFTI)

fenen Glasplatte und läßt je nachdem man viel oder wenig Arsen vermutet einen Teil der in T befindlichen Flüssigkeit oder die ganze Menge derselben in den Kolben K fließen. Für Arsenmengen unter 0,02 mg verwende man eine Düse von 8 mm oberem Durchmesser und für größere Arsenmengen eine solche von 16 mm Durchmesser. Der Düsenrand ist

---

[1] HEFTI, F.: Dissertation, Zürich 1907 und F. P. TREADWELL: Lehrbuch der analytischen Chemie.

oben geschliffen. Nach 20 Minuten ist der Versuch beendet. Durch Vergleichen der Färbung des Fleckens mit der einer Skala von bekanntem Gehalt erfährt man die Menge des Arsens.

Zur Gewinnung des Quecksilberchloridpapiers taucht man reines Filtrierpapier in warmgesättigte Lösung des Salzes und trocknet sie bei 60 bis 70° C im Trockenschrank. Die Vergleichsfärbungen stellt man mit den unter a) angegebenen Mengen von Arsentrioxydlösung her.

Kupfer, Blei, Zinn, Zink[1]. Zur Bestimmung kleiner Mengen dieser Metalle ist es notwendig, die organische Substanz zu zerstören. Dies kann entweder durch Veraschung oder durch sauren Abbau in Lösung geschehen. Obwohl das letztere Verfahren umständlicher erscheint, wird es von R. H. BOGUE[2] empfohlen, da die Veraschung vielfach Schwierigkeiten bereitet.

Kupfer. 20 g Gelatine werden in einen 800 ml KJELDAHL-Kolben eingewogen und 100 ml konzentrierte Salpetersäure zugesetzt. Die Mischung wird auf dem Drahtnetz erhitzt, bis der Inhalt des Kolbens ruhig siedet. Dann läßt man abkühlen, fügt 25 ml konzentrierte Schwefelsäure zu und erhitzt von neuem längere Zeit, bis weiße Dämpfe entwickelt werden. Man kühlt ab, setzt erneut 5 ml konzentrierte Salpetersäure zu und erhitzt weiter bis weiße Dämpfe von SO_3 erscheinen. Diese Behandlung wird so oft wiederholt bis die Lösung klar erscheint. Dann wird die Lösung weiter bis auf 10 bis 15 ml eingedampft, abgekühlt und nach Verdünnen mit Wasser in ein Becherglas von 400 ml übergeführt. Wasser wird bis zu 200 ml zugefügt und die Lösung zum Sieden erhitzt. Nach Abkühlen wird Ammoniak bis zur schwach alkalischen Reaktion zugefügt und der Überschuß von Ammoniak weggekocht. Auf je 100 ml der Lösung werden 5 ml konzentrierte Salzsäure zugesetzt, zum beginnenden Sieden erhitzt und mit Schwefelwasserstoff gesättigt. Man läßt einige Minuten auf dem Wasserbad stehen bis der Niederschlag sich in Flocken ausscheidet, filtriert ab und wäscht den Niederschlag mit H_2S-Wasser aus. Der Niederschlag muß nach Möglichkeit gegen Luftzutritt geschützt werden und die Behandlung muß ohne Unterbrechung zu Ende geführt werden. Das Filtrat wird, wenn nötig, zur Bestimmung des Zinks aufbewahrt.

Der Niederschlag samt Filter wird in einen kleinen Kolben gebracht, je 4,5 ml Schwefelsäure und Salpetersäure zugefügt und bis zur Entwicklung weißer Dämpfe erhitzt. Die Oxydation wird mit kleinen Mengen von Salpetersäure wiederholt, bis die Lösung farblos ist. Die Lösung wird abgekühlt, mit etwa 30 ml Wasser verdünnt und ein Überschuß von

---

[1] Diese Analysenverfahren sind hauptsächlich in der amerikanischen Literatur beschrieben, da das amerikanische Nahrungsmittelgesetz (S. 132) genaue Vorschriften für den Mindestgehalt dieser Metalle angibt.

[2] BOGUE, R. H.: S. 459.

Bromwasser zugefügt. Das Brom wird weggekocht und ein Überschuß
von starkem Ammoniak zugesetzt. Auch der letztere wird weggekocht,
was an der Änderung der Farbe sichtbar wird. Ein geringer Überschuß
von starker Essigsäure (3 bis 4 ml 80%ig) wird zugesetzt und 1 Minute
gekocht. Dann wird auf Zimmertemperatur abgekühlt und 10 ml 30%ige
Kaliumjodidlösung zugesetzt. Das Kupfer setzt eine entsprechende Menge
Jod in Freiheit, dieses wird mit $n/_{100}$ Natriumthiosulfat titriert:

$$2\,CuSO_4 + 4\,KJ = 2\,CuJ + 2\,K_2SO_4 + J_2.$$

Die Thiosulfatlösung ist zweckmäßig mit Kupferlösung einzustellen.
Eine Hydrolyse mit verdünnter Salzsäure während 5 Stunden kann an
Stelle der Behandlung mit Salpetersäure und Schwefelsäure angewandt
werden.

Zink. Das Filtrat vom Kupfer wird mit 1 ml Salpetersäure versetzt
und bis auf 25 ml eingedampft. Dann werden 10 ml 20%ige Ammon-
chloridlösung zugesetzt, mit Ammoniak alkalisch gemacht, bis fast zum
Sieden erhitzt und filtriert (Eisen). Mit warmer alkalischer Ammon-
chloridlösung (50 g NH_4Cl + 25 ml NH_3 im Liter) wird ausgewaschen.
Das Filtrat wird mit Essigsäure neutralisiert, 0,5 g Natriumazetat zugefügt und mit Eisessig versetzt (2 ml je 50 ml des Filtrats). Man erwärmt dann auf dem Wasserbad, sättigt mit Schwefelwasserstoff, läßt
noch 1 Stunde an einem warmen Ort verschlossen stehen und filtriert.
Den Niederschlag wäscht man mit Essigsäure 1 : 100, die mit H_2S gesättigt ist, aus. Falls das Filtrat trüb durch das Filter geht, fügt man
einige Tropfen einer gesättigten Quecksilberchloridlösung zu und filtriert
erneut. Der getrocknete Niederschlag wird soweit als möglich vom Filter
genommen, dieses mit Ammonnitratlösung getränkt und für sich in
einem gewogenen Porzellantiegel verascht. Dann wird auch der Niederschlag in den Tiegel gebracht, zunächst gelinde, dann stark geglüht und
nach dem Erkalten als ZnO gewogen.

Zinn. Die organische Substanz wird wie bei „Kupfer" angegeben, zerstört, mit Wasser verdünnt und die Lösung in ein 600-ml-Becherglas
überführt. Die Lösung, die etwa 400 ml sein soll, wird abgekühlt mit
konzentriertem Ammoniak alkalisch gemacht und dann Salzsäure zugefügt bis zu einem Gesamtgehalt von etwa 2%. Man erwärmt im be-
deckten Becherglas bis nahe zum Sieden und leitet 1 Stunde lang einen
schwachen Strom von Schwefelwasserstoff ein. Man läßt den Niederschlag auf dem Wasserbad 1 Stunde, dann noch 2 Stunden ohne Erwärmen stehen. Man filtriert den Niederschlag auf ein 11-cm-Filter
(SS 590, Weißband) und wäscht abwechselnd dreimal mit Waschlösung
und heißem Wasser (Waschlösung: 100 ml gesättigtes Ammonazetat,
5 0ml Eisessig, 850 ml Wasser). Filter mit Niederschlag wird in einem
Becherglas dreimal mit zum Sieden erhitzter Ammonpolysulfidlösung

ausgezogen und die Lösung durch ein 9-cm-Filter abfiltriert. Das Filtrat mit den Waschwässern wird mit Essigsäure angesäuert, der Niederschlag, den man am besten über Nacht stehen läßt, wird je zweimal mit Waschlösung und heißem Wasser ausgewaschen. Man trocknet sorgfältig in einem gewogenen Porzellantiegel, verascht über einem Bunsenbrenner und glüht schließlich über einem Teklubrenner oder vor dem Gebläse. Man erhält SnO_2 und berechnet als Sn.

Blei. Dieses wird, wenn der Gehalt gering ist, kolorimetrisch bestimmt. Bei einem Gehalt von 1 bis 5 mg in 100 g wird 1 g Gelatine in einem KJELDAHL-Kolben mit 25 ml Schwefelsäure und 5 g Kaliumbisulfat wie üblich aufgeschlossen, bis die Lösung farblos ist. Nach Abkühlung wird mit Wasser verdünnt und 10 ml Tartratlösung (25 g Kaliumnatriumtartrat in 50 ml Wasser mit etwas Ammoniak und Natriumsulfidlösung versetzt; dann läßt man absitzen, filtriert und säuert das Filtrat mit Salzsäure an und erhitzt, bis die Lösung frei von Schwefelwasserstoff ist, macht mit Ammoniak alkalisch und füllt auf 100 ml auf) außerdem 10 ml Salzsäure zugegeben und die Lösung zum Sieden erhitzt. Spuren von Eisen werden durch Zugabe von 0,5 g Natriumbisulfit reduziert und so die Verfärbung der Lösung verhindert. Die Lösung wird dann im Überschuß mit Ammoniak und zur Beseitigung einer evtl. vorhandenen blauen Kupferfärbung mit 3 ml einer 10%igen Kaliumzyanidlösung versetzt. Die Lösung wird dann auf 100 ml aufgefüllt und in der Gesamtlösung oder einem Anteil die entstandene Färbung mit Standard-Bleilösungen von bekanntem Gehalt verglichen.

Als Vergleichslösung löst man z. B. 0,1831 g Bleiazetat in 100 ml Wasser, setzt zur Klärung einige Tropfen Essigsäure zu und verdünnt auf 1 Liter. 10 ml dieser Lösung verdünnt auf 1 Liter enthält dann in 1 ml 0,001 mg Blei. Die Vergleichslösung wird gleichzeitig mit der Gelatinelösung wie diese behandelt.

Neuerdings wurde von SCOTT-DODD[1] ein verhältnismäßig einfaches Verfahren zum Nachweis dieser Metalle angegeben, wobei eine Trennung durch Ausschütteln mit Dithizon-Chloroformlösung vorgenommen wird.

Arbeitsvorschrift: Zu 25 g der zu untersuchenden Gelatine gibt man in einem ERLENMEYER-Kolben 10 ml konzentrierte Salzsäure und 100 ml Wasser und läßt 24 Stunden auf dem Dampfbad stehen. Nach dem Abkühlen verdünnt man auf 250 ml und filtriert, wenn erforderlich. 60 ml des Filtrats, entsprechend 6 g Einwage werden nun viermal mit je etwa 5 ml 0,1%iger Dithizon-Chloroformlösung ausgeschüttelt. Der Extrakt wird in einem kleinen Kölbchen gesammelt und das Chloroform daraus abdestilliert. Den Rückstand bringt man in eine Platinschale, wäscht mit

---

[1] SCOTT-DODD, A.: Analyst Bd. 74 (1949) S. 118 und Z. analyt. Chem. Bd. 131, S. 460.

kleinen Mengen Chloroform nach und verascht vorsichtig unter Zusatz
einiger Tropfen konzentrierter Schwefelsäure und Salpetersäure. Wenn
die organische Substanz zerstört ist und keine Salpetersäure mehr weg-
geht, gibt man Wasser und einige Tropfen Salzsäure zu, erhitzt zum Sieden, kühlt ab und bringt auf 50 ml (Lösung A).

Kupfer. 25 ml dieser Lösung A, entsprechend 3 g Einwage, werden mit
einem Überschuß an Ammoniak versetzt, erhitzt und durch ein kleines
Filter vom Eisenhydroxyd in einem NESSLER-Zylinder filtriert. Zum
Filtrat gibt man 2 ml 0,1 %iger wässeriger Natriumdiäthyldithiokarbamat-
lösung und vergleicht mit einer Standard-Kupfersulfatlösung, die 0,02 g
Kupfer im Liter enthält.

Zink. Die beim Ausschütteln mit Dithizon-Chloroform erhaltene wässerige Phase wird schwach ammoniakalisch gemacht und 4- bis 5mal mit
je 5 ml 0,1 %iger Dithizon-Chloroformlösung ausgeschüttelt. Der Extrakt wird, wie bei der Kupferbestimmung angegeben, weiterbehandelt und die erhaltene Lösung auf 50 ml gebracht (Lösung B). 25 ml
dieser Lösung, entsprechend 3 g Einwage, versetzt man mit einigen
Tropfen Salzsäure und 1 Tropfen 1 %iger Kaliumeisen(II)-Zyanid-
lösung und vergleicht mit einer Standard-Zinksulfatlösung mit 0,05 g
Zink im Liter.

Blei. Der Rest der Lösung B wird mit 1 g Ammoniumazetat versetzt
und deutlich ammoniakalisch gemacht; dann gibt man 1 ml 10 %iger
Kaliumzyanidlösung und anschließend 1 ml 1 %iger Natriumsulfidlösung
zu und vergleicht mit der Standard-Bleiazetatlösung, die 0,01 g Blei im
Liter enthält.

Chromgehalt

Dieser läßt sich am besten nach der Diphenylkarbazid-Methode in
der von GERNGROSS[1] angegebenen Weise bestimmen.

,,Zur Ausführung schmilzt man die Asche aus 10 bis 20 g Leim mit der
drei- bis vierfachen Menge eines äquimolaren Gemisches von Kalium-
und Natriumkarbonat (Verhältnis 138 : 106). Die erkaltete Schmelze
wird in Wasser suspendiert und vorsichtig in chemisch reiner Schwefelsäure gelöst, derart, daß nach Verjagung von CO_2 eine deutliche Azidität
gegen Lakmuspapier auftritt. Chemisch reine Schwefelsäure ist erforderlich, da technische Schwefelsäure Chrom vortäuschen kann. Es empfiehlt
sich auf jeden Fall, einen Blindversuch mit der Schwefelsäure zu machen,
da die Empfindlichkeit der Reaktion 1 : 72000000 ist. Man füllt die
saure Lösung auf ein bestimmtes Volumen — bei 20 g verZaschtem
Leim z. B. 50 ml — auf, um bei Entnahme aliquoter Teile der Lösung noch
quantitative Bestimmungen kolorimetrisch durchführen zu können.

[1] GERNGROSS, O.: Chemiker-Ztg. Bd. 53 (1929) S. 578 u. GERNGROSS-GOEBEL:
S. 389.

Die qualitative Prüfung erfolgt dadurch, daß man einige ml der Lösung mit Diphenylkarbazid versetzt, das durch Auflösen von 0,2 g Diphenylkarbazid in 10 ml Eisessig und Auffüllung mit 95 %igem Alkohol auf 100 ml hergestellt wird. Der positive Ausfall der Reaktion äußert sich durch eine rotviolette Färbung. Für die quantitative Bestimmung vergleicht man die Farbtiefe mit einem Kaliumbichromat-Standard, der mit der gleichen Menge des Reagenses versetzt wird. Bei negativem Ausfall der Reaktion kann mit völliger Sicherheit das Nichtvorhandensein von Chrom angenommen werden. Es ist darauf zu achten, daß der positive Ausfall der Reaktion an die Anwesenheit von Chromat in saurer Lösung gebunden ist."

Wird nur eine qualitative Prüfung auf Chrom gewünscht, so genügt die Veraschung einer geringeren Menge von Leim, z.B. von 3 bis 5 g. Die Schmelze wird dann in einer entsprechend geringeren Menge von Schwefelsäure gelöst.

XIV. Übersicht der deutschen Patente

Die deutschen Patente allein ergeben natürlich kein vollständiges Bild der technischen Entwicklung auf dem Gebiet der tierischen Leime und der Gelatine. Jedoch konnte die umfangreiche ausländische Patentliteratur, besonders die sehr wertvolle der USA aus Raummangel nicht berücksichtigt werden. Wichtige ausländische Patente werden meist auch als deutsche Anmeldungen erscheinen.

Auch die deutschen Patente sind nicht vollzählig aufgeführt, vielmehr wurden vor allem die neueren bevorzugt.

Jedoch sind ältere Patente nicht völlig übergangen worden, da manche auch heute noch wertvolle Anregungen enthalten.

Die aufgeführten Patente sind mindestens so ausführlich beschrieben, daß der Sinn der jeweiligen Erfindung klar erkenntlich ist.

In der neueren Literatur finden sich einige ausführliche Zusammenstellungen der deutschen Patente[1].

Die deutschen Patente umfassen folgende Klassen bzw. Gruppen:

1. Kitte, Dichtungsmassen.
2. Klebemittel und Folien.

22. i. 3. Vorbehandlung des Leimguts.

4. Verfahren und Apparate zur Gewinnung von Leim aus dem Leimgut.
5. Klären und Bleichen von Leim.
6. Flüssiger Leim.
7. Unlösliche Gelatine.
8. Formgebung von Leim und Gelatine.
9. Vorrichtungen zum Trocknen von Leim.

22 i. 2. Klebemittel und Folien

DRP. 661 126. 11. 6. 1938

Ed. Geisblick Söhne A. G. Wolhusen.

---

[1] GERNGROSS-GOEBEL, S. 489. — GREBER, LEHMANN, VAN DER WERT, S. 127. — HINTERWALDNER, R., Gelatine und Knochenleim 1957. Patentliteratur der Nachkriegszeit).

22 i. 3. Vorbehandlung des Leimguts

a) Knochen

DRP. 10196, 1879.

F. SELTSAM, Forchheim. *Verfahren und Apparat um Knochen* unter Anwendung von Hochdruckdämpfen von Schwefelkohlenstoff, Benzin u. a. von Fett zu befreien.

DRP. 469211. 26. 8. 1926

Gelatines Hasselt & Villvorde, Paris. *Verfahren zum Entmineralisieren von Knochen mittels Phosphorsäure.*

DRP. 562918. 13. 10. 1932

D. SAKOM, Wiesbaden. *Verfahren zur Herstellung von Knochenleim durch Maze-ration*, dadurch gekennzeichnet, daß die Knochen mittels Säuren nur zum Teil entmineralisiert werden und darauf bei gewöhnlichem Druck verkocht werden.

Versuche haben ergeben, daß es nicht erforderlich ist, die gesamte Knochen-erde aus den Knochen zu entfernen, um den Knochenknorpel heißwasserlöslich zu machen. Es genügt, einen gewissen Bruchteil der Knochenerde zu entziehen, um die Heißwasserlöslichkeit zu erreichen.

Zerkleinern bis auf Grießfeinheit, 1000 kg Knochen mit 2000 l $7^1/_2$%iger Salzsäure ansetzen (normal erforderlich 5000 l Salzsäure), dann Kochen ohne Druck.

DRP. 751071. 16. 11. 1940. Veröff. 16. 5. 1953

M. SCHWARZKOPF, Berlin. *Verfahren und Vorrichtung zur Aufarbeitung von Knochen.* Anspruch 1. Verfahren zur Aufarbeitung von Knochen auf Gelatine, Leim usw. unter Entfettung, dadurch gekennzeichnet, daß nach mechanischer Öffnung der mark- und fetthaltigen geschlossenen Knochenpartien die Knochen im Heißwasserbad erhitzt werden, hierauf das gelockerte Fett bei niederem Druck bei entsprechender Temperatur herausgeschmolzen und hierauf die Knochen im Brausebad bei Temperaturen bis 68° nachentfettet werden.

Anspruch 2. Vorrichtung zur Durchführung des Verfahrens nach A. 1, be-stehend aus einem mit Heizmantel umgebenen Vakuumkessel, der im Inneren eine durchlochte Platte zur Aufnahme der Knochen enthält.

DRP. 836782. 17. 4. 1952

J. H. CHAYEN, London[1]. British Glue and Chemikals Ltd. *Verfahren zum Entfetten von Knochen*, dadurch gekennzeichnet, daß die ganz fein zerkleinerten Knochen der mechanischen Einwirkung kräftig bewegten Wassers unterworfen werden, wonach man sie in Wasser absitzen läßt, aus welchem Fett und Knochen getrennt entfernt werden.

Auslegeschrift 1006559. 18. 4. 1957

Sheppy Glue and Chemical Works, Erfinder E. M. VYNER. (Verfahren zur Entfettung von Knochen mit Wasser.) Näheres s. S. 199; 31 Ansprüche.

Der besseren Übersicht halber sind die Patente der Klasse 22. i. 3, welche sich auf die Verarbeitung von Chromlederabfällen beziehen, nachfolgend unter b) zu-sammengefaßt.

b) Gewinnung von Leim aus Chromlederabfällen

DRP. 155444. 10. 10. 1902

Chemische Düngerfabrik Vogtmann und Co. *Verfahren zur Vorbereitung von mineral- oder chromgarem Leder für die Leimbereitung.* Die Abfälle werden durch verdünnte Schwefelsäure entgerbt.

---

[1] „Chayenverfahren", Bewegung durch Ultraschall.

DRP. 158732. 16.9.1903

WEISS, HAIGER. *Verfahren zur Vorbereitung der Abfälle von mineral- besonders chromgarem Leder für die Leimbereitung.*

Die Abfälle werden erst mit einem Alkali oder Erdalkali, z. B. mit Ätzkalk oder mit einem Gemisch beider und dann nach dem Auswaschen mit einer Mineralsäure, z. B. mit Salzsäure, Flußsäure oder schwefliger Säure oder einem Gemisch dieser behandelt und dadurch entgerbt.

DRP. 202510. 11.7.1905

Weiss Sohn GmbH. *Verfahren zur Herstellung von Leim aus mineral- besonders chromgarem Leder.*

Das Leder wird bei Temperaturen bis zu 45° mit Alkali- oder Erdalkalihydroxyden behandelt und dann nach dem Auswaschen mit Wasser in üblicher Weise zu Leim verkocht.

DRP. 202511. Zusatz zu 202510

Bei der Behandlung des Leders mit Alkali- oder Erdalkalihydroxyden werden die Temperaturen bis auf 120° erhöht.

DRP. 255592. 12.3.1909

C. STIEPEL, Berlin. *Verfahren zur Vorbereitung von chromgarem Leder für die Leimbereitung.* Das chromgare Leder wird zuerst mit einem Alkalikarbonat und dann nach dem Auswaschen mit einer Säure behandelt und dadurch entgerbt.

DRP. 237752. 2.6.1909

SADLON. *Verfahren zur Herstellung von Leim aus Abfällen von chromgarem Leder.* Die zu verarbeitenden Abfälle werden zuerst mit einer für ihre Überführung in eine strukturlose, teigartige Masse ausreichenden Menge einer Ätzalkalilösung mehrere Tage bei gewöhnlicher Temperatur stehen gelassen, worauf in der entstandenen Masse das Ätzalkali durch eine beliebige Säure abgestumpft wird, um ein Leimgut zu erzielen, das sich schon durch gelindes Erwärmen in Leim überführen läßt.

DRP. 242246. 12.3.1909

C. STIEPEL, Berlin. *Verfahren zur Vorbereitung von chromgarem Leder für die Leimbereitung.* Das chromgare Leder wird in der Wärme bei Temperaturen bis zu 100° mit schwach angesäuertem Wasser behandelt.

DRP. 257286. 15.6.1912

W. PRAGER. *Verfahren zur Vorbereitung von chromgarem Leder für die Leimbereitung.* Die Abfälle werden durch Lösungen saurer Salze in der Wärme unterhalb der Verleimungstemperatur entgerbt.

DRP. 257288. Zusatz zu 257286. 2.8.1914

W. PRAGER. Verfahren gemäß DRP 257286, wobei die Abfälle unter Mitwirkung reduzierend wirkender Säuren oder Salze entgerbt werden.

DRP. 259247. 21.1.1912

TROTMAN. *Verfahren zum Entfernen des Chroms aus Chromleder.* Chromleder, welches gegebenenfalls durch eine Vorbehandlnng mit Säuren oder Alkalien teilweise von Chrom befreit wurde, wird mit Natriumperoxyd, Wasserstoffperoxyd, oder einem Stoff, welcher Wasserstoffperoxyd zu bilden vermag, behandelt.

DRP. 305598. 8.8.1917

IMMENDÖRFER. *Verfahren zum Entgerben von Chromlederabfällen.* Die Abfälle werden mit Aldehyden oder Chinonen vorbehandelt und dann der aufeinanderfolgenden Einwirkung starker Laugen und Säuren unterworfen.

DRP. 310309. 13.2.1917

A. WOLFF. *Verfahren zur Verwertung von Chromlederabfällen.* Die Abfälle werden in der eben ausreichenden Menge annähernd 5%iger Schwefelsäure bei

80 bis 90° gelöst, das abgeschiedene Fett gewonnen, das Chromoxydhydrat vermischt mit Gips mit Kalk ausgefällt und auf Chomalaun verarbeitet, die erhaltene Leimlösung von gelöstem Gips und überschüssigem Kalk mittels Kohlensäure und Bariumkarbonat befreit und im Vakuum eingedampft.

DRP. 383567. 17. 3. 1921

H. A. KRAUS. *Verfahren zur Vorbehandlung von Lederabfällen.* Angefeuchtete und gegebenenfalls angesäuerte oder alkalisch gemachte Abfälle werden mit oder ohne Druck mit Ozon oder hochozonisierter Luft behandelt.

DRP. 409959. 18. 5. 1923

E. MEIER. *Verfahren zum Aufschließen stark lederstaubhaltiger Chromlederabfälle.* Die Späne werden vor der Weiterbehandlung getrocknet und abgesiebt.

DRP. 425131. 13. 1. 1923

E. MEIER. *Verfahren zur Entgerbung und Entchromung von mit Zusatz von Formaldehyd gegerbten Chromlederabfällen.* Die Späne werden vor der Kalkbehandlung einem Natron- oder Kalilaugebad ausgesetzt und nach dem Auswaschen nach einem der üblichen Verfahren weiterbehandelt.

DRP. 426471. 5. 5. 1923

ELLENBERGER und SCHRECKER und O. HUPPERT. *Verfahren zur Darstellung von Leim aus Chromleder.* Chromlederspäne werden zunächst mit Säuren von 0,02 bis 0,1 Normalität gekocht, worauf das erhaltene zerkleinerte Gut gerade mit soviel Kalk versetzt wird als notwendig ist, um das Chrom als unlösliche Chromverbindung niederzuschlagen bzw. die noch vorhandene Säure zu neutralisieren und einen Alkalitätsgrad der erhaltenen Leimbrühe von 0,05 bzw. 0,01 zu erreichen, worauf mit Wasser zu Leim verkocht und die Leimbrühe von den unlöslichen Chrom- und Kalkverbindungen getrennt wird.

DRP. 438459. 12. 1. 1924

ELLENBERGER und SCHRECKER. *Verfahren zur Gewinnung von technisch chromfreier sowie vollkommen chromfreier Gelatine und Leim.* Chromfalzspäne werden ohne besondere Vorbereitung schwach alkalisch in Gegenwart geringer Mengen von leicht löslichen Phosphaten (1% und weniger) verkocht.

DRP. 457725. 29. 1. 1924

ELLENBERGER und SCHRECKER. *Verfahren zur Herstellung chromfreier Gelatine.* Chromfalzspäne werden ohne besondere Vorbereitung in Gegenwart geringer Mengen von kaustischem, gebranntem Magnesit verkocht (s. S. 238).

DRP. 480378. 4. 2. 1928

C. STIEPEL, Berlin. *Verfahren zur Leimgewinnung aus chromgaren Lederabfällen.* Chromfalzspäne werden vor den einzelnen Arbeitsgängen bei den Entgerbungsverfahren zu dünnen Platten gepreßt.

DRP. 521477. 11. 11. 1928

Henkel u. Krause, Chem. Fabrik GmbH., Heilbronn. *Verfahren zum Entgerben von Chromlederabfällen.* Behandlung der Abfälle mit alkalisch reagierenden Substanzen und nachfolgendes Lösen des Chroms mittels Säuren, wobei die alkalische Behandlung in Gegenwart löslicher Borsalze oder mit alkalisch reagierenden löslichen Borsalzen erfolgt.

DRP. 526859. 15. 5. 1928

C. STIEPEL, Berlin. *Verfahren zur Aufhebung des Gerbzustands chromgarer Lederabfälle.* Ein- oder mehrmalige Behandlung der Abfälle mit dickem Kalkbrei bis zum Auftreten von Ammoniakbildung.

DRP. 531015. 18. 10. 1929

H. MUNZINGER. *Verfahren zur Gewinnung von Leim und Gelatine aus chromgegerbten Lederabfällen.* Gewinnung in einem Arbeitsgang durch Verkochen der Abfälle mit Alkali oder Erdalkali unter Zusatz von Bariumhydroxyd.

DRP. 582628. 15. 9. 1928

O. GERNGROSS, Berlin. *Verfahren zur Entgerbung von chromgarem Leder.* Behandlung mit alkalisch reagierenden Substanzen und nachfolgendes Lösen des Chroms mittels Säuren, wobei die alkalische Behandlung mit den Hydroxyden der Erdalkalien, ausgenommen Magnesiumhydroxyd, unter Zusatz wasserlöslicher Salze der Erdalkalien, ausgenommen Magnesiumsalzen, erfolgt.

DRP. 582919. 28. 8. 1931

Deutsche Gold- und Silberscheideanstalt, Frankfurt. *Verfahren zum Entgerben von ungefärbtem Chromleder.* Das Gut wird bei gewöhnlicher oder erhöhter Temperatur mit Lösungen von Alkalizyaniden behandelt und hierauf die entstandenen Zyanchromkomplexe durch Auswaschen entfernt.

DRP. 612246. 29. 10. 1933

Chemische Fabrik Grünau, Berlin. *Verfahren zur Entchromung von chromgaren Lederabfällen.* Säureeinwirkung mit oder ohne vorangegangene Alkalibehandlung der Lederabfälle, wobei die Säure mindestens 5 % Neutralsalze enthält.

DRP. 613904. 31. 12. 1929

C. NACHTIGALL, Schkölen (Erf. E. KRAUSE, Heilbronn). *Verfahren zum Entgerben von Chromlederabfällen.* Behandlung mit Alkali- oder Erdalkalihydroxydlösungen und nachfolgendes Auflösen des Chroms mit organischen oder anorganischen Säuren, wobei die alkalische Behandlung in Gegenwart von Salzen der Chlor- oder Salpetersäure erfolgt (S. 237).

DRP. 702636. 16. 4. 1937

E. ELÖD, Badenweiler. *Verfahren zum Entchromen von Chromlederabfällen.* Die Abfälle von fertig zugerichtetem *Altleder* werden mehrmals abwechselnd mit Kalk oder Säure behandelt und dazwischen mit Wasser ausgewaschen.

DRP. 710503. 21. 12. 1938. Zusatz zu 702636

E. ELÖD, Badenweiler. Die Behandlung der gealterten Chromlederabfälle mit Kalk, Säure und das Auswaschen wird in ein und demselben Behälter ausgeführt und die Abfälle werden ständig oder nur zeitweise in Bewegung gehalten.

DRP. 710504. 22. 8. 1939. Zusatz zu 702636

E. ELÖD, Badenweiler. Dem Kalk und/oder den Säurebädern werden Bleichmittel, vorzugsweise oxydierende zugesetzt.

DRP. 744499. 16. 11. 1940. Zusatz zu 710504

E. ELÖD, Badenweiler. Die Altlederabfälle werden zweimal aufeinanderfolgend mit Kalk und oxydierenden Bleichmitteln ohne Zwischenspülung oder -säuerung behandelt, wobei man dem Kalkbad auf einmal nicht mehr als 5 bis 6 % Bleichmittel, z. B. Chlorkalk zusetzt, die Abfälle anschließend sorgfältig auswäscht und nur einmal mit Säure behandelt.

DRP. 721141. 19. 12. 1940

Deutsche Gold- und Silberscheideanstalt, Frankfurt. *Verfahren zum Entgerben von Chromlederabfällen.* Einwirkung von Zyanidlösungen auf das Chromleder, wobei dieses vorher mit Oxydationsmitteln, insbesondere Wasserstoffsuperoxyd in alkalischer Lösung behandelt wird.

DRP. 754797. 25. 4. 1941

Deutsche Gold- und Silberscheideanstalt, Frankfurt. Das mit alkalischen Oxydationsmitteln, z. B. Soda und Wasserstoffsuperoxyd behandelte Erzeugnis wird mit verdünnter, vorzugsweise 10 %iger Schwefelsäure ausgelaugt.

DRP. 937545. 12. 1. 1956

Elektrochemische Fabrik Kempen-Rhein. *Verfahren zur Aufarbeitung von Chromfalzspänen,* dadurch gekennzeichnet, daß die Chromlederabfälle vor ihrer Verkochung durch Behandeln mit Mineralsäuren und Nachwaschen mit Magnesiumsalzlösungen entchromt und anschließend in schwach magnesia-alkalischer Lösung verkocht werden.

c) *Leimleder*

DRP. 278110.   22. 5. 1912

M. FISCHEL, Wien. *Verfahren zur Behandlung von ungegerbtem Leimleder für die Leimgewinnung.* Leimleder aus Häuten, welche zwecks Entfernung der Haare einer Vorbehandlung mit Kalkmilch unterworfen wurden, wird in frischem oder auch bereits getrocknetem, jedoch ungegerbtem Zustand, vor der Äscherung mit Kalkmilch mit einer wasserlösliche Salze bildenden, entsprechend verdünnten Säure, vorzugsweise Salz- oder Schwefelsäure, behandelt, um die sonst unausbleibliche Verhärtung zu verhindern.

DRP. 293047.   19. 2. 1915

K. TWELE, Wladislaw. *Verfahren zur Herstellung von Leim und Gelatine,* dadurch gekennzeichnet, daß indische Sehnen, Alaunlederabfälle oder das übliche Leimleder mit Natriumchloridlösung behandelt, darauf ausgewaschen und in üblicher Weise verkocht wird.

DRP. 303184.   29. 9. 1915

O. RÖHM, Darmstadt. *Verfahren zur Verarbeitung von Leimleder zu Leim u. dgl.,* dadurch gekennzeichnet, daß man die gegebenenfalls vorher mit einer verdünnten Ätznatronlösung behandelten Abfälle der Einwirkung von Enzymen der Bauchspeicheldrüse oder ähnlich wirkenden eiweißspaltenden Enzymen unterwirft und dann in üblicher Weise verkocht.

DRP. 607026.   27. 10. 1932

A. HIRSCH, Weinheim. *Verfahren zur Äscherung von Leimleder,* dadurch gekennzeichnet, daß man das Leimleder mit einer mit Erdalkalichlorid versetzten Kalkbrühe behandelt.

DRP. 675522.   23. 6. 1937

E. STAUF, Siegen. *Verfahren zur Herstellung von Hautleim,* dadurch gekennzeichnet, daß das Rohmaterial in gewaschenem Zustand mit Harnstoff oder dessen Derivaten vermischt und nach ein- oder mehrtägigem Lagern ohne Auswaschen dem bekannten Ausschmelzprozeß unterworfen wird.

DRP. 825115

Deutsche Gelatinefabriken, Göppingen. *Verfahren zum Sudreifmachen kollagenhaltiger Rohstoffe für die Gewinnung von Leim und Gelatine,* dadurch gekennzeichnet, daß die Rohstoffe in einer wässerigen Flüssigkeit, die sauer oder alkalisch reagiert und gelatinefällende, nichtgerbende Stoffe in solcher Konzentration enthält, daß die Flüssigkeit bei der angewandten Temperatur den Rohstoff nicht auflösen kann, solange und so hoch erhitzt wird, bis Sudreife eingetreten ist.

Gruppe 22. i. 4. Verfahren und Apparate zur Gewinnung von Leim aus dem Leimgut

DRP. 79156.   24. 12. 1893

W. GRILLO, Oberhausen und M. SCHRÖDER, Düsseldorf. *Verfahren zur Gewinnung von Leim aus Knochen mittels schwefliger Säure.* Anspruch: Verfahren zur Gewinnung von Leim bzw. Gelatine aus Knochen darin bestehend, daß man die lufttrockenen oder etwas angefeuchteten Knochen in geschlossenen Apparaten mit gasförmiger schwefliger Säure oder Gemischen derselben mit anderen Gasen zur Überführung des dreibasischen Phosphats in ein Gemisch von zwei-basischem, zitratlöslichem Phosphat und neutralem Kalziumsulfit behandelt und mit siedendem Wasser extrahiert, worauf die erhaltene Leimbrühe durch Fällen mit Kalkmilch usw. von den gelösten sauren Kalksalzen befreit werden kann.

DRP. 168872. 10. 7. 1904

W. SADIKOFF, St. Petersburg. *Verfahren zur Gewinnung von Leim*, dadurch gekennzeichnet, daß die Umwandlung der leimgebenden Substanzen durch Kochen mittels verdünnter Monochlor- oder Monobromessigsäure ausgeführt wird.

DRP. 185292. 4. 11. 1905

O. SCHNEIDER, München. *Vorrichtung zur Gewinnung von Leim und Gelatine aus mehl- oder grießförmigen Leimgut*. Sie besteht aus zwei beheizten, nebeneinandergelagerten, zylindrischen, an ihren Enden mit entsprechenden Bogenstücken zu einer ringförmigen Leitung verbundenen Röhren, in welchen mittels schiffsschraubenförmiger Flügelräder den Rohstoffen eine horizontale spiralförmige Kreisbewegung erteilt wird.

DRP. 345775. 2. 10. 1918

E. BERGMANN, Bensheim. *Verfahren zur Gewinnung von Gelatine und Leim aus Knochen*, dadurch gekennzeichnet, daß die Knochen nach Entfernung des darin enthaltenen phosphorsauren Kalks einer Behandlung mit eiweißspaltenden Fermenten (Pepsin) zum Zweck des teilweisen Abbaus der Eiweißstoffe unterworfen werden und daß das ungelöst gebliebene Material in beliebiger Weise auf Gelatine und Leim weiterverarbeitet wird.

DRP. 411061. 1. 12. 1923

A. PANSKY, Paris. *Verfahren zur Herstellung von Gelatine aus Knochen* ohne Zerstörung der Mineralsubstanz, dadurch gekennzeichnet, daß man die Knochen in Berührung mit der Lösung eines nicht flüchtigen, starken Alkalis bringt, zur Neutralisation wäscht, darauf der Wirkung von Dampf zwecks Hydrolyse der leimgebenden Substanz unterwirft, wobei eine Temperatur von höchstens 60° eingehalten werden muß, und schließlich die Gelatine durch umlaufendes Wasser bei geeigneter Temperatur auszieht.

DRP. 567476. 13. 4. 1930

A. MENTZEL, Berlin. *Verfahren zur Herstellung von hochwertigen Leimen aus Knochen*. Das getrocknete Knochengut wird vor der Entleimung mit milden alkalischen Lösungen zum Zweck der Wiedereinverleibung des durch die Trocknung verlorenen Anteils an Hydratationswassers behandelt.

Als besonders zweckmäßig hat es sich erwiesen, die milde alkalische Behandlung mittels Ammoniak oder Aminen zu bewirken.

Die Qualität des Leims wird verbessert. Beispiel: 100 kg Knochenschrot wird mit $n/_{10}$ KOH überschichtet, nach 15 Stunden die alkalische Lösung abgegossen, ausgewaschen und wie üblich auf Leim verarbeitet. Die Viskosität ist bei $17^3/_4\%$ und 30° C etwa 4,0 E.G. statt 2,5.

DRP. 590067. 7. 11. 1930

A. G. für chem. Produkte vorm. H. Scheidemandel, Berlin, Erfinder I. KOHL, Berlin. *Verfahren zur Herstellung von hochwertigen Leimen aus Knochen*, dadurch gekennzeichnet, daß dem getrockneten Knochengut vor der Entleimung der durch die Trocknung verlorene Anteil an Hydratationswasser gemäß Patent 567476 oder Patent 582691 wieder einverleibt und dann die Entleimung gemäß Patent 554373 durchgeführt wird.

DRP. 703357. 21. 2. 1939

A. KÜNTZEL, Darmstadt. *Verfahren zur Herstellung einer Gelatine von geringen Abbaugraden und hochwertigen physikalischen Eigenschaften*, dadurch gekennzeichnet, daß ungekälktes Leimgut durch kurzes Erhitzen verleimt, dann einer kurzen Kälkung unterzogen und schließlich unter milden Bedingungen ausgeschmolzen wird.

DRP. 717910. 22. 3. 1940

E. SAUER, Stuttgart. *Verfahren zur Vorbereitung von Knochen für die Gelatinefabrikation* (s. S. 175).

DRP. 734798. 3. 4. 1941

Scheidemandel-Motard-Werke A. G., Berlin. *Verfahren zur Herstellung von Knochenleim.* Die etwa auf Nuß- bis Hühnereigröße zerkleinerten Knochen werden mit Alkali- oder Erdalkalihydroxyden oder Alkalikarbonaten in solcher Menge bei gewöhnlicher Temperatur so lange behandelt bis die Gesamtmenge des in den Knochen vorhandenen Kollagens in Kollagenat übergeführt ist, worauf nach 1 bis 3 kurzen Dampfdrücken die Entleimung in an sich bekannter Weise erfolgt.

Die Erfindung beruht auf der Erkenntnis, daß das Kollagen in den entfetteten Knochen ebenfalls wie das Kollagen der Haut $Ca(OH)_2$ aufnimmt (bis zu 4,2 %). Auch Alkalihydroxyde wie Alkalikarbonate sind zur Kollagenatbildung befähigt (2,9 % NaOH). Für die Kollagenatbildung muß mit einem Überschuß von Hydroxyden oder Karbonaten gearbeitet werden. Angewandt werden Konzentrationen von 0,1 bis 0,5 n; auf 1 kg Rohstoff ist 1,3 l Lösung erforderlich, Die Einwirkungsdauer beträgt 16 bis 72 Stunden, mindestens 16 Stunden.

DRP. 750010. 1. 4. 1942

Scheidemantel-Motard-Werke A.G., Berlin. Erfinder: J. KOHL, Berlin. *Verfahren zur Herstellung von hochwertigen Leimen aus Knochen durch alkalische Behandlung des Knochenguts,* dadurch gekennzeichnet, daß Knochengut vor der Entleimung mit einer wässerigen Lösung bzw. Aufschlämmung von Magnesiumoxyd bzw. -hydroxyd in der Kälte behandelt wird.

Beispiel: In eine Suspension von 1 Teil MgO in 2500 Teilen Wasser werden 107 kg entfettete, gebrochene Knochen bei gewöhnlicher Temperatur 30 Stunden eingeweicht, zweimal 3 Stunden mit kaltem Wasser gewaschen und in bekannter Weise entleimt, wobei der Dampfdruck 3 atü nicht übersteigt ($p_H = 7,2$, 205 Bloomgrams).

Gruppe 22. i. 5. Klären und Bleichen von Leim

DRP. 663004. 16. 8. 1936

Imperial Chemical Industries Ltd., London. *Verfahren zum Klären von Leim- und Gelatinelösungen.* Eine vorzugsweise 3 bis 6prozentige Leim- oder Gelatinelösung wird mit einem wasserlöslichen Aluminat, insbesondere Natriumaluminat auf p_H 8,5 bis 10 (gemessen bei 20°) eingestellt und die Lösung nach dem Neutralisieren filtriert oder dekantiert.

DRP. 709331. 21. 7. 1918

Tannerie & Maroquinerie Belges. *Verfahren zum Bleichen und Klären von Gelatine- und Leimlösungen.* Die Lösungen werden nach dem Neutralisieren mit gefälltem, neutral gewaschenem Aluminiumhydroxyd zweckmäßig in einer Konzentration von 3 bis 15 % berechnet auf lufttrockenen Leim, auf Temperaturen von 55 bis 75° bis zur Entfärbung und Klärung im allgemeinen nicht länger als 60 Min. erhitzt, worauf dann in an sich bekannter Weise die Abscheidung des Aluminiumhydroxyds vorgenommen wird.

DRP. 741401. 11. 8. 1940

Gesellschaft für Wasserunternehmungen. *Verfahren zur Reinigung, insbesondere Entaschung von Gelatine.* Die Gelatine wird in gelöster Form mit einem Kationenaustauscher und anschließend mit einem Anionenaustauscher in Berührung gebracht.

Gruppe 22. i. 6. Flüssiger Leim

DRP. 212346. 26. 8. 1908

F. Supf, Berlin. *Verfahren zur Verflüssigung organischer Kolloide* wie Leim, Kasein, Stärke, Dextrin durch Behandlung mit Salzen organischer Sulfosäuren (s. S. 227).

Gruppe 22. i. 8. Formgebung von Leim und Gelatine

DRP. 296522. 31. 10. 1914

A.G. für Chemische Produkte vorm. H. Scheidemandel, Berlin. *Verfahren, gelatinierende Substanzen mehr oder weniger fein zu verteilen,* dadurch gekennzeichnet, daß man bei entsprechender Abkühlung zur Erstarrung gelangende Lösungen solcher Stoffe in mit ihnen nicht oder fast nicht mischbare Kühlflüssigkeiten wie Benzol, Benzin, Chlorkohlenwasserstoffe, Schwefelkohlenstoff u. dgl. eintreten läßt.

DRP. 419927. 25. 4. 1924

A. G. für Chemische Produkte vorm. H. Scheidemandel, Berlin, D. Sakom, Wiesbaden und P. Askenasi, Karlsruhe. *Verfahren zur Herstellung mehr oder weniger fein verteilter gelatinierender Kolloide,* dadurch gekennzeichnet, daß man die gelatinierenden Kolloide in Kühlflüssigkeiten wie Wasser, Salzlösungen oder wässerige Emulsionen eintreten läßt, welche ein möglichst sofortiges Erstarren gewährleisten.

DRP. 434011. 8. 4. 1925

A.G. für Chemische Produkte vorm. H. Scheidemandel, Berlin, D. Sakom, Wiesbaden und P. Askenasi, Karlsruhe. *Verfahren zur Herstellung von Leim und Gelatine in Körner-, Grieß- oder Pulverform,* dadurch gekennzeichnet, daß Leim- oder Gelatinegallerten von geeigneter Konzentration unmittelbar vermahlen werden, worauf das zerkleinerte Gut in üblicher Weise getrocknet wird.

DRP. 434443. 16. 3. 1923

A.G. für Chemische Produkte vorm. H. Scheidemandel, A. Obersohn, W. Wachtel, Berlin und D. Sakom, Wiesbaden. *Verfahren zur Herstellung gleichmäßig großer tropfenförmiger Gebilde aus gelatinierenden Kolloiden,* dadurch gekennzeichnet, daß man die in flüssigem Zustand befindlichen Kolloide aus einem Gefäß austropfen läßt, dessen Boden mit Löchern versehen ist, in welchen Führungsstifte zentrisch eingesetzt sind.

DRP. 437346. 19. 12. 1924

A.G. für chemische Produkte vorm. H. Scheidemandel, Berlin. *Verfahren zum Gewinnen von tierischem Leim, Gelatine oder dgl. in körniger Form,* dadurch gekennzeichnet, daß eine Leimlösung oder -gallerte durch einen Siebboden gepreßt und dabei zerkleinert wird.

DRP. 441278. 1. 9. 1925

Etablissement Kuhlmann, Paris. *Verfahren und Vorrichtung zur Herstellung von Pastillen oder Körnern aus Leim oder Gelatine,* dadurch gekennzeichnet, daß man Lösungen der genannten Stoffe auf eine gekühlte, mit einem Schmiermittel überzogene Unterlage, z. B. ein sich bewegendes Metallband auftropfen läßt, und die gebildeten Körner nach dem Erstarren abstreift.

DRP. 452623. 16. 12. 1924

A.G. für Chemische Produkte vorm. H. Scheidemandel, Berlin, D. Sakom, Wiesbaden und P. Askenasi, Karlsruhe. *Verfahren zum Überführen von gelatinierenden Stoffen in die Form von Körnern oder Perlen durch Auftropfen*

von Lösungen dieser Stoffe auf eine unter der Tropfstelle fortbewegte Kühlfläche,
von der die Tropfen durch Abstreiforgane entfernt werden, wobei die Tropfen
auf die blanke, überzugsfreie Kühlfläche fallen.

DRP. 540520. 24. 5. 1928

F. Seltsam Nachf., Forchheim. *Verfahren zur Herstellung von in Plättchen
oder Stäbchen zu zerschneidenden Leim- oder Gelatinebändern durch Fließen der
Brühen auf Kühlzylinder.* Die Brühen fließen in Form dünner Strahlen auf einen
glatten Kühlzylinder, wobei die Zähflüssigkeit der Brühe, die Strahldicke und
die Umlaufgeschwindigkeit des Zylinders so zu regeln sind, daß nur schmale,
dünne, nicht ineinanderlaufende Bänder von der Breite der herzustellenden
Leimplättchen oder -stäbchen entstehen.

DRP. 565725. 10. 5. 1930

C. Nachtigall, Schkölen. *Verfahren und Vorrichtung zur Herstellung von Leim
und Gelatine in kleinstückiger, insbesondere Brockenform* durch Hindurchpressen
der zu gelatinierenden Klebstoffbrühe durch ein mit einer Förderschnecke ver-
sehenes Kühlrohr, dadurch gekennzeichnet, daß die Gelatinierung im Kühlrohr
soweit geführt wird, daß an der offenen Austrittsseite des Kühlrohrs ohne Verwendung eines Siebs oder Mundstücks Leimbröckchen erhalten werden.

Gruppe 22. i. 9. Verfahren und Vorrichtungen zum Trocknen von Leim

DRP. 312100. 4. 6. 1918

O. Ruf, München. *Verfahren zur Verarbeitung von Klebstofflösungen, -emulsionen
u. dgl. auf feste Form.* Die Lösungen, Emulsionen usw. werden durch andauernde
mechanische Behandlung, Schlagen, Rühren oder dgl. in eine mit einer Vielzahl
kleiner Luftbläschen durchsetzte, feinverteilte homogene Masse von schlagsahne-
artiger Konsistenz übergeführt und getrocknet (s. S. 221).

Literaturverzeichnis

Bücher über tierische Leime

Einige Werke angrenzender Gebiete sind ebenfalls hier aufgeführt. Die umfangreiche Literatur über Anwendung der Leime und Verfahren der Verleimung sind
nicht berücksichtigt.

a) Glutinleime und Allgemeines

DAWIDOWSKY, A : Die Leim- und Gelatinefabrikation, 5. Aufl., Wien und Leipzig 1919.
(zitiert als: BOGUE, R. H.)

BOGUE, R. H.: The Chemistry and Technology of Gelatin and Glue. New York 1922.

THIELE, LUDWIG: Leim und Gelatine, 2. Aufl., Leipzig 1922 (Zitiert als: THIELE, L.).

BREUER, CARL: Kitte und Klebstoffe, 2. Aufl., Leipzig 1922.

KISSLING, RICHARD: Leim und Gelatine, Stuttgart 1923.

CAMBON, VICTOR: La Fabrikation des Colles et Gelatines, Paris 1923.

ALEXANDER, JEROME: Glue and Gelatin, New York 1923.

STADLINGER, HERMANN: Die Leimfibel, 1927.

SAUER, E.: Leim und Gelatine, in LIESEGANG, R. E.: Kolloidchem. Technologie,
2. Aufl., Dresden 1931.

GERNGROSS, O. und GOEBEL, E.: Chemie und Technologie der Leim- und Gelatinefabrikation. Dresden und Leipzig 1933 (Zitiert als: GERNGROSS-GOEBEL).

THEDE, A.: Kitte und Klebstoffe, Berlin 1935.

BECHER, CARL: Die Fabrikation der Klebstoffe, Berlin 1936.

SMITH, J. P.: Glue and Gelatine, Brooklyn, New York 1943.

DELMONTE, JOHN: The Technology of Adhesives, New York 1947.

DE KEGHEL, MAURICE: Traité General de la Fabrication des Colles, 2. Aufl.,
Paris 1949

GREBER-LEHMANN-VAN DER WERTH: Die tierischen Leime, Heidelberg 1950.

PLATH, ERICH: Die Holzverleimung, Stuttgart 1951.

MICKSCH, K. u. PLATH, E.: Taschenbuch der Kitte und Klebstoffe, 3. Aufl.,
Stuttgart 1951.

LÜTTGEN, C.: Die Technologie der Klebstoffe, Berlin-Wilmersdorf 1953.

RIVAT-LAHOUSSE, A.: Les Colles Industrielles, Paris 1956.

HINTERWALDNER, RUDOLF: Herstellung von Gelatine und Knochenleim, Moser-
verlag, Garmisch-Partenkirchen 1957.

DE BRUYNE u. HOUWINK, R.: Klebtechnik (Übersetzung), Stuttgart 1957 (Zitiert
als: DE BRUYNE-HOUWINK).

b) Kaseinkaltleime

SUTERMEISTER, E. u. BRÜHL, E.: Das Kasein, Berlin: Springer 1932.

Forest Products Laboratory: Casein glues: their manufacture, preparation
and application. Nr. 280, Madison 5, Wisconsin 1939.

SUTERMEISTER, E. and BROWNE, F. L.: Casein and its industrial application,
New York: Reinhold Publishing Co. 1939.

KAUFERT, F. H.: Increasing the durability of casein glue joints with preservatives,
Forest Products Laboratory, Nr. 1332, Madison 5, Wisconsin.

Lieferbedingungen und Prüfverfahren für pulverförmige Kaseinkaltleime RAL 093
C 2, Beuth-Vertrieb G. m. b. H., Berlin W 15 und Köln, Friesenplatz 16,
Ausgabe 1952.

Namenverzeichnis

Abitz, W. 31, 41, 98
Abribat 129
Ackermann, T. 78, 81
Aldinger, W. 79
Alexander, J. 4, 324
Allendorf, F. 267
Ames, W. M. 32
Ammann-Brass 130
Arisz, L. 43
Aron, H. 166
Askenasy, P. 213, 322

Bach, St. 72
Bachmann, W. 91
Bacon, E. K. 38
Bahlmann, E. F. 274, 293
Bancroft, W. D. 71
Barnett, C. E. 71
Bayer, Farbenfabriken 159
Bear, R. S. 23, 24, 25, 27, 54
Becher, C. 324
Bergmann, E. 320
Bergmann, M. 35, 36, 51
Berridge, N. J. 52
Berthold 118
Berty, J. 61
Beukelaer, F. L. 274, 293
Bibra, v. 164
Bjerken, B. v.
Bjerrum, N. 15
Black 308
Block, B. 219
Block, R. J. 36
Bloom 125, 273, 290, 293
Boedtker, H. 39
Böhme, E. 100
Bogue, R. H. 37, 113, 241, 282, 283, 303, 308, 310, 324
Bowes, J. H. 31, 32, 34
Bressler 80
Breuer, C. 324
Brintzinger, H. 243
Britton 69
Brühl, E. 243

Bruyne, de s. De Bruyne
Bubser, W. 55

Cambon, V. 114, 186, 299, 301, 324
Cannan, R. K. 72
Carlström, D. 168
Caro, L. de 86, 87
Cassel 78
Chayen, I. H. 315
Chercheffsky 114
Chittenden 14, 303
Cicerelli, J. S. 39
Consden 17
Corey, R. B. 26
Courts, A. 34
Crick, F. H. C. 29
Czarnetzky, E. I. 71

Dawidowsky, A. 324
De Bruyne-Houwink 3, 69, 114, 324
Derjakin, B. W. 60
Dettmer, H. 26
Dietrich, E. 133
Dillenius, H. 280
Doty, P. 39
„Dowex 50" 35
Duhamel du Monceau 9

Eastoe, J. E. 35, 36
Eggert, J. 40, 69, 92, 97
Ellenberger, W. 9, 112, 147
Ellenberger und Schrecker 238, 317
Elöd, E. 67, 68, 318
Engler, K. 274, 287, 288
Engström, E. 168
Eschmann, W. 236
Evva, F. 61

Fahrion, W. 297
Farbenfabriken Bayer 159
Ferguson, A. L. 38
Finfan, I. D. 168
Fischel, M. 319

Fischer, E. 14, 19
Fischer, M. H. 94, 100
Fraas, E. 104
Frankel, M. 50
Frei, W. 299
Fremy 14
Fysh, D. 274, 293

Gassmann, Th. 167
Geistlich, E. 229
Gericke, K. 202
Gerngroß, O. 31, 38, 40, 41, 49, 58, 72, 74, 78, 85, 92, 98, 118, 230, 238, 299, 313, 324
Gies 14
Gildemeister, M. 104
Gladback, J. K. 17
Goebel, E. 77, 83, 135, 280, 297, 324
Görtz 263
Gordon 17
Gräger, N. 302
Graham, Th. 89
Grasser, G. 304
Graßmann, W. 26
Greber, I. M. 4, 9, 12
Greber-Lehmann - van der Werth 314, 324
Grillo, W. 319
Groß, J. 25, 27
Gustavson, K. H. 233

Häcker, F. u. Sohn 137
Hagenmüller, K. 241, 249
Hager 133
Halla 303
Hammarsten, O. 14
Hart, H. 299
Hatscheck, E. 104
Hausmann 37
Hefti, F. 309
Helberger, J. H. 51
Heller 21
Henkel 317
Henriques, V. 17
Hermann, K. 31, 41, 98

Herold, J. 114
Heß, K. 28
Heyns, K. 34
Hickethier, Ch. 158
Highberger, J. H. 27
Hinterwaldner, R. 314, 324
Hirsch, P. 92
Hitchcock, J. 38
Hloch, A. 38
Hofmann, U. 26
Hofmeister, F. 14, 30
Hooke, R. 105
Houwink, R. 3, 118
Howard-Carter 6

Immendörfer 316

Jermolenko 85
Jukes, T. H. 17

Kamei, S. 206
Katz, J. R. 92, 94, 95
Kaufert, F. 324
Kehgel, M. de 324
Kestenbaum, P. 100
Kestner 156
Kind 212
Kinkel, E. 105, 120, 126
Kißling, R. 114, 324
Kleverkaus, E. 99, 100
Knapp, F. 230
König 164
Königsdorf, W. 34
Koepff, H. 32
Koepff u. Söhne 137
Koeppe, P. 38, 49
Kohl, J. 320, 321
Kolzow, W. S. 60
Kraus, H. A. 317
Krause, E. 317
Krause, G. 222
Krischer-Kröll 206
Krüger 38
Kühn, K. 26, 27
Kuehne, W. 51, 52
Küntzel, A. 23, 32, 38, 63, 320
Kuhlmann 322
Kuhn, A. 99, 100

Landesmann 212
Laporta, M. 86, 87

Leik, A. 104, 108
Levene, P. A. 51
Levi, S. M. 60
Li, C. F. 66
Liesegang, R. E. 88
Lindström-Lang, K. 49
Loeb, J. 72, 100
Lüttgen, C. 324
Lukas, A. 6

Mark, H. 119
Martin 17
Maurer, R. 104, 107
McBain, J. W. 116
Mentzel, A. 320
Menzel, K. 171
Mesnil, R. du 31
Michaelis, L. 72
Miksch-Plath 324
Millon 21
Moore, S. 17, 35
Moß, J. A. 31, 34
Munzinger, H. 317

Nachtigall, C. 318, 323
Naegeli, K. W. 22
Nageotte, J. 26
Nemetschek, Th. 26
Newberry, P. E. 4
Niemann, C. 35
Northrop, J. H. 51, 52

Obermiller 263
Obersohn, A. 322
Orechowitsch, K. D. 26
Osborn, T. B. 14
Ostwald, Wo. 81, 100, 285

Paal, C. 303
Pahlke, G. 26
Palmhert, H. 73, 75
Pansky, A. 320
Paßburg, E. 219
Pauli, W. 32
Pauling, L. 28
Pauly, H. 21
Pedersen, K O 39
Pfeiffer, P. 15
Plath, E. 324
Plimmer, J. 37
Plinius, C. S. 7, 12
Posniak, E. 96

Pouradier, J. 39
Powell, J. R. 274, 293
Procter, H. R. 38

Ramachandran, G. N. 29
Ratjen, H. 138
Reinke, J. 96
Reitstötter, J. 7, 40, 69, 97
Rekhmara 4
Reng, S. L. 66
Rhabanus Maurus 7
Rich, A. 29
Richards 14
Rieß, C. 63
Robertson, T. B. 92
Röhm, O. 319
Rose, W. C. 16
Rudeloff M. 225 262 265
Ruf, O. 221, 323
Ruhemann, S. 16

Sadikoff, W. 303, 320
Sadlon 316
Sakom, D. 213, 315, 322
Sanger, F. 34, 53, 308
Sauer, E. 55, 66, 73, 75, 77, 79, 89, 90, 94, 99, 100, 105, 117, 126, 186, 204, 236, 249, 262, 280, 300, 306, 321
Saunders, P. R. 39, 109
Schachowskoy, Th. 67, 68
Scheidemandel-Motard-Werke A. G. 197, 215,
Schelling, F. 66, 186
Schepowalnikow, N. P. 52
Scherer, R. P. 133
Schmidt, C. L. A. 71
Schmitt, F. O. 25, 26, 27
Schneider, O. 320
Schrodt 163
Schwarz, W. 26
Schwarzkopf, 200, 315
Schütte-Lanz 227
Schultz, A. 230
Scott jr. 104
Scott-Dodd, A. 312
Seltsam, F. 215, 314, 323
Sheppard, S. S. 104, 114, 128
Slyke, van 17, 47

Smith, C. R. 14, 92, 303
Sörensen, S. L. P. 47, 51, 72
Speakman, J. B. 53, 54
Specht-Fey, W. 239
Stadlinger, H. 324
Stainsby, G. 39
Stauf, E. 319
Stavermann, A. J. 117
Stein, W. 17, 35
Steiner 87
Stiasny, E. 231
Stiepel, E. 160, 238, 316, 317
Stott, E. 53
Streidl, H. 143, 146, 173, 181, 216, 221
Supf, F. 227, 322
Sutermeister, E. 243, 324
Suzuki 167
Svedberg, The 38, 39
Sweet 104, 114
Synge 17

Talmud 110
Thede, A. 324
Theophilus 7
Theophrast 6

Thiele, L. 92, 139, 143, 186, 193, 282, 298, 306, 324
Thiessen, P. 91
Tiselius, A. 39
Triangi, O. 38, 49
Tristram, G. R. 36
Trotmann 316
Truax, T. R. 116, 118
Trüstedt 198
Trunkel, H. 92
Twele, K. 319

Ubbelohde, L. 285, 286, 287
Umstätter, H. 76, 283

Van der Werth 324
Van Name 303
Van Slyke s. Slyke
Veit, E. 163
Veitinger, J. 204
Venet, A. M. 39
Vogel, C. 252
Vogel-Ossag 274, 286
Vogtmann 315
Vyner, E. M. 199

Wachtel, W. 212, 322

Waldschmidt-Leitz, E. 15, 17, 48, 50, 51, 52
Walpole, G. 92
Ward, A. G. 3, 39, 50, 109
Weigel, C. 7
Weiss-Haiger 316
Weiss-Trocknungsanlagen 215, 216
Wiegand-Apparatebau 153, 159
Wilhelm, O. 161
Willach, E. 262
Williams, J. W. 39
Willstätter, R. 17, 48
Wilson, E. O. 66
Wilson, J. A. 23, 38, 232
Wintgen, R. 38
Wit, H. 38
Wöhlisch, E. 31
Wolff, A. 316
Wolff, H. 243
Wolpers, C. 25

Yoshimura 167

Zahn, H. 53, 54
Zsigmondy, R. 22, 87, 90, 91, 207

Sachverzeichnis

Seite

Abbau des Glutins, durch Enzyme 50
— — — im Autoklaven 45
— — —, thermischer 42
— — Kollagens 32
Abbinden des Leims 118
Abzüge, beim Sieden 146
Adhäsion 118
Äquivalentgewicht des Glutins 38
Äscher-gruben 121, 136
— -prozeß 121
— -türme 121, 138
Äscherung 121, 136
—, saure 123
Ahorn 264
Aktive Säurekonzentration 70
Alanin 15
Alaun-gerbung 65
— -klärung 186
Albumine 19
Albumosen 50
Alkoholische Titration der Amino-
    säuren 17, 48
Alpha-Salz 226
Aluminium-hydroxyd, Einwirkung
    auf Glutin 66
— -netze, für Trocknung 208
— -sulfat, Einwirkung auf Glutin 65, 66
Amicrol 159
Aminosäuren 4
— des Glutins 34, 36
—, Formoltitration 47
—, Gruppentrennung 37
—, Titration nach LINDSTÖM-
    LANG 49
—, Titration nach WALDSCHMIDT-
    LEITZ 17, 48
Aminostickstoff, Bestimmung nach
    van Slyke 47
Amphotere Elektrolyte 71
Anaerobe Bakterien in Leim 158
Analysen von Leimen 306
Anreicherung der Leimbrühen 184
Apatit, Fluor- 166
—, Hydroxyl- 166, 167
—, Karbonat- 166
— in Knochen 166

Arginin 15
Arsen, Nachweis 308
Arzneibuch, Angaben über Gelatine 131
Asche-gehalt in Leim 277, 282
— in Photogelatine 127
Asparaginsäure 15
Auflegeapparat 212
Auflösungsdauer 67
Ausbeute 184, 192
Ausgiebigkeit von Leim 301
Autoklav 180, 193

Bakterien, anaerobe 158
Barium-karbonat 149
— — -sulfat 149
— — -superoxyd 177
Barytagegelatine 130
Bau der Gallerten 97
Benzol 176
Berufsorganisation in der Leim-
    industrie 2
Beständigkeit gegen Zersetzung 279, 297
Beticol 227
Betriebskontrolle der Entleimung 192
— — Extraktion 192
— — Knochenentfettung 192
— durch Viskositätsmessung 192
Bichromatgelatine 64
Bifunktionelle Reagentien 53
Bindefestigkeit und Leimkonzen-
    tration 264
— des Leims 116, 252—262, 273, 280
Biuretreaktion 20
Blankit 159
Blasen-bildung im Leim 158
— -druck, maximaler, $\mathfrak{S}$ 81
Blattgelatine 122
Blei, Nachweis 310
Bleichen des Leims 157
— — — mit Chlor 159
— — — — H_2O_2 159
— — — — Hydrosulfit 159
— — — durch Oxydation 159
— — — — Reduktion 159
Bleichung, Leim, Patente 321
Bloom-Engler-Viskosität, Tabelle 291

Seite

Bloom-gelometer 275
— -grams 275
— -pipette 274
— -viskosimeter 274
Bodenkörperbeziehung 100
Brillen = Knochenabfälle 120
Bromjodsilber 124
Brückenreaktionen 53
Brüdenkompressor 152
Buntpapier 242
Buttermilchkasein 248

Chemische Prüfungen 302
Chlor zur Leimbleichung 159
— -bromsilber 124
— -essigsäure 103
— -kresol 158
— -silberemulsion 130
Chrom-alaunzahl 126
— -falzspäne 229
— -gerbung 229, 230
— -kollagenat 233
— -komplex 231
— -leder 229
— -— -abfälle, Verarbeitung, Patente 315
— -nachweis im Leim 313
Chromatographie nach Moore und Stein 17
— — Tswett 17
Chromoproteide 20
Chromsalze, basische 235
Corium 22
Chymotrypsin 51
Cross-linking-reactions 54
Cystin 15

Dämpfer 181
— -batterie 181
Dampf-strahlkompressor 152
— -verbrauch bei Vordampfern 156
Dauerbeanspruchung 266
Dauerstandfestigkeit, Glutinleime 268
—, heißhärtende Glutinleime 270
—, Kunstharzleime 270
Desaggregation 33
Dialysator 87
Dialyse 88
Dialysier-geschwindigkeit 89
— -membran 88, 89
Diazoaminoverbindung 57
Diazoreaktion nach Pauly 21

Seite

Dichlorpropanol 56
Dicke Leimschicht 258
Diffuseure 181
Diffusion 87
— von Farbstoffen 88
— als Liesegangsche Ringe 89
Diffusions-batterie 181
— -geschwindigkeit 89
— -verfahren 184
Difluordinitrobenzol 54
Dikalziumphosphat 121
Diphenylkarbazid 313
Direkter Dampf, Sieden mit 148
Dowex 50 35
Dreikörperverdampfer 154
Dünne Leimschicht 257

Einbadverfahren, Chromgerbung 230
Eindampfapparate 151
Eindampfen der Leimbrühe 151
— von Proben 196
Eisen in Leim, Bestimmung 314
Eiweiß-körper, Einteilung 19
— -reaktionen 20
Elastizität der Gallerte 104
—, Apparat zur Messung 108, 110
—, Messung 104
Elastizitäts-Modul 99
Elektrochemie der Proteine 70
Elektrolyte, amphotere 71
Elektronenmikroskop 24, 91
Emulsion, Photo- 125
Endgruppen 34
Endopeptidasen 51
Endverdampfer 240
Engler-Viskosimeter 288
— -Viskosität 287
Entchromung 239
Enterokinase 52
Entfettung 102, 197
—, Schwarzkopfverfahren 200
—, Vynerverfahren 199
Entgerbung des Chromleders 234
Entgerbungseffekt 236
Entkalkung 144
Entleimter Knochenschrot 183
Entleimung der Knochen 180
Entleimungsversuche 196
Entwässerung 203
—, isotherme 98, 202
Entwässerungskurve 98

	Seite
Enzymatische Fraktionierung	52
Enzyme	50
—, protheolytische	51
—, Spezifität	52
Erstarrungspunkt	126
Essigsäure	112, 226
Exopetidasen	51
Extraktionsapparate für Knochen	172
—, rotierende	161
FF-Sulfon	54
Fahrplan für Entleimung	182
Fallstromverdampfer	157
Fällung des Glutins durch Al-Salze	67
Farbkomponenten, photographische	60
Farbstoffe, Diffusion	88
Faser-diagramm	41
— -struktur der Haut	23
Fäulnisgase	158
Fettgehalt, Bestimmung durch Extraktion	297
—, — nach Fahrion	297
—, — — Grossfeld	278, 297
Fettgehalt und Schaumvolumen	81
Feuchtfestigkeit	254
Fibrillen	23
Filtration	149
Fisch-konserven	132
— -leim	239
Flakes	12, 212
Flockenleim	213
Flotationsbäder	240
Flüssiger Leim	224, 226
— —, Patente	321
Flüssigkeitsabscheider bei Verdampfer	155
Formaldehyd	57
—, Bestimmung	304
Formgebung von Leim, Patente	322
Formoltitration	16, 47
Fraktonierung des Glutins	38
Fremdstoffe, Bestimmung	279
Gallerten, Bau	97
—, Entstehung	93
Gallertfestigkeit	104
— nach Bloom	274, 293
— und Viskosität	110
Gasblasen in Leim	158
Gegenstrom bei Entleimung	183
Gelatine	120
—, α und β	92

	Seite
Gelatine, Bindefestigkeit	117
— -kapseln	133
— -leim	147
— als Schutzkolloid	90
—, Untersuchung	307
— für photographische Zwecke	124
Geleepulver	132
Gelometer nach Bloom	275
Gemahlener Leim	217
Gerben, Begriff	63
Gerbereiabfälle	120
Gerb-reaktionen	62
— -stoffe, mineralische	231
—, pflanzliche	231
Gerbung, Aluminium-	63
—, Chinon-	63
—, Chrom-	63
— durch Metallsalze	67
—, Formaldehyd-	63
—, Theorie der	67
Gerbungskurven	67
Gerbwirkung	63
Gesamt-ausbeute, Knochen	193
— -säuregehalt	277
— -stickstoff	302
Geschichtliches, Fischleim	12
—, Glutinleim	4
—, Kaseinleim	12
Globuline	20
Glukoproteide	20
Glutaminsäure	15
Glutin	13
—, Abbau	41
—, Äquivalentgewicht	38
—, Einfluß von Formaldehyd	57
—, Faserdiagramm	41
—, Fraktionierung	39
— als Gallerte	93
— -gehalt, Bestimmung	302
— -kaltleime	224, 226
— als Lösung	70
— -mizell	98
—, Molekulargewicht	38, 98
—, röntgenographisch	31, 40
— als fester Stoff	68
Goldzahl	90
Gradation, Photoemulsion	125
Grotan	158
Güteskala der Leime	298
H-Ionenkonzentration	73
Haftschichtgelatine	130

Seite

Handleimleder 134
Halogenakzeptor 128
Hanfnetze, Trocknung 208
Härter 227
Hartknochen 120
Hausenblase 12, 240
Haut 23
— -gelatine 123
— -leim 134, 272
Havers'sche Kanäle 161
Heiß-dampftrocknung 212
— -härtende Glutinleime 224, 227
— -wasserfestigkeit 254
Helix-Struktur 28
Hexamethylentetramin 228
Hirnholzverleimung 253, 260, 262
Histidin 15
Histone 20
Holzbottiche 185
Höpplerviskosimeter 285
Hörner 191
Horn-mehl 192
— -schläuche 120, 169, 191
Hufe 192
Hydrolyse, Lösungs- 33
—, thermische 49
—, topochemische 33

Ice-cream 132
Indischer Knochenschrot 120
Isoelektrischer Punkt 70, 73
Isoleuzin 15

Kaliumbichromat 88
Kalk, Einwirkung auf Haut-
 substanz 140
— -milch 141
—-—, Löschapparat 142
— -seifen 176
Kälkungsprozeß 141
Kalzium-fluorid in Knochen 166
— -hydroxyd, Löslichkeit 140
Kanal-länge 210
— -trockner 207
Kapillarimeter 78
Kapillarwege 203
Kasein 241
— -kaltleime 241
— -leime 243
Kathepsin 51
Kjeldahl, N-Bestimmung 303

Seite

Klären von Leim, Patente 321
Klarhalter, Photoemulsion 128
Klärrückstand 189
Klärung der Leimbrühen 149, 184
— — — mit Alaun 186
— — — — Kalk 186
— — — — Kalziumphosphat 186
Klauen 192
— -mehl 192
— -öl 177
Klebrollen 240
Klebvorgang, mechanische Deutung 116
— Theorie 116
Kleinstückleim 213, 276
Klimaraum 263, 264
Knochen, mineralischer Anteil 164
—, Aufbau 161
—, Entfettung 172
—, Entleimung 186
—, Fettgehalt 163
—, nasse Reinigung 178
—, trockene Reinigung 177
—, als Rohstoff 168
— verschiedener Tiere 165
—, Wassergehalt 163
—, Zerkleinerung 169
—, chemische Zusammensetzung 163
Knochen-analysen 163
— -brecher 176
— -erde 164
— -extraktion 176
— -fett 177
— -gelatine 120
— -höhlen 162
— -lamellen 162
— -leim 161
— - — -analysen 306
— - — -fabrik, Schema 194
— - — -geruch 190
— - —, Verbesserung der Qualität 197
— -masse 163
— -mehl, entleimtes 191
— - —, rohes 190
— -öl 177
— -schrot 178
—, indischer 120, 169
— -sehnen 135
— -verarbeitung, Patente 321
Koazervation 38
Kochfestigkeit 254
— von Chromleder 233

	Seite
Kochprozeß, Fischleim-	240
Kohäsion, Glutin-	69, 118
—, molare	56
Kohledruck	64
Kollagen	22
— -fibrille	25, 27
— -mizell	31
—, röntgenographisch	31, 40
—, Struktur	22
—, Überführung in Glutin	30
Kolloides Aluminiumhydroxyd	66
Konservieren	157, 190
Konzentrationsmessung	298
—, refraktometrisch	299
Korngröße, Kasein	244
Krümelleim	213, 215, 218
Kugelfallviskosimeter	287
Kunstdruckpapier	242
Kupfer, Nachweis	310
Kurzwasserfestigkeit	250, 254
Lab	51
— -kasein	242
Lagenholzleime	260
Lagerbedingungen der Prüfkörper	254
Langholzverleimung	253, 257
Lakunen	162
Lecithinphosphat in Knochen	167
Leder-abfälle	229
— -deckfarben	242
— -leim	229
— -— -fabrikation	234
Leim-analysen	306
— -ausbeute aus Knochen	193, 195
— -fett als Extraktionsfett	161
— -— — Säurefett	161
— -— — Schöpffett	161
— -fuge, mikroskopisches Bild	116
— -gut, Verfahren der Verarbeitung, Patente	319
— -—, Vorbehandlung, Patente	314
— -kesselrückstände, Aufarbeitung	160
— -konzentration, Anreicherung	184
— -— —, Messung	298
— -leder	134
— -— —, blaues	160
— -— —, Verarbeitung, Patente	318
— -schichten, dicke	258
— -— —, dünne	257
— -schneidmaschine	208
— -siederei aus dem Jahr 1698	8
— -— — — — Jahr 1771	10

	Seite
Leucin	15
Licht-druck	64
— -empfindliche Materialien	124
— -gerbung	64
Lieferbedingungen von Kasein	249
Liesegang'sche Ringe	88
Lipoproteide	20
Long-spacing-Fibrillen	27
Lösungsmittel zur Knochenentfettung	175
Luftfeuchtigkeit und Bindefestigkeit	203
Lysin	15
Mager-fische	239
— -milch	241
Magnesitverfahren, Lederleim	238
Magnesium-hydroxyd	238
— -phosphat in Knochen	166
Mahlungsgrade, Kasein	244
Markkanal bei Knochen	161
Maschinenleimleder	134
Mazeration	121, 178
Mazerationslauge	121
Mehrkörperverdampfer	152
Metalle, Nachweis in Gelatine	308
Metallsalze, Gerbung	67
Methionin	15
Mikroskopisches Bild, Knochen	162
Milchsäurekasein	242, 248
Millon'sche Reaktion	21
Mizell	22, 98
Modifizierte Kaseinleime	252
Molekulargewicht, Glutin	38, 98
Mutarotation	91, 92
Nachdunkeln des Leims	160
Nährwert, Gelatine	132
Naphtalinsulfosaures Natron	112
NC-Gelatine	130
Nebenprodukte der Knochenverarbeitung	190
Neutralfett	147
Neutralisation mit Säuren	148
— — Zinksulfat	141
Ninhydrin	16, 20
Nitrobenzol	190
Normblätter	253
Oberflächenspannung, dynamische	80
—, Messung	80

Seite

Oberflächenspannung, statische 80
— und Fettzusatz 84
— — Glutin 78
— — Schaumbildung 79, 86
Optische Drehung 92
— Erscheinungen 91
— Refraktion 92
Organische Phosphate 167
Ossein 163
Oxydationsbleiche 159

Palmitatkristalle 207
Papain 51
Papier-chromatographie 17
— -hülsen 242
Paraformaldehyd 228
Patente, deutsche 314f.
Pepsin 51
Pepsinogen 51
Peptide 19
Peptidasen 51
Peptisierende Stoffe 112
— — Einfluß auf Viskosität und
    Gallertfestigkeit 112
Pergamentpapier 89
Periodische Anordnung der
    Amonosäuren 35
Periost 161
Perlenleim 213, 218
Phenylalanin 15
Phenylendiamin 15
Phosphorproteide 20
Phosphorsäure 148
Photo-gelatine 124
— -graphie 124
— -graphische Farbkomponente 60
— -materialien 124
p_H-Papier 297
p_H-Wert 70
— —, Bestimmung 278, 298
— und Elastizitätsmodul 74
— — Gallertfestigkeit 74
— — Oberflächenspannung 85
— — Schaumbildung 85
— — Schmelzpunkt 74
— — Viskosität 73
Physikalisch-technische
    Bundesanstalt 298
Physikalische Untersuchung 272
Pigment-druck 64
— -papier 64

Seite

Plättchenleim 213, 215, 218
Poliertrommel für Knochen 177
Polypeptide 18
Probeemulsion 130
Prolamine 20
Prolin 15
Proteasen 51
Proteide 19
Proteinasen 51
Proteine 19
Prüfemulsion 130
Prüfung von Glutinleimen,
    DIN-Blatt-Entwurf 280
Puddingpulver 132
Pure Food and Drug Act 132
Putztrommel für Knochen 177

Quecksilbermanometer 106
Quellfähigkeit 126
Quellung 93
—, Gesetze der 95
—, Messung 94, 301
— in Säuren 99, 102
—, Theorie 95
Quellungs-dauer 94
— -druck 95
— -maximum 93
— -volumen 100
— -wärme 97

Rahmeis 132
Raschit 158
Reduktionsbleichung 159
Reifungskörper 128
Restwassergehalt 203
R_f-Wert 18
Roh-haut 135
— -knochen, Aufbereitung 170
— - — -mehl 178, 190
— -produkte 191
Röhrenknochen 191
Rohstoffe für Gelatine 120
— — Hautleim 134
Rotbuche 264
Ruftrockner 221

Sahneeis 132
Salpetersäure-Probe nach Heller 20
Salzsäurekasein 248
Sammelknochen 168, 201
Säure-gehalt in Leim 277, 296

	Seite
Säure-kasein	242
— -quellung des Glutins	99
— -zusatz beim Auswaschen	145
Schäftverleimung	253, 255
Schaum-beständigkeit	80
— -bildung	151, 279, 297
— · — und Abbauprodukte	83
— · — — Fettgehalt	82
— · — — Oberflächenspannung	79, 87
Schäumen des Leims	150
Schaum-verhütungsmittel	86
— -zahl	79
Scheuertrommel	177
Schiebebühne	210
Schimmelfestigkeit	254
Schlachthausknochen	168
Schlagkreuzmühle	123
Schleierfreiheit	125
Schlichtebäder	240
Schnellbinderleime	224
Schmelzpunkt der Gallerte	113, 126, 204
— — —, Bestimmung	114, 299
— — —, und Konzentration	115
Schütte-Lanz	227
Schutzkolloid	90, 132
Schwarzkopfverfahren, Entfettung	200
Schwefel-bleireaktion	20
— -dioxyd im Leim	277, 296
— -ofen	178
Schwefelung der Knochen	180
Schweinehaut, Äscherung	123
Seefische	239
Serin	15
Sichtzylinder für Knochenschrot	177
Siedeprozeß	145
Skleroproteine	12, 20
Solbrol	157
Spaltleimleder	134
Speisegelatine	131
—, gesetzliche Vorschriften	131
Sperrholz	242
— -verleimung	259
Spezialleime	223
—, Untersuchung	306
Spurenelemente	240
Stalagmometer	81
Statistik	3
Sterilisation	148
Stickstoff-bestimmung	47, 303
— · —, nach Kjeldahl	303
Stickstoff-faktor	303
— -gehalt in Gelatine	303
Stirnzapfen	169
Strahlkompressor	152
Subcutis	22
Sud-kessel	122, 145
— -reifäscherung	32
— -reife	32, 138
Systematik der Klebstoffe	1
Tafelleim	207
Taschenleim	158
Taurokolla	6
Technische Gelatine	133, 147
Teilsude	147
Thermischer Abbau des Glutins	42
Thermostaten	288
Thionate bei Photogelatine	128
Threonin	15
Tischlerplatte	259
Transport des Leimleders im Betrieb	138
Trichloräthylen	176
Trikalziumphosphat	166
Triketohydrinden (Ninhydrin)	16, 20
Trocken-festigkeit	250, 254
— -formen des Leims	207
— -gehalt und Schichtdicke	281
— -kanäle	209
— -turm	222
Trocknen von Leim, Patente	322
Trocknung	201
— der Gallerte	207
—, Hochfrequenz-	202
—, Kontakt-	202
—, Konvektions-	202
—, Luft-	202
—, Vakuum-	202
Trocknungsgeschwindigkeit und Schichtstärke	203
— -netze	208
— -temperatur	204
— -wagen	209
— -zeit	206
Tropfenleim	213, 218
Trypsin	51
Trypsinogen	91
Tryptophan	15
— -Formaldehyd-Reaktion	21
Tyrosin	15
Überäscherung	121
Ultra-mikronen	91

	Seite		Seite
Ultra-mikroskop	91	Wärme-abbau	42
Umkalkung	121	— -ausnutzung	202, 210
Umlaufpumpe am Sudkessel	145	— -pumpe	152
Unterscheidung der Glutinleime	279	Waschen des Leimleders	142
Untersuchung der Glutinleime	252	Wasch-holländer	142
		— -maschine „cone roller"	143
Vakuumtrocknung	219	— -prozeß	144
Vakuumverdampfer	151	— -trommel für Knochen	179
—, dreistufiger	152	Wasser-aufnahmefähigkeit der Luft	210
— von Kestner	155, 156	— -bestimmung, Kasein	247
— von Wiegand	154	— - —, Leim	275, 280
Valin	15	— -bewegung	203
Verdampfung	201	— -bindung	97, 203
Verdampfungswärme	176	— -entfettung der Knochen	197
Verdunstung	201	— -festigkeit	254
Verflüssigung der Leimgallerte	112	— -gehalt im Leim	70, 306
Verhältnis Bloom-Engler-		— -stoffexponent	70
Viskosität	290	— - — -ionenkonzentration	70
Verleimung	33	— - — -superoxyd	159, 177
Verolung	232	Webervögel	134
Versieden des Leimleders	122, 145	Weiß-buche	264
Viskosimeter, Auslaufpipette	125	— -gerbung	65
— nach Bloom	273, 284	Wiedertrockenfestigkeit	250, 254
— — Engler	274, 284	Würfelleim	213, 215, 218
— — Höppler	287		
— — Ostwald	285	Xantho-Protein-Reaktion	20
— — Ubbelohde	285		
—, Torsions-	125	Zahlenbild	266
Viskosität und Alterung	77	Zeitplan für Entleimung	183
— — Gallertfestigkeit	110	Zellophan für Dialyse	89
—, Glutinlösungen	76, 274, 283	Zerreißfestigkeit, Gelatine und Leim	69
Volldünger	161	Zerstäubungstrocknung	222
Vortränkung	264	Zinknachweis	310
Vynerverfahren der Entfettung	199	Zinksulfat	148
		— zur Konservierung	148
Walzentrockner	217	Zinnachweiß	310
— nach Ruf	221	Zweibadverfahren, Chromgerbung	230

Berichtigung

S. 69, Z. 8 u. 9 von unten:

statt Hautleim   ca. 150 kg/cm²   **lies**   550 kg/cm²
statt Knochenleim   ca. 120 kg/cm²   **lies**   320 kg/cm²

Industrieanzeigen

Weichmacher für Leime und Gelatine-Erzeugnisse

sollen die Flexibilität erhöhen, ohne die Klebekraft und die Wasserfestigkeit ungünstig zu beeinflussen.

Karion F flüssig (Sorbit *Merck*)

erfüllt diese Forderungen — gegebenenfalls mit Glycerin vermischt — in hervorragendem Maße. Karion F flüssig spricht weniger auf Feuchtigkeitsschwankungen an als Glykole und Glycerin und verhindert vorzeitiges Austrocknen.

Verlangen Sie bitte unseren Prospekt „Karion F flüssig in der Gelatine- und Leimindustrie"

Aus unserem Lieferprogramm:

Reagenzien *Merck* für die Betriebskontrolle

Titrisole (Konzentrate in Spezialampullen zur bequemen Selbstbereitung gebrauchsfertiger Normallösungen)

Indikatorpapiere zur pH-Messung

E. MERCK AG · DARMSTADT

Perlenformeinrichtung für 70 kg Trockengut stündlich

WIR LIEFERN

- Waschmaschinen
- Poliertrommeln
- Kochkessel
- Schwefelöfen
- Brühenbehälter
- Kühltische
- Kühlbänder
- Kühlwalzen
- Krümelapparate
- Plättchenmaschinen
- Perlenformer
- Transporteinrichtungen für Gallerte und Trockengut
- Trocknungsanlagen

Wir lieferten in den vergangenen Jahren 25 komplette

KÜHL-ZERKLEINERUNGS- + TROCKNUNGSANLAGEN

zur Herstellung von:

KRÜMEL · PLÄTTCHEN · PERLEN

an die LEIM — und GELATINEINDUSTRIE im In- und Ausland. Diese Anlagen arbeiten kontinuierlich u. benötigen nur eine Person zur Überwachung. Bitte fragen Sie bei uns an

WEISS-TROCKNUNGS-ANLAGEN

HAIGER/DILLKRS.   DEUTSCHLAND

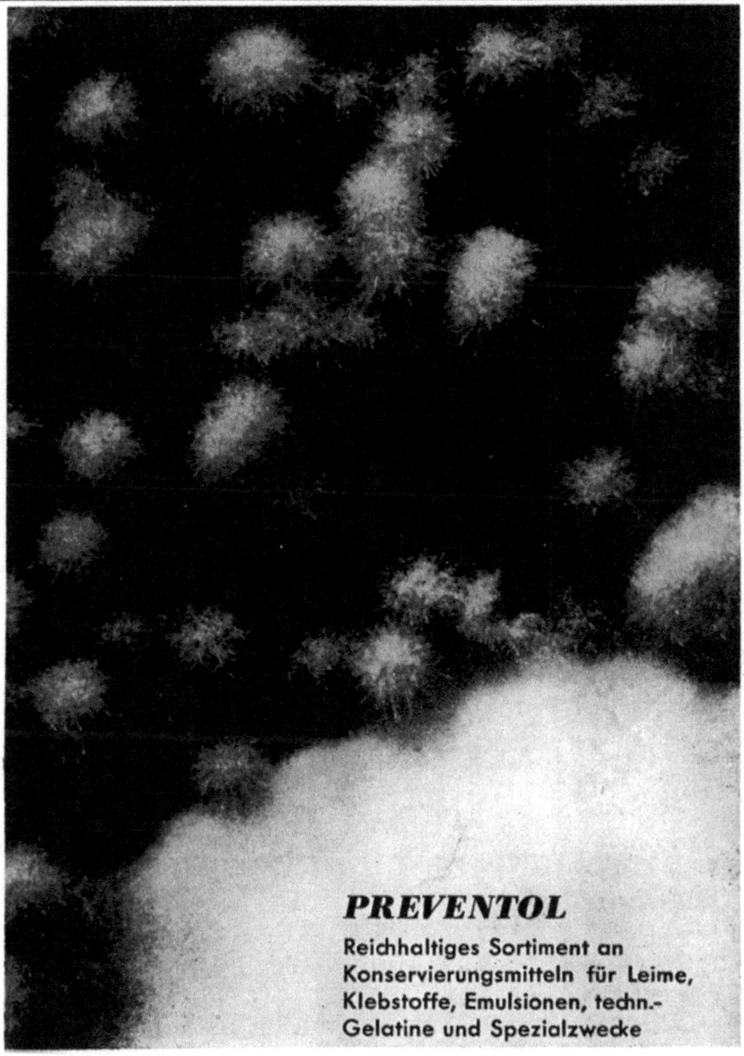